架构师前沿实践丛书

# 计算之道
## 卷 I：计算机组成与高级语言

张仲文　主　编

清华大学出版社
北京

## 内 容 简 介

《计算之道 卷Ⅰ：计算机组成与高级语言》是一本深入探讨计算机科学与技术的图书。本书旨在帮助读者更好地理解计算机内部的工作原理，并探索从计算机组成到汇编语言的核心概念。本书适合对计算机科学和底层技术感兴趣的读者，无论是学习计算机基础知识还是进一步扩展技术视野，读者都能从本书中获益良多。本书用清晰易懂的语言详细介绍计算机内存的结构和工作原理。读者将了解计算机组成、汇编语言、编译器等关键概念，从而深入理解计算机是如何运行的。此外，本书还深入讨论芯片和C语言。通过本书，读者将掌握计算机科学与技术中的关键概念和方法，并从计算机组成到汇编语言，逐步了解计算机的工作原理。

本书封面贴有清华大学出版社防伪标签，无标签者不得销售。
版权所有，侵权必究。举报：010-62782989，beiqinquan@tup.tsinghua.edu.cn。

图书在版编目（CIP）数据

计算之道. 卷Ⅰ，计算机组成与高级语言 / 黄俊总主编，张仲文主编.
北京：清华大学出版社，2025.3.
（架构师前沿实践丛书）.
ISBN 978-7-302-68299-8

Ⅰ. TP3
中国国家版本馆 CIP 数据核字第 2025HK9833 号

责任编辑：贾旭龙
封面设计：秦　丽
版式设计：楠竹文化
责任校对：范文芳
责任印制：宋　林

出版发行：清华大学出版社
网　　址：https://www.tup.com.cn，https://www.wqxuetang.com
地　　址：北京清华大学学研大厦 A 座　　邮　编：100084
社 总 机：010-83470000　　　　　　　　邮　购：010-62786544
投稿与读者服务：010-62776969，c-service@tup.tsinghua.edu.cn
质量反馈：010-62772015，zhiliang@tup.tsinghua.edu.cn

印 装 者：北京鑫海金澳胶印有限公司
经　　销：全国新华书店
开　　本：185mm×230mm　　印　张：24.5　　字　数：508 千字
版　　次：2025 年 4 月第 1 版　　　　　　印　次：2025 年 4 月第 1 次印刷
定　　价：129.00 元

产品编号：101501-01

# 丛 书 序

## Series Preface

本丛书是我讲授《混沌学堂 7 期》课程的总结，以"混沌学习法"和"混沌树"为核心构建内容。"混沌学习法"是我从毕业至今所领悟的学习方法；"混沌树"是运用"混沌学习法"后在脑海中形成的知识树，它可以将多个领域的知识通过知识树的主干和枝干进行关联，形成不易遗忘的庞大知识体系。

在实际工作和教学过程中，我发现开发者普遍面临两种知识"死亡螺旋"。第一种，开发者忽视底层基础知识，转而强行记忆上层框架和语言特性（如八股文等）。然而，随着框架和语言的多元化发展，新的技术层出不穷，有限的脑力无法全部记忆，导致逐步遗忘。为了应对技术迭代，开发者不得不继续随波逐流地记忆，但随着年龄增长，脑力逐渐跟不上知识的更新速度，最终被迫放弃技术生涯。第二种，开发者为了找工作而强行记忆八股文，找到工作后却忽视底层基础知识（或因时间不足而无法学习），长期浮于业务表面。随着时间推移，公司的业务可能衰退或个人原因导致离职，此时由于缺乏底层知识储备，难以找到其他业务相关的工作。面对焦虑，开发者仍未沉下心来学习底层知识，而是继续强行记忆八股文和上层框架，艰难找到工作后，不断重复这一循环，最终因精力不足而不得不放弃技术生涯。

这两种"死亡螺旋"的根本原因在于未能采用正确的学习方法将所学知识转化为长期记忆，最终因精力有限而被迫放弃技术工作。那么，如何打破这一困境呢？关键在于找到一种能够指导知识吸收与关联记忆的学习方法。这类方法有很多，而本文介绍的"混沌学习法"便是其中之一。在完成《混沌学堂第 7 期》课程的教学后，我与三位学生——张仲文、秦羽和赖志环——合作，对课程内容进行了系统整理与编写。这三位同学不仅技术功底扎实，还对"混沌学习法"有着深刻的理解与独到的见解。基于此，他们分别撰写了三本书籍，以"混沌学习法"为核心，对课程中的知识点进行了详细阐述。本书首先介绍"混沌学习法"的基本原理，随后才深入探讨具体内容。

本丛书分为三卷。

《计算之道 卷 I：计算机组成与高级语言》（以下简称《卷 I》）首先介绍了计算机组成，涉及进制、逻辑门设计、CPU 设计、网络设计等，帮助读者建立计算机硬件基础知识的主干；随后介绍了 Intel 手册、汇编、编译器原理，帮助读者建立计算机语言基础知识的主干；最后介绍了 C 语言与 ELF，帮助读者理解计算机程序与进程之间的构建关系。ELF 程序格式相当重要，将贯穿 Linux 内核和 JVM 源码的学习过程。

《计算之道 卷 II：Linux 内核源码与 Redis 源码》（以下简称《卷 II》）首先介绍了操作系统的基础组成，随后深入讲解了 Linus Torvalds 编写的 Linux 0.11 的基本原理。由于 Linux 0.11 的编码完全遵循了《Intel 开发手册中》关于 Gate 门、分段和分页机制的规范，因此建议读者在阅读《卷 II》前，需要掌握《卷 I》中有关 Intel 手册、C 语言和 ELF 格式的基础知识。接着，《卷 II》按操作系统模块详细分析了 Linux 0.11 的进程管理、内存管理和 I/O 管理等核心模块，并以 Linux 2.6 版本为基础，深入探讨了内核数据同步机制。最后，本书解析了 Linux 内核网络基本操作函数的源码，并以 Redis 源码的分析作为全书的结尾。

《计算之道 卷 III：C++ 语言与 JVM 源码》（以下简称《卷 III》）以《卷 I》中关于 C 语言和汇编语言的知识为基础，首先介绍了 C++ 语言的基本原理。随后，《卷 III》基于《卷 II》中计算机网络基本函数的内容，详细分析了 Linux 2.6 内核对网络包的处理过程，包括 E100 网卡、硬中断与软中断的处理机制以及 TCP 层的处理流程。读者在学习《卷 III》之前，务必掌握《卷 II》的相关内容。最后，《卷 III》以 C++ 语言为基础，深入解析了 JVM 的初始化过程与核心函数。由于篇幅限制，《卷 III》并未对 JVM 源码进行全面分析，而是聚焦于启动过程与关键函数，旨在帮助读者构建 JVM 的知识框架。编者计划在后续书籍中详细分析 JVM 源码的其他部分，但相信读者在掌握本丛书所倡导的"混沌学习法"后，能够自行学习这些内容。

在阅读完这三卷书后，编者在这三位同学的字里行间中看到了他们的刻苦认证、坚持不懈的精神，他们对于"混沌学习法"的掌握已经炉火纯青，可以进行新知识的推理和关联，不再依赖强制记忆。对于新鲜出炉的上层框架与中间件，他们也能轻松掌握并阅读源码。书中的内容包含了他们对于源码的理解，令人赞叹。相信读者在阅读完这三本书后，会深刻理解并掌握"混沌学习法"的精髓，在脑海中构建出自己的知识树，摆脱对新技术的恐惧，轻松掌握新技术。

# 混沌学习法
## ——《计算之道》丛书学习指南

在以前的教学过程中，我曾经得到如下结论。

- ☑ Java SE 的每个知识点都像一颗星星。所有知识点汇集在一起，就像一片繁星，令人心旷神怡。我们需要将这些知识点（如基础变量、面向对象、线程、集合、IO）连接起来。
- ☑ J2EE 的框架基于 Jave SE 的内容进行构建，如 Tomcat、WebLogic、ActiveMQ 等，所有基于 Java 语言开发的框架皆是如此。我们将基于 Java SE 知识点开发中间件的过程称为点连成了线。
- ☑ 基于 Java SE 的其他技术，如 Spring 技术栈、Netty NIO 框架等，极大地提高了开发者编写代码的效率，并减少了错误的发生。我们将这些技术与 J2EE 的技术（包括上述中间件）进行组合，就得到了面，即线组成了面。
- ☑ 架构师需要全面掌握整个业务线和技术，因此应该是项目组中比产品经理更熟悉业务的人，同时对于技术也需要有过硬的基础。这时，架构师需要将上述技术栈与团队进行整合，然后把控好风险点，指导开发，控制进度，尽力确保项目不出现重大问题。在这一过程中，面组成了体。

上述结论仅从 Java 开发者的角度进行描述，即 Java 架构师。架构师不应区分语言。对于真正的架构师而言，编程语言只是工具，架构师的任务是依据当前场景选择合适的语言和框架。如果以整个编程为背景，再次进行总结，将会得出什么结论呢？

### 1. 编程语言进化史

编程语言经过数十年的发展，从底层语言逐渐向高级语言演化。

计算机由硬件构成，包括 CPU（控制、计算）、内存（存放数据和代码）、硬盘（持久化存储）、IO（读入和写出数据）。CPU 负责执行指令，根据指令操作内存、硬盘、IO。因为 CPU 只能识别二进制语言，而开发者无法直接编写二进制代码，因此计算机先驱开发了中间件，即汇编器。开发者借助汇编器，可以用单词和助记符进行编码。例如，寄存器指令 movl $1,%eax，其二进制表示为 01010101010100000000。汇编器将单词和助记符转为二进制代码，这种由单词和助记符组成的语言称为汇编语言。

有了汇编语言，开发者就可以面向 CPU 进行编程了。开发者可以使用单词 mov（移动）、add（添加）、sub（减）控制 CPU。但是，这种编程方式并不便捷。面向机器编程不仅枯燥，而且耗费精力，因此需要一种更易于人类理解的方式来编写程序。于是，就像在汇编语言和机器语言之间加入汇编器一样，C 语言应运而生。然后，在 C 语言和汇编语言之间，编译器被引入，开发者只需编写简单的代码段，如 int a=1，即可大幅减少工作量。至于代码如何变为汇编语言，只需交给编译器完成即可。

开发者在使用 C 语言时，由于需要掌握大量知识，常常感到压力。如果说汇编语言是面向 CPU 编程的，那么 C 语言则是面向操作系统编程的，开发者需要理解操作系统的内存管理机制（包括虚拟地址、线性地址和物理地址），这引入了指针的概念，并且需要手动分配和释放内存。开发者如果忘记释放内存，可能会导致内存泄漏等问题。那么，能否设计一门语言，消除复杂的指针，并自动管理内存的分配和释放呢？基于这一需求，众多基于虚拟机的语言应运而生，例如 Java 语言等。

总结编程语言进化史，其中的点、线、面、体分别如下。

- ☑ 点：二进制的机器语言。
- ☑ 线：面向 CPU 编程的汇编语言。
- ☑ 面：面向操作系统的 C 语言。
- ☑ 体：面向 JVM 的 Java 语言。

### 2. 操作系统的出现

操作系统进一步提高了编程效率。尽管高级语言能够实现与计算机的交互，但并非所有人都需要使用编程语言（机器语言、汇编语言或各种高级语言）来操作计算机。

此时，一个用于管理硬件的软件系统——OS（操作系统）——被引入。用户只需面向操作系统进行编程，而硬件管理、安全保护等任务均由操作系统完成。

然而，操作系统的引入也带来了一个问题：操作系统需要实现哪些功能？由于基础硬件包括 IO 设备、磁盘、内存和 CPU，而用户需要在计算机中执行任务，因此操作系统需要涵盖设备管理（IO 设备）、文件管理（磁盘）、内存管理（内存）、CPU 管理（CPU）以及任务调度管理（任务）等功能。

为了在计算机中执行任务，操作系统逐渐发展出两大阵营：UNIX 和 Windows。Linux 和 macOS 等系统均衍生自 UNIX。这两大阵营面向不同的用户群体：Windows 主要面向普通用户，而 UNIX 主要面向程序员。目前，Linux 系统是开发者使用最广泛的操作系统。根据对操作系统的理解，其核心概念可以分为点、线、面三个层次。

- ☑ 点：计算机硬件（涉及基础物理、电路原理、数字逻辑、计算机组成原理等）。
- ☑ 线：操作系统的管理功能（涉及设备、文件、内存、CPU、任务）。
- ☑ 面：基于这些管理功能实现的上层应用（如 QQ、微信等）。

《礼记·大学》中有这样一句话："知止而后有定，定而后能静，静而后能安，安而后能虑，虑而后能得。物有本末，事有终始。知所先后，则近道矣。"要学习计算机知识，就要做到定、静、安、虑、得这五个字，切记"学而不思则罔，思而不学则殆"。要以平常心面对学习过程，切勿急躁，且对于知识学习，理应知其先后，即掌握知识的"点、线、面"。在掌握知识点后，可以通过学习"线"将之前点的碎片化知识进行整合记忆。同理，可以通过学习"面"将"线"的碎片知识进行关联。因此，最重要的就是知识点。

### 3. 高效学习

万事开头难，知识归纳需要投入大量时间和精力，从中医的角度，建议在早晨（6:00—8:00）进行学习效果最佳，同时要保证夜间充足的睡眠质量。我观察到许多朋友在学习过程中存在自我欺骗的现象：表面上看似勤奋，熬夜学习，但由于大脑处于疲劳状态，这种努力往往只是徒劳。实际上，他们无法有效掌握任何知识点，仅仅是在自我安慰"已经学习过了"，最终陷入"学了就忘、忘了再学"的恶性循环。

建议读者选择在思维最清晰的时间段进行学习和记忆，并依次养成规律的日常习惯。切忌第一天认真学习，第二天就松懈怠慢，这种不规律的学习方式无法形成长期记忆，更难以在构建知识体系时实现"点"与"线"的有机联系。要实现高效学习，需要注意以下七点。

- ☑ 充足睡眠。
- ☑ 大脑清醒。
- ☑ 心无旁骛。
- ☑ 切记勿焦虑。
- ☑ 切记勿急功近利。
- ☑ 坚持一个月。
- ☑ 多门知识融合学习，抽取共同点，形成知识的"点、线、面"。

在保证以上几点的情况下，读者只要坚持不懈地学习，就会发现当底层知识形成了庞大的知识脉络后，理解新的知识（新语言、新框架等）会变得非常容易。如此一来，之前用于培养底层知识脉络的时间，就能加倍偿还回来。你将发现，你可以用几分钟、几小时掌握别人花费几十倍时间都掌握不了的知识和问题。

### 4. 点、线、面再分析

当然，混沌学习法也有一些缺点，具体如下。

- ☑ 学习周期较长，需要大量时间来积累点和线的知识。
- ☑ 需要培养对计算机的兴趣，没有兴趣，很难支撑下去。
- ☑ 对精神和肉体是一种折磨。刚开始使用这套学习方法时，将会痛苦不堪，从医学角度来说，人脑在接收新事物时将会非常抵触，因为需要产生新的突触，这个过程本身就是痛苦的。
- ☑ 短时间内看起来好像并没有什么作用。短时间内由于没有积累太多的点，这时没法进行关联，更谈不上对面的构建。

掌握知识的"点、线、面"能带来许多优势，具体如下。

☑ 通过持续学习，将获得他人难以企及的计算机底层知识储备。

☑ 具备快速吸收新知识的能力。

☑ 面对复杂的线上问题，总能找到解决方案和思路。

☑ 职业发展机会呈指数级增长。

☑ 不再因技术更新或年龄增长而产生焦虑。

能够抵御他人制造的焦虑和 PUA 影响。通过建立自己的学习理念和方法，培养坚定的心态，不仅能抵御外界干扰，还能分析他人手段以强化自身学习能力。

显而易见，相较于后期的显著优势，前期学习过程中的暂时性困难是可以接受的。在采用这套学习方法的初始阶段，第一个月可能会产生焦虑感，但坚持一个月后，这种不适感将逐渐消失，最终形成习惯。

为了证明这一点，下面以实例说明如何使用混沌学习法。这个例子非常简单，即 Hello World 程序。

```
01  // Java 语言示例
02  public class Demo{
03      public static void main(String[] args) {
04          System.out.println("Hello World");
05      }
06  }
```

```
01  // C 语言示例
02  #include<stdio.h>
03  int main(){
04      printf("%s","Hello World");
05      return 1;
06  }
```

以上是 Java 和 C 语言的示例代码，它们实现了向屏幕输出 Hello World 字符串的功能。然而，许多书籍和博客在介绍 Hello World 示例时，往往仅提供代码并简单说明如何输出字符串，草草了事。这些示例通常只教会读者如何使用 javac、IDE、gcc 等编译工具，这种做法存在以下问题。

☑ 难以激发读者的编程兴趣。

☑ 无法帮助读者建立对编程的整体认知。

☑ 错失了宝贵的学习机会。

许多朋友在学习编程语言时，就像一张白纸。但由于这类示例仅展示工具使用和基本语法，可能会给这张白纸留下不理想的印记。

接下来，我将运用混沌学习法重新解析这个示例，深入分析其中的知识点、逻辑关系和整体架构。

分享一个很好的技巧，多问自己为什么。由于许多读者是 Java 开发者，我先以 Java 为例，提出以下问题。

第一个问题，这段程序在计算机中是如何存储的（引入编码和磁盘存储的知识点）。

第二个问题，这段程序在使用 javac 编译 demo.class 时发生了什么（引入了编译原理的知识点）。

第三个问题，Java 运行时，字节码是如何执行的（引入了 JVM、操作系统知识点）。

读者如果能提出这三个问题，就已经掌握了混沌学习法的第一步，即定位知识点。这些问题涉及编码、磁盘存储、编译原理、JVM、操作系统。读者在找到这些知识点后，根据自己的知识脉络进行吸收和转换。初学者可以把这些知识点作为学习目标，通过阅读书籍、搜索资料、进行实验、分析源码来补充知识。这些知识点会衍生出更多的知识点，从而构建完整的知识脉络。

对于 C 语言例子，可以提出以下问题。

第一个问题，#include<stdio.h>的作用是什么（引入宏定义知识点）。

第二个问题，printf("%s","Hello World");的输出原理是什么（引入函数知识点）。

第三个问题，对于 return 1;，为什么需要返回 1（引入函数知识点）。

第四个问题，gcc demo.c 自动生成了 a.out 文件，这期间发生了什么（引入了宏替换、编译、汇编知识点）。

C 语言相较于 Java 提出了更多值得探讨的问题，随着问题的增加，可扩展的知识点也相应增多。基于这些知识点，我们可以进行混沌学习法的第二步：知识点联想与对比记忆。混沌的本质在于融合。读者可以将 C 语言与 Java 语言的特点进行对比分析，得出以下问题：

第一个问题，C 语言需要通过 #include <stdio.h> 宏定义来引入 printf 函数，而 Java 为何不需要（可得出结论：Java 自动导入了 java.lang 包中的类，因此无须手动导入）？

第二个问题，C 语言使用 printf("%s", "Hello World") 进行格式化输出，而 Java 为何不需要（可得出结论：Java 同样支持格式化输出，但在示例中未使用相关语法）？

第三个问题，C 语言的 main 函数需要返回 int 类型值（本例使用 return 1），而 Java 的 main 方法为何不需要返回值（可得出结论：C 语言编译器要求 main 函数必须有返回值，这是由 C 语言标准规定的；而 Java 的 main 方法由 JVM 规范定义，无须返回值。二者的共同点在于都遵循各自的语言规范）？

第四个问题，C 语言在 GCC 中需要经过预处理、编译、汇编和链接等步骤才能执行，而 Java 为何只需使用 javac 编译即可执行（可得出结论：Java 同样经历了类似的流程，但这些步骤在 JVM 中自动完成）？

读者可以深刻体会到混沌学习法的独特魅力。其核心在于通过知识点进行脉络扩展：首先找到初始知识点，然后逐步向下关联。通过对比联想记忆，读者可以同时学习多个知识点。此外，对比学习能够帮助抽取多门知识的共同点，找到它们的核心知识点，并进一步进行脉络扩展。混沌学习法的关键在于多问"为什么",否则难以挖掘出核心知识点。

> **说明**
>
> 本学习法仅作为参考,读者可以在此基础上进行优化和扩展。这套学习法就像最初的咏春拳,读者可以借鉴李小龙的学习方法,从而领悟出属于自己的"截拳道"。

最后,我们来看看什么是"混沌视角"。

我以前喜欢玩魔兽争霸,通常用单机模式与电脑竞赛,并将难度设置为"困难",但每次都被电脑击败。后来,我通过输入命令打开了"上帝视角",能看到地图上的任何位置,从而合理排兵布阵,最终轻松击败电脑。

自从大三接触编程语言以来,我一直想找到这个打开编程的"上帝视角"的命令。我曾迷茫和怀疑。直到某一天,我把常见的语言(动态语言、静态语言)结构和内容进行融合分析,并结合操作系统、计算机组成原理、计算机网络,终于发现编程的"上帝视角"确实存在,而开启这个视角的钥匙就是混沌学习法。

试想一下,如果打开了编程的"上帝视角",就意味着不用区分编程语言,遇到问题时能快速定位,也不再纠结于如何学习。对于任何新技术,只要了解其架构和功能,就能迅速推测出底层实现原理。通过抓住编程的共同点进行学习,可以实现一次学习,多语言共用。

我称编程的"上帝视角"为混沌视角,它是使用混沌学习法的关键工具。

#### 5. 找到核心知识点

在混沌学习法中,我们需要找到核心知识点,然后进行对比学习、分析,扩展知识脉络。我们首先基于已知的知识进行推理,具体如下。

- ☑ 计算机基础硬件:CPU、内存、硬盘。
- ☑ 用户不需要直接与硬件进行交互,而是通过命令或鼠标、键盘等外设与操作系统进行交流,由操作系统调度硬件完成操作。
- ☑ 编程语言通过某种方式与操作系统进行沟通。
- ☑ 如果多个机器进行通信,硬件需要支持网卡,操作系统需要支持网络协议栈。

可以得出结论,操作系统完成了一切任务。

操作系统和硬件将用户所处的环境分为用户空间和内核空间。就像在网站中编写的控制器,用户通过浏览器输入地址,然后可以通过 HTTP 协议访问控制器,从而获取返回结果。可以将操作系统提供的功能接口想象为一组控制器,用户要做的是通过编程语言调用这些接口。就像通过 HTTP 协议调用网页,用户与系统调用之间需要定义协议以完成操作,这就是系统调用。用户需要使用操作系统提供的方法将参数传递给操作系统,并从操作系统中获取结果。所以,HTTP 通过 TCP/IP 协议栈完成调用,而系统通过操作系统在单机上完成调用。

通过以上分析，我们找到了核心知识点：所有编程语言都使用系统调用，以指示操作系统完成任务并获取结果。

计算机保存数据的地方是内存，内存的基础单元为字节。为了有效使用内存，编程语言需要提供什么？答案很明显：需要操作这些不同大小的内存单元的工具，也就是基础数据类型。

基础数据类型允许用户从操作系统中获取指定大小的内存空间。如果需要获取不属于这些规格的内存空间，就需要动态分配内存。如果只分配内存而不释放，内存耗尽将导致系统崩溃。因此，用户需要归还内存，这可以通过两种方式实现：程序自动释放或通过编程手动释放。在提供了这些基本操作后，编程语言还需要为用户提供便捷的使用方法。

通过以上分析，可以得出以下编程语言需要提供的功能。

- ☑ 封装系统调用，方便用户调用（线程库、IO 库、图形库、网络编程库）。
- ☑ 提供基础数据类型，以使用规格化的内存。
- ☑ 提供内存分配和释放的手段。
- ☑ 提供基础算法与数据结构（数组、链表、队列、栈、树）。
- ☑ 按照编程语言的特性，提供面向对象的支持（抽象、继承、多态）。

### 6. 混沌视角的妙用

掌握以上内容后，我们就打开了编程的"上帝视角"。接下来，我将介绍如何运用混沌学习法和混沌视角进行学习。我们仍以 C 语言和 Java 语言为例，这两种语言非常适合作为示例。大部分读者是 Java 开发者，而 C 语言因其保留了底层框架的基础操作，被视为操作系统的主要语言。

以服务端网络编程为例进行分析。C 语言的网络编程方式如下。

```
01    /*
02
03     * server.c 服务端实现。引入宏定义，它们封装了系统调用和常用算法数据结构
04
05     */
06
07    #include <sys/types.h>
08    #include <sys/socket.h>
09    #include <stdio.h>
10    #include <netinet/in.h>
11    #include <arpa/inet.h>
12    #include <unistd.h>
13    #include <string.h>
14    #include <netdb.h>
15    #include <sys/ioctl.h>
16    #include <termios.h>
17    #include <stdlib.h>
```

```
18    #include <sys/stat.h>
19    #include <fcntl.h>
20    #include <signal.h>
21    #include <sys/time.h>
22    #include <errno.h>
23    int main(void)                              //主函数,将从这里开始运行
24
25    {
26
27        int sk,csk;                             //服务端 sk 和客户端 csk fd(文件描述符)
28        char rbuf[51];                          //接收缓冲区
29        struct sockaddr_in addr;                //socket 地址
30        sk = socket(AF_INET,SOCK_STREAM,0);     //创建 socket
31        bzero(&addr,sizeof(struct sockaddr));   //清空内存
32
33        // 设置属性
34        addr.sin_family = AF_INET;
35        addr.sin_addr.s_addr = htonl(INADDR_ANY);
36        addr.sin_port = htons(5000);            //设置端口
37        // 绑定地址
38        if(bind(sk,(struct sockaddr *)&svraddr,
               sizeof(struct sockaddr_in))== -1){
39            fprintf(stderr,"Bind error:%s\n",strerror(errno));
40            exit(1);
41        }
42        if(listen(sk,1024) == -1){              //开始监听来自客户端的连接
43            fprintf(stderr,"Listen error:%s\n",strerror(errno));
44            exit(1);
45        }
46        // 从完成 TCP 三次握手的队列中获取 client 连接
47        if((csk = accept(sk,(struct sockaddr *)NULL,NULL)) == -1){
48            fprintf(stderr,"accept error:%s\n",strerror(errno));
49            exit(1);
50        }
51        memset(rbuf,0,51);                      //重置缓冲区
52        recv(csk,rbuf,50,0);                    //从 socket 中读取数据并放入缓冲区中
53        printf("%s\n",rbuf);                    //打印接收到的数据
54        // 关闭客户端和服务端
55        close(csk);
56        close(sk);
57    }
```

Java 语言的网络编程方式如下。

```
01    public class Server {
02        public static void main(String[] args) throws Exception {
03            byte[] buffer=new byte[1024];                    //接收缓冲区
04            ServerSocket serverSocket = new ServerSocket(DEFAULT_PORT,
```

```
                            BACK_LOG, null);    //绑定端口同时创建服务端 socket
05          Socket socket = serverSocket.accept();        //接收客户端请求
06          // 获取输入流对象
07          InputStream inputStream = socket.getInputStream();
08          inputStream.read(buffer);                      //读取数据
09          socket.close();
10          serverSocket.close();
11      }
12  }
```

接下来，我们进行融合分析。通过观察源码，我们可以发现，这两种编程语言在网络编程的步骤上竟然完全一致，即创建 Socket、绑定端口、接受连接、分配缓冲区、读取数据、关闭连接。

C 语言的实现相对复杂，而 Java 则通过 JVM 封装了这些操作。读者在阅读完三册书后，若打开 JVM 源码，便会发现 Java 语言的 JDK 包通过 JNI（Java native interface）调用了与 C 语言相同的操作函数。

进一步地，读者可以观察其他语言的 Socket 编程，实际上也是遵循相同的模式。在这里，我只是以网络编程为例，但读者可以将这种分析方法应用到编程语言的其他库中，如线程、IO、集合等。你会发现，尽管写法不同，但它们遵循的原理是相同的。

通过从底层分析到共同点，再通过混沌学习法进行融合分析，我们能够清晰地理解编程语言底层的设计实现，从而获得一种"上帝视角"。任何编程语言的原理都符合共同的规律，即封装系统调用、提供功能类库。在使用编程语言时，我们不再需要害怕任何东西。因为底层原理相通，我们只需熟悉语法，找到所需的系统调用，然后找到编程语言的封装类库，按照语法规则调用即可。

# 前 言
Preface

## 为什么要写这本书

因为计算机编程的知识往往是分散的，我们需要对其进行归纳和总结，以构建一个完整的知识体系。同时，我希望为社会贡献一份微薄的力量。学习在很大程度上取决于个人的领悟，我期望读者通过阅读本书能够确定适合自己的学习路径。

本书非常适合那些已经接触过计算机编程、具备一定代码编写能力，但对计算机整体体系结构和底层原理了解不深的读者。本书旨在帮助他们深入了解计算机的工作机制和基本原理。本书内容涵盖 Intel 芯片的工作机制、编译器与连接器的原理，对这三个领域感兴趣的读者同样适合阅读。

本书中的大多数源代码示例都与 C 语言相关，涉及的范围包括但不限于 Linux 内核、glibc 库以及 Bison。同时，本书在介绍编译器实现的部分采用了 Java 代码。因此，读者最好具备一定的 C 语言和 Java 语言基础知识。

## 如何阅读这本书

本书按照计算机从硬件到软件的架构进行设计，读者可根据个人学习需求，查阅并学习各章节的内容。我将前三章归类为概念篇或抽象篇，它们主要介绍相关概念的形成过程，而这些内容并未具象化到某个产品或编程语言。首先，我们从计算机的组成讲起（包括 CPU、内存的实现），帮助读者理解硬件底层的原理。接着，我们探讨汇编语言的重要性，它是如何基于硬件层面构建的。随后，我们通过指出汇编语言的局限性，引出更易于阅读和理解的编程语言。最后，我们通过分析不同层级语言（高级语言、低级语言）之间的关系，阐述编译器的工作原理。从第 5 章开始，内容变得更加具体和实践，以 Intel 汇编语言为例，详细介绍汇编指令的设计（对操作系统的支持指令）以及特定指令（PUSH 和 MOV）的工作原理。我们使用 C 语言来展示其特性，并与前文中的语言设计概念相呼应。此外，我们还描述程序结构的完整加载和运行过程（动态链接器原理）。最后，为了加深读者的理解，我们以内存分配为例，详细讲解内存分配的整个流程。

## 勘误和支持

由于本人水平有限，书中难免存在错误和疏漏，恳请读者不吝赐教并指出。如果读者有任何宝贵意见和建议，欢迎您发送电子邮件到我的邮箱（star@starsky.email），期待收到您的真诚反馈。

# 致　　谢
## Acknowledgements

谨以此书献给一直鼓励我前进的伙伴们，以及给予我爱护和支持的朋友们。

在撰写本书的一年时间里，我不仅"孕育"了这本书，我的太太也诞下了一子。在此，我要感谢我的夫人对我的体谅和鼓励，感谢父母在整个过程中给予的照顾，让我能够安心地完成本书的创作。同时，我要感谢黄俊老师提供的平台和本书的核心思路（本书与混沌学堂课程相关），正是这些因素促成了这本书的诞生。

我还要特别感谢陈利石老师对我们年轻人的宽容、指导和培养，在我们学习和成长过程中给予的关心和帮助。

# 目 录

## Contents

**第 1 章 计算机的组成** 1
- 1.1 一颗计算机种子 1
- 1.2 百花齐放 2
  - 1.2.1 冯·诺依曼架构 3
  - 1.2.2 哈佛架构 4
- 1.3 e 进制 5
  - 1.3.1 进制 5
  - 1.3.2 二进制 6
  - 1.3.3 三进制 6
  - 1.3.4 e 进制 7
  - 1.3.5 其他进制 8
- 1.4 逻辑门与运算单元 10
  - 1.4.1 NMOS 与 PMOS 10
  - 1.4.2 非门（NOT） 10
  - 1.4.3 与门（AND） 11
  - 1.4.4 与非门（NAND） 11
  - 1.4.5 或门（OR） 11
  - 1.4.6 解复用器（de-multiplexer，DEMUX） 12
  - 1.4.7 复用器（multiplexer，MUX） 13
  - 1.4.8 异或门（XOR） 14
  - 1.4.9 多位组合电路 15
  - 1.4.10 半加器（Half Adder） 17
  - 1.4.11 全加器（Full Adder） 18
  - 1.4.12 十六位负数判断（IsNeg） 18
  - 1.4.13 十六位加法器（Adder16） 18
  - 1.4.14 算术逻辑单元（ALU） 19
- 1.5 D 触发器与存储单元 20
  - 1.5.1 RS 触发器 20
  - 1.5.2 D 触发器 21
  - 1.5.3 四位存储器 21
  - 1.5.4 十六位寄存器 22
  - 1.5.5 高位寄存器内存组合 23
  - 1.5.6 小结 24
- 1.6 振荡器与计时器 25
- 1.7 CPU 的组成 26
  - 1.7.1 PC 计数器 26
  - 1.7.2 寄存器 27
  - 1.7.3 功能定义 27
  - 1.7.4 CPU 实现 30
- 1.8 计算机的组成 32
  - 1.8.1 内存 32
  - 1.8.2 其他设备 33
  - 1.8.3 计算机实现 34
- 1.9 网络服务的组成 35
  - 1.9.1 单体网络服务 35
  - 1.9.2 分布式服务 36
- 1.10 小结 37

**第 2 章 汇编语言** 39
- 2.1 指令集体系结构（ISA） 39

| | | |
|---|---|---|
| 2.2 | CISC | 40 |
| 2.3 | RISC | 40 |
| 2.4 | Intel 指令集 | 41 |
| | 2.4.1 指令前缀 | 42 |
| | 2.4.2 操作码 | 43 |
| | 2.4.3 ModR/M 与 SIB | 44 |
| | 2.4.4 位移与立即数 | 45 |
| 2.5 | 通用汇编指令 | 45 |
| | 2.5.1 MOV、ADD、SUB | 45 |
| | 2.5.2 MLU、DIV、SHL、SHR | 45 |
| | 2.5.3 PUSH、POP | 46 |
| | 2.5.4 JMP、JXX | 47 |
| 2.6 | 汇编的内存结构 | 47 |
| | 2.6.1 位宽 | 47 |
| | 2.6.2 步长 | 47 |
| 2.7 | 汇编器 | 48 |
| | 2.7.1 简单汇编 | 48 |
| | 2.7.2 汇编器 | 49 |
| 2.8 | 小结 | 54 |

**第 3 章 如何设计一门语言 55**

| | | |
|---|---|---|
| 3.1 | 语言的目标 | 55 |
| 3.2 | 类型系统 | 55 |
| 3.3 | 抽象操作 | 56 |
| | 3.3.1 汇编拓展 | 56 |
| | 3.3.2 寄存器拓展 | 57 |
| 3.4 | 内存抽象 | 57 |
| | 3.4.1 数组 | 58 |
| | 3.4.2 结构体 | 58 |
| 3.5 | 进程内存结构 | 58 |
| | 3.5.1 堆 | 59 |
| | 3.5.2 栈 | 59 |

| | | |
|---|---|---|
| | 3.5.3 数据段 | 60 |
| | 3.5.4 代码段 | 60 |
| | 3.5.5 应用程序二进制接口 | 61 |
| 3.6 | 小结 | 61 |

**第 4 章 编译器 63**

| | | |
|---|---|---|
| 4.1 | 编译原理 | 63 |
| | 4.1.1 词法分析 | 64 |
| | 4.1.2 语法分析 | 76 |
| | 4.1.3 语义分析 | 115 |
| 4.2 | GCC 编译器源码 | 131 |
| 4.3 | 其他编译器 | 152 |
| 4.4 | 小结 | 152 |

**第 5 章 Intel 与汇编 154**

| | | |
|---|---|---|
| 5.1 | Intel 历史 | 154 |
| 5.2 | Intel 编码语法 | 156 |
| 5.3 | 基础寄存器 | 157 |
| | 5.3.1 通用寄存器 | 157 |
| | 5.3.2 段寄存器 | 159 |
| | 5.3.3 状态寄存器 | 161 |
| | 5.3.4 指令指针寄存器 | 161 |
| 5.4 | Intel 内存分段 | 163 |
| 5.5 | Intel 内存分页 | 168 |
| 5.6 | 保护模式 | 170 |
| | 5.6.1 数据段的访问与检查 | 172 |
| | 5.6.2 代码段的访问与检查 | 173 |
| | 5.6.3 调用门 | 176 |
| | 5.6.4 中断与异常 | 179 |
| | 5.6.5 任务管理 | 187 |
| 5.7 | 其他 | 190 |
| | 5.7.1 多核处理器 | 190 |

5.7.2 APIC ································192
5.8 Intel 指令原理 ····························193
　5.8.1 PUSH 指令 ···················193
　5.8.2 MOV 指令 ····················194
　5.8.3 ADD、MUL、DIV、SUB
　　　　指令 ································195
　5.8.4 LIDT/LGDT ················196
5.9 小结 ·········································197

## 第 6 章 C 语言 ································198
6.1 C 标准历史（维基百科）······198
　6.1.1 基于 B 语言的第一个 C
　　　　版本 ································199
　6.1.2 结构体和 UNIX 内核重写 ···199
　6.1.3 K&R C ··························199
　6.1.4 ANSI C 和 ISO C ········200
　6.1.5 C99 ································201
　6.1.6 C11 ································202
　6.1.7 小结 ································202
6.2 宏定义 ·····································202
6.3 变量与常量 ····························203
6.4 函数 ·········································206
6.5 数组与指针 ····························209
6.6 结构体 ·····································214
　6.6.1 位操作 ····························216
　6.6.2 其他 ································218
　6.6.3 返回值 ····························219
6.7 可变数组 ································222
6.8 其他特性 ································224
　6.8.1 浮点型运算 ····················224

　6.8.2 联合体和枚举 ················225
　6.8.3 标准库 ····························227
　6.8.4 extern/volatile ··············227
　6.8.5 内联汇编 ························228
6.9 C 语言的编译 ·························230
6.10 GAS ········································232
6.11 小结 ·······································234

## 第 7 章 ELF 与链接器 ···················236
7.1 ELF ·········································236
　7.1.1 ELF 头结构 ····················238
　7.1.2 节的结构 ························239
　7.1.3 字符串表 ························240
　7.1.4 符号表 ····························241
　7.1.5 重定位表 ························242
　7.1.6 程序加载 ························245
　7.1.7 程序头结构 ····················246
　7.1.8 程序解释器 ····················248
　7.1.9 小结 ································257
7.2 动态链接器 ····························257
　7.2.1 Bash 执行流程 ···············258
　7.2.2 fork() 原理 ·····················260
　7.2.3 execve() 原理 ·················265
　7.2.4 glibc 动态链接原理 ········281
7.3 库打桩 ·····································318
7.4 内存分配 ································319
　7.4.1 glibc ································320
　7.4.2 内核 ································338
　7.4.3 内核信号机制 ················360
7.5 小结 ·········································368

# 第 1 章 计算机的组成

物有本末,事有终始,知其先后,则近道矣。一件事物的产生并非一蹴而就,无论是宏观的世界,还是微观的杯子。我们所能看到的,都是经历了漫长发展过程最终形成的成果,杯子是这样,计算机亦是如此。本章将介绍计算机演变过程及其证明,并从数学与物理两个方面证明它的可行性。由于内容非常广泛,本章不会深入某些具体的内容。因为计算机发展至今,它的知识体系已经非常庞大了,并非一书能解决。本章遵从书名,主要讲述计算机发展的主要过程,读者根据此过程可以找到自己的发展方向。

## 1.1 一颗计算机种子

1936 年,英国数学家艾伦·图灵提出了一种将人的计算行为抽象化的数学逻辑机器,这种机器在更抽象的层面上被视为一种计算机模型,也被称为**确定型图灵机**,如图 1.1 所示。

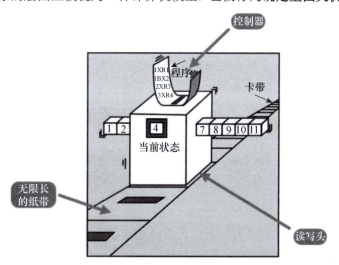

图 1.1 确定型图灵机示意图

图灵的基本思想是用机器模拟人用纸和笔进行数学运算的过程。图灵将计算过程看作两种简单动作的组合，即在纸上标记或擦除符号，以及把注意力从纸的一处移动到另一处。

在每个阶段，人依据当前关注的纸上某个位置的符号和当前思维的状态，决定下一步动作。

为了模拟人的运算过程，图灵构造了一台假想的机器，该机器由纸带、读写头、控制规则、寄存器四部分组成。

**无限长的纸带**被划分为一个接一个的小格子，每个格子上包含一个来自有限字母表的符号，并使用特殊符号（□）表示空白。纸带上的格子从左到右依次被编号为 0、1、2 等数字。纸带的右端可以无限伸展。

**读写头**可以在纸带上左右移动，它不仅能读出当前所指的格子上的符号，还能对符号进行修改。

**控制规则**根据当前机器所处的状态，以及当前读写头所指格子上的符号，确定读写头下一步的动作，并改变状态寄存器的值，使机器进入新状态。控制规则按照写入、移动、保持的顺序告知图灵机命令。其中：写入命令用于替换或擦除当前符号；移动命令则指挥读写头向左（L）、向右（R）移动，或不移动（N）；保持命令则用于维持当前状态或者切换到另一状态。

**状态寄存器**负责保存图灵机当前所处的状态。图灵机的所有可能状态的数目是有限的，并且其中有一个特殊的状态，称为停机状态（即无法通过一个程序正确地判断另一个程序是停机还是死循环，另一个程序也包含它自己）。

> **注意：**
>
> 图灵机的每一部分都是有限的，但它有一个潜在的无限长的纸带，因此这种机器只是一种理想的设备。图灵认为这样的一台机器就能模拟人类所能进行的任何计算过程。由于图灵机是理想化的设备，1946 年美国陆军弹道研究实验室（BRL）公布的**电子数值积分计算机（ENIAC）**才被认为是世界上第一台通用计算机。ENIAC 是图灵完全的电子计算机，能够重新编程，以解决各种计算问题。

## 1.2 百花齐放

掌握图灵机原理后，我们会发现其设计思想相对直观，尽管它属于高科技产品。本节将介绍两种结构：**冯·诺依曼架构**和**哈佛架构**。

## 1.2.1 冯·诺依曼架构

**冯·诺依曼架构**（Von Neumann architecture），也称为**冯·诺依曼模型**（Von Neumann model）或**普林斯顿架构**（Princeton architecture），是一种将程序指令存储器和数据存储器合并在一起的计算机设计概念，诞生于 1945 年，由**约翰·冯·诺依曼**（John Von Neumann）和其他人在 EDVAC 报告初稿中提出。它是一种实现通用图灵机的计算设备架构，同时隐约指导了将存储设备与中央处理器分开的概念。因此，基于此架构设计的计算机又被称为**存储程序计算机**。

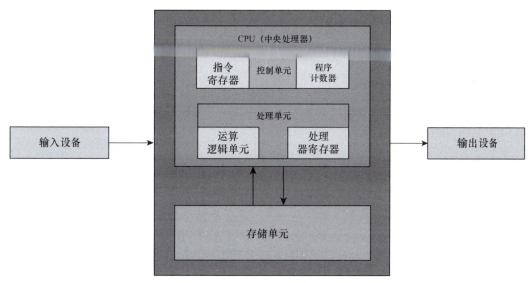

图 1.2　冯·诺伊曼架构的设计概念

图 1.2 展示了冯·诺依曼架构的设计理念，它由处理单元、控制单元、存储单元和输入/输出设备构成。

从图 1.2 中可以观察到，处理单元包含运算逻辑单元和处理器寄存器。其中，处理器寄存器用于存储逻辑运算的中间值。

控制单元包含指令寄存器和程序计数器，指令寄存器负责存储即将执行的指令，而程序计数器则记录下一条指令的位置，即行号。处理单元可以计算出当前指令的执行结果，该结果可能是运算值，也可能是下一条指令的行数（这个行数可以是具体值，也可以是相对于当前计数器值的偏移量）。

存储单元是控制单元用于存储执行结果的部分，同时支持控制器读取数据和指令。程序指令也存储于此。

输入/输出设备在程序和计算机都准备就绪后，允许用户进行操作。用户的任何操作都会转化为指令执行，这构成了输入。计算机的计算结果可以输出到屏幕上，也可以控制其他设备，这个过程称为输出。

扩展存储用于连接更大的外部存储设备，它通常被视为输入/输出设备的一部分。

冯·诺依曼架构这一术语现已扩展至涵盖所有存储程序计算机，在这些计算机中，指令的获取和数据操作无法同时进行（因为它们使用同一条公共总线）。这种现象被称为冯·诺依曼瓶颈，通常会对系统的性能产生限制。该架构的核心是对图灵机概念的进一步具体化，其中一个重要变革是引入了电子元件，而图灵机的时代则主要依赖于机械部件。

### 1.2.2 哈佛架构

哈佛架构（Harvard architecture）是一种计算机架构，它采用将程序指令存储和数据存储分开的存储器结构，即所谓的分离缓存（split cache）。这种架构最初应用于马克一号（Mark I），该计算机被认为是世界上第一台大型通用电子数字计算机。马克一号由 IBM 的霍华德·艾肯设计，并于 1944 年 8 月 7 日被安装在哈佛大学，因此这种架构被称为哈佛架构，如图 1.3 所示。

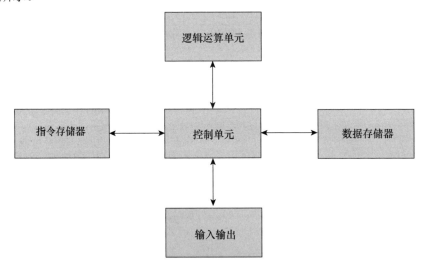

图 1.3 哈佛架构的设计概念

哈佛架构经常被用来与冯·诺依曼架构进行比较。在冯·诺依曼架构中，程序指令和数据共享相同的内存和传输路径。哈佛架构则将存储单元分为指令存储器与数据存储器两部分，这样做有效地解决了冯·诺依曼架构的瓶颈问题。具体对比可参见图 1.4。

# 第 1 章 计算机的组成

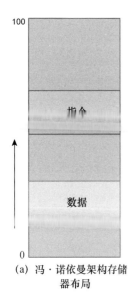
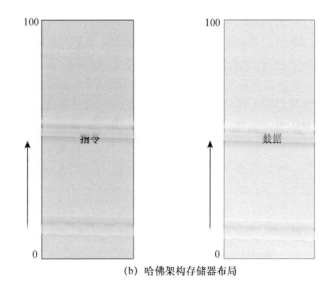

(a) 冯·诺依曼架构存储器布局　　　　　　　(b) 哈佛架构存储器布局

图 1.4　地址编码比较

哈佛架构允许指令地址和数据地址相同，这是因为它拥有独立的指令和数据总线。相较之下，冯·诺依曼架构采用单一总线来同时处理指令和数据，这种设计限制了指令和数据的并行处理，进而影响性能，尽管它简化了设计并降低了成本。目前，许多计算机系统仍然采用冯·诺依曼架构。值得注意的是，第一个在 Mark I 计算机上运行的程序是在冯·诺依曼的领导下，于 1944 年 3 月 29 日开发的。在后续的讲解中，我们将重点介绍冯·诺依曼架构，并对本节提到的术语，如地址，进行详细解释。

## 1.3　e 进制

前文已提及程序、地址及存储的数据均需要经过编码才能有效存储。本节将详细阐述与编码相关的知识。

### 1.3.1　进制

进制是一种记数方式，全称为进位制。它是一种记数法，通过使用有限种数学符号来表示所有的数值。在一种进制中，可以使用的数学符号的数目称为该进制的基数或底数。如果一个进制的基数为 $n$，则可以称其为 $n$ 进制。进制的特征在于每计满 $n$ 个数时，就进一位。

## 1.3.2　二进制

现代的**二进制**（**binary**）记数系统由戈特弗里德·威廉·莱布尼茨于 1679 年设计，这一系统的详细描述首次出现在他于 1703 年发表的文章《论只使用符号 0 和 1 的二进制算术，兼论其用途及它赋予伏羲所使用的古老图形的意义》[①]中。与二进制数相似的概念在早期文化中也有所体现，包括古埃及、中国、古印度以及太平洋岛屿的土著文明。其中，古代中国的《易经》激起了莱布尼茨的深刻联想。

从对进制的描述中可以推理出，二进制是一种以 2 为基数的计数系统，其特点是逢二进一，因此该系统只有两个数字 0 和 1。例如，当 1+1 时，结果是 10。以下是莱布尼茨的二进制记数系统的一个例子。

- ☑　0 0 0 1　数值为 $2^0$。
- ☑　0 0 1 0　数值为 $2^1$。
- ☑　0 1 0 0　数值为 $2^2$。
- ☑　1 0 0 0　数值为 $2^3$。

莱布尼茨认为《易经》中的卦象与二进制算术有着紧密的联系。在解读《易经》中的卦象之后，他坚信这些卦象可以作为二进制算术的证据。他饶有兴致地将《易经》的卦象与从 0 到 111111 的二进制数字进行一一对应，并认为这种对应体现了中国在其重大成就中所展现的、他所崇尚的数学哲学。

## 1.3.3　三进制

若从常规进制来看，三进制与二进制的基本原理相似，只是多了一个符号 2。因此，这里介绍的是**平衡三进制**（**balanced ternary**）。平衡三进制是一种非标准的计数系统，其基数为 3，使用的符号为 -1、0 和 1。与标准的三进制系统不同，平衡三进制并不是在 1 之后继续延伸数字，而是在 0 之前引入了 -1，如表 1.1 所示。

平衡三进制能够表示所有整数，这是因为它引入了 -1，从而在表示负数时无须使用额外的负号。这一特性使得平衡三进制在加法、减法和乘法运算的效率上高于二进制。美国著名计算机科学家唐纳德·高德纳在《计算机程序设计艺术》一书中赞叹道："也许最美的进制是平衡三进制。"

在计算机的早期发展历程中，苏联研制了一些基于平衡三进制的实验性计算机，其中最著名的是尼古拉·布鲁金索夫和谢尔盖·索博列夫共同建造的 Сетунь。与传统的二进制

---

[①] 原文完成于 1703 年，并于 1705 年首次发表在巴黎出版的《1703 年皇家科学院年鉴》（Histoire de l'Académie Royale des Sciences , Année 1703 , Paris ,1705, pp :85—89）

系统相比，平衡三进制的实验性设计在计算科学领域展现了明显的优势。具体来说，其正负对称的特性大大提高了多位乘法运算中的进位效率。此外，平衡三进制在舍入操作中减少了进位的频率。在该系统中，单位数的乘法运算无须进行进位，加法运算最多只产生两个对称进位，而非三个，这简化了计算过程。

表 1.1　平衡三进制

| 平衡三进制 | 逻辑认知 | 标准三进制 |
| --- | --- | --- |
| 1 | True | 2 |
| 0 | Unknown | 1 |
| T（−1） | False | 0 |

## 1.3.4　e 进制

数字 e 也称为欧拉数（Euler's number），是一个数学常数，其值约为 2.71828。它可以通过多种方式表征，如图 1.5 和图 1.6 所示。e 是自然对数的底数。此外，e 还可以定义为表达式 (1 + 1/n)^n 的极限，当 n 趋向于无穷大时。这个表达式在数学研究中具有重要意义，并且与复利计算的概念密切相关。

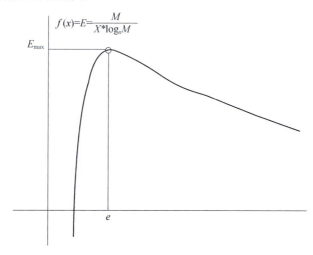

图 1.5　函数图像

$$e = \lim_{n \to \infty} \left(1 + \frac{1}{n}\right)^n$$

图 1.6　欧拉数定义公式

当 $n$ 为 1 000 000 时，计算结果约为 2.71828。那么，为何要提出以 $e$ 为基的进制呢？因为欧拉数（即自然对数的底数 $e$）在底数效率模型中被认为是最高效的进制。以下是一个例子，用以证明其效率：假设我们有一个数 100，我们该如何通过这 100 位数字组合出最大的值？例如，以 2 为底数，计算得到 100/2=50，这意味着有 50 个 2，而组合这些数字意味着将它们相乘，即 2 的 50 次方（2^50）。通过这个例子，我们可以比较不同进制系统的效率差异，具体见表 1.2。

表 1.2 数据对比

| 进制（底） | 每一位（表示存在可能） | 位数（约） | 总数（约） |
| --- | --- | --- | --- |
| 2 | 2 | 50 | 2^50≈1 125 899 906 842 624 |
| 2.71828 | 2.71828 | 36.7879 | 2.71828^36.7879≈9 479 189 905 491 517 |
| 3 | 3 | 33 | 3^33≈5 559 060 566 555 523 |
| 8 | 8 | 12.5 | 8^12.5≈194 368 031 998 |
| 10 | 10 | 10 | 10^10≈10 000 000 000 |
| 16 | 16 | 6.25 | 16^6.25≈33 554 432 |
| 32 | 32 | 3.125 | 32^3.125≈50 535.164 |

根据上一组数据，我们观察到进制底数与 $e$ 的距离越远，可组合的数值就越小，而当底数恰好为 $e$ 时，可组合的数值达到最大。由于 $e$ 进制的组合数较多，因此它能表达的数据量也更大。在成本相同（均为 100）的情况下，不同进制系统能表达的数据量不同，这正是效率差异的体现。因此，我们可以得出以下结论：$e$ 进制是最有效率的进制，其次是三进制，因为它的底数最接近 $e$，然后是二进制。

## 1.3.5 其他进制

在日常生活中，我们最常用的是十进制系统，即使用数字 0、1、2…9。接下来，我们将介绍如何将十进制数转换为二进制数。

将十进制数转换为二进制数的方法是：将十进制数不断除以 2，并记录每次除法操作的余数。如果余数为 0，则记为 0；如果余数为 1，则记为 1。然后将这些余数顺序反转，得到的结果就是对应的二进制数。例如，将十进制数 20 转换为二进制的过程如下：

- ☑ 20 ÷ 2 = 10 余 0。
- ☑ 10 ÷ 2 = 5 余 0。
- ☑ 5 ÷ 2 = 2 余 1。
- ☑ 2 ÷ 2 = 1 余 0。
- ☑ 1 ÷ 2 = 0 余 1。

二进制结果为 10100，这是通过将计算得到的余数 00101 倒序排列而得到的。

将二进制数转换为十进制的方法是：将每个二进制位乘以 2 的幂次，幂次从右边的位开始以 0 计，并随着位数的增加而递增。然后将所有乘积相加，得到十进制结果。例如，将二进制数 10100 转换为十进制的过程如下：

- ☑ 从右第一位开始 $2^0 * 0 = 0$。
- ☑ 第二位，$2^1 * 0 = 0$。
- ☑ 第三位，$2^2 * 1 = 4$。
- ☑ 第四位，$2^3 * 0 = 0$。
- ☑ 第五位，$2^4 * 1 = 16$。

十进制结果为 20，即将这些乘积相加得到的总和。

十六进制是计算机科学中常用的进制系统，它包含数字 0、1、2…9 以及字母 A、B、C、D、E、F。这里将介绍十六进制与二进制之间的转换方法。

十六进制转二进制：这个过程与十进制转二进制的原理相似。

十六进制转十进制：这个过程与十进制转二进制的原理相同，不同之处在于这里除数是 16 而不是 2。

因此，可以得出一个规律：将大进制数转换为小进制数通常使用除法，而将小进制数转换为大进制数则通常使用乘法。相关的进制转换对照表如表 1.3 所示。

表 1.3 进制对照表

| 十进制 | 0 | 1 | 2 | 3 | 4 | 5 | 6 | 7 | 8 | 9 | 10 | 11 | 12 | 13 | 14 | 15 |
|---|---|---|---|---|---|---|---|---|---|---|---|---|---|---|---|---|
| 十六进制 | 0 | 1 | 2 | 3 | 4 | 5 | 6 | 7 | 8 | 9 | A | B | C | D | E | F |
| 二进制 | 0000 | 0001 | 0010 | 0011 | 0100 | 0101 | 0110 | 0111 | 1000 | 1001 | 1010 | 1011 | 1100 | 1101 | 1110 | 1111 |

我们已经介绍了计算机常用的进制。可能有读者会好奇，既然三进制在理论上比二进制更高效，那么为什么二进制仍然是计算机的主流实现呢？在历史的长河中，苏联曾尝试研发三进制计算机，美国也对此进行过研究，但这一尝试最终未能普及，这是由多种因素造成的。特别是由于历史的发展路径和技术选择，二进制在计算机科学中确立了其主导地位。当年，二进制的普及得益于半导体的广泛应用。尽管后来出现了支持三进制的新技术，但由于二进制设备已经广泛应用，三进制设备难以与之竞争。至今，如果突然转向三进制，

将会对现有的通信协议、操作系统、应用程序、存储设备以及数据产生颠覆性的影响，因为这一切都是基于二进制设计的。然而，历史总是充满不确定性，未来某一天可能会因为某些原因而转向三进制。既然目前二进制是主要的使用的进制，那么接下来的四节将深入剖析二进制设备的物理实现原理。

## 1.4 逻辑门与运算单元

本节将深入探讨基本的逻辑电路，并通过这些电路逐步推导出完整的运算单元。需要强调的是，虽然本节所介绍的电路理论上是可行的，但要实现它们，读者需要具备一定的电路基础知识。在某些电路设计中，可能还需要加入电阻等电子元器件来确保电路的正常运行。因此，建议读者在理解这些逻辑电路的基础上，进一步掌握相关的电路知识和技术，以便将这些理论应用于实际电路设计中。

### 1.4.1 NMOS 与 PMOS

电路中包含两个基本元件：NMOS（N-channel metal-oxide-semiconductor）和 PMOS（P-channel metal-oxide-semiconductor），分别如图 1.7 和图 1.8 所示。后续的逻辑门都是基于这两种元件构建的。其中，NMOS 晶体管在输入高电压时会导通，而 PMOS 晶体管则在输入低电压时导通。在二进制系统中，高电压对应于数字 1，低电压对应于数字 0。也就是说，有电流通过时表示高电压，代表 1；无电流通过时表示低电压，代表 0。在后续的讨论中，我们将使用 1 和 0 来表示这两种状态。

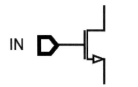
图 1.7 NMOS 晶体管示意图

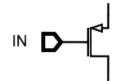
图 1.8 PMOS 晶体管示意图

本文不深入探讨 NMOS 和 PMOS 的工作原理，对此感兴趣的读者可自行查阅相关资料。读者只需知道 NMOS 和 PMOS 是构成整个逻辑电路的基础元件即可。

### 1.4.2 非门（NOT）

非门，又称为反相器，它能够接收 0 或 1 作为输入，并输出相反的值。如图 1.9 所示，非门是由一个 PMOS 晶体管和一个 NMOS 晶体管组成的。当输入为 1 时,PMOS 晶体管不导通,而 NMOS 导通,因此输出端 Out 会连接到 NMOS 晶体管的低电压端,从而输出 0。相反,当输入为 0 时,PMOS 晶体管导通,而 NMOS 晶体管不导通,输出端 Out 则会连接到 PMOS 晶体管的高电压端,因此输出为 1。

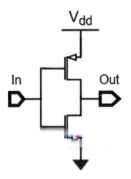

图 1.9 非门电路示意图

### 1.4.3 与门(AND)

与门具有两个输入端和一个输出端。从图 1.10 中可以观察到,该与门电路是由两个 NMOS 组成。只有当 In1 和 In2 同时输入高电平(即逻辑 1)时,输出端 Out 才会输出高电平(逻辑 1);如果 In1 和 In2 不同时为高电平,则输出端 Out 将输出低电平(逻辑 0),从而实现二进制逻辑与操作。

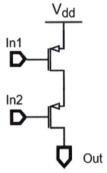

图 1.10 与门电路示意图

### 1.4.4 与非门(NAND)

与非门具有两个输入端和一个输出端。如图 1.11 所示,该门电路是由一个与门和一个非门组合而成的,其中非门的输入端接收与门的输出信号以产生最终结果。这个电路的一个潜在问题是时延。从该图中可以看出,与门和非门的操作似乎是同时进行的,但实际上,当与门的输出刚刚传递到非门时,非门就已经开始将结果输出到 Out 端,这就产生了时延问题。为了缓解这一时延问题,通常需要在非门之前加入其他元件,以确保非门在接收到与门的确切结果后才进行输出。在此,为了简化电路分析的复杂性,我们不对此进行进一步的扩展讨论。对此感兴趣的读者可以自行深入研究相关内容。

### 1.4.5 或门(OR)

或门具有两个输入端和一个输出端。如图 1.12 所示,该或门电路由两个 NMOS 晶体管并联连接组成。只要 In1 或 In2 中至少有一个输入为高电平(逻辑 1),电路就会导通,使得输出端 Out 为高电平(逻辑 1);只有当所有输入端 In1 和 In2 都为低电平(逻辑 0)时,输出端 Out 才会输出低电平(逻辑 0)。这实现了二进

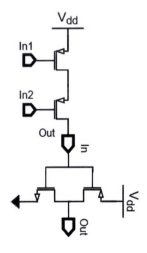

图 1.11 与非门电路示意图

制逻辑或操作。

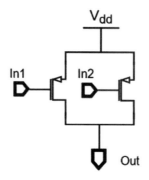

图 1.12　或门电路示意图

### 1.4.6　解复用器（de-multiplexer，DEMUX）

解复用器具有两个输入和两个输出。如图 1.13 所示，该电路由一个非门和两个与门组成，并通过 sel 信号来控制哪个与门的输出有效。这种电路通常用于选择功能，例如，两个与门分别对应加法电路和减法电路，可以通过 sel 信号来选择使用哪一个电路，并将 in 信号作为所选电路的输入。

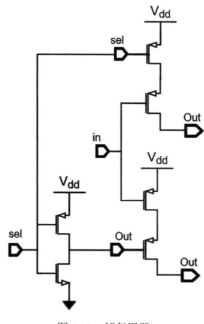

图 1.13　解复用器

由于该电路较为复杂，因此需要使用仿真语言进行描述。后续的电路将更加复杂，主要采用仿真形式展示，以便于读者理解。

使用仿真语言表示解复用器。

```
//存在两个输入，分别是数据in与选择信号sel
IN in, sel;
//使用sel将in输出到相应的端点，这里有两个输出a和b
OUT a, b;

//先对sel取反，得到n1
Not(in = sel, out = n1);
//如果in与n1的逻辑与结果为1，则输出给a
And(a = in, b = n1, out = a);
//如果in与sel的逻辑与结果为1，则输出给b
And(a = in, b = sel, out = b);
//这两个与门是并行执行的，它们之间没有依赖关系，因此执行顺序不影响结果
```

## 1.4.7 复用器（multiplexer，MUX）

复用器具有三个输入和一个输出。如图 1.14 所示，该电路由一个非门、两个与门和一个或门组成。它通过 sel 信号从输入 a 和 b 中选择一个结果进行输出：当 sel 为 1 时，选择 a 作为输出；当 sel 为 0 时，选择 b 作为输出。复用器的反向操作是解复用器。

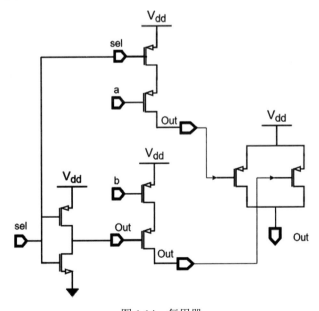

图 1.14　复用器

使用仿真语言表示复用器。

```
IN a, b, sel;
OUT out;

Not(in = sel, out = notSel);
And(a = b, b = sel, out = o1);
And(a = a, b = notSel, out = o2);
//通过或门从 o1 与 o2 中选择一个值作为输出
Or(a = o1, b = o2, out = out);
```

### 1.4.8　异或门（XOR）

异或门有两个输入和一个输出。通过图 1.15 可知，此门由两个非门、两个与门以及一个或门组成。其功能是实现两个二进制数的无进位加法，即当两个输入不同时，输出为 1；当两个输入相同时，输出为 0。

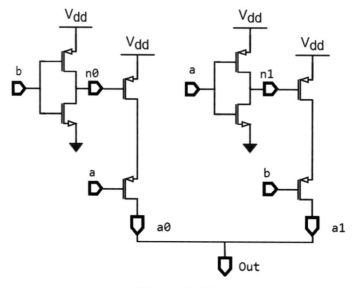

图 1.15　异或门

使用仿真语言表示异或门。

```
IN a, b;
OUT out;

Not(in = b, out = n0);
And(a = a, b = n0, out = a0);
Not(in = a, out = n1);
And(a = n1, b = b, out = a1);
Or(a = a0, b = a1, out = out);
```

## 1.4.9 多位组合电路

本小节将展示如何使用上述逻辑门来构建支持多位操作的组合电路。由于这些电路较为复杂,我们将提供相应的仿真语言代码。为了更好地理解逻辑计算,建议读者自行绘制电路图。之前的电路都是基于布尔逻辑运算来设计逻辑门的,感兴趣的读者可以尝试使用布尔代数来简化这些电路。

使用仿真语言表示十六位与门(And16)。

```
IN a[16], b[16];
OUT out[16];

And(a = a[0], b = b[0], out = out[0]);
And(a = a[1], b = b[1], out = out[1]);
And(a = a[2], b = b[2], out = out[2]);
And(a = a[3], b = b[3], out = out[3]);
And(a = a[4], b = b[4], out = out[4]);
And(a = a[5], b = b[5], out = out[5]);
And(a = a[6], b = b[6], out = out[6]);
And(a = a[7], b = b[7], out = out[7]);
And(a = a[8], b = b[8], out = out[8]);
And(a = a[9], b = b[9], out = out[9]);
And(a = a[10], b = b[10], out = out[10]);
And(a = a[11], b = b[11], out = out[11]);
And(a = a[12], b = b[12], out = out[12]);
And(a = a[13], b = b[13], out = out[13]);
And(a = a[14], b = b[14], out = out[14]);
And(a = a[15], b = b[15], out = out[15]);
```

使用仿真语言表示十六位复用器(**Mux16**)。

```
IN a[16], b[16], sel;
OUT out[16];

Mux(a = a[0], b = b[0], sel = sel, out = out[0]);
Mux(a = a[1], b = b[1], sel = sel, out = out[1]);
Mux(a = a[2], b = b[2], sel = sel, out = out[2]);
Mux(a = a[3], b = b[3], sel = sel, out = out[3]);
Mux(a = a[4], b = b[4], sel = sel, out = out[4]);
Mux(a = a[5], b = b[5], sel = sel, out = out[5]);
Mux(a = a[6], b = b[6], sel = sel, out = out[6]);
Mux(a = a[7], b = b[7], sel = sel, out = out[7]);
Mux(a = a[8], b = b[8], sel = sel, out = out[8]);
Mux(a = a[9], b = b[9], sel = sel, out = out[9]);
Mux(a = a[10], b = b[10], sel = sel, out = out[10]);
Mux(a = a[11], b = b[11], sel = sel, out = out[11]);
Mux(a = a[12], b = b[12], sel = sel, out = out[12]);
Mux(a = a[13], b = b[13], sel = sel, out = out[13]);
```

```
Mux(a = a[14], b = b[14], sel = sel, out = out[14]);
Mux(a = a[15], b = b[15], sel = sel, out = out[15]);
```

使用仿真语言表示**十六位四路复用器**（**Mux4Way16**）。

```
IN a[16], b[16], c[16], d[16], sel[2];
OUT out[16];

Mux16(a = a, b = b, sel = sel[0], out = o1);
Mux16(a = c, b = d, sel = sel[0], out = o2);
Mux16(a = o1, b = o2, sel = sel[1], out = out);
```

使用仿真语言表示**十六位八路复用器**（**Mux8Way16**）。

```
IN a[16], b[16], c[16], d[16],
   e[16], f[16], g[16], h[16],
   sel[3];
OUT out[16];

Mux4Way16(a = a, b = b, c = c, d = d, sel = sel[0..1], out = o1);
Mux4Way16(a = e, b = f, c = g, d = h, sel = sel[0..1], out = o2);
Mux16(a = o1, b = o2, sel = sel[2], out = out);
```

使用仿真语言表示**四路解复用器**（**DMux4Way**）。

```
IN in, sel[2];
OUT a, b, c, d;

DMux(in = in, sel = sel[1], a = o1, b = o2);
DMux(in = o1, sel = sel[0], a = a, b = b);
DMux(in = o2, sel = sel[0], a = c, b = d);
```

使用仿真语言表示**八路解复用器**（**DMux8Way**）。

```
IN in, sel[3];
OUT a, b, c, d, e, f, g, h;

DMux4Way(in = in, sel = sel[1..2], a = o1, b = o2, c = o3, d = o4);
DMux(in = o1, sel = sel[0], a = a, b = b);
DMux(in = o2, sel = sel[0], a = c, b = d);
DMux(in = o3, sel = sel[0], a = e, b = f);
DMux(in = o4, sel = sel[0], a = g, b = h);
```

使用仿真语言表示**十六位非门**（**Not16**）。

```
IN in[16];
OUT out[16];

Not(in = in[0], out = out[0]);
Not(in = in[1], out = out[1]);
Not(in = in[2], out = out[2]);
Not(in = in[3], out = out[3]);
Not(in = in[4], out = out[4]);
```

# 第 1 章　计算机的组成

```
Not(in = in[5], out = out[5]);
Not(in = in[6], out = out[6]);
Not(in = in[7], out = out[7]);
Not(in = in[8], out = out[8]);
Not(in = in[9], out = out[9]);
Not(in = in[10], out = out[10]);
Not(in = in[11], out = out[11]);
Not(in = in[12], out = out[12]);
Not(in = in[13], out = out[13]);
Not(in = in[14], out = out[14]);
Not(in = in[15], out = out[15]);
```

使用仿真语言表示十六位或门（**Or16**）。

对输入的十六位数据进行或操作，最终得到一个结果值。

```
IN in[16];
OUT out;

Or(a = in[0], b = in[1], out = o1);
Or(a = o1, b = in[2], out = o2);
Or(a = o2, b = in[3], out = o3);
Or(a = o3, b = in[4], out = o4);
Or(a = o4, b = in[5], out = o5);
Or(a = o5, b = in[6], out = o6);
Or(a = o6, b = in[7], out = o7);
Or(a = o7, b = in[8], out = o8);
Or(a = o8, b = in[9], out = o9);
Or(a = o9, b = in[10], out = o10);
Or(a = o10, b = in[11], out = o11);
Or(a = o11, b = in[12], out = o12);
Or(a = o12, b = in[13], out = o13);
Or(a = o13, b = in[14], out = o14);
Or(a = o14, b = in[15], out = out);
```

## 1.4.10　半加器（Half Adder）

半加器有两个输入和两个输出。它通过计算输入的两个值来得到计算结果和进位标志，例如 1+1 的结果值为 0，进位标志为 1。

```
IN a, b;
OUT sum,
    carry;

Xor(a = a, b = b, out = sum);
And(a = a, b = b, out = carry);
```

## 1.4.11 全加器（Full Adder）

全加器由两个半加器和一个异或门组成，它比半加器多一个进位标志的输入。

```
IN a, b, c;
OUT sum,
    carry;

HalfAdder(a = a, b = b, sum = s1, carry = c1);
HalfAdder(a = s1, b = c, sum = sum, carry = c2);
Xor(a = c1, b = c2, out = carry);
```

## 1.4.12 十六位负数判断（IsNeg）

该电路判断最高位是否为1，若为1则代表传入的数据小于0，即负数。

```
IN in[16];
OUT out;

Or(a = in[15], b = false, out = out);
```

## 1.4.13 十六位加法器（Adder16）

计算两个十六位输入的和。

```
IN a[16], b[16];
OUT out[16];

HalfAdder(a = a[0], b = b[0], sum = out[0], carry = c0);
FullAdder(a = a[1], b = b[1], c = c0, sum = out[1], carry = c1);
FullAdder(a = a[2], b = b[2], c = c1, sum = out[2], carry = c2);
FullAdder(a = a[3], b = b[3], c = c2, sum = out[3], carry = c3);
FullAdder(a = a[4], b = b[4], c = c3, sum = out[4], carry = c4);
FullAdder(a = a[5], b = b[5], c = c4, sum = out[5], carry = c5);
FullAdder(a = a[6], b = b[6], c = c5, sum = out[6], carry = c6);
FullAdder(a = a[7], b = b[7], c = c6, sum = out[7], carry = c7);
FullAdder(a = a[8], b = b[8], c = c7, sum = out[8], carry = c8);
FullAdder(a = a[9], b = b[9], c = c8, sum = out[9], carry = c9);
FullAdder(a = a[10], b = b[10], c = c9, sum = out[10], carry = c10);
FullAdder(a = a[11], b = b[11], c = c10, sum = out[11], carry = c11);
FullAdder(a = a[12], b = b[12], c = c11, sum = out[12], carry = c12);
FullAdder(a = a[13], b = b[13], c = c12, sum = out[13], carry = c13);
FullAdder(a = a[14], b = b[14], c = c13, sum = out[14], carry = c14);
FullAdder(a = a[15], b = b[15], c = c14, sum = out[15], carry = c15);
```

## 1.4.14 算术逻辑单元（ALU）

此处通过现有的知识，构建一个简易的算术逻辑单元。

```
IN
    x[16], y[16],   //两个十六位输入
    zx,             //设置 x 为全 0 的标志位
    nx,             //取反 x 的输出标志位
    zy,             //设置 y 为全 0 的标志位
    ny,             //取反 y 的输出标志位
    f,              //计算方法选择标志位，1 表示加法（ x + y ），0 表示与运算（ x & y ）
    no;             //输出取反标志位
OUT
    out[16],        //十六位输出
    zr,             //输出结果是否为 0 的标志位
    ng;             //输出结果是否小于 0（即最高位为 1）的标志位

//当 zx 为 1 时，选择全 0（b:false）作为 x1 的输出
Mux16(a = x, b = false, sel = zx, out = x1);
//当 nx 为 1 时，取反 x1 得到结果 x2
Not16(in = x1, out = x2);
//通过 nx 从 x1 和 x2 中选择一个结果作为 x3
Mux16(a = x1, b = x2, sel = nx, out = x3);
//当 zy 为 1 时，选择全 0 作为输出到 y1
Mux16(a = y, b = false, sel = zy, out = y1);
//当 ny 为 1 时，取反 y1 得到结果 y2
Not16(in = y1, out = y2);
//通过 ny 从 y1 与 y2 中选择一个结果作为 y3
Mux16(a = y1, b = y2, sel = ny, out = y3);
//根据 f 标志位，选择进行加法或与运算
And16(a = x3, b = y3, out = f1);
Add16(a = x3, b = y3, out = f2);
//根据 f 标志位，选择 f1 和 f2 的输出到 o1
Mux16(a = f1, b = f2, sel = f, out = o1);
//当 no 为 1 时，取反 o1 得到 o2
Not16(in = o1, out = o2);
//通过 no 从 no1 与 no2 中选择一个结果作为输出到 out
Mux16(a = o1, b = o2, sel = no, out = out);
//计算输出结果是否为 0，结果输出到 zr1
Or16Way(in = out, out = zr1);
//取反 zr1 得到 zr
Not(in = zr1, out = zr);
//判断输出结果是否小于 0（即最高位为 1），结果输出到 ng
IsNeg(in = o3, out = ng);
```

至此，简单的 ALU 实现已经完成。此节的目的是向读者说明，ALU 是如何通过基础

元器件结合布尔运算来实现的。

## 1.5  D 触发器与存储单元

在逻辑单元的实现过程中,我们观察到一旦通电,系统就能输出预期的结果。如果需要调整输出值,就必须在程序中设置断点,修改输入参数后重新进行计算。如前文所述,程序是由一系列指令构成的,这些指令在执行时会产生中间计算结果。这些结果需要存储在特定的存储位置上,而存储单元正是负责管理这些位置的组件。本节将详细探讨存储单元的工作原理及其实现细节。

### 1.5.1  RS 触发器

在详细介绍 D 触发器之前,我们首先需要了解 RS 触发器,因为 D 触发器可以被视为 RS 触发器的升级版,它是在 RS 触发器的基础上增加了时钟脉冲控制。

如图 1.16 所示,RS 触发器是由两个或门(OR)和两个非门(NOT)互联构成的。它具有两个输入端和两个输出端,其中:第一个输入端 R 代表 Reset 的缩写,当 R 为 1 时,输出端 Q 将被置为 0,同时 Q' 输出为 1;第二个输入端 S 代表 Set 的缩写,当 S 为 1 时,输出端 Q 将被置为 1,而 Q' 输出为 0。在数据存储的需求下,通常只需要一个输出端口,即 Q,就足够了。从 Q 的角度来看,R 的作用是清零,而 S 的作用是置位。

为了更清楚地解释 RS 触发器的工作原理,我们将分别探讨或门和非门的作用,尽管在实际应用中,它们可以被组合成一个单独的门,即 NOR 门。读者如果仔细观察图 1.16 中的电路图,就会发现它看起来与普通逻辑电路没有太大区别,操作完成后似乎就结束了,那么它是如何实现锁存功能的呢?这是因为,或门和非门内部连接有独立的电源 Vdd,这意味着它们内部包含了一个小型的电路。这个小电路的通断状态由 R 和 S 的输入决定,进而影响 Q 和 Q' 的输出。值得注意的是,即使 R 和 S 没有输入信号,内部电路仍然保持活跃状态。因此,我们可以确认,RS 触发器的锁存功能是由其内部电路实现的。那么,如何改变 Q 的输出状态(即实现 1 与 0 的切换)呢?这可以通过控制 R 和 S 的输入信号来实现。

图 1.17 清楚地展示了 RS 触发器的工作原理。观察该图可知,当 R 输入为 1 时,该信号作为**步骤一**的输入,经过 NOR1 门处理,使得**步骤二**的输出为 0。接着,这个 0 作为**步骤三**的输入,经过 NOR2 门后,**步骤五**的输出结果变为,这一输出结果实际上替代了 R 的初始输入。因此,无论 R 的输入是 0 还是 1,由于**步骤五**的输出反馈至**步骤一**作为输入,NOR1 门的输入端始终维持为 1。这样,通过**步骤六**持续提供 1 作为输入,可以保持输出结果的稳定,从而实现锁存功能。同时,由于**步骤二**的输出始终为 0,Q 端的输出也一直保

持为 0，实现了 Reset（复位）的功能。

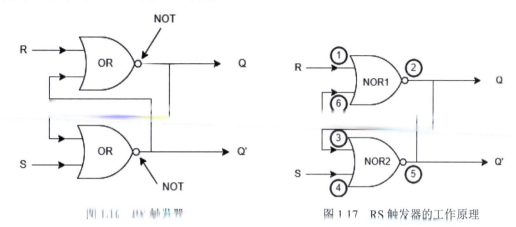

图 1.16 RS 触发器　　　　图 1.17 RS 触发器的工作原理

通过图 1.17，可以推导出 Set 原理。当**步骤四**的输入为 1 时，它经过 NOR2 门，导致**步骤五**的结果为 0。这一 0 值随后作为**步骤六**的输入，再经过 NOR1 门后，**步骤二**的输出结果为 1，即 Q 的输出结果为 1。同时，**步骤二**的输出作为**步骤三**的输入，这意味着即使当前的 S 输入为 0，由于**步骤三**已经替代了**步骤四**的原始输入 1，Set 的锁存效果也得以实现。

经过上述推理，发现 R 与 S 不能同时为 1，否则结果会变得不确定。相反，当 R 与 S 同时为 0 时，锁存效果得以实现。基于这些发现，可以进一步推导出真值表 1.4。

表 1.4 真值表

| S | R | Q | Q' | 动　　作 |
|---|---|---|---|---|
| 0 | 0 | 0 | 0 | 保持 |
| 1 | 0 | 1 | 0 | 设置 |
| 0 | 1 | 0 | 1 | 重置 |
| 1 | 1 | 1 | 1 | 不允许 |

## 1.5.2　D 触发器

前文已提及，D 触发器作为 RS 触发器的增强版，它的核心改进在于将 RS 输入端合并为一个 D 输入端，并通过 CLK（时钟）信号来控制触发器的状态变化，这样做旨在防止噪声（干扰）导致的错误。如图 1.18 所示，D 触发器是在 RS 触发器的基础上增加了两个 AND 门和一个 NOT 门。当 D 输入为 1 时，表示需要执行 Set 操作，此时需要等待 CLK 信号变为 1，然后通过 AND2 门的作用，将 S 输入端置为 1，以实现 Set 功能。相反，当 D 输入为 0 时，表示需要执行 Reset 操作，此时信号通过 NOT 门反相后变为 1，并且当 CLK 信号为 1 时，通过 AND1 门来实现 Reset 操作。

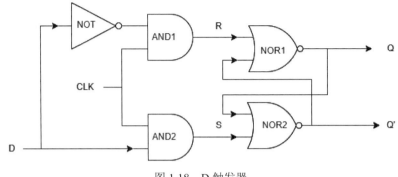

图 1.18 D 触发器

通过一个精巧的 NOT 门，可以灵活地选择是执行 Set 操作还是 Reset 操作。两个 AND 门则用于控制这两种操作（Set 和 Reset）的有效性。CLK 通常是由振荡电路提供的（我们将在后续章节中详细介绍），它为整个电路提供了时序控制。综上所述，我们得到了一个既可控又具备锁存功能的电路，这就是所谓的 D 型触发器（DFF）。

### 1.5.3 bit——一位存储器

通过整合 DFF（D 型触发器），我们可以构建一个 bit——一位寄存器。在这个寄存器中：只有当 store 信号为 1 时，data 才会被视为有效并被存储；若 store 信号为 0，则寄存器处于读取模式，此时存储的数据会被输出到 out 端，这样的数据单元被称作 bit。

```
IN data, store;
OUT out;

DFF(data = data, clk = store, out = out);
```

### 1.5.4 十六位寄存器

通过组合多个 bit，可以构建一个十六位的寄存器。该十六位寄存器使用一个统一的 store 信号，确保所有 bit 的步调一致，即同时进行数据的存储或读取操作。这样的设计奠定了基础存储为十六位的寄存器。

```
IN in[16], store;
OUT out[16];

Bit(in = in[0], store = store, out = out[0]);
```

```
Bit(in = in[1], store = store, out = out[1]);
Bit(in = in[2], store = store, out = out[2]);
Bit(in = in[3], store = store, out = out[3]);
Bit(in = in[4], store = store, out = out[4]);
Bit(in = in[5], store = store, out = out[5]);
Bit(in = in[6], store = store, out = out[6]);
Bit(in = in[7], store = store, out = out[7]);
Bit(in = in[8], store = store, out = out[8]);
Bit(in = in[9], store = store, out = out[9]);
Bit(in = in[10], store = store, out = out[10]);
Bit(in = in[11], store = store, out = out[11]);
Bit(in = in[12], store = store, out = out[12]);
Bit(in = in[13], store = store, out = out[13]);
Bit(in = in[14], store = store, out = out[14]);
Bit(in = in[15], store = store, out = out[15]);
```

## 1.5.5　高位寄存器内存组合

通过对多个寄存器进行组合，我们可以得到更大存储容量的寄存器内存。

### 1. 128 bit 寄存器内存

使用解码器和复用器，我们可以构建一个由 8 个 16 位寄存器组成的 128 位寄存器内存，记作 RAM8。

```
IN in[16], store, address[3];
OUT out[16];

DMux8Way(in = store, sel = address, a = storeA, b = storeB, c = storeC,
         d = storeD, e = storeE, f = storeF, g = storeG, h = storeH);

Register(in = in, store = storeA, out = o1);
Register(in = in, store = storeB, out = o2);
Register(in = in, store = storeC, out = o3);
Register(in = in, store = storeD, out = o4);
Register(in = in, store = storeE, out = o5);
Register(in = in, store = storeF, out = o6);
Register(in = in, store = storeG, out = o7);
Register(in = in, store = storeH, out = o8);

Mux8Way16(a = o1, b = o2, c = o3, d = o4, e = o5, f = o6, g = o7, h = o8,
          sel = address, out = out);
```

### 2. 128 byte 寄存器内存

将 RAM8 与解码器和复用器进行组合，可以构建一个更大的内存结构。在这个过程中，注意到地址位的宽度发生了变化，这是因为随着内存容量的增加，地址位的宽度也需要相应增加。解码器在选择内存单元时，使用了其中的三位地址线作为选择依据。将这个组合后的内存结构记作 RAM64。因为它由 64 个寄存器组成，每个寄存器是 16 位（即 2 字节），所以总的容量是 64×2=128 字节。

```
IN in[16], store, address[6];
OUT out[16];

DMux8Way(in = store, sel = address[3..5], a = storeA, b = storeB, c = storeC,
         d = storeD, e = storeE, f = storeF, g = storeG, h = storeH);
RAM8(in = in, store = storeA, address = address[0..2], out = o1);
RAM8(in = in, store = storeB, address = address[0..2], out = o2);
RAM8(in = in, store = storeC, address = address[0..2], out = o3);
RAM8(in = in, store = storeD, address = address[0..2], out = o4);
RAM8(in = in, store = storeE, address = address[0..2], out = o5);
RAM8(in = in, store = storeF, address = address[0..2], out = o6);
RAM8(in = in, store = storeG, address = address[0..2], out = o7);
RAM8(in = in, store = storeH, address = address[0..2], out = o8);
Mux8Way16(a = o1, b = o2, c = o3, d = o4, e = o5, f = o6, g = o7, h = o8,
          sel = address[3..5], out = out);
```

### 3. 128 KB 寄存器内存

若按照上述方式通过扩展三位地址来增加容量，中间将会经历多次迭代。为简化流程，此处将一步到位。RAM32K 代表一个包含 32×1024 个寄存器的内存。若存在两个这样的内存，则总容量为 64×1024 个寄存器。考虑到每个寄存器是 16 位，即 2 字节，因此总字节数为(16/8)×64×1024=131072 字节。尽管理论上 16 位地址只能访问 65535 个字节（因为 8 位表示一个字节，16 位表示两个字节的地址范围），但由于每个基础寄存器是 16 位，实际可访问的数据量增加了一倍，因此能够有效利用这 131072 字节的内存空间。这样的设计既确保了内存的高效利用，也提高了访问的便捷性。

```
IN in[16], store, address[16];
OUT out[16];

DMux16(in = store, sel = address[15], a = storeA, b = storeB);
RAM32K(in = in, store = storeA, address = address[0..14], out = o1);
RAM32K(in = in, store = storeB, address = address[0..14], out = o2);
Mux16(a = o1, b = o2, sel = address[15], out = out);
```

## 1.5.6 小结

至此，已成功构建了一块由 16 位寄存器组成的内存。这些寄存器不仅可以作为内存的一部分，还可以单独使用，提供直接的 16 位存储访问。为便于称呼，我们将这组寄存器命名为 ax（后续章节将详细介绍）。为了降低电路的复杂度，本节引入了一系列新的元件符号。这些符号均基于最初的逻辑电路组合而成，并通过逻辑推理得出。此外，本节还深入阐述了锁存器的工作原理，并利用复用器与解复用器技术，巧妙地构造了一块高效的存储单元。

## 1.6 振荡器与计时器

在 1.5 节开头，我们提到电路只有导通与截止两种状态。一旦电路通电，电流经过各个组件的结果就已经确定。如果想要改变运算操作，就需要先断电再重新启动，同时修改传入的数据。虽然可以通过计算完成后主动触发重启操作来运行下一条指令，但这仅仅是对于运算而言，这样的操作速度相对较慢，尤其是在涉及访存等操作时。因此，需要一个协调器（即振荡器）来统一器件间的协调工作。例如，当写入内存时，不必等待内存写入完成，而是将数据写入某个端口。当协调器达到高电平时，数据变得有效。这样，可以根据端口的数据信息来判断是进行读取还是写入操作，从而实现内存的写入（即前文中CLK）。如果访存操作过于频繁，将出现木桶效应，降低整体性能。为了解决这个问题，可以引入一个特定的存储单元作为缓存。这种缓存能够暂存数据，减少直接访存的次数，从而提升整体性能。

此外，振荡器的第二个功能是作为计时器。假设振荡器每秒产生两千次振荡，也就是高低电平各切换两千次。通过记录振荡次数，我们可以将其转换为时间，从而让电路具备时间的概念。

前面已经简要介绍过与非门，但为了更简洁地描述其实现，此处将使用简化的电路图。注意，本书的主要目的并非深入讲解电路细节，而是通过简化的电路来阐述逻辑概念，帮助读者构建自己的知识体系。因此，电路图可能会省略某些元件（如电阻）以突出核心逻辑。

通过查看图 1.19，可以看到与门和非门的连接方式：与门的输出端连接到非门的输入端，而非门的输出端则连接到与门的另一个输入端。这种配置创建了一个反馈循环，它会影响与门和非门的输出状态。

反馈循环的工作过程如下。

（1）当系统第一次通电时，$V_{dd}$ 永远是通路的（即为 1），而另一个输入默认是 0。通过与门后，其输出是 0。这个 0 被送到非门，非门将其转换为 1。

（2）与门有一个输入为 1（原始输入），另一个输入也为 1（来自非门的输出）。因此，与门的输出变为 1。

（3）这个 1 再次被送到非门，非门将其转换为 0。

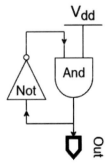

图 1.19 振荡器

（4）与门的一个输入是 1（原始输入），另一个输入是 0（来自非门的输出）。因此，与门的输出变为 0。

（5）这个过程将不断重复，导致与门和非门的输出在 0 和 1 之间交替切换，形成高电平与低电平之间的振荡。

在 Out 后面添加一个与门，检测为 1 时，使用一个加法器进行计数。这便是振荡器在计数中的应用。

## 1.7　CPU 的组成

前文介绍了 ALU 的组成，但它并非一个完整的 CPU。首先，它缺少程序计数器，这是用于记录当前代码执行的行数的组件；其次，它没有使用寄存器；另外，它还缺少与内存相关的操作。本节将补充这些内容，使 CPU 更加完整和功能丰富。

### 1.7.1　PC 计数器

1.6 节在介绍振荡器时，提到了可以通过开关电路来修改输入。然而，由于修改输入的操作不能总是手动进行，因此需要有一个特定的存储空间来记录需要执行的程序。这个存储空间中的程序内容是固定的，但可以通过一个外部可变的存储单元记录访问信息，最终通过读取该单元信息来访问这些程序内容。这个存储单元就是所说的程序计数器，有时也被称为指令指针寄存器（IP，后续将详细介绍）。程序计数器具有多种功能，其中 store 功能用于存储绝对执行地址，inc 功能则使程序能够在当前地址基础上自动跳转到下一条指令，而 reset 功能则可以重置当前的程序计数器。

仿真语言：

```
IN in[16],store,inc,reset;
OUT out[16];

//首先通过 PC 内部的 16 位寄存器（记为 preOut）执行加一操作
Inc16(in = preOut, out = addOut);
//判断当前操作是否需要计数（即是否加一），如果需要，则将 addOut 的计算结果传入 o1
Mux16(a = preOut, b = addOut, sel = inc, out = o1);
//判断当前是否执行加一操作还是 store 操作，将结果存储在 o2
Mux16(a = o1, b = in, sel = store, out = o2);
//判断当前操作是否为 reset（即重置为 0），将结果存储在 o3
Mux16(a = o2, b = false, sel = reset, out = o3);
//将上述操作的结果存储到寄存器中，并在存储的同时将结果输出到 preOut，以便下次使用
Register(in = o3, store = true, out = preOut, out = out);
```

## 1.7.2 寄存器

CPU 内部配备了多个 16 位寄存器,用于接收用户输入的数据。这些寄存器包括 A 寄存器(ARegister,简称 A)和 D 寄存器(DRegister,简称 D)。A 寄存器主要用于执行算术和逻辑计算、访问存储器地址以及保存指令地址,而 D 寄存器则充当了一个多功能通用寄存器的角色。这样的设计选择对于提升数据处理的高效性和灵活性至关重要。

## 1.7.3 功能定义

前文多次提及的"程序"这一词汇,在设计运算单元时,我们注意到其输入数据均为 16 位。尽管我们在实现过程中已有接触,但该程序并不具备程序计数器操作功能。为了满足 CPU 执行跳转等操作的需求,我们需要在其基础上增加新功能。因此,在此明确具体的功能定义,如图 1.20 所示,该图展示了指令功能定义。

图 1.20 指令功能定义

**1. 运算指令定义**

在图 1.20 中,第 15 位用于区分当前指令是计算指令还是赋值指令。当第 15 位为 0 时,表示该指令为赋值指令,此时 0~14 位存储的是需要赋值给 ARegister 寄存器的数据。前文已提到,ARegister 不仅用于计算,还包含地址操作,因此有时需要手动指定地址。为了与计算指令区分开,我们采用这一最高位作为赋值指令的标识。然而,这也意味着实际可用的数值位数将减少一位,即只有 0~14 位用于存储数据。在赋值指令下,其他位的定义将不再有效。

运算指令的长度仅为 6 位,这是因为在构建 ALU 时,传入了 6 个标识符。这 6 位与这 6 个标识符一一对应,从而形成了表 1.5,该表格详细定义了这 6 位组合支持的指令。

M 代表当前 ARegister 存储的是地址,也就是需要访存时提供的地址数据。运算指令的 6 位数据与 ALU 对应如表 1.6。

表 1.5　6 位组合支持的指令表

| A 为数据含义 | 11 位 | 10 位 | 09 位 | 08 位 | 07 位 | 06 位 | A 为地址含义 |
| --- | --- | --- | --- | --- | --- | --- | --- |
| 0 | 1 | 0 | 1 | 0 | 1 | 0 | |
| 1 | 1 | 1 | 1 | 1 | 1 | 1 | |
| -1 | 1 | 1 | 1 | 0 | 1 | 0 | |
| D | 0 | 0 | 1 | 1 | 0 | 0 | |
| A | 1 | 1 | 0 | 0 | 0 | 0 | M |
| !D | 0 | 0 | 1 | 1 | 0 | 1 | |
| !A | 1 | 1 | 0 | 0 | 0 | 1 | !M |
| -D | 0 | 0 | 1 | 1 | 1 | 1 | |
| -A | 1 | 1 | 0 | 0 | 1 | 1 | -M |
| D+1 | 0 | 1 | 1 | 1 | 1 | 1 | |
| A+1 | 1 | 1 | 0 | 1 | 1 | 1 | M+1 |
| D-1 | 0 | 0 | 1 | 1 | 1 | 0 | |
| A-1 | 1 | 1 | 0 | 0 | 1 | 0 | M-1 |
| D+A | 0 | 0 | 0 | 0 | 1 | 0 | D+M |
| D-A | 0 | 1 | 0 | 0 | 1 | 1 | D-M |
| A-D | 0 | 0 | 0 | 1 | 1 | 1 | M-D |
| D&A | 0 | 0 | 0 | 0 | 0 | 0 | D&M |
| D\|A | 0 | 1 | 0 | 1 | 0 | 1 | D\|M |

表 1.6　6 位数据与 ALU 对应表

| ALU | C 指令 | ALU | C 指令 |
| --- | --- | --- | --- |
| zx | 11 位 | ny | 08 位 |
| nx | 10 位 | f | 07 位 |
| zy | 09 位 | no | 06 位 |

　　至此，我们已经验证了上述指令定义与 ALU 对应表的一致性。由于指令数量较多，此处选择其中两个指令进行验证。读者如果对其他指令感兴趣，可以自行进行计算验证。

　　首先解读第一个指令 0，它表示经过 ALU 计算返回的结果将是 0。

　　对于指令 0:101010，从最左边第一位开始，各个数位的含义如下。

　　第 1 位，表示 zx 此处指令生效，而 zx 在 ALU 中代表将 x 设置为 0。

　　第 2 位，表示 nx 此处指令不生效。

　　第 3 位，表示 zy 此处指令生效，而 zy 在 ALU 中代表将 y 设置为 0。

　　第 4 位，表示 ny 此处指令不生效。

　　第 5 位，表示 f 此处生效，而 f 在 ALU 中代表 x+y。

　　第 6 位，表示 no 此处指令不生效。

由此得出，0 指令返回结果为 0，这是因为 x 和 y 都被设置为 0，再进行加法计算后结果自然为 0。

对于指令 A+1:110111，从最左边第一位开始，各个数位的含义如下。

第 1 位，表示 zx 此处指令生效，而 zx 在 ALU 中代表将 x 设置为 0。

第 2 位，表示 nx 此处指令生效，而 nx 在 ALU 中代表对 x 取反为 -1。

第 3 位，表示 zy 此处指令不生效。

第 4 位，表示 ny 此处指令生效，而 ny 在 ALU 中代表对 y 取反。如果 x 已经取反为 -1，那么 y 将是 A；如果 A 为 1，则 y 取反后的值为 -2。

第 5 位，表示 f 此处生效，而 f 在 ALU 中代表 x+y。

第 6 位，表示 no 此处指令生效，而 no 在 ALU 中代表 x+y 的结果取反。

由此可以，当 A 为 1 时，A+1 指令的返回结果为 2，因为计算过程是 -1+（-2）=-3，再对结果取反得到 2。这样，我们可以看出，虽然单独看指令编码可能不够直观，但是按照 ALU 的操作步骤逐步分析，就能够得到正确的结果。

### 2. 存储指令定义

在图 1.20 中，3~5 位被定义为存储指令，用于指示 ALU 计算结果应存储的位置。这 3 位表示 8 种不同的存储方式，具体对应如表 1.7 所示。

表 1.7 存储方式对应表

| 05 位 | 04 位 | 03 位 | 助记符 | 结　果 |
|---|---|---|---|---|
| 0 | 0 | 0 | NULL | 无须关注结果 |
| 0 | 0 | 1 | M | 将数据存储到 A 寄存器指定的内存地址中 |
| 0 | 1 | 0 | D | 将数据存储到 D 寄存器中 |
| 0 | 1 | 1 | MD | 将数据存储到内存与 D 寄存器中 |
| 1 | 0 | 0 | A | 将数据存储到 A 寄存器中 |
| 1 | 0 | 1 | AM | 先将数据存储在由 A 寄存器指定的内存地址中，然后将相同的数据存储到 A 寄存器中 |
| 1 | 1 | 0 | AD | 将数据存储到 A 寄存器与 D 寄存器中 |
| 1 | 1 | 1 | AMD | 将数据存储到 A 寄存器、D 寄存器以及由 A 寄存器指定的内存地址中，需要注意存储顺序，先存储 A 所指定的内存地址，然后修改 A 的值，否则会丢失地址信息。 |

### 3. 跳转指令定义

在图 1.20 中，0~2 位被定义为跳转指令，用于在 CPU 内根据计算结果控制程序的执行顺序。这 3 位用于表示不同的跳转条件，具体对应如表 1.8 所示。

表 1.8 跳转条件对应表

| 02 位 | 01 位 | 00 位 | 助 记 符 | 结　　果 |
|---|---|---|---|---|
| 0 | 0 | 0 | NULL | 不跳转 |
| 0 | 0 | 1 | JGT | 输出结果大于 0，if out $>$ 0 |
| 0 | 1 | 0 | JEQ | 输出结果等于 0，if out $=$ 0 |
| 0 | 1 | 1 | JGE | 输出结果大于或等于 0，if out $\geqslant$ 0 |
| 1 | 0 | 0 | JLT | 输出结果小于 0，if out $<$ 0 |
| 1 | 0 | 1 | JNE | 输出结果不等于 0，if out != 0 |
| 1 | 1 | 0 | JLE | 输出结果小于或等于 0，if out $\leqslant$ 0 |
| 1 | 1 | 1 | JMP | 无条件跳转 |

## 1.7.4　CPU 实现

在了解了 CPU 内部架构之后，我们得知程序计数器用于控制下一条指令的位置，同时 CPU 使用两个寄存器参与计算过程，并通过 ALU 执行计算。为了模拟这一过程，此处将采用仿真语言来实现这一功能。

```
    //inM：当前 A 寄存器中的值对应于内存地址中的数据，因为在此处还未解析指令
    //所以此时并不知道 A 寄存器的含义是数值还是内存地址
IN  inM[16],
    instruction[16], //当前执行的指令
    reset;//是否重置 CPU

    //out：输出结果
OUT out[16],
    //标记是否需要写回内存
    writeM,
    //需要写回的内存地址。由于无法确定当前指令是赋值指令还是计算指令
    //我们使用最高位用于标志，因此内存地址的位数少了一位
    addressM[15],
    //计算下一次需要执行的地址
    pc[16];

    //判断当前指令是否为计算指令
    And(in = instruction[15], out = isC)
    //判断当前是否为操作的内存，即 A 指向内存地址
    And(in = instruction[12], out = isM)
    //判断当前是否为 A 的存储指令
    Not(in = instruction[15], out = isA)
    //若 store 为 1，代表存储指令，则将 0~14 位存储到 A 寄存器中
    //若 store 为 0，代表计算指令，则不会存储，但是会将 A 寄存器的值读取到 addressM 中
    //这代表将指令复制一份，因为后续解析指令时，A 寄存器可能代表的是内存地址
    ARegister(in = instruction[0..14], store = isA, out = outAR,
              out[0..15] = addressM)
```

```
//选择接下来的计算值是传入的内存值还是 A 寄存器的值
Mux16(a = outAR, b = inM, sel = isM, out = cdata)
//读取 D 寄存器的值
DRegister(in = false, store=0, out = outDR)
//解析计算指令，前面已推理过
And(a = isC, b = instruction[6], out = no)
And(a = isC, b = instruction[7], out = f)
And(a = isC, b = instruction[8], out = ny)
And(a = isC, b = instruction[9], out = zy)
And(a = isC, b = instruction[10], out = nx)
And(a = isC, b = instruction[11], out = zx)
//通过 ALU 进行计算时，注意在输出时有两个结果：一个结果输出到中间变量 outALU 中
//另一个结果输出到 outM 中
ALU(x = outDR, y = cdata, zx = zx, nx = nx, zy = zy, ny = ny, f = f,
    no = no, out = outALU, out = outM, zr=zr, ng=ng)
//存储返回值
And(in = instruction[5], out = storeA)
And(in = instruction[4], out = storeD)
//这两步是为了保证读者能阅读清楚而设计的
//它们可以与上方的读取 A 与 D 寄存器连写，例如
//Mux16(a = outALU, b = instruction[0..14], sel = storeA, out = storeAD)
//ARegister(in = storeAD, store = isA, out = outAR, out[0..15] = addressM)
ARegister(in = outALU, store = storeA, out = nouse)
DRegister(in = outALU, store = storeD, out = nouse)
//判断当前是否需要跳转
And(a = isC, b = instruction[0], out = isGT)
And(a = isC, b = instruction[1], out = isEQ)
And(a = isC, b = instruction[2], out = isLT)
//判断当前是否满足小于 0 跳转
And(a = ng, b = isLT, out = isLtJump)
//判断当前是否满足等于 0 跳转
And(a = zr, b = isEQ, out = isEqJump)
//将小于或等于 D 的判断结果取反
Not(in = ng, out = notNg)
Not(in = zr, out = notZr)
//然后进行与操作，若二者都是 1，则返回必为 1，代表当前大于 0
//因此 ALU 计算结果大于 0
And(a = notNg, b = notZr, out = isOutGt)
//判断是否需要大于 0 跳转
And(a = isOutGt, b = isGT, out = isGtJump)
//组合所有跳转判断结果，确定是否需要跳转
Or(a = isLtJump, b = isEqJump, out = isJump)
Or(a = isJump, b = isGtJump, out = jump)
//若允许跳转，则 A 寄存器的数据便是地址，将跳转地址传入程序计数器中
//若不满足跳转条件，则 inc 加一
//并且返会下一条指令 pc
PC(in = outAR, load = jump, inc = true, reset = reset, out = pc)
```

至此，CPU 的设计已经完成。它的实现过程并不复杂，主要将前文介绍的功能定义与电子元件进行合理组合。这个过程主要依赖于与、或、非等逻辑运算。如果读者在理解这些推理过程时存在困难，建议先学习离散数学中的数理逻辑部分，这将有助于更深入地理解 CPU 的工作原理。

## 1.8 计算机的组成

前文详细探讨了 CPU 的组成，包括其内部的计算单元（ALU）、存储单元（寄存器）以及输入与输出机制。尽管前文未具体描述输入与输出的具体实现，但通过参数传递和结果返回，可以明确看出它们主要与内存进行交互。那么，如何在不修改 CPU 结构的前提下，使其能够与其他组件进行交互呢？本节将在前文的基础上，进一步推理并探讨计算机的完整组成，同时讨论如何实现 CPU 与其他组件的协同工作。

### 1.8.1 内存

在实现 CPU 的过程中，我们发现内存地址少了一位，这一位专门用于区分指令，因此在 CPU 内部的实际运算中不会被使用。这种划分方法被称为地址编址。当 CPU 与外部设备进行交互时，也需要定义一个特定的编址方式以允许读写操作。这些地址的编址方式主要分为两大类：统一编址和独立编址。

1. 统一编址

统一编址的方式使得 I/O 设备地址与内存地址相同，其优点在于操作 I/O 设备可以像操作内存一样（即前文提到的 M）。然而，其缺点是，某个地址一旦被指定为 I/O 交互地址，就不能再像普通内存地址那样用于存储和访问数据。这是因为这些地址现在代表的是具体的硬件设备，例如，屏幕（screen）或键盘（keyboard）。统一编址方式允许 CPU 与外部设备直接通信，但相应地，这部分内存地址的用途会受到限制。

2. 独立编址

与统一编址不同，独立编址采用与内存地址空间分离的 I/O 地址空间。其优点在于端口地址与内存地址互不冲突，提供了清晰的界限。然而，独立编址的缺点在于需要一套独立的操作指令集，因为原有的内存操作指令无法区分操作对象是内存还是 I/O 设备。因此，独立编址通常需要专用的指令，例如 x86 架构中的 IN 和 OUT 指令。这种编址方式能够确保对外部设备的精确控制，但同时增加了系统的复杂性和指令集的数量。

基于前文对编址方式的介绍，读者可能已经推测出此处将采用统一编址方式实现内存映射。这种设计的主要优势在于，无须修改 CPU 架构即可轻松扩展其他组件。统一编址允许内存和 I/O 设备共享相同的地址空间，从而显著简化系统的设计和实现过程。

```
IN in[16], store, address[15];
OUT out[16];
//使用第 13 位和第 14 位作为统一编址的判断。
//如果第 14 位为 0，则代表进行普通内存操作；如果为 1，则表示其他组件端口
//第 13 位用于区分组件，此处只扩展键盘与屏幕，其中 0 代表显卡，1 则代表键盘
//首先将 store 操作分别传递到 storeRam、storeRam1、storeScreen 和 storeKeyboard 中
DMux4Way(in = store, sel = address[13..14], a = storeRam, b = storeRam1,
         c = storeScreen, d = storeKeyboard);
//组合 storeRam 与 storeRam1 的结果，因为它们都代表普通内存操作
Or(a = storeRam, b = storeRam1, out = storeR);
//将数据存储到内存中
RAM16K(in = in, store = storeR, address = address[0..13], out = outRam);
//当键盘被按下时，计算机会将相应的事件以存储输入的内容，并调用内存操作进行存储
//同时在读取内存时，将使用复用器判断返回的内容，因此需要读取这部分的数据
Keyboard(in = in, store = storeKeyboard, out = outK);
//当屏幕输出时，也需要将数据存储到对应的位置，处理方式与键盘相同
Screen(in = in, store = storeScreen, address = address[0..12], out = outS);
//进行内存操作时，解复用器用于标识操作的组件
//而在返回时，需要根据复用器选择返回哪个组件的结果
Mux4Way16(a = outRam, b = outRam, c = outS,
          d = outK, sel = address[13..14], out = out);
```

## 1.8.2　其他设备

如果仅执行固定的程序，如解密操作，当前的设计已经足够应对。然而，随着时代的进步，计算机功能日益丰富，这意味着需要更多设备的支持。这些设备的设计，究其根源，都离不开前文所讲述的内容。因为计算机的根基就在于此，正如 1.1 节提到的"计算机种子"。基础于此，我们逐步推出了整个计算机的设计。此时，读者可能会思考：如果本设计完全依赖电路，那么断电后会发生什么？此外，在当时的年代，元器件的成本非常高昂。如果采用这种设计，内存等需要大量元件的组件，其费用远超出普通用户的承受范围。

### 1. 磁盘

在探讨图灵机时，我们提到穿孔纸带作为最初的存储介质。随着科技的进步，磁盘逐渐取代了纸带成为主流的存储方式，并且这种存储方式一直沿用至今。提及这一历史背景，是因为需要解决一个核心问题：电路构成的存储系统在断电后数据会丢失。与此不同，磁盘虽然依赖电流运行，但其存储机制基于磁性，因此，其读写效率相对电路来说是较慢的。

磁盘的读写速度通常以 min 为单位，例如 7200 转/min。与之对比，电路的计算速度则以 μs 级进行。因此，在大多数情况下，不会让 CPU 直接读取磁盘数据进行计算，而是先将磁盘数据读取到内存中，作为后续 CPU 计算的预加载数据。这样的设计有效地提高了计算效率，同时确保了数据的安全性和稳定性。

### 2. 内存分类

为了降低成本，内存被划分为两部分。在之前的讨论中，内存主要是由 Register 组合而成的，但由于 Register 的成本较高，因此在 CPU 内部采用了寄存器与缓存相结合的方式，其中寄存器和缓存仍然使用 Register 组成。为了进一步降低成本并满足内存的需求，我们采用了电容和电路的组合方案，这也是目前常见的内存解决方案。

### 3. 只读存储器（ROM）

执行固定程序意味着数据不会发生变化，这种类型的数据可以安全地存储在 ROM 中。ROM 的一个显著优势是，即使在断电的情况下，它也能保持存储的数据不变。与磁盘相比，ROM 的一个主要限制是不可写（至少在运行期间如此），这意味着一旦数据被写入 ROM，就无法再对其进行修改或删除。然而，不同的 ROM 介质提供了不同的擦除方法。例如，在可擦除的可编程只读存储器（EPROM）中，可以通过紫外线照射来擦除数据，以实现数据的重复利用。

## 1.8.3 计算机实现

依靠前面的知识，读者应该已经在脑海中构建了自己的计算机模型，从庞大的计算机系统到微小的 CPU，它们都是基于最初讲述的体系结构。从抽象的概念到现实中的电子器件，CPU 的存储功能依赖于寄存器，计算功能则依赖于运算单元；而在更大的计算机系统中，系统存储功能依赖于磁盘和内存，计算功能则依赖于 CPU。尽管从表面上看，CPU 和计算机似乎是两个互补的集合（计算机内部包含 CPU），但它们的核心设计思想是相通的。

本书介绍的正是这种设计思想，它提供了一种全局的视角来理解计算机系统，包括后续的网络协议和 Web 服务等，都体现了相似的设计理念。这种思想贯穿于本书的始终，也是本书名为"混沌"的灵感来源。通过掌握这种思想，读者能够更深入地理解计算机系统的内在逻辑和工作原理。

```
IN reset;
//从 ROM 中读取指令
ROM32K(address = outPC, out = instruction);
//执行指令，并获取下一条指令地址
CPU(reset = reset, inM = readMemory, instruction = instruction, outM =
```

```
storeData, writeM = storeM, addressM = storeAddress, pc = outPC);
    //将计算结果存储到内存中
    Memory(in = storeData, store = storeM, address = storeAddress, out = readMemory);
```

## 1.9 网络服务的组成

本节将运用混沌的思想，分析单体网络服务和分布式服务与前述知识的关联，以加深读者对计算机世界的理解。你可能会思考：既然已经有了计算机，为何还需要网络服务？同样地，既然已经有了网络服务器，为何还需要分布式架构？当一条请求被发出时，究竟发生了什么？又该如何确保网络服务能返回期望的结果？

### 1.9.1 单体网络服务

互联网的历史最早可追溯到 20 世纪 60 年代初期，起源于信息论以及当时对计算机网络的设想。这个设想的初衷是建立一个网络，使不同计算机的用户能够互相通信。随着时间的推移，直到 1990 年底，蒂姆·伯纳斯-李推出了世界上第一个网页浏览器和网页服务器，标志着万维网的诞生，并推动了互联网应用的迅速发展。从这一点可以得出，计算机网络的出现是为了在计算机之间交换数据，随着时间的推移，它进一步演变为 Web 服务。

将网络的作用与 CPU 内部的组件连线以及计算机内部各设备之间的连线进行类比，尽管网络是虚拟的（这一点将在后续章节中进行详细解释），但它所发挥的作用与这些连线类似，即连接计算机与计算机，实现信息的传输和共享。图 1.21 清晰地展示了网络服务与计算机的对比。

通过图 1.21，可以看到三者的功能虽然大同小异，但在名称和实现上却存在显著差异。它们都以存储作为对比的基础，而服务器在这里则主要承担数据存储的角色，如文件存储、数据库等功能。如果服务器用于加解密操作，那么它的作用就可以与运算单元相对应。从设计的角度来看，这种对应关系依然成立。

那么，当一条请求被发出时，到底发生了什么？我们可以回顾前面的知识。当指令被输入 CPU 时，它会经过复用器的处理，生成对应的标志，然后将解析后的标志传入 ALU 进行计算，最后将结果返回并写回内存。网络服务的工作流程也是类似的。当一条 login 登录请求被发送到服务器时，服务器会解析请求并匹配对应的 login 执行器，最后将执行器的执行结果返回并保存登录信息。这两者的核心思想是完全一致的。

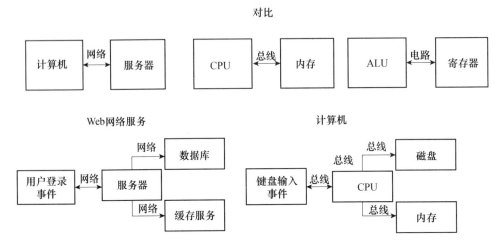

图 1.21 网络服务与计算机的对比

那么，如何让网络服务返回想要的结果呢？在 CPU 中，功能是通过指令集定义的，传入的指令必须与功能定义表中的指令一致，否则结果将无法预料（开发者可以通过传入的指令分析最后的结果，即进行人为处理）。同样，在网络服务中也需要有对应的定义。例如，请求的地址必须是 login 这五个字母，传入的数据也必须符合该功能的要求，否则返回的结果将出错（当然也可以人为地定义错误返回）。因此，我们可以定义单体网络服务的作用是向外提供特定功能的计算机，它使用网络作为传输媒介，通过传输的指令完成对应的功能。从更宏观的角度来看，它就像是一个允许开发者定义功能的 CPU。

## 1.9.2 分布式服务

在前面的功能定义中，我们了解到每条指令都对应特定的功能，并且功能的执行需要一定的时间。显然，执行一万条指令与一百万条指令所需的时间是不同的。那么，如何提高指令的执行速度呢？一种简单而直接的方法是使用两块或多块 CPU 并行执行指令（此处只考虑指令执行数，并不考虑指令直接的关联关系），这与网络服务中的集群概念相类似。然而，这种方法存在一个问题：如果指令主要是乘法或除法运算（注意，上述的 CPU 设计仍有不足，因为它缺少某些功能，如乘法与除法需要其他独立组件来支持），那么仅仅复制整体功能并不能解决问题。

为了解决这个问题，可以考虑增加多个专门用于乘法或除法运算的组件，以定向增强功能，满足特定指令的需求。在现代 CPU 中，每个核心都包含为提高效率而添加的重复功能运算单元，这正是这种思想的体现。采用这种方式，可以提高指令的执行效率。这种思想，便是分布式思想的核心所在。图 1.22 清晰地展示了网络服务与分布式的对比。

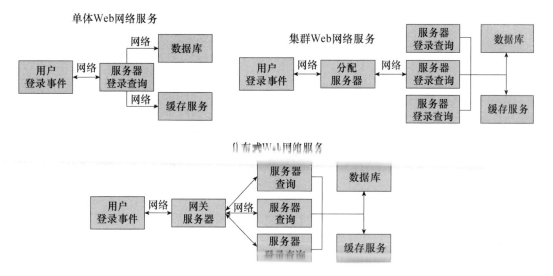

图 1.22 网络服务与分布式的对比

根据对 CPU 扩展的分析,可以对 Web 服务进行相应的扩展,从而得到图 1.22 的设计。在该图中,可以看到存在分配服务器与网关服务器,它们可以被理解为解复用器。这两者的区别在于,分配服务器主要通过轮询等方式根据处理服务器地址进行分配,而网关服务器则需要解析地址并根据指令分配相应的处理服务。实际上,这种设计思想在 CPU 级别已经被广泛应用。因此,学习底层原理对于推理上层设计,是一种非常有效的学习方式。

## 1.10 小　　结

虽然本章的知识量相当丰富,几乎涵盖计算机系统的各个方面,但这只是构建知识体系的起点。本章真正要表述的信息主要在最后三个小节,它们通过前面的知识积累,逐步进行推理和升华。这个过程不仅深化了对计算机的理解,还展示了知识的连贯性和系统性。接下来,本书将继续深入探索这些概念在现实中的应用,将它们串联起来,最终构建一棵枝繁叶茂的知识树。这棵知识树不仅代表了本书的核心目标,也体现了对计算机科学的全面认识。最后,基于前面的内容,我们绘制了图 1.23,以直观地展示这一知识体系。

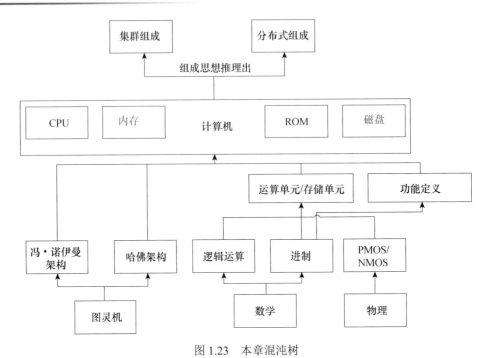

图 1.23　本章混沌树

# 第 2 章 汇编语言

第 1 章介绍了 CPU 的功能，目的是帮助读者更深入地理解元器件排布逻辑的实现原理。本章在此基础上进行深入的拓展和解释，以增强读者的理解。本章将借助《Intel 开发手册》中的相关内容，对指令集的定义进行详细阐述。在之前的功能定义过程中，我们发现指令编码完全依赖于二进制（0 和 1），这对于理解和记忆来说相当复杂。实际上，早期的程序员也面临了同样的挑战。为了简化这一过程，人们创造了助记符，并由此发展出了初代的编程语言。此外，本章还将基于指令集，逐步推导出汇编语言的相关内容。

## 2.1 指令集体系结构（ISA）

指令集架构（instruction set architecture，ISA），又称指令集，是计算机体系结构中与程序设计有关的部分。它包含基本数据类型、指令集、寄存器、寻址模式、存储体系、中断、异常处理以及外部 I/O。此外，它还包含一系列的操作码（Opcode，即机器语言指令），以及由特定处理器执行的基本命令。不同的处理器家族，例如 Intel 的 IA-32 和 x86-64、IBM/Freescale Power 和 ARM 处理器家族，具有各自不同的指令集架构。

指令集，作为机器语言的核心组成部分，由声明和指令构成，用于执行算术运算、寻址和控制功能。这些指令依赖于特定寄存器、存储空间地址或偏移量，以及特定的寻址模式来解译操作数。在功能定义中，指令集表现为二进制编码（0 和 1），而这些编码正是前文所述功能定义中的关键组成部分（如指令表、跳转表等）。然而，该定义尚不完整，因为它未涵盖所有关键元素，包括超过十六位的数据类型、中断处理、异常处理以及外部 I/O 操作。此外，不同的处理器家族采用不同的架构，这导致指令集进一步细分为复杂指令集计算机（complex instruction set computer，CISC）和精简指令集计算机（reduced instruction set computer，RISC），每种指令集都有其独特的特性和要求。

## 2.2　CISC

　　CISC 在初期使用二进制编码（0 和 1）进行编程，编程工作非常复杂且繁重。因此，在指令集架构的迭代过程中，为了减少编程人员的工作量，指令集通过物理元器件的组合进行了优化。然而，随着应用环境变得越来越复杂，指令也变得越来越庞大，这导致了高时延的问题。原因是：一个复杂指令通常由多个子指令组合而成，执行这条复杂指令的时间必然较长，同时复杂指令之间还可能存在功能重复。人们逐渐发现，虽然指令数量众多，但在实际使用中，常用的指令只占其中一部分。因此，人们开始对指令集进行精简。之所以强调这一点，是因为在最初阶段并没有"复杂"和"精简"这两个概念。只有当二者都存在并形成对比时，才能更好地理解为什么 CISC 被称为"复杂"。

## 2.3　RISC

　　RISC 的出现，明确区分了 CISC 与 RISC 的概念。RISC 尽管具有其优势，但也存在一定的缺陷。以在内存中加一操作为例，在 CISC 中可能只需一条指令即可完成，而在 RISC 中则需要分为三步：访问内存获取值、进行加一操作、写回结果。这意味着完成同一功能需要三条指令，虽然指令集简化了，但编程人员的工作量相应增加了。这个例子仅帮助理解 RISC 的设计思路，值得注意的是，RISC 的加一操作其实也是作为一条指令来实现的。

　　然而，经过深入研究，人们发现这些缺点是可以避免的。这些问题的出现，往往是由于过度（过于复杂或过于精简）设计所导致的。因此，在现实应用中，CISC 与 RISC 之间的界限已经逐渐模糊。为了提升性能，CISC 中也开始引入 RISC 的精简指令，而 RISC 也吸收了一些 CISC 的复杂指令以简化编程。这种融合使得复杂与精简之间的概念逐渐淡化。以 Intel 为例，图 2.1 展示了其架构中这种融合的趋势。

　　图 2.1 包含了一些尚未介绍的内容，因此读者只需关注 Decode（解码）操作部分。该操作将复杂指令拆分为多个微指令，并通过 Scheduler（调度器）进行执行。Scheduler 下方连接有多个 ALU，这表明复杂指令能够快速执行的原因在于，其中的重复指令元器件可以共享，这使得拆解后的多个微指令能够并行运算，从而提升了执行性能。这也是 CISC 与 RISC 之间界限逐渐模糊的一个原因，因为复杂指令可以在内部被拆分为多个精简指令来执行。

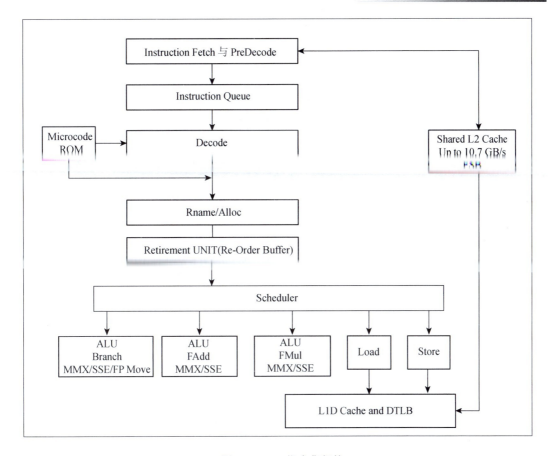

图 2.1　Intel 指令集架构

学到这里，读者可以结合前面的知识进行关联学习。图 2.1 中的 Scheduler 是否让你联想到分布式系统中的网关？而多个 ALU 则体现了集群的概念。不过，它们在功能上有所区别，这给了我们一种分布式系统的感觉。通过复制频繁使用的元器件以创建多个副本，并将不常用的指令（如 FAdd）嵌入其中，可以有效地平衡不同指令的执行时间，实现平均时延的效果。在分布式系统中采用这种策略，可以更高效地利用系统资源。

## 2.4　Intel 指令集

Intel 64 和 IA-32 架构的指令编码遵循图 2.2 所示格式的子集规范。指令结构包含以下组件：可选的指令前缀（Instruction Prefixes，可以以任意顺序出现）、操作码（Opcode，最多由三个字节组成）、寻址形式说明符（由 ModR/M 字节组成，可选）、由 SIB

（Scale-Index-Base）组成的寻址形式说明符（可选）、位移（Displacement，可选）以及立即数（Immediate，可选）。这些组件共同构成了完整的指令编码。

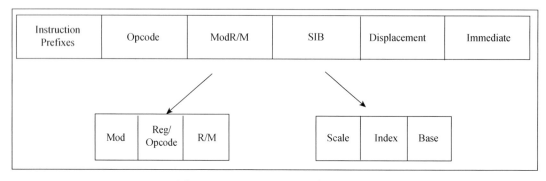

图 2.2　Intel 64 和 IA-32 指令架构格式

## 2.4.1　指令前缀

指令前缀（可选，非必须存在）被分为四组，每组都有各自允许的前缀代码。每条指令只能从这四组中选择一个有效的前缀代码。这些前缀代码可以从组 1 到组 4 中任选，且它们的顺序排列可以是任意的。

1. 第一组

- LOCK 前缀（F0H）：强制执行一个操作，确保在多处理器环境中独占使用共享内存。
- REP/REPE/REPZ 前缀（F2H，F3H）：使下一条指令重复执行，直到 ECX 寄存器的值为 0，每执行一次 ECX 的值减 1。这些前缀仅用于字符串和 I/O 指令（MOVS、CMPS、SCAS、LODS、STOS、INS 和 OUTS）。

2. 第二组

- 2EH：CS 段覆盖描述符（保留与任何分支指令一起使用）。
- 36H：SS 段覆盖描述符（保留与任何分支指令一起使用）。
- 3EH：DS 段覆盖描述符（保留与任何分支指令一起使用）。
- 26H：ES 段覆盖描述符（保留与任何分支指令一起使用）。
- 64H：FS 段覆盖描述符（保留与任何分支指令一起使用）。
- 65H：GS 段覆盖描述符（保留与任何分支指令一起使用）。
- 2EH：未使用分支
- 3EH：使用分支

### 3. 第三组

66H：操作数溢出前缀，它代表下一个操作的数大小将在当前默认操作数大小的基础上溢出。例如，如果当前默认大小为 16 位，则使用此前缀后将以 32 位进行计算。

### 4. 第四组

67H：地址大小溢出，其意义与第三组意义相同，但它是针对寻址的。

LOCK 前缀常用于多核处理器环境，以避免多个处理器同时操作同一地址导致不可预测的结果。引入 LOCK 前缀是为了确保指令操作的内存区域在执行期间被锁定，从而保持数据的一致性。至于分支，它是程序中用于控制流程的关键部分。在执行过程中，分支可能导致 CPU 加载的指令集因跳转而失效，从而降低执行效率。考虑到 CPU 速度远快于内存，为了减少此类事件，引入了分支预测技术。该技术能够预测即将执行的分支，并提前加载相应指令，从而提高执行效率。至于段的定义及其相关的指令，将在后文中进行详细介绍。

## 2.4.2 操作码

主操作码的长度是可变的，可以是 1 字节、2 字节或 3 字节。在某些情况下，ModR/M 字节还会额外包含一个 3 位的操作码字段。主要操作码中还可以定义更小的字段，这些字段用于指定操作方向、位移大小、寄存器编码、条件代码或符号扩展等。操作码所使用的编码字段会根据不同的操作类别而有所不同。以 MOV 和 JMP 指令为例，如表 2.1 和表 2.2 所示，这两个表格展示了操作码在不同指令中的具体用法。

表 2.1　Intel MOV 指令定义

| Opcode | Instruction | OP/EN | 64-Bit Mode | Compat/Leg Mode | Description |
| --- | --- | --- | --- | --- | --- |
| 89 /r | MOV r/m16, r16 | MR | Valid | Valid | Move r16 to r/m16. |
| 8B /r | MOV r16, r/m16 | MR | Valid | Valid | Move r/m16 to r16. |
| ... | ... | ... | ... | ... | ... |

MOV 指令由于需要适应多种不同的数据传输场景，因此包含了丰富多样的操作码变体。例如，在执行内存到寄存器或寄存器到内存的数据转移时，这两种基本场景分别对应不同的操作码。更进一步地，根据偏移量大小、寻址方式以及可能涉及的其他硬件寄存器的不同组合，MOV 指令的操作码会更加多样化。此处省略了详细列表（如需完整信息，请参阅 Intel 官方开发手册中关于 MOV 指令的部分）。

在接下来的内容中，我们将重点关注两个特定的 MOV 指令操作码：89H，用于将数据从内存地址传送到寄存器；8BH，用于将寄存器中的数据写入内存。这些指令将在后续讨论和示例中发挥重要的作用。

表 2.2  Intel JMP 指令定义

| Opcode | Instruction | OP/EN | 64-Bit Mode | Compat/Leg Mode | Description |
|---|---|---|---|---|---|
| EB cb | JMP rel8 | D | Valid | Valid | 短跳转，RIP = RIP + 8 位位移符号扩展至 64 位 |
| ... | ... | ... | ... | ... | ... |

JMP 指令同样具备多个操作码，这些操作码是根据不同的使用场景来定义的，具体见表 2.2。前文的功能定义与 Intel 的官方定义有显著差异。在 Intel 的定义中，指令与操作数被明确区分，并且跳转与运算等操作也是分别处理的。这种区分解决了前文功能定义中为了区分操作而造成的一位码不可用的问题。但是，这也意味着在执行过程中必须动态地加载后续指令，以确保指令的完整执行。

## 2.4.3  ModR/M 与 SIB

许多涉及内存中操作数的指令在其主操作码之后，都会跟随一个寻址形式说明符字节（称为 ModR/M 字节），该字节用于详细描述操作数在内存中的引用方式。

如图 2.2 所示，ModR/M 字节包含以下三个字段的信息。
- ☑ Mod 字段与 R/M 字段（共五位）组合起来，可以形成 32 个可能的值，其中 8 个寄存器和 24 种寻址模式。
- ☑ Reg/Opcode 字段指定一个寄存器号或三位以上的操作码信息。Reg/Opcode 字段的用途在操作码中指定。
- ☑ R/M 字段可以将寄存器指定为操作数，也可以与 Mod 字段组合以编码寻址模式。有时，Mod 字段和 R/M 字段的特定组合用于表示某些指令的操作码信息。

ModR/M 字节在某些编码中需要第二个寻址字节（SIB 字节）。32 位寻址的 Base-加索引和 Scale-加索引形式需要 SIB 字节。

如图 2.2 所示，SIB 字节包含以下三个字段的信息。
- ☑ Scale 字段指定比例因子。
- ☑ Index 字段指定索引寄存器的寄存器号。
- ☑ Base 字段指定基址寄存器的寄存器号。当 ModR/M 与 SIB 组合时，产生的计算公式为(Scale*Index)+Base+Displaceement，该公式用于计算内存寻址。在这里，我们不会深入探讨 Intel 汇编器的具体实现细节（但大体方向是明确的），但在后续讲解汇编器工作原理时，我们将会引用前文提及的 MOV 和 JMP 指令作为实例。这部分内容主要是为了阐明 Intel 指令结构的复杂性。

## 2.4.4 位移与立即数

在一些寻址形式中，位移会紧随 ModR/M 字节（或 SIB 字节，如有的话）之后。位移的存在通过位移标识来指示，其长度可以是 1 字节、2 字节或 4 字节。当指令指定了立即数时，或立即数总是位于位移（如有）之后。立即数的长度也可以是 1 字节、2 字节或 4 字节。通过对这两小节内容的学习，我们不难发现 Intel 的寻址机制相当复杂，这也验证了前文提到的 32 种寻址模式。这种复杂性虽然为编程提供了更大的灵活性，但也增加了理解和实现的难度。

# 2.5 通用汇编指令

通用汇编指令是一组在多种处理器架构中常见的基本指令，它们在汇编语言编程中扮演着基础的角色。虽然不同的处理器架构可能会有不同的指令集，但是有一些基本的指令是普遍存在的。

## 2.5.1 MOV、ADD、SUB

在独立编址系统中，所有地址访问均指向内存。因此，MOV 指令读取的地址所指向的数据即为内存数据，这一操作被定义为内存访问。MOV，作为 move 的缩写，表示移动操作，其主要功能是将一个立即数或内存地址的值复制到寄存器或另一个内存地址中。这种移动操作并不改变原始数据的值。由于其通用性（其语义不受特定 CPU 架构的影响），MOV 指令在程序中应用极为广泛。然而，大多数基本架构并不支持内存到内存的直接移动，因为这需要两次内存访问，时间周期较长。即使某些架构支持内存到内存的移动，也通常是通过复杂的指令集来实现，因为内存操作本质上只有读和写，没有更复杂的移动操作。因此，对于外部硬件不支持的操作，通常交由 CPU 来处理。基于这些考虑，许多架构选择不支持内存到内存的直接移动，而是让开发者自行处理这类操作。

ADD 指令计算两个操作数的和（寄存器、立即数、内存），而 SUB 指令则计算两个操作数的差（寄存器、立即数、内存）。

## 2.5.2 MLU、DIV、SHL、SHR

MLU 乘法指令（寄存器、立即数、内存）计算两个操作数的积。DIV 除法指令（寄存器、立即数、内存）计算两个操作数的商。SHL 左移指令（寄存器、立即数、内存）将操作数 1 的二进制数向左移动操作数 2 指定的位数，每左移一位，结果相当于原数乘以 2，例如：若 r1=1，执行指令 SHL r1, 1，二进制操作为将 0001 左移一位得到 0010，结果为 2。SHR 右移指令（寄存器、立即数、内存）将操作数 1 的二进制数向右移动操作数 2 指定的位数，每右移一位，结果相当于原数除以 2，例如：若 r1=2，执行指令 SHR r1, 1，二进制操作为将 0010 右移一位得到 0001，结果为 1。

乘法运算最终可分解为移位和相加操作。例如，2*3 的运算过程如下。

（1）0010 * 0011：以 0011 为例，此处 0011 有效位（0 不做运算）共有两位，因此需要计算两次，分别是 0001、0010。

（2）第一次 0010<<(0001>>1)，0001 左移一位则为 0，0010 右移 0 位为 0010。

（3）第二次 0010<<(0010>>1)，0010 左移一位则为 1，0010 右移一位为 0100。

（4）0010+0100= 0110，将第一次和第二次的计算相加，得到结果 6。

除法运算采用试商法，最终可分解为位移和与操作。例如，8÷2 的运算过程如下。

（1）1000/0010，由于除数只有两位，因此每次计算只有两位参与每次运算。

（2）0001 & 0010，其结果为 0，则记作 0。

（3）0010 & 0010，其结果为 0，则记作 1。

（4）0100 & 0010，其结果为 0，则记作 0。

（5）1000 & 0010，其结果为 0，则记作 0。

（6）0100 将上述结果由高到低进行组合，得到结果 4。

**注意：**

此处并没有考虑小数情况，若需要小数，那么在二进制转换时就需要定义小数部分，但是其核心思想并未改变。

位移运算通常采用两种实现方式：树状结构移位器（tree style shifter）和矩阵结构移位器（matrix style shifter）。树状结构移位器的延时较低，但使用的晶体管和信号线较多。此外，也存在简单的实现方式，例如由 D 触发器组成的单向位移寄存器，此处不再详细讨论。

### 2.5.3　PUSH、POP

PUSH 和 POP 这两个指令是用于基于栈这种数据结构进行存储访问的。这种结构被称为栈，其特点是"先入后出"（FILO）。使用 PUSH 指令将数据压入栈中，而使用 POP 指令将数据从栈中弹出。它们常用于传递参数和保存信息。注意，由于这些操作涉及内存，因此也可以使用 MOV 指令或其他指令直接操作栈中的数据，这同样是程序中常见的做法。

## 2.5.4　JMP、JXX

前文在讨论 CPU 组成时，已经讲述了跳转指令的原理，即通过修改取值地址（获取下一条待执行指令的地址）。由于跳转指令的组合非常多，因此在这里使用 XX 来代表各种条件，例如 EQ（相等时跳转）、NE（不相等时跳转）、LT（小于时跳转）、GT（大于时跳转）等。这些条件跳转的计算通常会涉及相应的寄存器，以判断是否满足跳转条件。具体的内容将在后续使用时进行解释。

# 2.6　汇编的内存结构

通用汇编指令集是与特定硬件架构紧密相关的低级编程语言，它提供了对硬件功能的直接翻译。其核心操作对象包括内存、寄存器和立即数。在汇编语言中，立即数是编程时直接指定的固定值，而寄存器则用于存储运算中间结果、内存地址加载的数据等。由于汇编语言经常需要进行内存访问和数据处理，因此内存在汇编语言的操作中占据了重要地位。本节将对汇编中的内存操作进行深入分析，以揭示汇编语言对内存设计的核心思想。

## 2.6.1　位宽

理论上，二进制操作的宽度是无限的，即 1 和 0 的组合可以无限延续。然而，物理硬件的设计不能无限扩展，因此人们在设计时规定了它的宽度，这个宽度被称为位宽。

十六进制的位宽为 4，因此它可以利用四位组合来完整地表达从 0 至 F（即二进制中的 0000 至 1111）的数值范围。相比之下，八进制的位宽为 3，它只能通过三位组合来表示从 0 至 7（即二进制中的 000 至 111）的数值。在计算机科学中，由于 256 个不同的数值足以覆盖所有字符编码（ASCII），因此 8 位被选作为基本操作单位，即一个字节。值得注意的是，在所有进制中，只有十六进制能够用两位数完整地表示 255 这一数值，其在十六进制中的表示为 0xFF（在计算机领域，十六进制数通常以 0x 作为前缀）。随着计算机技术的不断进步和性能提升，位宽通常以 8 的倍数增长，常见的有 16 位、32 位、64 位，甚至 128 位。

## 2.6.2　步长

在内存架构中，每个存储单元都被分配了一个唯一的地址，这些地址从 0 开始连续递增。这些地址用来标识存储单元的位置，而每个存储单元具有一定的位宽，常见的有 8 位或 16 位。因此，对于采用 8 位编址的内存来说，它本质上是一个以 8 位为步长的数组。这个数组的长度直接反映了内存中包含的存储单元数量以及可以访问的最大地址。这种编址方式使得计算机能够精确地定位和操作内存中的每个存储单元。

通过理解位宽和步长，我们可以发现这两个概念都是用于描述存储单元的。位宽是以位为单位的描述，而步长则是以位宽为单位的连续描述。数组的含义是指具有相同步长的一组数据。

## 2.7 汇编器

为什么我们需要汇编语言？首先，对于程序员而言，直接编写机器指令（例如前文提到的 89H 和 EAH 等）不仅难以记忆，而且缺乏直观性和可读性。这些指令通常没有明显的规律，需要查阅指令字典来了解其功能，这无疑增加了编程的难度。相比之下，汇编语言使用的指令如 MOV 和 JMP 等，采用了更易于记忆的缩写和命名，例如 MOV 代表 move，JMP 代表 jump，这使得程序员更容易理解和记忆。汇编器的作用是将这种更易于人类理解和记忆的汇编语言转换为计算机能够执行的机器指令。

在早期的计算机编程中，汇编语言扮演了重要的角色。在汇编语言出现之前，程序员需要直接编写机器指令，这既烦琐又容易出错。汇编语言的出现，极大地提高了编程的效率和程序的可维护性。然而，汇编器的开发并非易事。早期汇编器生成的代码性能通常不如手写的机器指令程序，这主要是因为汇编器在处理复杂指令和优化方面还存在一定的局限性。此外，早期计算机的内存容量有限，这也给汇编器的实现带来了技术上的挑战。尽管如此，汇编器还是被成功开发出来，并且随着计算机技术的不断进步，汇编器的性能和功能也得到了持续的提升和完善。值得注意的是，第一个汇编器本身是用机器指令实现的。这意味着，在汇编器开发的初期，程序员需要先编写出能够执行汇编任务的机器指令程序，然后用这个程序生成更多的汇编代码，实现自举（bootstrapping）的过程。这种自举的方式，使得汇编器的开发变得更加复杂和具有挑战性。

考虑到前文对 Intel 指令集的介绍，接下来我们将聚焦于 Intel 汇编器 NASM 的源码，深入剖析其汇编流程。在此过程中，我们还将与 Intel 指令集中的定义进行逐一比对，以确保二者之间的一致性和准确性。这样的比对不仅有助于更深入地理解汇编器的运作原理，还能验证 NASM 汇编器是否忠实地实现了 Intel 指令集的规范。

### 2.7.1 简单汇编

```
//将 dx 的值传送给 ax
mov ax,dx
//跳转至 cx
```

```
jmp cx
```

将上述代码保存到 demo.asm 文件中，并且使用命令 nasm demo.asm 进行汇编，生成 demo 文件。最后，使用 xxd demo 命令查看文件信息。

```
00000000: 89d0 ffe1                                ....
```

汇编后的结果由 4 个字节组成。根据表 2.1 和图 2.2，我们可以看到 89 代表 MOV 指令，FF 代表 JMP 指令。在图 2.3 中，D0 表示操作数 1 是 ax，操作数 2 是 dx，而 E1 表示操作数 1 是 cx。该案例已经证明了汇编器的作用是将汇编指令的字符串形式转换为相应的 Intel 操作码。

| r8(/r)<br>r16(/r)<br>r32(/r)<br>mm(/r)<br>xmm(/r)<br>(In decimal) /digit (Opcode) | | | AL<br>AX<br>EAX<br>MM0<br>XMM0<br>0 | CL<br>CX<br>ECX<br>MM1<br>XMM1<br>1 | DL<br>DX<br>EDX<br>MM2<br>XMM2<br>2 | BL<br>BX<br>EBX<br>MM3<br>XMM3<br>3 | AH<br>SP<br>ESP<br>MM4<br>XMM4<br>4 | CH<br>BP<br>EBP<br>MM5<br>XMM5<br>5 | DH<br>SI<br>ESI<br>MM6<br>XMM6<br>6 | BH<br>DI<br>EDI<br>MM7<br>XMM7<br>7 |
|---|---|---|---|---|---|---|---|---|---|---|
| Effective Address | Mod | R/M | Value of ModR/M byte (in Hexadecimal) | | | | | | | |
| [BX+SI] | 00 | 000 | 00 | 08 | 10 | 18 | 20 | 28 | 30 | 38 |
| [BX+DI] | | 001 | 01 | 09 | 11 | 19 | 21 | 29 | 31 | 39 |
| [BP+SI] | | 010 | 02 | 0A | 12 | 1A | 22 | 2A | 32 | 3A |
| [BP+DI] | | 011 | 03 | 0B | 13 | 1B | 23 | 2B | 33 | 3B |
| [SI] | | 100 | 04 | 0C | 14 | 1C | 24 | 2C | 34 | 3C |
| [DI] | | 101 | 05 | 0D | 15 | 1D | 25 | 2D | 35 | 3D |
| disp162 | | 110 | 06 | 0E | 16 | 1E | 26 | 2E | 36 | 3E |
| [BX] | | 111 | 07 | 0F | 17 | 1F | 27 | 2F | 37 | 3F |
| [BX+SI]+disp83 | 01 | 000 | 40 | 48 | 50 | 58 | 60 | 68 | 70 | 78 |
| [BX+DI]+disp8 | | 001 | 41 | 49 | 51 | 59 | 61 | 69 | 71 | 79 |
| [BP+SI]+disp8 | | 010 | 42 | 4A | 52 | 5A | 62 | 6A | 72 | 7A |
| [BP+DI]+disp8 | | 011 | 43 | 4B | 53 | 5B | 63 | 6B | 73 | 7B |
| [SI]+disp8 | | 100 | 44 | 4C | 54 | 5C | 64 | 6C | 74 | 7C |
| [DI]+disp8 | | 101 | 45 | 4D | 55 | 5D | 65 | 6D | 75 | 7D |
| [BP]+disp8 | | 110 | 46 | 4E | 56 | 5E | 66 | 6E | 76 | 7E |
| [BX]+disp8 | | 111 | 47 | 4F | 57 | 5F | 67 | 6F | 77 | 7F |
| [BX+SI]+disp16 | 10 | 000 | 80 | 88 | 90 | 98 | A0 | A8 | B0 | B8 |
| [BX+DI]+disp16 | | 001 | 81 | 89 | 91 | 99 | A1 | A9 | B1 | B9 |
| [BP+SI]+disp16 | | 010 | 82 | 8A | 92 | 9A | A2 | AA | B2 | BA |
| [BP+DI]+disp16 | | 011 | 83 | 8B | 93 | 9B | A3 | AB | B3 | BB |
| [SI]+disp16 | | 100 | 84 | 8C | 94 | 9C | A4 | AC | B4 | BC |
| [DI]+disp16 | | 101 | 85 | 8D | 95 | 9D | A5 | AD | B5 | BD |
| [BP]+disp16 | | 110 | 86 | 8E | 96 | 9E | A6 | AE | B6 | BE |
| [BX]+disp16 | | 111 | 87 | 8F | 97 | 9F | A7 | AF | B7 | BF |
| EAX/AX/AL/MM0/XMM0 | 11 | 000 | C0 | C8 | D0 | D8 | E0 | E8 | F0 | F8 |
| ECX/CX/CL/MM1/XMM1 | | 001 | C1 | C9 | D1 | D9 | E1 | E9 | F1 | F9 |
| EDX/DX/DL/MM2/XMM2 | | 010 | C2 | CA | D2 | DA | E2 | EA | F2 | FA |
| EBX/BX/BL/MM3/XMM3 | | 011 | C3 | CB | D3 | DB | E3 | EB | F3 | FB |
| ESP/SP/AHMM4/XMM4 | | 100 | C4 | CC | D4 | DC | E4 | EC | F4 | FC |
| EBP/BP/CH/MM5/XMM5 | | 101 | C5 | CD | D5 | DD | E5 | ED | F5 | FD |
| ESI/SI/DH/MM6/XMM6 | | 110 | C6 | CE | D6 | DE | E6 | EE | F6 | FE |
| EDI/DI/BH/MM7/XMM7 | | 111 | C7 | CF | D7 | DF | E7 | EF | F7 | FF |

图 2.3　Intel 操作数指令集的指令定义

## 2.7.2　汇编器

nasm.c 是程序的入口点，下面的内容将详细介绍汇编的过程。如果现在看不懂，没有关系，因为后续章节会介绍 C 语言，学完之后读者就能理解这些内容了。在这里，读者只需知道汇编器的工作原理是匹配汇编指令中的关键字，并将其转换为相应的操作码即可。

```c
//当执行 nasm demo.asm 时，程序将进入此处
int main(int argc, char **argv){
  ...
  //inname 是输入文件名，depend_list 是编译依赖的文件列表
  assemble_file(inname, depend_list);
  ...
}


static void assemble_file(const char *fname, struct strlist *depend_list) {
  ...
  //将文件依赖列表加载到 pp 中
  pp_reset(fname, PP_NORMAL, pass_final() ? depend_list : NULL);
  //通过 pp 逐行读取文件列表中的数据
  while ((line = pp_getline())) {
    //{ "lines", "total source lines processed", 2000000000 }
    //若已经处理的代码行数超过此限制，则抛出异常
    if (++globallineno > nasm_limit[LIMIT_LINES])
        nasm_fatal("overall line count exceeds the maximum %"PRId64"\n",
                nasm_limit[LIMIT_LINES]);
    //尝试解析指令并从中匹配解析方法与解析时需要的参数
    if (process_directives(line))
        //解析失败，则释放当前行并进入下次循环
        goto end_of_line;
    //解析当前行并将结果输入 output_ins 中
    parse_line(line, &output_ins);
    //若是自定义标签，检查前面的编译过程中是否已被引用。若存在引用，则进行重定位
    //后续将介绍标签。此处的含义是，在当前代码之前是否有人使用了此变量
    //若使用，则将引用所指向的位置设置为当前位置
    forward_refs(&output_ins);
    //处理准备好的当前指令
    process_insn(&output_ins);
    //释放当前指令的资源
    cleanup_insn(&output_ins);
  end_of_line:
    nasm_free(line);
  }
  ...
}

//预解析，找出解析对应的方法
bool process_directives(char *directive)
{
  ...
  //调用 directive_find(*directive); -> perfhash_find(&directive_hash, str)
```

```c
        //通过传入的值进行哈希匹配，以找到相应的指令结构
        //const struct perfect_hash directive_hash = {
        //    UINT64_C(0x076259c3e291c26c),
        //    UINT32_C(0x7e),
        //    UINT32_C(40),
        //    3,
        //    (D_unknown),
        //    directive_hashvals,
        //    directive_tbl
        //};
        d = parse_directive_line(&directive, &value);
        switch (d) {
        ...
            //若返回结果是D_PRAGMA，表示遇到了预处理指令，则进行预处理
            case D_PRAGMA:
                process_pragma(value);
                break;
            }
        ...
}
void process_pragma(char *str)
{
    ...
    //查找到匹配的opcode
    pragma.opcode = directive_find(pragma.opname);
    ...
}
//解析buffer中的代码，解析操作数
insn *parse_line(char *buffer, insn *result)
{
    ...
    for (opnum = 0; opnum < MAX_OPERANDS; opnum++) {
        operand *op = &result->oprs[opnum];
        //初始化操作数
        init_operand(op);
    ...
        if (is_reloc(value)) { //判断是否为操作数
            uint64_t n = reloc_value(value);
            op->type    |= IMMEDIATE;
            op->offset   = n;
            ...
        }
    ...
    }
    ...
}
static void process_insn(insn *instruction)
{
```

```c
    ...
    //开始解析
    l = assemble(location.segment, location.offset,
                 globalbits, instruction);
    ...
}
int64_t assemble(int32_t segment, int64_t start,
                 int bits, insn *instruction)
{
    ...
    //匹配当前指令对应的 Intel 操作码
    m = find_match(&temp, instruction, data.segment, data.offset, bits);
    ...
    //将回传的 temp 赋值给 data.itemp，后续将使用此值
    data.itemp = temp;
    ...
    gencode(&data, instruction);
    ...
}
static enum match_result find_match(const struct itemplate **tempp,
                                    insn *instruction,
                                    int32_t segment, int64_t offset,
                                    int bits)
{
    ...
    //通过前面获取到的 opcode 遍历所有操作码
    for (temp = nasm_instructions[instruction->opcode];
         temp->opcode != I_none; temp++) {
        ...
    }
    ...
    //将查找到的 temp 赋值给参数 tempp
    *tempp = temp;
    ...
}
//定义 opcode 对应的模板数组
const struct itemplate * const nasm_instructions[] = {
    ...
    instrux_MOV,
    instrux_JMP
    ...
}
//移动指令模板
static const struct itemplate instrux_MOV[] = {
    ...
    //此处核心在于 nasm_bytecodes+43311
    {I_MOV, 2, {MEMORY,REG_GPR|BITS16,0,0,0}, NO_DECORATOR,
     nasm_ bytecodes+43311, 8}
```

```
    ...
    }
    //跳转指令
    static const struct itemplate instrux_JMP[] = {
        ...
        //此处的核心在于 nasm_bytecodes+47992
        {I_JMP, 1, {RM_GPR|BITS16|NEAR,0,0,0,0}, NO_DECORATOR, nasm_bytecodes+
         47992, 22},
        ...
    }
    //Intel 汇编表
    const uint8_t nasm_bytecodes[50229] = {
        ...
        //43311 和 47992 代表下标
        /* 43311 */ 0271,0320,01,0211,0101,0,
        /* 47992 */ 0320,01,0377,0204,0,
        ...
    }
//其中关键位置的内容是 0211 和 0377,它们是八进制,分别对应于 0x89 和 0xff
//这刚好与编译的结果一致

    //生成代码
    static void gencode(struct out_data *data, insn *ins)
    {
        uint8_t c;
        ....
        const uint8_t *codes = data->itemp->code;
        ....
        while (*codes) {
            c = *codes++;
            switch (c) {
            case 01:
            case 02:
            case 03:
            case 04:
                //关于如何写入文件的详细说明将在第 7 章中讲述
                emit_rex(data, ins);
                out_rawdata(data, codes, c);
                codes += c;
                break;
            ....
            }
        }
    }
```

## 2.8 小　　结

本章旨在深入阐述第 1 章中定义的功能在现实中的应用，包括从指令集架构到上层汇编语言的具体实现。以 Intel 为例，本章详细讲解了其指令集的定义，并通过 Intel 汇编器展示了汇编过程的原理，最终绘制了 2.4 图。尽管汇编语言相较于底层的指令集编码更易于人类理解，但使用汇编语言进行编程以实现特定功能仍然是一项复杂的任务。这是因为汇编语言本质上只是将机器指令从二进制形式转换为人类可读的形式，例如将 MOV 指令映射为 0x89。要有效使用汇编语言，开发者需要具备深厚的硬件设计知识。第 3 章将在本章的基础上构建一种更加易于人类理解的语言，以便更有效地进行编程和功能实现。

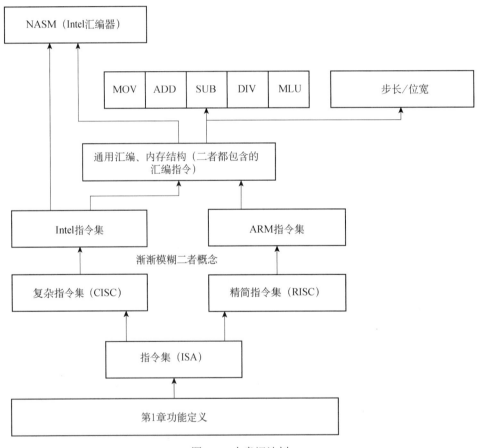

图 2.4　本章混沌树

# 第 3 章 如何设计一门语言

要明确区分不同语言之间的差异,我们需要认识到汇编语言及其指令集归属于低级语言范畴,而那些更接近人类自然理解的语言则被视为高级语言。本章旨在以低级语言为基础,构筑一种简洁易懂、更符合人类思维习惯的高级语言,并在这一过程中对汇编语言的内容进行扩展和深化。

## 3.1 语言的目标

在设计一门语言之前,我们需要分析设计的目标。这些目标通常是针对现有语言的不足之处进行改进。例如,掌握汇编语言需要理解 CPU 的设计,但这往往会导致编程过程过度依赖 CPU 的细节。因此,我们的首要目标是使程序员能够摆脱对特定的 CPU 平台的依赖。

前文提到的汇编指令大多数具有通用性,但不同平台的 CPU 仍拥有各自专有的指令。那么,如何实现跨平台编程呢?例如,NASM 是专门为 Intel 平台设计的,因此使用 NASM 编译的程序无法在 ARM 平台上运行。鉴于此,我们的第二个目标是实现编程的跨平台兼容性。

要在多个平台的汇编语言之上构建更高级的语言,我们需要抽象出它们的共同特性作为基础,这一过程被称为抽象汇编。正如在讨论汇编语言时提到的,汇编语言的核心是操作 CPU 和内存。因此,在设计新语言时,我们还必须对内存管理进行抽象。只有满足了这两个抽象条件,我们才能成功创建一门新的高级语言。

## 3.2 类型系统

首先,我们对位宽进行抽象,因为位宽是内存访问的基本单位。位宽的抽象将使我们能够更好地操作和理解后续的内存抽象。我们应该使用易于人类理解的语言来进行这些抽象。

- ☑ byte：在存储单元设计部分，我们已经接触过 byte，它表示 8 位宽的数据，称为字节，是系统中最基本的数据单位。
- ☑ char：虽然 char 也是 8 位宽的数据类型，但它的用途是表示人类语言中的字符，例如 a、b、c。由于 8 位足以编码所有常用字符，因此 char 通常用于字符表示。
- ☑ short：表示 16 位宽的数据类型，称为短整型。它的出现源于 16 位硬件架构的普及（在 8 位系统中，可以通过组合两个字节来实现 16 位数据），由于位宽增加，short 的数据处理效率高于 8 位数据类型。
- ☑ int：表示 32 位宽的数据类型，称为整型。它的出现与 32 位硬件架构的发展密切相关（在 16 位系统中，可以通过组合两个 short 来实现 32 位数据）。位宽的增加使得 int 的数据处理效率高于 16 位数据类型。

## 3.3 抽象操作

操作的抽象主要针对通用汇编指令，将指令转换为对应的符号表示。

- ☑ MOV：使用等号=。
- ☑ ADD：使用加号+。
- ☑ SUB：使用减号-。
- ☑ MUL：使用乘号*。
- ☑ DIV：使用除号/。

如果仅仅是进行简单的符号替换，那么这种语言仍然只是一种汇编语言。因此，我们需要为汇编语言增添一些高级特性。例如，前文提到汇编语言不支持直接从内存到内存的移动，我们可以在解析等号=时，将其转换为多条指令：首先将源内存的数据读取到寄存器中，然后将寄存器中的数据写入目标内存。这一过程将在第 4 章关于编译器的讨论中进行详细解释。

### 3.3.1 汇编拓展

标签（label）：在汇编器编译过程中，标签是一个临时使用的功能（其详细内容将在后续部分介绍）用于标识地址，以便后续代码可以直接引用这些地址，例如，读取内存数据或执行跳转到指定地址的操作。

```
//可以通过 age 标签获取值 23，也可以通过指令 mov [age], 24 来修改 age 的值
age:    DB   23
```

```
//定义 getAge 标签,用于标识此位置,后续可以使用 call 指令跳转至此处
getAge: mov eax,age
        //与 jmp 不同,call 指令在跳转执行完毕后会返回,因此需要使用 ret 指令返回
        ret
//ABI(应用程序二进制接口)的定义将在后续章节中详细讲解
_start:
    //调用 getAge 标签
    call getAge
```

通过标签的功能,我们可以抽象出"方法"这一概念,它代表大型软件中的一个特定代码块,由一条或多条语句构成。这些方法负责执行特定的任务,其封装性保证了代码的相对独立性,并促进了代码的复用,从而提升了软件开发的效率和可维护性。

### 3.3.2 寄存器拓展

在讨论寄存器的内容时,我们通常只是简单地称它们为"寄存器",而没有根据不同的使用场景进行具体区分,这可能是因为它们与之前学到的知识缺乏直接联系。因此,随着语言设计的深入,我们需要详细地介绍寄存器的不同分类。

- ☑ 通用寄存器:这类寄存器没有使用限制,可以用于普通指令的操作。前文提到的寄存器大多数是通用寄存器。
- ☑ 专用寄存器:这类寄存器用于特定场景,例如前文提到的 POP/PUSH 操作中的栈,就需要使用特定的寄存器。
- ☑ 指令地址寄存器:这类寄存器用于指令跳转,记录下一条指令的地址。修改该寄存器的内容即代表执行跳转操作(如程序计数器)。
- ☑ 状态寄存器:在 JXX 指令中提到了执行大于或等于跳转操作的情况,而判断是否执行跳转操作则需要依赖于状态寄存器。该寄存器用于记录前一条指令的操作结果。例如,CMP 比较指令可以修改状态寄存器中的等于或小于标志位,从而与 JXX 指令配合使用。值得注意的是,状态寄存器的每一位都能表示特定场景下的状态。关于状态寄存器的具体实现,后文在讨论 Intel 时将进行详细阐述。此处介绍的是一种抽象概念,并不针对任何特定的平台。

## 3.4 内存抽象

汇编操作主要涉及寄存器和内存,因此,对内存的操作同样至关重要。内存的抽象表示可以分为两种:第一种是数据元素之间步长相等,这种抽象被称为数组;第二种是数据元素之间步长不相等,这种抽象被称为结构体。

## 3.4.1 数组

☑ 声明一个字符数组：

```
char str[10];
```

在访问内存时，步长是固定的。例如，当访问 str[5]时，实际上是在 str 的基地址上加上 (5 * 1) 的偏移量。由于内存编址以 8 位（即 1 字节）为基本单位，并且 char 类型恰好占用 1 字节，因此其步长为 1。这意味着每次访问一个 char 元素，内存地址就会递增 1 字节。

☑ 声明一个整数数组：

```
int num[10];
```

在访问数组元素 num[5]时，实际上是在 num 的起始地址上增加（5 * 4)的偏移量。因为 int 类型在多数系统中占用 32 位，即 4 字节，所以需要偏移 4 字节才能到达下一个 int 元素的内存位置。因此，int 数组的步长是 4，这表示每访问一个 int 元素，内存地址就会递增 4 字节。

因此，可以得出结论，在汇编语言中，通过精确计算内存地址的偏移量，可以准确地访问数组中指定的数据元素。

## 3.4.2 结构体

定义一个结构体 Student 如下：

```
struct Student { char name[10]; byte age; short classId; int studentNo; };
```

该结构体不仅包含数组，还包含其他不同步长的数据类型。与数组不同，结构体包含多个不同类型的成员，因此各成员的偏移量计算方式也有所不同。假设 Student 结构体的起始地址是 0，那么 name 的地址是 0，age 的地址是 10，classId 的地址是 11，而 studentNo 的地址则为 13。

地址的计算是基于成员类型的大小，由此我们可以得出，结构体是通过不同类型的成员及其大小组合而成的，用来描述现实世界中的信息。结构体的内存布局实现与数组类似，都是通过计算成员的偏移地址来实现的。

## 3.5 进程内存结构

进程内存结构是指操作系统为每个进程分配和管理内存资源的方式。不同的操作系统和处理器架构可能会有不同的内存管理策略，但大多数现代操作系统都遵循类似的内存结构。

## 3.5.1 堆

此处提及的堆是指内存中可供动态分配的一块区域，它与常见的数据结构概念（如基于数组实现的完全二叉树）有所不同。在本质上，内存可以被视作一个大型的数组，而堆则是这个数组中的一部分，其特别之处在于允许程序在运行时动态地进行内存的分配和释放。当程序需要处理长度未知的数据时，动态内存分配就显得尤为重要。简而言之，堆提供了随时可用、可灵活分配的内存空间，这些空间通过地址进行标识和访问，因此可以在程序的任何部分进行共享和使用。如图 3.1 所示，这种共享特性使得堆成为程序中数据交互和管理的关键部分。

图 3.1 堆

## 3.5.2 栈

栈的核心特性是先入后出，这一特性确保了最后进入栈的数据总是当前执行指令所需使用的数据。因此，栈具有私有性，主要用于存储当前指令的上下文相关数据，如参数传递和方法内的局部变量定义。尽管内存中的地址可以被访问和操作，但栈的地址通常不会暴露给外部，以保障数据安全性和计算结果的确定性。栈作为内存的一部分，因其特殊用途而得名。栈是从堆内存中划分出的一块具有特殊意义的区域，如图 3.2 所示。这样的划分让栈在程序执行过程中扮演了关键角色，尤其是在函数调用、数据保护和临时存储等方面。

内存的大小是由硬件配置决定的，不受软件定义的影响。栈作为内存的一部分，其大小和在程序中的功能是在程序设计阶段具体定义和应用的。为了方便栈访问堆中的数据，通常会从堆中分配一块内存给栈，并基于堆的地址进行偏移访问。然而，在程序的实际运行中，只需关心栈内数据的相对地址（如 0、1、2 等），而无须关注具体的堆地址。这里提及堆和栈的地址，主要是为了帮助读者理解它们在内存中的相互关系。地址计算的具体实现方式将在后续讲解 Intel 汇编语言时进行详细阐述。

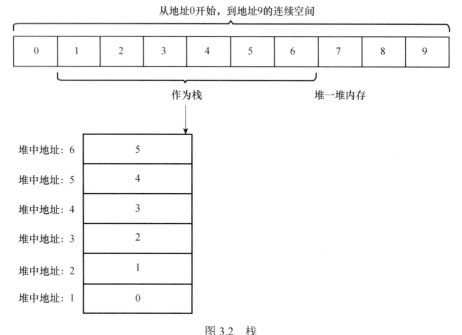

图 3.2　栈

## 3.5.3　数据段

堆和栈主要用于处理程序运行时的动态数据。然而，在编写程序时，我们还需要处理一些静态数据，例如魔数（这些值在不同的程序版本中有所变化，但它们代表的含义保持不变）和字符串（例如用于日志记录或标准格式输出的文本）。为了存储这些数据，程序在启动时会在内存中划出一个专门的区域，这个区域被称为数据段。数据段用于保存程序执行期间不会发生变化的数据，确保它们在需要时能够被稳定且可靠地访问。

## 3.5.4　代码段

代码与数据相辅相成，其中代码是程序启动和运行的基础。程序可能不包含数据，但绝不能没有代码，尤其是对于依赖固定参数的算法来说更是如此。因此，在程序启动并加载时，除了分配数据段，还必须分配一块专用的内存区域来存储代码。需要注意的是，数据段和代码段都存储在物理内存中，这表明它们的定义和调用都会消耗物理内存资源。这也是在性能受限的时代，人们会尽力节省内存使用的原因。通过优化数据结构和算法来降低内存消耗，可以有效提升程序的运行效率和性能。

## 3.5.5 应用程序二进制接口

在计算机软件领域，应用程序二进制接口（ABI）是指两个二进制程序模块之间的接口。这些模块通常包括库或操作系统提供的实现，以及用户希望运行的程序。ABI 规定了在机器代码层面如何访问数据结构或调用函数/方法，它是一种低级、与硬件相关的规范。与之相对的是 API，它在源代码层面定义了这些访问方式，是一种更高级、与硬件无关且用户是人类可读的格式。

ABI 的一个重要组成部分是调用约定，它决定了如何将数据作为计算例程的输入和输出。例如，x86 架构的调用约定就是一个具体的实例（将在后文详细说明）。遵循 ABI（可能是正式标准化的，如业界广泛采用的标准；也可能是非正式标准化的，如企业内部的规定）通常是编译器、操作系统或库开发者的职责。

然而，应用程序开发者在采用混合编程语言编写程序时，或者即使在相同编程语言但使用不同编译器编译程序的情况下，也可能需要直接处理 ABI 的问题。例如，当在 Python 中启动 Java 虚拟机（JVM）时，Python 需要遵循特定的 ABI 规则以与 JVM 进行交互。这些 ABI 规则通常由 JVM 的实现者制定，并在 JVM 的库文件中体现，例如.dll 文件在 Windows 系统上，.so 文件在 UNIX-like 系统上，以及.dylib 文件在 macOS 上。在类 UNIX-like 系统中，这些库文件通常采用 ELF 格式；而在 Windows 系统中，它们则采用 PE 格式。

之前提到的堆、栈、代码段和数据段都与 ABI 紧密相关。ABI 规定了编译器应如何按照特定格式将这些元素放置在内存中的固定位置。然后，操作系统依据这些格式来读取这些元素，将它们加载到内存中并执行程序。

## 3.6　小　结

本章内容如图 3.3 所示。

本章在先前讨论的汇编语言基础上，抽象出了多个概念，目的是将这些概念应用到我们设计的编程语言中。不过，本章并没有具体实现这些概念，这些概念尽管已经被设计出来，但由于缺少编译器的具体实现，目前还未能得到实际应用。编译器的构建需要依赖于特定操作系统和 ABI 的规定。考虑到读者可能对这些内容还不够熟悉，本章可以被视为一种理论上的抽象设计。第 4 章将详细解释编译器的工作原理，并通过 ELF（可执行与链接格式）来阐述操作系统是如何加载和执行程序的。

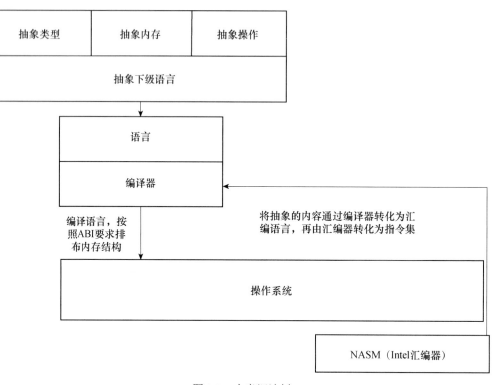

图 3.3 本章混沌树

# 第 4 章
# 编译器

在计算机科学中，编译器是一种程序，负责将编写的代码从一种编程语言（源语言）转换为另一种编程语言（目标语言）。编译器通常指将源代码从高级编程语言转换为低级编程语言（如汇编语言、目标代码或机器代码）的过程，以生成可执行程序。编译器技术的发展源于对将高级源程序精确地转换为数字计算机能够直接执行的低级目标程序的需求。编译器由负责源代码分析的前端和负责将分析结果合成为目标代码的后端组成，前端和后端之间的优化有助于生成更高效的目标代码。

编译器的前身是名为 Autocode 的系统，由 Alick Glennie 于 1952 年为 Mark 1 机器开发，目的是提高编程的可理解性。正如 Garcia Camarero 与 Ernesto 在 1961 年的文章 *AUTOCODE un sistema simplificado de codificacion para la computadora* 中所指出的，编译器的使用让程序员无须深入了解输入输出设备或控制和运算单元的内部结构，只需关注内存的关键方面。这体现了编译器的另一个重要作用——屏蔽底层细节。此外，编译器负责将高级编程语言转换为低级语言，这一过程也旨在提升编程的可理解性。为了增强可理解性，对低级语言进行抽象是必要的。本章将重点讨论可执行程序的具体定义、前端分析与后端合成的含义，以及编译器如何优化代码。

## 4.1 编译原理

汇编器是早期编译器的一个例子，其编译过程较为简单，主要涉及关键字替换操作，这是因为汇编语言较为基础。相比之下，高级语言编译器的任务更为复杂。作为对人类语言的抽象，高级语言拥有丰富的关键词汇，并能构建出各种复杂的句子结构。因此，编译器不仅需要进行语法分析，还必须深入进行语义分析，以准确理解程序的设计意图。这些分析结果为代码优化提供了基础，并最终生成了适用于特定平台的可执行程序。这个过程基本上概括了编译原理的核心要素，并且可以通过图 4.1 所示的流程图清晰地展示各个阶段之间的逻辑关系。

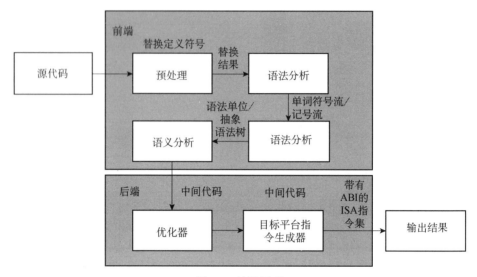

图 4.1 编译原理

预编译过程与汇编过程中的符号替换有相似之处，主要对源代码中的特定指令或符号进行处理。这个过程通常比较简单，不涉及复杂的语法或语义分析。需要注意的是，并非所有编程语言都包含预编译步骤，因此在标准的编译原理中，这一步骤可能不会特别指出。然而，在编译原理的流程图中，为了全面展示从源代码到可执行文件的转换过程，预编译环节通常会被包含在内。在理解编译原理时，读者可以将预编译视为一个可选的或特定情况下的处理步骤，无须过度深入，但它对于全面理解编译流程仍然是有益的。

## 4.1.1 词法分析

在编译过程中，排除预处理操作后的第一个阶段是词法分析。词法分析的输入是源代码，其输出是单词符号流，也称为记号流。通过输入和输出，我们可以看出词法分析的作用是将源代码中的单词符号进行识别和转换，形成编译器内部的符号定义。

以下是一段 C 语言代码示例。

```
if (a >= 1){
    x = 10;
} else {
    x = 12;
}
```

尽管这段代码对于人类读者来说结构清晰（如果不熟悉 C 语言，建议暂时参考相关章节以了解基本语法），但对于词法分析器来说，它并不能立即识别出整个代码的结构。相反，词法分析器会逐字符地读取源代码，并将其转换为对应的单词流。这一过程确保了源代码中的每个元素都能被准确地识别和处理。

词法分析器对上述代码的输出可能如下所示。

```
IF LPAREN ID(a) GEQUAL INT(5) RPAREN LBRACE
    ID(x) ASSIGN INT(10) SEMICOLON RBRACE
ELSE LBRACE
    ID(x) ASSIGN INT(12) SEMICOLON RBRACE
```

在单词符号流中，每个符号都具有特定的语义，例如 LPAREN（左括号）、GE（大于或等于）、RPAREN（右括号）、ASSIGN（赋值）、SEMI（分号）、ID（标识符）、INT（整数值）。这些符号看似是将程序中的原始符号替换为固定的单词，我们将这些单词称为 KIND（种类）。其中，某些 KIND（如 INT 和 ID）可能包含具体的值。由于这些符号具有特定的值，我们不能仅用 KIND 来表示符号流，还需要对其进行封装，以便保存它们对应的值。例如，变量 a 虽然在当前代码片段中没有定义，但必须在之前的代码段中有所定义，否则程序将无法正常运行。基于这种分析，我们定义了一个简单的数据结构 TOKEN（记号）它包含 KIND 和 value 两部分，用于表达符号的具体含义及其关联的值。

以下是词法分析器的核心定义，涉及语言设计：

```
//枚举词法分析器的核心定义，涉及语言设计
enum Kind {IF,ELSE,LPAREN, RPAREN,ID,ASSIGN,INT,GE, SEMICOLON/*...*/ };
struct Token {
    enum Kind kind;
    char* value;
};
```

在拥有了核心结构 TOKEN 之后，我们需要深入了解词法分析是如何将源代码转换为 TOKEN 流的。以>=符号为例，我们可以观察到，>和=这两个符号是相互关联的。仅仅识别出>并不代表符号解析的完成，因为只有当=与>组合在一起时，它们才构成一个完整的词法单元。为了正确处理这种情况，我们需要深入研究词法分析的具体实现细节。

### 1. 转换图

转换图（transition diagram）是一种专门用于语言分析的流程图。在转换图中，传统的流程图方块被替换为圆形，这些圆形被称为状态。不同状态之间通过箭头连接，这些箭头被称为边。箭头=>用于表示问题的分解。

图 4.2 展示了根据组合分析得出的转换图

图 4.2 包含了以下词法单元：LE（<= 表示小于或等于）、NE（<> 表示不等于）、LT（< 表示小于）、EQ（= 表示等于）、GE（>= 表示大于或等于）和 GT（> 表示大于）。通过分析图 4.2，我们可以看出符号的解析最多分为两个阶段。例如，对于<=，第一阶段解析出<，第二阶段解析出=，以形成完整的 LE 词法单元。但是，如果仅遇到<而没有后续的=，则不会执行第二阶段的解析。在这里，我们使用*作为回滚标识，因为第二阶段即使可能不

会产生有效解析,也必须被执行。如果在执行了第二阶段后没有得到有效解析(例如,只遇到<而没有随后的=),则需要执行回滚操作,将已读取的字符回滚并重新提交,以避免影响后续的词法分析。这种处理方法确保了词法分析的准确性和效率。

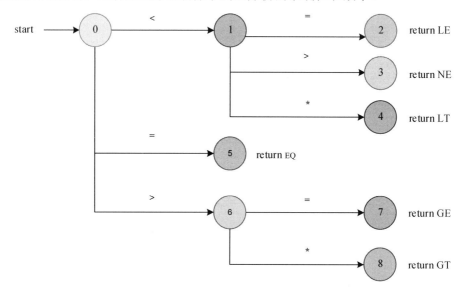

图 4.2　比较符转换图

```
struct Token compareToken(){
    //获取第一阶段字符
    char symbol = nextSymbol();
    switch (symbol){
        //若是小于,则进入第二阶段
        case '<':
            //获取第二阶段字符
            symbol = nextSymbol();
            switch (symbol){
                case '=':
                    return Token.LE;
                case '>':
                    return Token.NE;
                default:
                    //若是小于,则回滚第二阶段字符
                    backSymbol();
                    return Token.LT;
            }
            break;
        case '=':
            return Token.EQ;
        case '>':
```

```
            symbol = nextSymbol();
            switch (symbol){
                case '=':
                    return Token.GE;
                default:
                    backSymbol();
                    return Token.GT;
            }
        default:
            //若不是比较字符,则回溯第一阶段并返回错误
            backSymbol();
            return Token.ERR;
    }
}
```

为了帮助理解,我们再举一个例子:假设该编程语言规定变量名只能包含大小写字母,识别成 ID 数据类型。基于这一规则,我们可以设计出如图 4.3 所示的转换图。

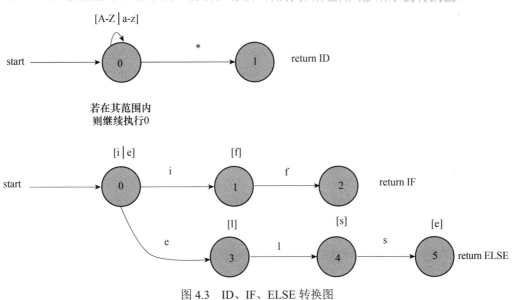

图 4.3 ID、IF、ELSE 转换图

图 4.3 中,ID 与 IF、ELSE 之间存在潜在的混淆,由于 ID 并没有专门过滤关键词(if 或 else),这可能会允许 ifa 或 elsea 等字符串被错误地识别为 ID。需要注意的是,通常情况下,大多数编程语言不允许将包含关键字(如"if"或"else")的字符串用作变量名,以避免歧义。

```
struct Token nextToken(){
    //我们将 ID 的长度限制为 255 个字符
    char names[255];
    int i = 0;
    //迭代获取当前 token 的字符串
    loop:while (true){
```

```
        //获取字符
        char symbol = nextSymbol();
        switch (symbol){
            //只有字符为 a-z 与 A-Z 才作为当前 token
            //而当出现其他字符则代表当前 token 已结束
            case 'a-z|A-Z':
                names[i] = symbol;
                continue;
            default:
                //出现其他字符则回滚当前字符,防止后续解析错误
                backSymbol();
                break loop;
        }
    }
    //如果是关键字 if,则特殊处理
    if (names=='if'){
         return Token.IF;
    }
    //如果是关键字 else,则特殊处理
    if (names=='else'){
        return Token.ELSE;
    }
    //若非关键字,则构造一个 ID,其 value 是 names
    return Token(ID,names);
}
```

通过对上面两个例子的分析,我们进一步完善了关键字的识别过程,最终得到的解析结果与之前提到的单词符号流相符。实际上,无论是比较运算符的转换图还是关键字的转换图,它们的核心都是基于逐个字符进行解析。当前的思路虽然是可行的,但在实现上仍有优化的空间。例如,我们可以构建一个完美的哈希表来存储所有关键字,以提高查找效率。然而,这样做会遇到一个问题:我们由于无法预知关键字何时结束,因此逐字符解析是必要的。每个关键字都有自己的转换图,为了解决这个问题,我们可以改变字符的读取方式:不再逐个字符读取,而是以字符数组为单位进行读取。其中,数组的分隔符是关键字之间的空格。这样,我们可以将代码按空格分割成多个小的字符数组,并与哈希表中的关键字进行比对。这种设计思路是先根据标识符的转移图进行识别,识别完成后,再判断所识别的字符串是否为关键字。这种方法被称为"关键字表算法",它有助于提高编译过程中的效率和准确性。

从编码的角度来看,转换图属于手工编码的范畴,这意味着开发者需要手动实现语言的特性,这通常具有较高的复杂性和出错风险。尽管如此,当前主流的编译器,如 GCC 和 LLVM,仍然采用这种方法进行编写。与手工编码相对的是自动编码的方式,它提供了另一种代码生成的方法。

## 2. 词法分析器自动编码

词法分析器的设计最初依赖于手工编码，但其构建过程遵循一定的规律性。例如，前文提到的比较符解析和关键字识别两种方法，它们在本质上是相似的，都涉及枚举（逐个比较）的过程。由于这两种方法具有共通性，我们可以编写一个代码生成器来自动生成词法分析器的代码。通过这种方式生成的词法分析器被称为自动编码的词法分析器。图 4.4 清晰地展示了词法分析器的演变过程。

图 4.4　词法分析器的演变过程

从图 4.4 中，我们可以清晰地看到词法分析器的演变过程：词法分析器最初是将语法规则硬编码到程序中，后来转变为将语法规则作为输入传递给代码生成器，以生成词法分析器的代码。这种转变意味着开发方式从编写面向规则的代码升级为编写面向生成器的规则。这种方式尽管有效降低了代码的复杂性和出错率，但也带来一个问题，即生成器生成的代码细节可能不完全受研发人员的控制。目前，业界常用的词法分析器生成器包括 lex（生成 C 语言源代码的分析器）、jlex（专为 Java 设计的词法分析器生成器）和 flex（作为 lex 的竞争对手，同样功能强大）。这些工具极大地简化了词法分析器的开发流程，但在使用时，仍需对生成的代码细节给予足够的关注。

生成器主要使用基于正则表达式的语法规则，这意味着通过编写正则表达式并将其传递给生成器，我们可以获得一个遵循特定语法规则的词法分析器。正则表达式的原理在此不再详述，感兴趣的读者可以自行深入探究。接下来，本文将重点阐述生成器的工作原理及其具体实现细节。

## 3. 确定有限状态自动机（DFA）

确定有限状态自动机（deterministic finite automaton，DFA）是一种抽象的计算模型，能够实现状态之间的转移。当给定 DFA 的当前状态以及一个属于其字母表 Σ 的输入字符时，DFA 能够根据预定义的转移函数唯一确定下一个状态，这个状态有可能与当前状态相同。确定有限状态自动机 M 的定义如下。

- ☑ 一个非空有限的状态集合 Q。
- ☑ 一个输入字母表 Σ（非空有限的字符集合）。
- ☑ 一个转移函数 δ：$Q \times \Sigma \rightarrow Q$。
- ☑ 一个开始状态 $q_0 \in Q$。
- ☑ 一个接受状态的集合 $F \subseteq Q$。

单独看这些定义可能难以理解其完整含义，但可以将 M 视为一个由五个元素组成的五元组（基于这五个定义）。图 4.5 可以直观地展示这一概念。

Q：非空有限状态集合，表示状态机内的所有可能状态。
Σ：字母表，定义了在状态转换过程中所使用的所有符号或字符。
δ：转移函数，它决定了当接收到一个特定字符时，状态机的下一个状态是什么。
q0：开始状态，即状态机初始时的状态。
F：接受状态集合，包含了那些能够导致状态机接收输入字符串的所有状态。
M =（Q，Σ，δ，q0，F）。

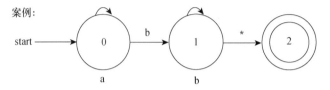

图 4.5　确定有限状态自动机

通过分析图 4.5 中的案例，我们可以得出：状态集合 Q 为 {0, 1, 2}，这三个状态分别标记为 0、1 和 2；字母表 Σ 为 {a, b, *}，这表示解析的字符串需要以一个或多个 a 字符开头，接着是一个或多个 b 字符，然后以任意非 b 字符结束；转移函数 δ 集合为 {(q0, a)→q0, (q0, b)→q1, (q1, b)→q1, (q1, *)→q2}，这里的 q 代表当前状态，通过状态转移与输入字符匹配，共得到四个转移规则；初始状态 q0 与起始点 start 相对应，因此 q0 在此处被赋值为 0；接受状态集合 F 为 {2}，因为状态 2 是自动机 M 的最终接受状态。综上所述，M 可以表示为：M=({0, 1, 2}, {a, b, *}, {(q0, a)→q0, q0, b)→q1, q1, b)→q1, q1, *)→q2}, 0, {2})。

### 4. 不确定有限状态自动机（NFA）

不确定有限状态自动机（nondeterministic finite automaton，NFA）与 DFA 在基本功能上是相似的，但它们在转移函数上有所不同。在 DFA 中，如图 4.5 所示，状态的转移是确定的，即只有当输入字符为 b 时，状态才会从 a 转移，其他字符不会导致状态转移。在 NFA 中，如图 4.6 所示，对于相同的输入字符 b，状态可以从一个节点转移到多个节点。

通过分析图 4.6 的案例，我们得到：状态集合 Q 为 {0, 1, 2, 3, 4}；字母表 Σ 包括 {a, b, c, *}，这意味着解析的字符串应以一个或多个 a 字符开头，紧接着是一个或多个 b 字符（第一种情况）或单个 b 字符（第二种情况），并以任意非 b 字符或 c 字符结尾；转移函数 δ 的集合为 {(q0, a)→q0, (q0, b)→q1, (q0, b)→q3, (q3, c)→q4, (q1, b)→q1, (q1, *)→q2}，其中 q 代表当前状态，通过状态转移与输入字符匹配，共得到六个转移规则；初始状态 q0，作为开始状态 start，对应状态 0，因此 q0 在此处被赋值为 0；接受状态集合 F 为 {2, 4}，表示自动机 M 有两个可能的接受结果，2 或 4。因此，自动机 M 可以表述为：M=({0, 1, 2, 3, 4}, {a, b, c, *}, {(q0, a)→q0, (q0, b)→q1, (q0, b)→q3, (q3, c)→q4, (q1, b)→q1, (q1, *)→q2}, 0, {2, 4})。尽管 NFA 的流程与 DFA 相似，但 M 的特点在于它有两个接受状态，并且在某些决策点存在多种可能性,导致结果不确定。然而,进一步分析表明,接受状态 4 是接受状态 2 的子集。如果对转移函数进行适当的排序,这种不确定性可以转换为确定性。例如,对于输入字符串 abc,由于(q0, b)→q3 在(q0, b)→q1 之前,它将优先执行,最终导致接受状态 4 的匹配。

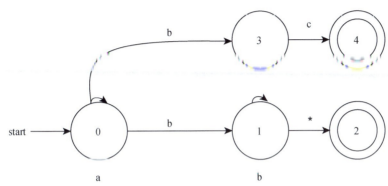

图 4.6　不确定有限状态自动机

### 5. Thompson 构造算法

NFA 与 DFA 以及手工编码的状态转换图在结构上具有相似性,因为手工编码通常需要人工绘制状态转换图并据此编写代码。然而,自动机的设计旨在减少人工干预,实现自动化处理。Thompson 构造算法是一种将正则表达式自动转换为 NFA 的方法,该算法包含以下六个核心定义。

- ☑ ε:连接符,不消耗正则表达式中的字符,仅用于连接,是基本单元。
- ☑ a-z:符号表,每个符号代表正则表达式中的一个字符,需要精确匹配,是基本单元。
- ☑ |:并(或)集关系,表示两个或多个符号之间的或关系,属于连接规则。
- ☑ ∩:连接关系,表示两个或多个符号之间的与关系,属于连接规则。
- ☑ *:闭包关系,表示重复前一个符号或复合集任意次数,包括零次。
- ☑ ():复合集,由上述五个定义组合而成,其中(表示起点,如果)后面紧跟着*,则表示从(处开始重复。

图 4.7 展示了根据 Thompson 构造算法构建的图形表达,并通过复合集 a(d|c|b)*说明了其应用。在图中,该复合集最终与 NFA 相连,展示了多个以 a 开始的转移函数(这已经开始体现出正则表达式的特性)。

### 6. 子集构造算法(NFA 转 DFA)

NFA 不适合用于词法分析器,因为它存在不确定性和回溯问题。虽然前文提到可以通过排序迭代来解决不确定性,但这同时也会引发回溯问题。如图 4.7 所示,如果使用字符串 ac 进行匹配，将会在第 3 步匹配失败后回溯到第 6 步，这种从第 3 步到第 6 步的操作就是回溯。当分支较多时，回溯会频繁发生，因此有必要将 NFA 转换为 DFA 以降低不确定性。

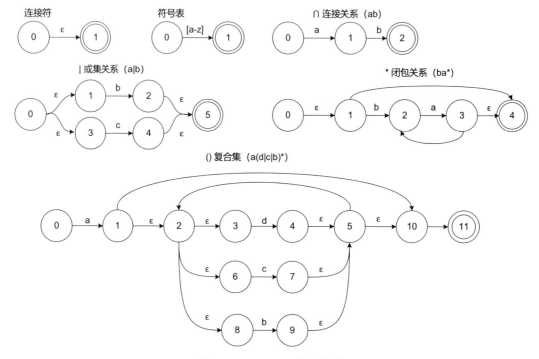

图 4.7　Thompson 构造算法

如图 4.7 所示，集合 a(d|c|b)* 的解析符号表包含符号 a、b、c、d。为了分析其子集，我们定义了一个分析函数，称为 ε-closure。使用这个函数，当遇到 ε 转移时，可以直接到达子集；而遇到具体字符时，则不能直接进入。初始状态集合 S 为 {0}，因为初始状态是 0。由于接下来需要使用字符 a 进行接收，因此在遇到字符而非 ε 时，函数直接返回 {0}。随后，通过枚举字符的方法，我们可以推导出其他的状态子集。

- ☑ 当输入字符 a 时，集合 A 为 {1,2,3,6,8,10,11}。继续执行，当经过字符序列 bcd 后，返回集合 {0}，因为该序列不被接收。由于集合 {0} 已经被处理过，因此后续将不再处理 {0}。
- ☑ 通过初始状态集合 S，我们得到了集合 A。接下来处理集合 A，输入字符 a 时，得到集合 B：{2,3,6,8,10,11}；输入字符 b 时，得到集合 C：{2,3,6,8,9,5,10,11}；输入字符 c 时，得到集合 D：{2,3,6,8,7,5,10,11}；输入字符 d 时，得到集合 E：{2,3,6,8,4,5,10,11}。
- ☑ 通过集合 A，我们得到了 B、C、D、E 四个子集。经过进一步处理，我们发现没有新的子集产生。图 4.8 中彩色的箭头表示对 C、D、E 集合的最后一次 ε 转移解析，这些转移虽然不是必需的，但程序必须执行它们才能终止（因为终止条件是已经存在的解析集合不再进行解析），由此我们得到这个 DFA。

通过处理子集的顺序来连接它们，最终形成一个 NFA，这就是整个转换的逻辑。函数 e_closure 的实现很简单：它遍历输入的子集中的状态，判断这些状态是否能够接收输入的枚举字符（即遍历所有的字符以尝试与当前的内容相匹配）。

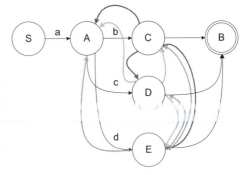

图 4.8　子集构造算法

### 7. Hopcroft（DFA 最小化）

图 4.8 中的彩色线条是不必要的，因此需要将它们合并，这一过程就是最小化。Hopcroft 最小化算法的核心在于对状态集合进行分割。在图 4.8 中，集合 {S, A, C, D, E, B} 被划分为两类：一类是终结状态集合 {B}，仅包含一个元素 B，记作 A（accept）；另一类是非终结状态集合，包含元素 {S, A, C, D, E}，记作 N（non-accept）。通过这两个集合，我们可以得到如图 4.9 所示的优化过程。

在图 4.9 中，集合 {C,D,E} 与集合 {B} 是可以合并的，因为实际上集合 {B} 没有任何接受条件可以直接跳转到其他状态，但在这里分开显示是为了更清晰地解释算法的执行步骤。

### 8. 词法分析器代码生成

本节重点介绍自动编码的过程，而前文已经详细说明了自动编码的推理步骤，其最终目标是生成状态转换集合。这个转换集合对于构建词法分析器至关重要，利用转移表、跳转表、哈希表等技术，我们可以构建一个既高效又精确的词法分析器。

跳转表是根据状态转换集合生成的，它包含了一系列基于 if 条件判断的手动编码指令，用于从当前状态跳转到下一个状态。在每次跳转时，都会检查前一个状态是否为接受状态，以保持节点间匹配状态的独立性。如果一个接受状态之前存在转移条件，那么即使后续转移失败，之前的状态条件节点也不会受到回滚的影响。这意味着，在转换图中，如果存在连续的接受状态，例如 ab 和 aba，当 ab 被识别时，它仍然被视为接受状态。如果接下来的字符是 a，则需要转移到新的接受状态；如果字符不是 a，则已经接受的 ab 状态不会回滚。

转移表是根据转换集构建的，如图 4.10 所示。它将跳转表中的 if 条件判断替换为查表操作，并将跳转逻辑改为循环处理。明显可以看出，跳转表的体积较大（此处仅为 255 条目，而如果是 Unicode，则体积会大得多），尽管其代码较为简洁；相反，转移表的代码量较大。因此，应根据具体的使用场景来决定是选择跳转表还是转移表。

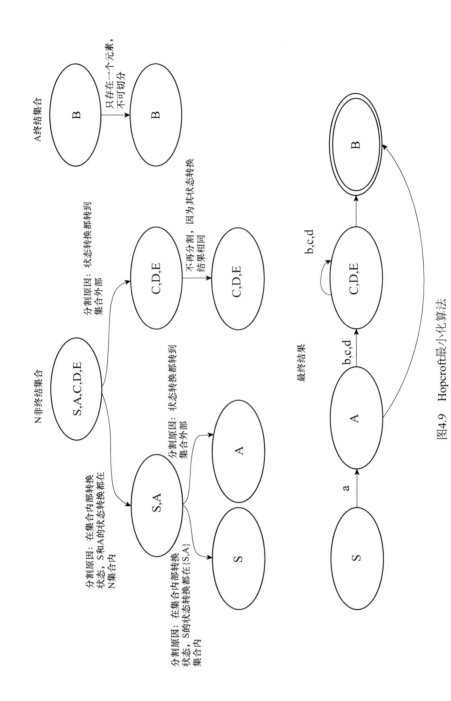

图4.9 Hopcroft最小化算法

## 第 4 章 编译器

状态表

| 状态 | 字符 | | | |
|---|---|---|---|---|
| | a | b | c | d |
| 0 | 1 | -1 | -1 | -1 |
| 1 | -1 | 1 | 1 | 1 |

DFA转换图

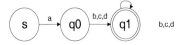

转移表

```
static int[][] table = new int[10][255];
table[0]['a'] = 1;
table[1]['b'] = 1;
table[1]['c'] = 1;
table[1]['d'] = 1;
static int nextToken() {
    //初始状态从0开始转移
    while (state != -1) {
        //获取字符
        char c = getChar();
        //若为结束字符，则返回匹配状态
        if (c == '\0'){
            return state;
        }
        //在此状态中，匹配1是否为接受状态
        if (state == 1){
            clear();
        }
        //压入状态
        push(state);
        //获取当前字符所对应的符号表信息
        state = table[state][c];
    }
    //若非完成匹配，则返回匹配的最终最后一次接受状态或者初始状态
    while (state != 1){
        //若栈被清空，那么代表没有被接受的状态
        if (stack.empty()){
            break;
        }
        //获取栈中状态直到全部获取完，或者得到一个接受状态
        state = stack.pop();
        //由于getChar会做偏移计算，因此此处需要回滚内容
        //代表此内容匹配失败，以便后续继续匹配
        rollback();
    }
    return state;
}
```

跳转表

```
static Function<AtomicInteger,Function<AtomicInteger,?>> q1 = null;
static {
    q1 = (num)->{
        int state = num.get();
        char c = getChar();
        if (c == '\0') {
            return null;
        }
        //匹配字符是否为
        clear();
        }
        push(state);
        if (c == 'b' || c == 'c' || c == 'd') {
            num.set(state);
            return q1;
        }
        rollback();
        return null;
    };
}
//q0函数
static Function<AtomicInteger,Function<AtomicInteger,?>> q0 = (num)->{
    int state = num.get();
    char c = getChar();
    if (c == '\0') {
        return null;
    }
    push(state);
        //匹配字符是否为A
    if (c == 'a') {
        num.set(1);
        //返回跳转q1
        return q1;
    }
    //若未匹配到A，则回退并返回null结束匹配
    rollback();
    return null;
};
//使用Java模拟goto函数跳转
static int nextToken() {
    //状态记录：第一个状态为q0即0
    AtomicInteger state = new AtomicInteger(0);
    //从q0开始执行
    Function<AtomicInteger,Function<AtomicInteger,?>> temp1 = q0;
    //遍历调用后续执行
    for (; temp1!=null; ) {
        //循环调用返回函数
        temp1 = (Function<AtomicInteger,Function<AtomicInteger,?>>)temp1.apply(state);
    }
    return state.get();
}
```

图 4.10 代码生成结果

词法分析器（无论是使用跳转表还是状态转移表）将输入的程序代码解析为符号流。如图 4.10 所示，在 nextToken 函数中，变量 index 标识了当前解析的位置。每次调用 nextToken 时，解析都从 index 指定的位置开始。如果解析结果的 state 值为 1，则表示解析被接受，这表明从起始位置到结束位置的字符串构成了一个 token（因为解析得到接受，所以从解析起始的 index 到解析结束的 index 之间的字符串定义了一个 token）。之后，这些 token 串联起来形成了符号流，它们作为输入数据供语法分析器使用。

## 4.1.2 语法分析

在 4.1.1 节中，词法分析器将程序字符数据转换为 token 符号流，其中包括关键字（如 IF）和变量名/数值（如 ID）。本小节将在此基础上进行语法分析，这是一个根据形式文法分析 token 符号流并确定其语法结构的过程。其目的是进行语法检查，并构建如语法分析树或抽象语法树等层次化数据结构。

### 1. 形式文法

在形式语言理论中，文法（或称为形式文法）是一套规则体系，用于指导如何从语言的字母表中生成符合语法规则的字符串。这些规则纯粹关注字符串的形式结构，不涉及字符串的具体含义或其在特定上下文中的用途。以中文为例，主语、谓语、宾语等语法结构构成了中文的文法，它们定义了中文句子的基本框架。尽管在单个句子（如"小明[主]做[谓]作业[宾]"）中可能不直接体现这些文法元素，但它们对于句子的构成至关重要。在计算机科学中，语法分析是利用形式文法对句子进行解构和分析的过程，以确定句子是否符合特定的语法规则。因此，理解形式文法的定义和作用对于掌握自然语言处理和计算机语言理解至关重要。

20 世纪 50 年代，诺姆·乔姆斯基首次提出了生成语法的经典形式化理论，其中文法 G 由以下 4 部分组成。

- ☑ 有限的**非终结符号**集 N，与 G 生成的字符串无交集。
- ☑ 有限的**终结符号**集 Σ，与 N 无交集。
- ☑ 有限的**产生式规则**集 P，描述了将终结符和非终结符组合成串的方法。
- ☑ **开始符号** S∈N（S 属于 N 集合中一个元素），也叫**句子符号**（也是整个句子的文法即 S=）。

文法的形式定义是一个四元组（N,Σ,P,S）。在文献中，这种形式语法通常被称为重写系统或短语结构文法。图 4.11 展示了形式文法。

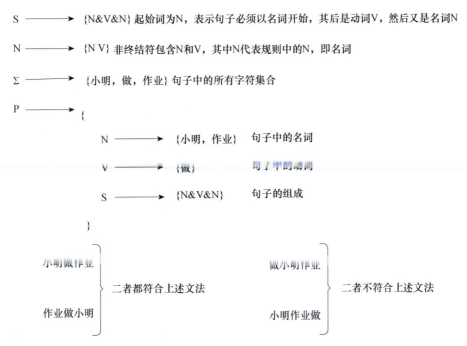

图4.11 形式文法

## 2. 上下文无关文法（CFG）

在计算机科学中，形式文法 G = (v, Σ, P, S)，如果其所有产生式规则均遵循 A -> α 的形式（其中 A 属于变量集 V，α 属于由变量和终结符组成的字符串集(V∪Σ)*），则被称为上下文无关文法（context-free grammar，CFG）。这种文法之所以被称为"上下文无关"，是因为在此类文法中，变量 A 可以被字符串 α 自由替换，而不需要考虑 A 所处的上下文环境。一个形式语言如果完全由上下文无关文法生成，那么也被视为上下文无关语言。以"小明"和"作业"为例，在上下文无关文法的框架下，"小明做作业"和"作业做小明"都是合法的，因为它们的构造并不受特定上下文的影响。上下文无关文法的重要性在于，它们具备足够的表达力来描述大多数程序设计语言的语法规则。事实上，几乎所有现代程序设计语言的语法都是基于上下文无关文法来定义的。同时，由于上下文无关文法的结构相对简单，我们可以构建有效的分析算法来验证一个给定的字符串是否符合某个特定的上下文无关文法。

上下文无关文法 G 是 4-元组。

- ☑ V 是"非终结"符号或变量的有限集合。这些符号用于表示句子中不同类型的短语或子句。
- ☑ Σ 是"终结符"的有限集合，它与 V 没有交集，终结符构成了句子的实际文本内容。

- ☑ S 是开始变量，用于表示整个句子（或程序）。S 必须是 V 的元素。
- ☑ R 是从 V 到(V∪Σ)*的关系，使得 $\exists \omega \in (V \cup \sum)*:(S,\omega) \in R$，**R** 的成员被称为规则或产生式（通常也用 P 表示）。

在图 4.11 中，使用了&符号来连接符各个号，以表示它们之间的先后顺序（这个符号是可选的，因此{N V N}的结构意味着句子以名词 N 开头，后接动词 V 和名词 N）。需要注意的是，N 和 V 分别代表名词和动词，这些分类是由开发人员定义的。上下文无关文法与形式文法的区别在于，上下文无关文法中用 V 来表示非终结符，而形式文法中用 N。V 与 N 的区别在于，V 允许非终结符的嵌套使用，而 N 则是直接替换终结符集合 Σ 中的字符。另外，R 和 P 的区别仅为命名不同。图 4.12 展示了上下文无关文法的结构。

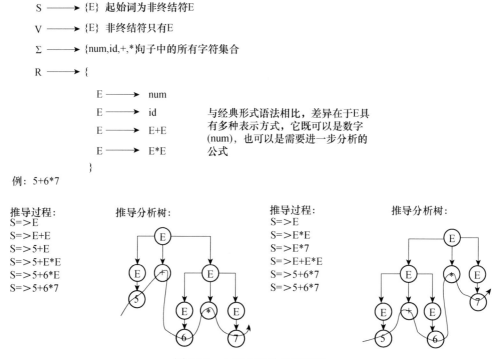

图 4.12　上下文无关文法结构

在图 4.12 中，我们使用了表达式 5+6*7 来进行推导，该表达式有两种推导顺序：第一种是先按照加法规则进行推导，第二种是先按照乘法规则进行推导。使用后序遍历的特性，这两种推导顺序会导致不同的结果。

对于第一种推导顺序（加法优先），由于后序遍历的特点，我们会先计算 6 与 7 的乘积，得到 42，然后将结果与 5 相加，最终得到 47。

对于第二种推导顺序（乘法优先），我们会先计算 5 与 6 的和，得到 11，然后将结果与 7 相乘，最终得到 77。

然而，根据大多数计算机语言的运算优先级规则，乘法的优先级高于加法，因此正确的计算结果应该是 47。

这个问题引出了一个重要概念，即二义性文法。二义性文法是指同一个句子可以产生多个不同的语法分析树，这会导致不同的语义解释。在这个例子中，文法由于允许存在两种推导顺序，因此被认定为二义性文法。

为了解决这个问题，需要对文法进行重构，以确保只有一种推导顺序是合法的，如图 4.13 所示。这样可以消除文法的二义性，确保表达式的计算顺序遵循预期的运算优先级规则。因此，原来的文法被认为是错误的，因为它导致了表达式解释的二义性。

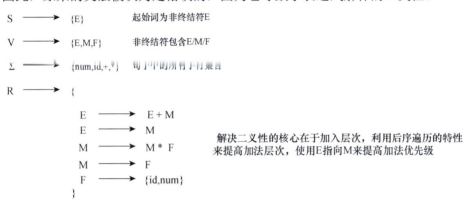

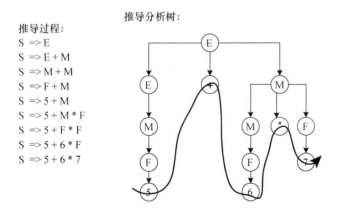

图 4.13　上下文无关文法解决二义性

### 3. 自顶向下分析算法

自顶向下分析算法的核心是从起始符号 S 出发，遍历文法 P 中的规则，并尝试匹配对应的字符。以图 4.14 为例，算法会枚举 N 规则中的字符集合{小明, 作业, 小胖, 篮球}。在这个过程中，算法可能需要多次尝试才能找到正确的匹配字符；例如，在本例中，"小明"是成功匹配的字符。一旦匹配到"小明"，算法就会继续匹配下一个 V 规则，随后是 N 规则，如此循环，直到 S 规则被完全匹配，从而确认语法正确。然而，这种方法效率较低。

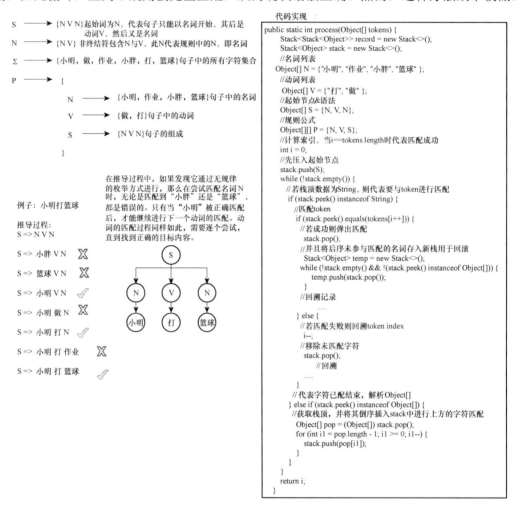

图 4.14　自顶向下分析算法

此外，自顶向下分析算法存在回溯问题。例如，如果 N 规则中有"小明|N"这样的选择结构，算法在匹配到"小明"后会认为已经成功匹配了 N 规则，并继续尝试匹配 V 规则。但若 V 规则中并不包含 N，则此次匹配是错误的，此时算法需要回溯至之前的状态并重新进行匹配。由于枚举过程本身效率不高，且回溯的额外开销，这进一步降低了算法的效率。

因此，这种算法主要适用于学习目的，而在实际编译器中很少被采用。特别是在处理大型项目，如操作系统代码（代码量可达数十万行）时，编译速度会非常缓慢。因此，高效率（速度）是编译器的基本要求之一。

解决回溯问题的一个简单策略是采用"向前看一个符号"的方法。然而，如果遇到场景中存在多个相同的模式，可能需要"向前看两个符号""向前看三个符号"，甚至更多，这可能导致递归层次无限增加，形成所谓的"无限递归"情况，这显然是不合理的。尽管如此，在某些特定情况下，这种办法仍可以临时性地解决问题。

### 4. 递归下降分析算法

为了解决前一个算法在效率方面的问题，需要引入递归下降算法。这种算法通过递归的方式减少了回溯的次数，从而提高了效率。递归下降算法的关键在于为非终结符定义了特定的函数，这些函数用于解析和推导其自身的语法结构。如图 4.15 所示，以 M 函数为例，它需要处理两种情况：一是 F，因为它只能由 M 推导得出；二是 M*T，其中核心在于 T 符号，所有与此符号相关的推导都应在此处完成。递归下降算法与自顶向下的解析方式具有相通之处，读者可以尝试将其与转移表和跳转表进行类比。

### 5. LL(1)分析算法

LL(1)分析算法是一种自顶向下的解析方法，它从左至右读取程序（L），并从左至右进行推导（L），同时采用"向前看一个符号"(1)的方法。该算法改进了传统遍历匹配的方式，通过构建一个分析表来实现精准的符号压栈，从而解决了回溯问题。因此，LL(1)算法的核心在于分析表的构建。分析表的创建依赖于以下四个集合：NULLABLE 集、FIRST 集、FOLLOW 集和 FIRST_S 集。

- ☑ NULLABLE 集：包含了文法中所有可以推导出空串 ε 的非终结符。
- ☑ FIRST 集：每个非终结符的 FIRST 集是由它能够推导出的第一个终结符组成的集合。由于非终结符可能在多个产生式中出现，因此每个非终结符对应一个 FIRST 集。如果产生式中的第一个非终结符能够推导出空串，那么就需要考虑产生式中的下一个符号，并将这两个符号的 FIRST 集合并。
- ☑ FOLLOW 集：这个集合定义了每个非终结符后面可能出现的终结符。与 FIRST 集类似，FOLLOW 集也需要进行空串合并的计算。
- ☑ FIRST_S 集：对于每个产生式，FIRST_S 集包含了该产生式能够推导出的第一个终结符的集合。如果产生式中的非终结符允许推导出空串，则将这个集合传递给产生式中的下一个符号；如果不允许，则清空该集合。

# 计算之道 卷I：计算机组成与高级语言

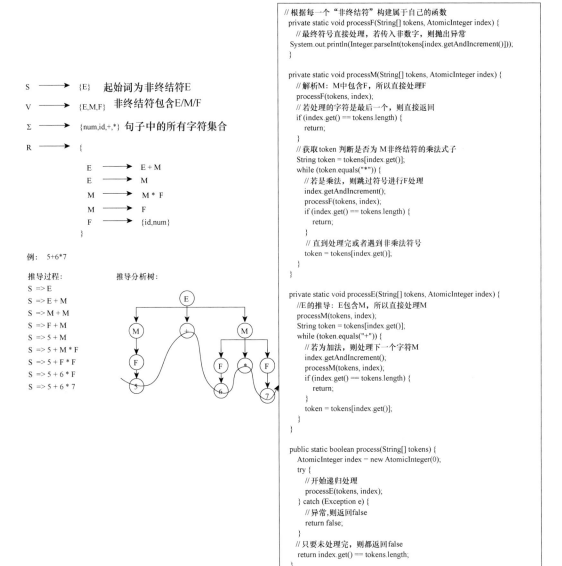

图 4.15 递归下降分析算法

图 4.16 展示了 LL(1)算法中 FIRST 集的推导过程。

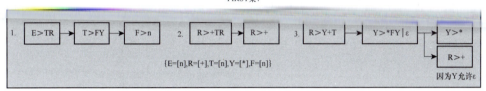

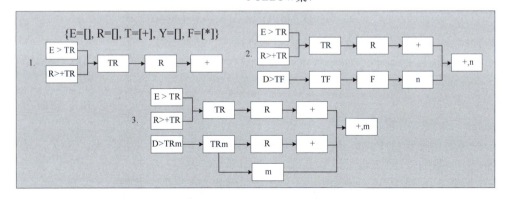

图 4.16　LL(1) FIRST 集推导

根据图 4.16 的 FIRST 集公式推导，步骤如下。

（1）对于符号 E，其 FIRST 集推导结果为[n]。E 的推导式为 E>TR，因此首先推导 T。T 的推导式为 T>FY，继续推导 F，其推导式为 F>n，最终得到一个终结符 n。由于已经推导出一个终结符，我们不再继续推导，因此 E 的 FIRST 集包含 n。

（2）对于符号 R，其 FIRST 集推导结果为[+]。R 的推导式为 R>+TR，其中第一个符号是终结符+，因此推导在此结束。

（3）假设 R 的推导式为 R>Y+T，那么推导过程如下：首先，Y 的 FIRST 集为*，通常情况下推导会在此结束。但是，如果 Y 的 FIRST 集包含空串，则需要继续考虑下一个符号+。因此，R 的 FIRST 集最终包含+，即得到[*,+]。

图 4.17 展示了 LL(1)算法中 FOLLOW 集的推导过程。

图 4.17　LL(1)FOLLOW 集推导

根据图 4.17 的 FOLLOW 集公式推导，步骤如下。

（1）对于符号 T，其 FOLLOW 集推导结果为[+]。通过上述 7 个推导式，我们发现只有第一个和第二个推导式使用了 T，它们的共同特点是 T 后面都跟着 R。由于 R 的 FIRST 集为+，因此 T 的 FOLLOW 集也为+。

（2）假设存在另一个推导式 D>TF，那么 T 的 FOLLOW 集还将包含 n，最终得到[+, n]。

（3）与 FIRST 集的推导类似，FOLLOW 集的推导也需要判断是否为空，并且进行传递。不过，FIRST 集是从前向后传递，而 FOLLOW 集是从后向前传递。假设存在推导式 D> TRm，首先将结束符$加入一个临时集合中，然后将这个临时集合加入 m 的 FOLLOW 集中。但是，由于 m 是终结符，它没有 FOLLOW 集，因此清空临时集合并将 m 加入。接下来，计算 R 的 FOLLOW 集，首先将临时集合加入 R 的 FOLLOW 集中，其中只有一个元素 m。因为 R 允许为空，所以不清空临时集合。继续计算 T 的 FOLLOW 集，将 R 的 FIRST 集和临时集合合并后加入 T 的 FOLLOW 集中，最终得到 T 的 FOLLOW 集为{m,+}，这表示 T 后面可以跟着符号+和 m。

图 4.18 展示了 LL(1)算法中 FOLLOW 集的推导过程。

FIRST_S 集：

前面推导都是针对非终结符的，而此集合是针对推导公式的。因此有些终结符存在多个式子，需要通过标号来表示他们的唯一性

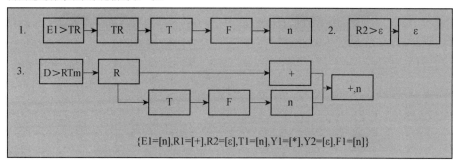

图 4.18　LL(1)FIRST_S 集推导

根据图 4.18 中的 FIRST_S 集合公式的推导过程，步骤如下。

（1）对于推导式 E>TR，其中 E 是非终结符，第一个符号是 T。从 T 开始推导，可以得到 F，再进一步推导 F，可以得到 n。因此，这个推导式的 FIRST_S 集合包括 n。

（2）对于推导式 R>ε（其中 ε 表示空），由于 ε 本身就是空的，所以 R 的 FIRST_S 集合就是{ε}。在正常的解析过程中，当遇到这样的推导式时，可以认为它是空的。

（3）考虑推导式 D>RTm。在这种情况下，D 的 FIRST_S 集合将是{+, n}。首先，从 R 开始推导，可以得到+。但 R 也可以是空的，这时需要继续推导。接着，T 推导到 F，然后 F 推导出 n。无论 T 还是 F 都不能推导出空，因此推导到此为止，最终的 FIRST_S 集合是{+, n}。

综上所述，利用自顶向下分析算法并结合 LL(1)分析算法，我们可以得到如图 4.19 所示的分析结果。

# 第 4 章 编译器

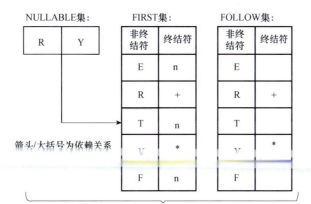

NULLABLE集:

| R | Y |
|---|---|

箭头/大括号为依赖关系

FIRST集:

| 非终结符 | 终结符 |
|---|---|
| E | n |
| R | + |
| T | n |
| Y | * |
| F | n |

FOLLOW集:

| 非终结符 | 终结符 |
|---|---|
| E |  |
| R | + |
| T |  |
| Y | * |
| F |  |

FIRST_S集:

| 句子推导式 | 终结符 |
|---|---|
| E1 | n |
| R1 | + |
| R2 | ε |
| T1 | n |
| Y1 | * |
| Y2 | ε |
| F1 | n |

此表内容是根据FIRST_S遍历而来的，其中数字为式子的下标

LL(1)分析表

| 非终结符 | 终结符 | | |
|---|---|---|---|
|  | n | + | * |
| E | 0 |  |  |
| R |  | 1 |  |
| T | 3 |  |  |
| Y |  |  | 4 |
| F | 6 |  |  |

图 4.19 LL(1)分析表与核心代码

通过比较图 4.19 左侧的代码与图 4.14 左侧的代码，我们得出以下结论：将枚举推导式子的方法改进为根据分析表选择式子，这一改进显著减少了回溯现象，从而提高了算法的性能。但是，这种算法并非全能，当分析表中出现多个式子的下标冲突时，该算法就不再适用，因为回溯问题仍然存在。尽管如此，这个问题并非不可解决。通过分析图 4.20 中的错误文法和图 4.16～图 4.18 中的修正版本，我们发现可以在冲突点处创建一个新的式子（即增加一个层次）来解决这个问题。这个问题的根源在于右侧的式子中包含了左侧的非终结符，因此，通过从右侧提取公共因子并构造新的式子，我们可以有效地解决这种冲突。

```
1. E>E+T        1. E、T、F 为非终结符
2. E>T          2. +、*、n 为终结符
3. T>T*F        3. 1~5 共有 5 个推导式
4. T>F          4. E>E+T 代表非终结符 E 由非终结符(式子)E+T 推导得出
5. F>n
```

图 4.20　错误文法

表 4.1 展示了如何根据 LL(1) 分析算法判断图 4.18 中文法错误的方法。

表 4.1　LL(1) 分析表

| 非终结符 | 终结符 | | |
|---|---|---|---|
| | n | + | * |
| E | 0,1 | | |
| T | 2,3 | | |
| F | 4 | | |

### 6. LR(0) 分析算法

LR(0) 分析算法是一种自底向上的解析方法，它从左（L）至右读取程序，并从右（R）向左进行推导，同时在推导过程中不进行任何向前看的字符操作（尽管在后续的算法中会涉及 FIRST 集的概念）。该算法的核心在于利用 DFA 来构建 GOTO 表和 ACTION 表。GOTO 表负责在解析非终结符时的状态跳转，而 ACTION 表则包含了移进（shift）、归约（reduce）和接受（accept）这三种关键操作。为了简化解析过程，算法还引入了位置指示符和文法拓广的技巧，这些措施进一步提升了算法实现的简洁性和效率，具体如图 4.21 和图 4.22 所示。

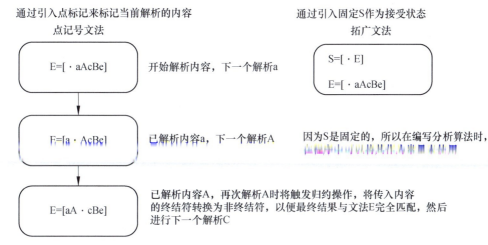

图 4.21 LR0 点位与拓广文法

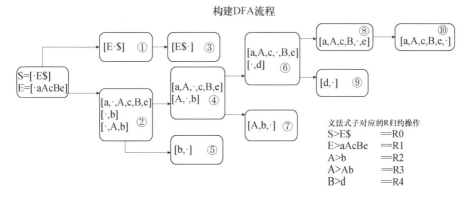

初始状态为 0。
0 -> 1：因为 E 是非终结符，所以在 GOTO 表中 E 列下的状态 0 加入 1，表示当归约到 E 时跳转到状态 1。此为移进操作。
1 -> 3：$ 为结束符号，当表达式归约到 E 时出现 $ 符号，则代表归约完成，即进入 ACCEPT 状态，因为 S -> E$。此为接受操作。
0 -> 2：读取终结符 a，消耗一个字符，即在 ACTION 表中状态 0 且字符为 a 处标记为 2，表示跳转到状态 2。到状态 2 时存在两种可能：存在一个 b，或者存在两个 b，因为非终结符 A 存在两个产生式 b 或 Ab。此为移进操作。
2 -> 5：当读取到 b 时，进行归约，因为状态 5[b] 是已完成的推导式，故而触发归约操作，同时回退状态到 2，并且消耗工作栈中的一组数据 b（之所以称为组，因为栈中也存储了状态，需要状态一同消费），同时压入 A 与状态 4。此为归约操作。
2 -> 4：到状态 4 时，A 一定是已经归约过的，因为文法中有规则 A->b，所以此处还是存在两个选择：c 或者 b。此为移进操作。
4 -> 7：当到状态 7 时，还会进行一次归约，因为此处操作栈为 A，再次压入 b 将会触发规则 A > Ab，所以此处继续归约操作，归约为 A，同时消费栈中的两组数据 [bA]，并且回退状态到 4，同时压入 A 与状态 4。此为归约操作。
4 -> 6：需要消费字符 c，并且移进一位。此为移进操作。
6 -> 9：当在状态 6 读到 d 时，进行归约，将 d 消耗，回滚状态到 6，同时压入 B 与状态 8。此为归约操作。
6 -> 8：当归约到 B 时，状态变为 8，算作移进操作。
8 -> 10：读取 e 时，将触发归约，最终进入状态 1，然后继续读取字符 $，完成接受状态。

图 4.22 LR(0) 分析算法工作流程

ACTION/GOTO 表

| 状态 | ACTION | | | | | | GOTO | | |
|---|---|---|---|---|---|---|---|---|---|
| | a | b | c | d | e | $ | A | B | E |
| 0 | S2 | | | | | | | | S1 |
| 1 | | | | | | Accept | | | |
| 2 | | S5 | | | | | S4 | | |
| 3 | | | | | | | | | |
| 4 | | S7 | S6 | | | | | | |
| 5 | R2 | R2 | R2 | R2 | R2 | R2 | | | |
| 6 | | | | S9 | | | | S8 | |
| 7 | R3 | R3 | R3 | R3 | R3 | R3 | | | |
| 8 | | | | | S10 | | | | |
| 9 | R4 | R4 | R4 | R4 | R4 | R4 | | | |
| 10 | R1 | R1 | R1 | R1 | R1 | R1 | | | |

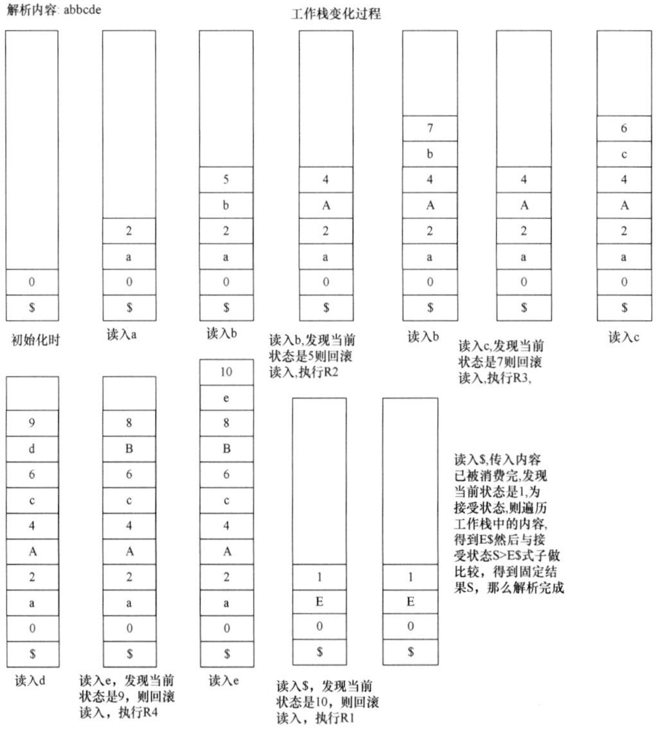

解析内容: abbcde                    工作栈变化过程

图 4.22  LR(0)分析算法工作流程（续）

ACTION 表和 GOTO 表是算法的核心组成部分。在 ACTION 表中，S 表示移进操作，其后的数字指示了目标状态。在 GOTO 表中，S 用于在解析非终结符时的状态转移。在 ACTION 表中，R 符号代表归约操作，其后的数字指明了应使用的表达式。执行这些操作时，算法会将状态和相关信息压入工作栈中。移进操作仅涉及将新状态压入栈中，而归约操作则是通过表达式的编号找到相应的表达式，然后执行弹栈操作，弹出栈中相应数量的元素以完成归约。弹栈完成后，归约的结果会被重新压入栈中。

构建这两张表是算法的关键挑战。算法通过遍历文法中的表达式来构建 DFA 的状态转移链。当遍历到一个表达式的末尾时（即达到表达式的最后一个符号），如果该表达式可以用于归约，则标记为 R。如果遇到非终结符，则相应的状态转移记录在 GOTO 表中；如果遇到终结符，则相应的操作记录在 ACTION 表中。

然而，这种文法分析技术存在局限性，可能不适用于所有场景，并且可能会遇到冲突问题，如某个状态存在多个移进规则，或者移进规则与归约规则之间的冲突。因此，在实际应用中，需要仔细处理这些潜在的冲突情况。

### 7. SLR 分析算法

基于 LR(0) 分析算法，SLR(1) 分析算法解决了移进与归约的冲突问题。在原始的 LR(0) 分析算法中，ACTION 表中的归约操作是针对整个状态的，这可能导致在相同状态下，由于不同符号引起的归约与移进冲突。为了改进这一点，SLR(1) 分析算法引入了字符 FOLLOW 集的概念，如图 4.23 所示。通过将 ACTION 表中针对整个状态的操作细化为基于字符 FOLLOW 集的多个确定状态，SLR(1) 分析算法能够更精确地执行归约操作。对于那些不在 FOLLOW 集中的符号，SLR(1) 分析算法将忽略归约操作或选择执行移进操作。尽管如此，SLR(1) 分析算法仍然可能遇到其他类型的冲突问题。

ACTION/GOTO表

| 状态 | ACTION | | | | | | GOTO | | |
|---|---|---|---|---|---|---|---|---|---|
| | a | b | c | d | e | $ | A | B | E |
| 0 | S2 | | | | | | | | S1 |
| 1 | | | | | | Accept | | | |
| 2 | | S5 | | | | | S4 | | |
| 3 | | | | | | | | | |
| 4 | | S7 | S6 | | | | | | |
| 5 | R2 | R2 | R2 | R2 | R2 | R2 | | | |
| 6 | | | | S9 | | | | S8 | |
| 7 | R3 | R3 | R3 | R3 | R3 | R3 | | | |
| 8 | | | | S10 | | | | | |
| 9 | R4 | R4 | R4 | R4 | R4 | R4 | | | |
| 10 | R1 | R1 | R1 | R1 | R1 | R1 | | | |

由于FOLLOW集的作用，表中标记为红色的R（归约）操作部分可能为空。如果不使用FOLLOW集，那么问题只有在解析到下一个字符时才会被发现，这会导致问题的暴露不够及时。同时，原本标记为红色的部分也可以视为S（移进）操作，但这并没有解决在同一状态下应该进行归约还是移进的问题。因为只能根据前一个符号来决定，如果当前表达式已经解析完毕，则执行归约操作；否则，执行移进操作。这将是下一个算法要讨论的内容。

图 4.23　SLR ACTION/GOTO 集改变

## 8. LR(1)分析算法与 LALR1(1)分析算法

SLR 分析算法建立在 LR(0)分析算法的基础上,但在构建 ACTION 表时,它排除了不属于 FOLLOW 集的归约操作,这样做提高了算法的效率。LR(1)分析算法在此基础上进行了扩展,它在构建 ACTION 表时利用 FIRST 集来形成前瞻符号集合,并通过遍历这个集合来确定是执行移进操作还是归约操作。LALR(1)分析算法是对 LR(1)分析算法的优化,它通过压缩状态来减少冗余状态的数量,进而提升了语法分析的效率。想要深入理解这些算法的具体实现和它们之间的差异,可以查阅本书附带的相关代码库。

## 9. 语法制导翻译原理

前文虽然阐述了语法分析算法的基本原理,但仅判断语法是否正确(即返回真或假)是不够的。对于语法分析器而言,构建完整的语法分析树才是其核心任务。语法制导翻译的功能不仅限于生成语法分析树,它还能执行诸如加法运算等其他操作。这些操作的核心在于归约动作,该动作在识别到合适的语法结构时触发,并执行相应的操作。然而,前文所述的文法并未明确指出这些操作的具体实现方法。因此,我们需要在文法中增加执行命令所需的规则,并确保在执行归约动作时能够正确地执行这些规则,以完成语法制导的翻译任务。这样的文法设计使得语法分析器不仅能够判断语法的正确性,还能够根据语法结构生成相应的操作结果。

首先,我们在文法中加入在归约时需要回调的规则。花括号{}内包含的是执行规则,$$表示归约后的结果。例如,{$$=1}表示归约当前数据时,将 1 作为下一个压入工作栈的数据值,以便后续其他符号归约时使用。$num 中的 m 表示工作栈中元素的下标,如{$$=$1}表示将当前工作栈中的第一个数据作为下一个压入工作栈的数据。以下是一个简单的文法定义示例。特别需要注意的是{$$=$2}的用法,因为工作栈是先进后出的,所以在归约 S 时,符号$(这个符号也具有结束的含义)会先被压入栈中,因此它是$1。但为了得到最终结果 E,这里使用了$2。

```
S->E $        {$$=$2}         //此规则将栈中第二个数据作为结果值,因为第一个为$
E->E + E      {$$=$1+$3}      //此规则在归约时将栈中的 1 和 3 的值相加作为结果值
   |N         {$$=$1}         //此规则将栈中第一个数据作为结果值
N->1          {$$=1}          //此规则将常数 1 作为结果值
  |2          {$$=2}          //此规则将常数 2 作为结果值
  |3          {$$=3}          //此规则将常数 3 作为结果值
  |4          {$$=4}          //此规则将常数 4 作为结果值
  |5          {$$=5}          //此规则将常数 5 作为结果值
```

在此之前,工作栈依次存储了符号和状态,每对栈数据(一个符号和一个状态)构成一个工作状态单元。由于现在需要引用归约操作的结果,因此对工作栈的结构进行了修改。新的栈项结构定义为 StackItem(state, symbol, value),其中 state 代表原栈中的状态,symbol

代表原栈中的符号，而 value 是一个新增字段，用于存储归约操作的结果。此次改动仅涉及增加 value 字段，并未改变原有程序的逻辑和执行结果，具体变化如图 4.24 所示。

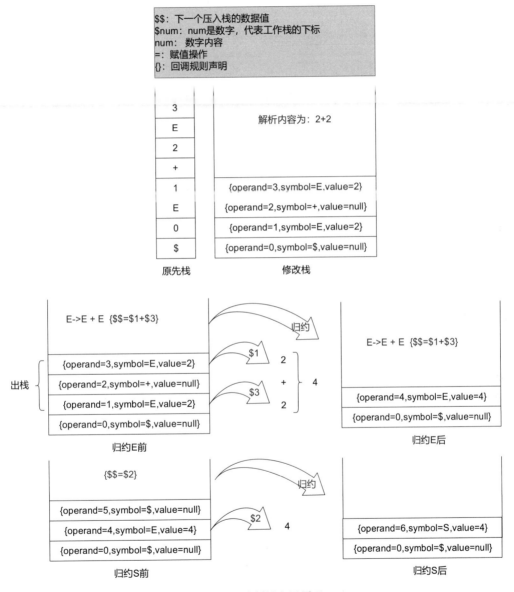

图 4.24  语法制导翻译原理

在之前的归约操作中，程序会先查询相应的归约规则，随后根据这些规则执行出栈操作。然而，在最新的修改中，归约操作的行为有所调整。现在，当查询到归约规则后，程序不会立即执行出栈，而是首先获取与这些规则关联的回调规则（这些规则已在前文定义）。接着，执行引擎会解析这些回调规则并执行相应的动作。最终，执行结果将被用作下一个压栈操作的数据。这样的修改使得归约操作更加灵活，能够根据具体的规则执行相应的动作，并以执行结果作为压栈的数据，从而提高了归约操作的效率和准确性。

```java
//执行引擎解析回调规则
    public String fun(String fun, Stack<StackItem> stack) {
        //当前规则是否被{}包裹
        Matcher matcher = Pattern.compile("\\{(.*?)\\}").matcher(fun);
        if (!matcher.find()) {
            throw new RuntimeException("fun exec error");
        }
        //获取{}中的值
        String group = matcher.group(1);
        //通过=分割内容
        String[] split = group.split("=");
        //处理数字
        try {
            //判断当前操作是否为数字类型，若是，则直接返回
            Integer.parseInt(split[1]);
            return split[1];
        } catch (Exception e) {
            //忽略
        }
        //否则需要操作工作栈，为方便访问将栈转为数组，这样便可以通过下标获取指定值
        ArrayList<StackItem> list = new ArrayList<>(stack);
        String[] split1 = split[1].split("\\+");
        //获取栈顶数据并返回，因为不需要加号
        if (split1.length == 1) {
            //直接解析
            int parseInt = Integer.parseInt(split1[0].replace("$", "")) - 1;
            //list 从 0 开始，因此此处需要 size-1 来获取最后一个值
            //而 parseInt 是规则中配置的值，即$1 代表获取栈顶第一个值
            //list.size() - 1 - parseInt 便是栈顶值
            StackItem stackItem = list.get(list.size() - 1 - parseInt);
            //返回 value
            return stackItem.value;
        } else {
            //处理加法运算
            int parseInt1 = Integer.parseInt(split1[0].replace("$", "")) - 1;
            int parseInt2 = Integer.parseInt(split1[1].replace("$", "")) - 1;
            return Integer.parseInt(list.get(list.size() - 1 - parseInt1).value)
+ Integer.parseInt(list.get(list.size() - 1 - parseInt2).value) + "";
        }
    }
}
```

## 10. 语法制导翻译之抽象语法树

一旦理解了语法制导翻译的原理，构建抽象语法树（AST）就会显得相对直观，如图 4.25 所示。我们只需将之前基于语法制导的计算例子转化为对树结构的操作。语法树的核心价值在于它将后续的操作与传入的源代码解耦。这意味着后续的处理过程仅需对语法树进行读取，而无须再依赖语法分析器传递的 token 符号流。正因为这种解耦，语法树需要包含足够的信息，以便后续操作能够准确地进行分析。这些信息可能包括文件路径、行号等，它们对于定位和分析问题至关重要。此外，语法树的构建过程本身就是对源代码的解析过程，因此它自然包含了推导的上下文信息。

```java
public static class Entry {
    public String value;
    public Entry left;
    public Entry right;
    //value 字段保留其原始内容
    //left 代表新加入的左子节点，right 代表新加入的右子节点
    //这表示，如果节点值是数字 2，则没有左右子节点
    //只有当执行 E+E 形式的归约操作时，加号 "+" 左右子节点才会被创建
    public Entry(String value, Entry left, Entry right) {
        this.value = value;
        this.left = left;
        this.right = right;
    }
}
public StackItem.Entry fun2(String fun, Stack<StackItem> stack) {
    Matcher matcher = Pattern.compile("\\{(.*?)\\}").matcher(fun);
    if (!matcher.find()) {
        throw new RuntimeException("fun execv error");
    }
    String group = matcher.group(1);
    String[] split = group.split("=");
    try {
        Integer.parseInt(split[1]);
        //处理数字为值类型，因此左右节点均为 null（空）
        return StackItem.createEntry(split[1],null,null);
    } catch (Exception e) {
        //忽略
    }
    ArrayList<StackItem> list = new ArrayList<>(stack);
    String[] split1 = split[1].split("\\+");
    //处理值类型
    if (split1.length == 1) {
        int parseInt = Integer.parseInt(split1[0].replace("$", "")) - 1;
        StackItem stackItem = list.get(list.size() - 1 - parseInt);
        //如果返回的是引用类型 $1，则从栈中取出对应的 item 的 entry 并返回
        return stackItem.entry;
```

```
        } else {
            //处理加法运算
            int parseInt1 = Integer.parseInt(split1[0].replace("$", "")) - 1;
            int parseInt2 = Integer.parseInt(split1[1].replace("$", "")) - 1;
            //这里处理的是 E+E 的归约操作
            //注意,左节点一定是先被解析的,并且在栈中的位置比右节点更远离栈顶
            //因此 index2 代表左节点
            return    StackItem.createEntry("+",list.get(list.size()  -  1  -
parseInt2).entry,list.get(list.size() - 1 - parseInt1).entry);
        }
    }
```

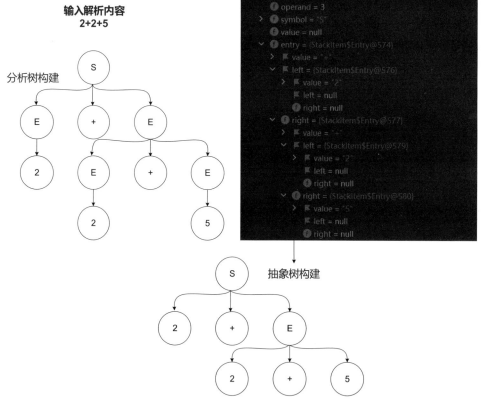

图 4.25 分析树构建

## 11. 语法分析自动工具 YACC

前文介绍了多种分析算法,这些算法都是基于文法自动生成的。值得注意的是,文法可以根据具体需求进行自定义,这意味着在构建简易编译器时,开发者无须深入了解这些

算法的原理。相反，只需按照文法的格式定义相应的规则即可。这种灵活性促使了众多开源工具的出现，其中最著名且已形成标准的便是 YACC（yet another compiler-compiler）。YACC 最初在 UNIX 系统中崭露头角，而在其他操作系统中，如 Linux，则采用了 YACC 的规范来构建类似的工具，称为 Bison。以下是一个 Bison 文法规范的示例，展示了如何使用 Bison 定义和构建编译器所需的文法。

```
//第一部分开始。此部分进行一些定义操作
//定义规则，以左边为优先级
%left '+'
//定义固定生成信息，%{%}中的内容将会直接输出，不进行任何计算
%{
#include <stdio.h>
#include <stdlib.h>
 int yylex();
%}
//第一部分结束
%%
//第二部分开始。此部分用于定义文法
//这里的文法 lines 代表多行文本，多个规则之间使用|进行分隔
lines: line
     | line lines
;
//line 在 exp 规则上加入了换行符，以表示一行数据的结束
//归约时执行 printf("value=%d",$1);，$1 是当前 line 的第一个 exp 的值
line: exp '\n' {printf("value=%d\n",$1);};

//exp 可以是 n，n 在后方定义|，也可以是 exp '+' exp
//在 Bison 中，''与""之间的内容会直接输出
//其中$1+$3 是式子中第一个 exp 与最后一个 exp，而$2 在此处代表加号 "+"
exp:n    {$$=$1;}
   | exp '+' exp {$$=$1+$3;}
;
//n 的定义就非常简单，返回对应的数值
n: '1' {$$=1;}
 | '2' {$$=2;}
 | '3' {$$=3;}
 | '4' {$$=4;}
 | '5' {$$=5;}
 | '6' {$$=6;}
 | '7' {$$=7;}
 | '8' {$$=8;}
 | '9' {$$=9;}
 | '0' {$$=0;}
;
//第二部分结束
%%
```

```
//第三部分：代码部分
//必须包含error方法用于异常报错
int yyerror(char*s){
  fprintf(stderr,"%s\n",s);
  return 0;
}
//分词方法，此处分词是通过获取控制台输入来完成的
int yylex(){
  return getchar();
}
//执行主函数，通过执行 yyparse 来达到语义分析的效果
int main(int argc,char **argv){
  yyparse();
  return 0;
}
//第三部分结束
```

图 4.26 展示了上方文法的执行结果。在这个过程中，我们首先使用 Bison 工具来处理文法文件 test.y，将其转换为用于构建 LR(0) 分析算法的 C 源文件 test.tab.c，接着利用 GCC 编译器编译该源文件，以生成可执行文件。由于 test.tab.c 文件已经包含了 main 函数，因此我们可以直接运行编译后的输出文件。

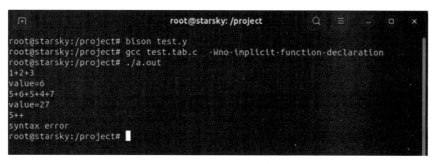

图 4.26  Bison 执行结果

执行命令 ./a.out 后，程序将进入等待状态，准备接收用户输入。程序使用 getchar 函数进行字符读取，这意味着它会等待用户输入。当用户输入 1+2+3\n（这里\n 表示 Enter 键，而不是在命令行中实际输入\n）时，程序将执行归约操作。这是因为文法中将\n 定义为 line 文法的结束符，而 lines 可以包含多个 line。因此，即使按下 Enter 键，程序也不会终止，而是继续等待新的输入。

在归约过程中，程序将根据文法规则对输入的内容进行分析与处理。最终，归约操作会计算出结果 value=6，并将其显示在界面上。这表明程序已成功解析并执行了输入的算术表达式 1+2+3，且正确计算出了结果。

```
int yyparse(void)
{
```

```
//初始状态为 0
yy_state_fast_t yystate = 0;
/* Number of tokens to shift before error messages enabled.  */
int yyerrstatus = 0;
/* Their size.  */
YYPTRDIFF_T yystacksize = YYINITDEPTH;
/* The state stack: array, bottom, top.  */
//初始化操作栈
yy_state_t yyssa[YYINITDEPTH];
yy_state_t *yyss = yyssa;
yy_state_t *yyssp = yyss;

/* The semantic value stack: array, bottom, top.  */
//初始化数值栈,在 Java 中我们将其包装为一个对象,而此处使用了两个栈
YYSTYPE yyvsa[YYINITDEPTH];
YYSTYPE *yyvs = yyvsa;
YYSTYPE *yyvsp = yyvs;

//声明使用时的变量
int yyn;
/* The return value of yyparse.  */
int yyresult;
/* Lookahead symbol kind.  */
yysymbol_kind_t yytoken = YYSYMBOL_YYEMPTY;
/* The variables used to return semantic value and location from the
   action routines.  */
YYSTYPE yyval;

/* The number of symbols on the RHS of the reduced rule.
   Keep to zero when no symbol should be popped.  */
int yylen = 0;
yychar = YYEMPTY; /* Cause a token to be read.  */
//跳转状态设置
goto yysetstate;

/*------------------------------------------------------------.
| yynewstate -- push a new state, which is found in yystate.  |
`------------------------------------------------------------*/
yynewstate:
    /* In all cases, when you get here, the value and location stacks
       have just been pushed. So pushing a state here evens the stacks.  */
    yyssp++;

/*--------------------------------------------------------------------.
| yysetstate -- set current state (the top of the stack) to yystate.  |
`--------------------------------------------------------------------*/
yysetstate:
    //将状态 0 加入栈中
```

```c
      *yyssp = YY_CAST(yy_state_t, yystate);
      //如果栈溢出，则执行以下操作
      if (yyss + yystacksize - 1 <= yyssp)
      {
          /* Get the current used size of the three stacks, in elements. */
          //获取当前栈的使用大小
          YYPTRDIFF_T yysize = yyssp - yyss + 1;
          /* Extend the stack our own way. */
          //若大于或等于最大值，则跳转解析失败
          if (YYMAXDEPTH <= yystacksize)
              YYNOMEM; // goto yyexhaustedlab
          //以2倍扩容栈
          yystacksize *= 2;
          //若超过最大深度，则使用最大深度，默认值为10000
          if (YYMAXDEPTH < yystacksize)
              yystacksize = YYMAXDEPTH;
          {
              yy_state_t *yyss1 = yyss;
              union yyalloc *yyptr =
                  YY_CAST(union yyalloc *,
                          YYSTACK_ALLOC(YY_CAST(YYSIZE_T,
                                  YYSTACK_BYTES(yystacksize))));
              if (!yyptr)
                  YYNOMEM;
              YYSTACK_RELOCATE(yyss_alloc, yyss);
              YYSTACK_RELOCATE(yyvs_alloc, yyvs);
              if (yyss1 != yyssa)
                  YYSTACK_FREE(yyss1);
          }
          yyssp = yyss + yysize - 1;
          yyvsp = yyvs + yysize - 1;

          if (yyss + yystacksize - 1 <= yyssp)
              YYABORT;
      }
      //判断当前状态是否为接受状态，若是，则返回
      if (yystate == YYFINAL)
          YYACCEPT; // goto yyacceptlab
      //否则跳转执行
      goto yybackup;

/*-----------.
| yybackup.  |
`-----------*/
yybackup:
      /* Do appropriate processing given the current state. Read a
         lookahead token if we need one and don't already have one. */
```

```
/* First try to decide what to do without reference to lookahead token.  */
//通过当前状态获取到转换符号，即 state->num，此 num 对应许多表中的数据
yyn = yypact[yystate];
//若当前状态为 YYPACT_NINF（此处为-6），则跳转 default
if (yypact_value_is_default(yyn))
    goto yydefault;

/* Not known => get a lookahead token if don't already have one.  */

/* YYCHAR is either empty or end of input, or a valid lookahead.  */
//如果 yychar 被配置为 YYEMPTY，则执行以下代码读取字符
if (yychar == YYEMPTY)
{
    //读取输入字符，如输入为 1
    yychar = yylex();
}
//通过输入字符在 yytranslate 表中查找对应的 token
//yychar==1 yytoken==5
//yychar==+ yytoken==3
yytoken = YYTRANSLATE(yychar);
/* If the proper action on seeing token YYTOKEN is to reduce or to
   detect an error, take that action.  */
//yypact[0] == -5 且由 1 转换得到的 token 为 5
yyn += yytoken;
//因此 yyn==0，但是此处只有 yyn < 0 才能进行归约
//因此继续判断 YYLAST 为 16，yycheck[yyn] = 5
//从而此处不满足任何条件
if (yyn < 0|| YYLAST < yyn || yycheck[yyn] != yytoken)
    //当满足条件后进行归约
    goto yydefault;
//通过 num 获取到下一个 num，若小于或等于 0，则可能会进行归约
//但是，此处 yytable 中未存在小于 0 的数，输入 1，此处将状态递进到 1
//当输入加号
yyn = yytable[yyn];
//故而忽略此处
if (yyn <= 0)
{
    if (yytable_value_is_error(yyn))
        goto yyerrlab;
    yyn = -yyn;
    goto yyreduce;
}

/* Count tokens shifted since error; after three, turn off error
   status.  */
if (yyerrstatus)
    yyerrstatus--;
```

```c
        /* Shift the lookahead token.  */
        //将 yyn 设置为下一个状态
        yystate = yyn;
        //yylval 在此处未使用，始终为 0，此处只进行栈的递进操作
        *++yyvsp = yylval;

        /* Discard the shifted token.  */
        //将 token 设置为空，以便下次读取
        yychar = YYEMPTY;
        goto yynewstate;

/*-----------------------------------------------------------.
| yydefault -- do the default action for the current state.  |
`-----------------------------------------------------------*/
yydefault:
    //通过状态获取到 num
    yyn = yydefact[yystate];
    if (yyn == 0)
        goto yyerrlab;
    goto yyreduce;

/*-----------------------------.
| yyreduce -- do a reduction.  |
`-----------------------------*/
yyreduce:
    //通过 num 获取到归约的栈中数量
    yylen = yyr2[yyn];
    //sp 是栈顶
    //若长度为 1，则获取 sp 的值；若大于 1，则 sp 向栈底递进，由此来获取栈中的值
    yyval = yyvsp[1 - yylen];
    //通过归约编号进行归约
    switch (yyn)
    {
    case 4: /* line: exp '\n'  */
    {
        printf("value=%d\n", yyvsp[-1]);
    }
    break;
    case 5: /* exp: n  */
    {
        yyval = yyvsp[0];
    }
    break;
    case 6: /* exp: exp '+' exp  */
    {
        yyval = yyvsp[-2] + yyvsp[0];
    }
```

```
    break;
case 7: /* n: '1' */
{
    yyval = 1;
}
break;
case 8: /* n: '2' */
{
    yyval = 2;
}
break;
case 9: /* n: '3' */
{
    yyval = 3;
}
break;
case 10: /* n: '4' */
{
    yyval = 4;
}
break;
case 11: /* n: '5' */
{
    yyval = 5;
}
break;
case 12: /* n: '6' */
{
    yyval = 6;
}
break;
case 13: /* n: '7' */
{
    yyval = 7;
}
break;
case 14: /* n: '8' */
{
    yyval = 8;
}
break;
case 15: /* n: '9' */
{
    yyval = 9;
}
break;
case 16: /* n: '0' */
{
```

```
            yyval = 0;
        }
        break;

    default:
        break;
    }
    //此处操作是消耗栈中的数据。如果发生一次归约，则需要从栈中弹出一个元素
    //即执行 pop 操作 1 次，或者等价地使用 yyvsp--

    YYPOPSTACK(yylen);
    yylen = 0;
    //将上方归约的结果推入栈中
    *++yyvsp = yyval;

    //计算下一个跳转状态
    {
        const int yylhs = yyr1[yyn] - YYNTOKENS;
        const int yyi = yypgoto[yylhs] + *yyssp;
        yystate = (0 <= yyi && yyi <= YYLAST && yycheck[yyi] == *yyssp
                   ? yytable[yyi]
                   : yydefgoto[yylhs]);
    }
    //重复迭代，直到完成
    goto yynewstate;


/*-----------------------------------.
| yyacceptlab -- YYACCEPT comes here. |
`-----------------------------------*/
yyacceptlab:
    //代表接受状态为 0，即 yyparse 返回 0 时语法通过
    yyresult = 0;
    goto yyreturnlab;

/*-----------------------------------------------------.
| yyreturnlab -- parsing is finished, clean up and return. |
`-----------------------------------------------------*/
yyreturnlab:
    return yyresult;
}

int yyerror(char *s)
{
    fprintf(stderr, "%s\n", s);
    return 0;
}
```

```
int yylex()
{
    return getchar();
}
int main(int argc, char **argv)
{
    yyparse();
    return 0;
}
```

前面的代码虽然部分被省略，但保留了关键的处理流程，这使得我们能够分析出此与先前提到的跳转表相似的代码跳转和解析逻辑。这一流程与之前用 Java 实现的逻辑大体相同，主要区别在于数据定义和遍历语法的具体实现细节。为了深入理解这些差异，建议读者参考代码仓库中的 LR0Parser.accept 示例。在对比分析时，读者可能会发现，如果不考虑 reduce 操作的处理，Java 代码确实更加简洁和逻辑清晰。

接下来，我们将深入分析 Bison-1.25 的源代码，探究其代码生成的机制。这将帮助我们更全面地理解编译器前端的工作原理，并为后续的学习和实践提供重要的参考。

```
int main(argc, argv)
    int argc;
    char *argv[];
{
    program_name = argv[0];
    failure = 0;
    lineno = 0;
    //通过参数配置全局变量
    getargs(argc, argv);
    //打开文件，构建*.tab.c，打开*.y 文件
    openfiles();
    //读取并分词.y 文件
    reader();
    //构建 FIRST 集
    set_derives();
    //构建空集
    set_nullable();
    //构建状态表
    generate_states();
    //压缩重复功能的状态
    lalr();
    //输出 goto 表、action 表以及 reduce 信息等
    output();
    done(failure);
}

void reader()
{
```

```c
        start_flag = 0;
        startval = NULL; /* start symbol not specified yet. */
        //初始化分词token_buffer
        init_lex();
        //初始化symtab
        tabinit();
        //保证下一个读取的是%%等起始符号
        read_declarations();
        /* start writing the guard and action files, if they are needed. */
        //将Bison所需要的头信息输出到文件中
        output_headers();
        /* read in the grammar, build grammar in list form. write out guards and actions. */
        //读取并分词语法，构建词法表
        readgram();
}
//处理文法中的第一部分内容
void read_declarations()
{
    register int c;
    register int tok;

    for (;;)
    {
        // 跳过注释信息，直到遇到\n，然后读取下一个字符
        c = skip_white_space();
        //这个字符必须是%，其后面可以跟%%或%}
        if (c == '%')
        {
            tok = parse_percent_token();

            switch (tok)
            {
            //处理%%
            case TWO_PERCENTS:
                return;

            case PERCENT_LEFT_CURLY:
                //处理%{%
                copy_definition();
                break;
            ....//省略其他字符处理，比如%lift
            default:
                warns("unrecognized: %s", token_buffer);
                skip_to_char('%');
            }
        }
        else if (c == EOF)
```

```
                fatal("no input grammar");
            else
            {
                char buff[100];
                sprintf(buff, "unknown character: %s", printable_version(c));
                warn(buff);
                skip_to_char('%');
            }
    }
}

//%{%}内包含了C语言的定义信息,此处不做任何处理,直接复制即可
//因此此处一直读取字符,直到遇到%}
void copy_definition()
{
    //此处的处理内容是从getc(即*.y)中读取一个字符,然后循环遍历直到遇到%}结束
    //遍历的结果全部输出到fattrs中
    c = getc(finput);
    for (;;)
    {
        switch (c)
        {
        case '\n':
            putc(c, fattrs);
            lineno++;
            break;

        case '%':
            after_percent = -1;
            break;
        case '\'':
        case '"':
            putc(c, fattrs);
            break;
        default:
            putc(c, fattrs);
        }
        c = getc(finput);
        //若前一个字符是%
        if (after_percent)
        {
            //则判断当前字符是否为},如果是,则代表结束并返回
            if (c == '}')
                return;
            putc('%', fattrs);
        }
        after_percent = 0;
    }
}
```

```c
//输出文件头，但是需要满足配置条件。若不满足条件，此方法可以认为是空的
void output_headers()
{
    fprintf(ftable, "#define yyparse %sparse\n", spec_name_prefix);
    fprintf(ftable, "#define yylex %slex\n", spec_name_prefix);
    fprintf(ftable, "#define yyerror %serror\n", spec_name_prefix);
    fprintf(ftable, "#define yylval %slval\n", spec_name_prefix);
    fprintf(ftable, "#define yychar %schar\n", spec_name_prefix);
    fprintf(ftable, "#define yydebug %sdebug\n", spec_name_prefix);
    fprintf(ftable, "#define yynerrs %snerrs\n", spec_name_prefix);
}

//通过分词解析 token 并将其加入 grammar 列表中
//其中会根据每个 token 标记终结符与非终结符并标记规则信息
void readgram()
{
    register int t;
    register bucket *lhs;
    register symbol_list *p;
    register symbol_list *p1;
    register bucket *bp;

    symbol_list *crule;  /* points to first symbol_list of current rule.  */
                         /* its symbol is the lhs of the rule.    */
    symbol_list *crule1; /* points to the symbol_list preceding crule.  */

    p1 = NULL;
    //获取当前词的类型，该词存储在 token_buffer 中
    //通过对它进行操作可以获取 symval，该值在 lex 方法中返回
    t = lex();

    while (t != TWO_PERCENTS && t != ENDFILE)
    {
        //若读取的是字符数据
        if (t == IDENTIFIER || t == BAR)
        {
            register int actionflag = 0;
            int rulelength = 0; /* number of symbols in rhs of this rule so far */
            int xactions = 0;   /* JF for error checking */
            bucket *first_rhs = 0;

            if (t == IDENTIFIER)
            {
                lhs = symval;

                if (!start_flag)
                {
```

```c
        startval = lhs;
        start_flag = 1;
    }

    t = lex();
    //下一个字符应该是冒号（:），因为这是 yydex 的格式要求
    //在我们代码中，我们使用箭头（->/>）来表示
    if (t != COLON)
    {
        warn("Ill formed rule: initial symbol not followed by colon");
        unlex(t);
    }
}

if (nrules == 0 && t == BAR)
{
    warn("grammar starts with vertical bar");
    lhs = symval; /* BOGUS: use a random symval */
}
/* start a new rule and record its lhs.  */

nrules++;
nitems++;
//记录当前规则所在的行号
record_rule_line();
//构建规则的字符列表
p = NEW(symbol_list);
//在 lex 中赋值的 symval 代表当前正在解析的符号
p->sym = lhs;
//p1 代表前一个处理的 symbol_list，而 p 是当前处理的 symbol_list
crule1 = p1;
//若 p1 存在，则挂载连接；否则初始化 grammar
if (p1)
    p1->next = p;
else
    grammar = p;

//将 p 变为 p1
p1 = p;
crule = p;

/* mark the rule's lhs as a nonterminal if not already so.  */

if (lhs->class == SUNKNOWN)
{
    lhs->class = SNTERM;
    lhs->value = nvars;
```

```c
            nvars++;
    }
    else if (lhs->class == STOKEN)
        warns("rule given for %s, which is a token", lhs->tag);

    /* read the rhs of the rule. */
    //解析规则
    for (;;)
    {
        //按照我们的规则，第一个token不应该是等号（=）
        t = lex();
        if (t == PREC)
        {
            t = lex();
            crule->ruleprec = symval;
            t = lex();
        }
        //lines: line 是 IDENTIFIER
        //因此，line 应该是 IDENTIFIER
        //正常解析时，应全部是 IDENTIFIER，除非遇到嵌套的复杂结构
        //多个 IDENTIFIER 组合形成一个规则，例如 exp'+' exp
        //这三个 IDENTIFIER 组合为一个规则

        if (!(t == IDENTIFIER || t == LEFT_CURLY))
            break;

        /* If next token is an identifier, see if a colon follows it.
           If one does, exit this rule now. */
        //若是 IDENTIFIER，向前看一个符号是否为冒号（:）
        if (t == IDENTIFIER)
        {
            register bucket *ssave;
            register int t1;

            ssave = symval;
            t1 = lex();
            unlex(t1);
            symval = ssave;
            if (t1 == COLON)
                break;

            if (!first_rhs) /* JF */
                first_rhs = symval;
            /* Not followed by colon =>
               process as part of this rule's rhs. */
        }

        /* If we just passed an action, that action was in the middle
```

```
   of a rule, so make a dummy rule to reduce it to a
   non-terminal. */
//是否操作actionflag，默认为false
 if (actionflag)
 {
     register bucket *sdummy;

     /* Since the action was written out with this rule's */
     /* number, we must give the new rule this number */
     /* by inserting the new rule before it. */

     /* Make a dummy nonterminal, a gensym. */
     sdummy = gensym();

     /* Make a new rule, whose body is empty,
        before the current one, so that the action
        just read can belong to it. */
     nrules++;
     nitems++;
//此方法很简单，只是记录行号，并根据当前规则号设置代码行
//核心内容: rline[nrules] = lineno;

     record_rule_line();
     p = NEW(symbol_list);
     if (crule1)
         crule1->next = p;
     else
         grammar = p;
     p->sym = sdummy;
     crule1 = NEW(symbol_list);
     p->next = crule1;
     crule1->next = crule;

     /* insert the dummy generated by that rule into this rule. */
     nitems++;
     p = NEW(symbol_list);
     p->sym = sdummy;
     p1->next = p;
     p1 = p;

     actionflag = 0;
 }

 if (t == IDENTIFIER)
 {
     nitems++;
     p = NEW(symbol_list);
     p->sym = symval;
```

```
                    p1->next = p;
                    p1 = p;
                }
                else /* handle an action. */
                {
                    //动作的生成逻辑主要在这里实现
                    copy_action(crule, rulelength);
                    actionflag = 1;
                    xactions++; /* JF */
                }
                rulelength++;
            } /* end of  read rhs of rule */

            /* Put an empty link in the list to mark the end of this rule */
            p = NEW(symbol_list);
            p1->next = p;
            p1 = p;
            if (t == LEFT_CURLY)
            {
                /* This case never occurs -wjh */
                if (actionflag)
                    warn("two actions at end of one rule");
                copy_action(crule, rulelength);
                actionflag = 1;
                xactions++; /* -wjh */
                t = lex();
            }
            if (t == SEMICOLON)
                t = lex();
        } else {
            warns("invalid input: %s", token_buffer);
            t = lex();
        }
    }

    /* grammar has been read.  Do some checking */

    if (nsyms > MAXSHORT)
        fatals("too many symbols (tokens plus nonterminals); maximum %s",
            int_to_string(MAXSHORT));
    if (nrules == 0)
        fatal("no rules in the input grammar");

    if (typed == 0 &&/* JF put out same default YYSTYPE as YACC does */
        !value_components_used)
    {
        /* We used to use `unsigned long' as YYSTYPE on MSDOS,
        but it seems better to be consistent.
```

```
                Most programs should declare their own type anyway. */
            fprintf(fattrs, "#ifndef YYSTYPE\n#define YYSTYPE int\n#endif\n");
            if (fdefines)
                fprintf(fdefines, "#ifndef YYSTYPE\n#define YYSTYPE int\n#endif\n");
        }

        /* Report any undefined symbols and consider them nonterminals. */
        //遍历所有bucket，将未知类型全部设置为非终结符，而终结符在解析时已经被设定
        for (bp = firstsymbol; bp; bp = bp->next)
            if (bp->value == SNTERM)
            {
                bp->class = SNTERM;
                bp->value = nvars++;
            }

        ntokens = nsyms - nvars;
}
//至此，前面的所有操作与Java中的Grammar构造方法内的处理相对应

/* compute the nondeterministic finite state machine (see state.h for
   details) from the grammar. */
//构建状态链以便后续使用
void generate_states()
{
    //构建FIRST集
    initialize_closure(nitems);
    initialize_states();

    while (this_state)
    {
        /* Set up ruleset and itemset for the transitions out of this state.
           ruleset gets a 1 bit for each rule that could reduce now.
       itemset gets a vector of all the items that could be accepted next. */
        //计算闭包
        closure(this_state->items, this_state->nitems);
        /* record the reductions allowed out of this state */
        //构建项目reduce链
        save_reductions();
        /* find the itemsets of the states that shifts can reach */
        //在Java中，通过new LR0State()来构建新状态
        //与此不同，Java的实现在一个整体的大循环中遍历this_state
        //而在这里，每个方法在处理完成后都会遍历状态
        new_itemsets();
        /* find or create the core structures for those states */
        //添加新的状态，并设置this_state->next以形成队列
        //默认情况下this_state = last_state
        append_states();
```

```c
      /* create the shifts structures for the shifts to those states,
         now that the state numbers transitioning to are known */
      //构建一个链表，其中每个元素都存在递进标识
      if (nshifts > 0)
        save_shifts();

      /* states are queued when they are created; process them all */
      //切换到下一个状态
      this_state = this_state->next;
    }
}
//由于初始化时 first_state = last_state = this_state = p;
//因此可以通过 first_state 获取最开始的状态
void lalr()
{
  tokensetsize = WORDSIZE(ntokens);
  //对应 Java 中的 createStates() 方法
  set_state_table();
  //使用 save_shifts 链表构建一张递进表
  //对应 Java 转态间转换的 addTransition 方法
  set_shift_table();
  //对应 Java 源码中的 createLR0Item 方法，构建归约表
  set_reduction_table();
  //为向前看符号分配所需的空间
  initialize_LA();
  //状态之间是有关系的，状态是根据其他状态产生的
  //此处 Bison 根据前面的 first_shift 构建状态间的递进关系，即 goto 表
  set_goto_map();
  //处理状态后续符号的两种情况：终结符和非终结符。此处便是处理这两种情况
  initialize_F();
  //处理第三种情况：递归，即左边非终结符出现在右边表达式中
  build_relations();
  compute_FOLLOWS();
  //重新处理向前看符号，由于在 LA 中已经初始化，因此此处进行优化处理，即 LALR 的压缩操作
  compute_lookaheads();
  //此处函数内容较多，不详细展开，主要讲解其流程与 Java 实现的对应关系
  //这里的所有操作都是为后续步骤提供便利
}
//当构建完前面的信息后，进行文件输出，输出到*.tab.c 中
void output()
{
  int c;

  /* output_token_defines(ftable);   /* JF put out token defines FIRST */
  if (!semantic_parser) /* JF Put out other stuff */
  {
    rewind(fattrs);
```

```
    while ((c = getc(fattrs)) != EOF)
      putc(c, ftable);
  }
//输出 LTYPESTR 宏定义信息
  reader_output_yylsp(ftable);
//若开启调试,则输出调试的宏,这样在编译*.tab.c 时,此宏会编译很多打印代码
  if (debugflag)
    fprintf(ftable, "#ifndef YYDEBUG\n#define YYDEBUG %d\n#endif\n\n",
         !!debugflag);
//输出属性
  if (semantic_parser)
    fprintf(ftable, "#include \"%s\"\n", attrsfile);
//关联 IO 头文件
  if (!noparserflag)
    fprintf(ftable, "#include <stdio.h>\n\n");

  /* Make "const" do nothing if not in ANSI C. */
//若是 C++,则需要使用 C++符号包裹
  fprintf(ftable, "#ifndef __cplusplus\n#ifndef __STDC__\n#define const\
\n#endif\n#endif\n\n");

  free_itemsets();
//输出其他定义信息,例如 YYFINAL 等
  output_defines();
//输出 yytranslate 表
  output_token_translations();
  /*   if (semantic_parser) */
  /* This is now unconditional because debugging printouts can use it. */
//输出 yyprhs 表,此表包含规则信息。但是,此处的输出主要用于调试目的,可以暂时忽略
  output_gram();
  FREE(ritem);
//调试时使用,输出规则名及其对应的符号编号
  output_rule_data();
//输出核心方法
//包括前文案例中使用的 yydefact/yypact/yypgoto/yytable/yycheck/ yydefgoto 表
  output_actions();
//直接输出从*.y 文件中读取的最后一个部分:用户代码
  output_program();
}
//几张表的输出过程相似,只是遍历的对象不同,此处以 yytable 为例进行输出
void output_table()
{
  register int i;
  register int j;

  fprintf(ftable, "\n\n#define\tYYLAST\t\t%d\n\n", high);
//输出变量定义
```

```c
  fprintf(ftable, "\nstatic const short yytable[] = {%6d", table[0]);

  j = 10;
  //遍历table
  for (i = 1; i <= high; i++)
  {
    putc(',', ftable);

    if (j >= 10)
    {
      putc('\n', ftable);
      j = 1;
    }
    else
    {
      j++;
    }
    //将table中的信息输出到数组中,最终形成yytable[] ={1, 2, 3}
    fprintf(ftable, "%6d", table[i]);
  }

  fprintf(ftable, "\n};\n");
  FREE(table);
}

//输出最后一部分
void output_program()
{
  register int c;
  extern int lineno;

  if (!nolinesflag)
    fprintf(ftable, "#line %d \"%s\"\n", lineno, infile);
  //继续从*.y文件中读取内容
  c = getc(finput);
  //循环读取,直到文件结束
  while (c != EOF)
  {
    //直接将读取的内容输出到*.tab.c文件中
    putc(c, ftable);
    c = getc(finput);
  }
}
```

至此,我们已经掌握了Bison源码的主要流程,尤其是其前期解析阶段。然而,Bison的源码不仅限于此,还包含了后续的关键算法实现,如语法分析和代码生成等。尽管其核心采用的是LR(0)分析算法,这与之前Java示例中的实现具有相似之处,但它们的整体架构和具体实现细节存在差异。在学习过程中，前文中的 Java 实现示例提供了一个清晰且简洁的入门方法。深入研读 Bison 源码将使你获得更多关于编译器前端实现的专业知识和深入理解。

## 4.1.3　语义分析

语义分析没有统一的标准做法，这与词法分析和语法分析有所区别，因为它通常需要针对特定语言的特性进行定制。这一过程涉及对源代码的检查和优化。以 Java 和 C 语言为例，Java 支持使用"+"运算符来连接字符串，而 C 语言则不支持这种操作。在语义分析阶段，Java 能够正确识别并处理字符串连接，而 C 语言则会因不支持该操作而报错。另外，Java 在优化阶段如果发现常量字符串的连接，会将它们合并为一个完整的字符串，这与 C 语言在优化阶段对常量数值相加的处理方式相似。这些差异表明语义分析是根据每种语言的特性来定制的。尽管如此，不同语言在语义分析中也存在一些通用的处理策略，例如，无论是 Java 还是 C 语言，都会对常量数值的加法进行优化处理。

### 1. 符号表

在前文的语法讨论中，我们并未涉及类型作用域等关键概念，但这些概念在大多数编程语言中却是基础且至关重要的。即使是弱类型语言，在运行时可能会忽略类型信息，但它们仍然需要变量声明的过程。为了记录变量的声明、作用域和类型等关键信息，我们引入了符号表这一数据结构。之前提到的类型系统正是为了管理变量类型而设计的。在内存分配方面，变量通常在栈上分配适当大小的空间来存储数据，而这个空间的大小是由变量的类型决定的。分配空间后，该空间就可以通过变量名在代码中被访问和使用。这种声明和使用的过程性体现了声明的本质意义：如果未声明变量就直接使用，则会导致错误。因此，变量的声明和使用之间存在严格的顺序关系，即必须先声明变量，然后才能使用它。

```
//以下是作用域的一个案例
int main(){
  //尽管这里声明了两个同名的变量 a，但是由于它们的作用域不同，因此输出结果也会不同
  int a = 1;
  {
   int a = 4;
   printf("%d\n",a);
  }
  printf("%d\n",a);
}
//输出结果为 4 1
```

当构建符号表时，如果只考虑变量名和类型，而不考虑作用域，那么在理论上可以忽略作用域的存在。然而，随着编程语言设计的演进，作用域的概念变得日益重要且不可或

缺。为了处理作用域，我们可以采用一种简单的方法，即使用链表实现的栈结构。具体操作如下：每当遇到左大括号{时，我们就创建一个新的符号表并将其推入栈中。这样，在遇到右大括号}之前，所有的声明都会被记录在栈顶的符号表中。如果在栈顶的符号表中找不到对应的变量名，就可以沿着链表向上查询上一级的符号表。如果遍历了整个栈中的符号表都没有找到，则应抛出一个异常。当遇到右大括号}时，我们只需将栈顶的符号表弹出，以此恢复之前的作用域。

在上述情况下，如果存在同名但类型不同的实体，例如一个函数 int a()和一个变量 a，编译器会通过类型区分来处理这种冲突。在构建符号表时，除了考虑作用域，还会将类型信息纳入考虑范围。这意味着不同类型的实体（如函数、变量）将分别存储在各自的符号表中，如图 4.27 所示。当编译器遇到标识符时，它会根据上下文推断标识符的类型，并在相应类型的符号表中查找。由于函数和变量 a 属于不同类型，它们可以在各自的符号表中同时存在，从而避免命名冲突。这种处理方式不仅确保了编译的正确性，还提高了代码的可读性和可维护性。这种基于类型区分来组织标识符的方法，正是命名空间的核心概念。

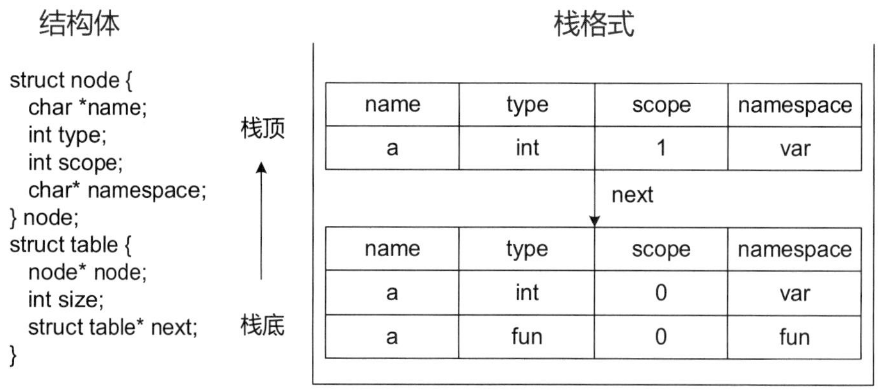

**结构体**

```
struct node {
    char *name;
    int type;
    int scope;
    char* namespace;
} node;
struct table {
    node* node;
    int size;
    struct table* next;
}
```

**栈格式**

| name | type | scope | namespace |
| --- | --- | --- | --- |
| a | int | 1 | var |

next

| name | type | scope | namespace |
| --- | --- | --- | --- |
| a | int | 0 | var |
| a | fun | 0 | fun |

图 4.27　符号表格式

## 2. 语义检查

在前文提到的语法分析过程中，确实存在一些异常情况，但这些异常仅限于字符层面，并不涉及语义理解。例如，简介中提到的字符串拼接问题，虽然使用了"+"操作符，但这只是众多类似情况中的一个例子。其他情况，如字符串与整数的相加、面向对象语言中子类向父类的类型转换等，都是特定语言特性的常见问题。这些问题正是语义检查需要关注的，它要求根据不同语言的特性进行细致的分析。此外，除了识别这些问题，还需要对问题进行详尽的描述，并向开发人员清晰地指出问题的性质和错误的具体位置，以便他们进行修复。值得一提的是，一些编程语言提供了编译器的自动修复功能，这在处理这些问题时能够发挥重要作用。

实现字符串与整数的相加操作实际上并不复杂：一种方法是先将整数转换为字符串，然后重新分配内存以存储拼接后的结果；另一种方法是，如果操作不符合预期，则直接抛出异常。具体采用哪种方法，可以根据符号表中的类型信息来决定。

在面向对象编程中，即使类看起来各不相同，也可以根据从文件解析出的继承关系来构建类图。如果左侧接收值的变量类型是右侧赋值类型的父类或者是同一类型，那么赋值操作是被支持的；如果不是，则应当抛出一个异常。

在抽象语法树的上下文中，异常报告机制已经被预先设置好，它记录了大量的文件信息，以便在发生错误时能够立即输出相关信息。

编译器自动修复的一个实例是类型的隐式转换，例如从 int 转换为 byte。在大多数编译器中，当大数据类型转换为小数据类型时，通常不会直接抛出异常，这正是编译器自动修复功能的一个体现。

进一步分析可知，虽然从四字节内存中仅提取最低一个字节进行赋值是可行的，但是将低字节类型转换为高字节类型可能会导致错误。这是因为内存空间可能不足以容纳转换后的数据，并且可能会出现数据异常，因为我们无法预知额外空间中的数据内容，或者这些空间是否可以被安全地访问。

3. 代码翻译

代码翻译是语义分析的核心部分，其重要性不言而喻。虽然前文讨论了多种高级特性及其处理方法，但这些特性最终都是构建在机器码之上的，旨在为研发人员提供更加简便的编程体验。代码翻译的复杂性体现在，每个特性在编译过程中都需要转换为特定的机器指令，特性的复杂度越高，编译生成的代码就越复杂。

除了生成机器指令，代码翻译还必须考虑计算资源的合理分配，包括内存和寄存器的管理。值得一提的是，虽然基于寄存器的计算机是目前的主流，但历史上也曾出现过基于栈的计算机。尽管如今这类计算机已较为罕见，但其设计理念在某些环境中仍有所应用，例如 JVM 就是通过操作栈来执行计算任务的。因此，代码翻译需要针对不同的计算机架构生成相应的指令集。

与 ISA 不同导致的指令差异不同，栈式计算机与寄存器计算机在逻辑上有本质的区别。对于寄存器计算机来说，如何高效地利用有限的寄存器资源来支持整个程序乃至系统的运行是一个关键问题，而在栈式计算机中，这个问题并不突出。

因此，作为语义分析的重要环节，代码翻译不仅要处理各种高级特性，还需要考虑不同计算机架构的特性，以确保生成的指令既高效又准确。

```
//源代码
int a = 1;
int b = a + 2;
```

```
//栈式计算机编译结果
iconst_1                    //将常量1压入操作栈顶
istore_1                    //将栈顶操作数存入申明的a地址中
iload_1                     //将a地址中的数据加载到栈顶
iconst_2                    //将常量2压入栈顶，此时操作栈已经有两个值
iadd                        //使用add消费两个操作数并将结果压入栈顶
istore_2                    //将栈顶操作数存入b地址中

//寄存器计算机
movl    $0x1,-0x8(%rbp)     //将1赋值给a申明的空间
mov     -0x8(%rbp),%eax     //将1读出并存入eax寄存器中
add     $0x2,%eax           //将2和eax寄存器中的数据相加
mov     %eax,-0x4(%rbp)     //将相加结果存入b申明的空间
```

1）中间表示

前文提到的代码翻译过程，并非直接将源代码转换为最终的目标语言。实际上，在编译过程中，我们会采用多种中间格式来进行代码的优化和特性实现。中间表示是一个相对简单的概念，它通常指的是由语法分析器生成的抽象语法树，这是一种较为高级的表示方法，非常适合用来描述程序源代码的结构。优化和特性的具体实现需要根据不同的应用场景进行定制，例如，return 语句之后的代码可以被忽略，因为一旦执行了 return 语句，后续的代码就不会再被执行。利用控制流图的中间表示，我们可以分析程序的可达性；如果发现某段代码没有可访问的入口，那么这段代码就被认为是无效的，我们可以选择将其删除或抛出异常。因此，不同的需求会导致产生不同的中间表示，而且这些中间表示并非唯一，可能会有多个，这一点在图 4.28 中得到了展示。

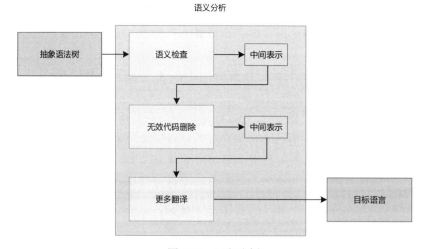

图 4.28　语义分析

这种串行结构的设计有助于将语义分析过程分解为多个不同的阶段，每个阶段仅负责处理特定的操作。这不仅简化了实现过程，而且极大地便利了后续的维护和扩展工作。如前文所述，语义分析是针对不同语言特性分别实现的，因此每个特性都可以拥有其特定的中间表示，这进一步简化了实现步骤。当然，这些特性也可以选择共享同一个中间表示，但这要求该中间表示必须包含足够详尽的信息，以避免在执行过程中因信息不足而无法继续。

### 三地址码

虽然中间表示通常是根据特定语言特性来设计的，但也有一些中间表示被广泛采用，例如本节介绍的三地址码。编译器通过使用三地址码来提高代码转换的效率。每条三地址码指令都可以表示为一个四元组，即(运算符, 操作数 1, 操作数 2, 结果)。由于每条指令最多涉及三个操作数（例如，goto 语句只包含一个操作数），因此这种表示形式被称为三地址码。此外，三地址码的设计避免了复合表达式的使用，确保每个操作都是原子性的。三地址码将所有控制流操作抽象为跳转（jump）、调用（call）和返回（return）指令，因此可以被看作是一种类似于通用的 RISC 指令集。

```
//源代码
int a = 1;
int b = a + 2;
if(a > b){
  a = 1;
} else {
  a = 2;
}

//三地址码
int a;                  //声明空间的伪代码
int b;
mov a,1;                //将 1 赋值给 a
add b,a,2;              //将 a 和 2 相加的结果赋值给 b
sub a,b,a;              //将 b 减去 a 的结果赋值给 a。此处将 if(a > b) 拆分为两个指令
jge a,Label_2;          //a≥ 0，代表 b 大于或等于 a，所以跳转 label_2
Label_1:
 mov a,1;
 jump Label_3;
Label_2:
 mov a,2;
 jump Label_3;
Label_3:
 ...
//假设 int a = 1 + 2 + 3;
mov a,1;
add a,a,2;
```

```
add a,a,3;          //将上述代码翻译为三条指令
```

由此可知，三地址码作为一种中间表示形式，它对高级语言进行了简化处理，使其更接近汇编语言。与先前提到的抽象语法树相比，三地址码在将高级语言编译为汇编语言的过程中，由于其指令结构更类似于汇编语言，因此能够更直接地映射到汇编指令，这样就降低了中间转换的复杂度。为了与抽象语法树进行对比，三地址码的结构通常在编译过程中的某个特定阶段（例如规约阶段，假设这是一个已知且相关的编译阶段）生成。接下来，我们将深入探讨三地址码的生成过程。图4.29展示了三地址码的构建过程，即三地址码构建树。

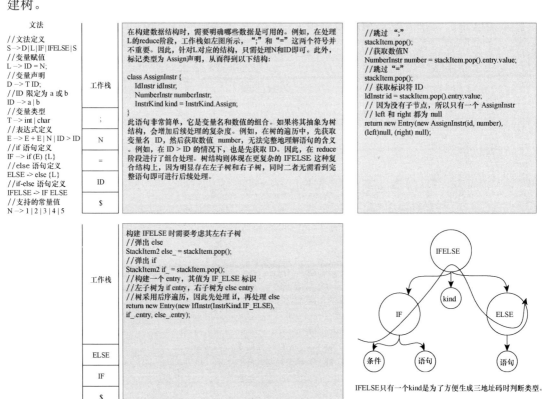

图 4.29  三地址码构建树

一旦从传入的分词流中提取出上层的 entry，我们就会根据该 entry 的类型（kind）来生成地址码。这个过程涉及执行与 entry 类型相对应的固定代码逻辑（我们继续采用前文的文法规则）。

```
//base 是基础指令结构，其唯一值是 kind。entry 表示当前节点
private static String genCode(InstrBase base, Entry entry) {
    //初始化 StringBuilder 以存储生成的三地址码
```

```java
StringBuilder sb = new StringBuilder();
//根据指令类型执行相应的代码生成逻辑
switch (base.getKind ()) {
    case Declaration:
        //如果是声明类型,则构建形如 type name;的三地址码以表示声明
        DeclarationInstr declarationInstr = (DeclarationInstr) base;
        sb.append(declarationInstr.getType().getType());
        sb.append(" ");
        sb.append(declarationInstr.getId().getName());
        sb.append(";\n");
        break;
    case If:
        //如果是 if 指令,则首先生成条件码
        IfInstr ifInstr = (IfInstr) base;
        sb.append(genOp(ifInstr.getCondition()));
        //捧着构建一个标签用于跳转
        sb.append("Label_");
        sb.append(index.get());
        sb.append(":\n");
        //然后递归调用以生成 if 内部的代码,此处仅支持赋值指令
        sb.append(genCode(ifInstr.getAssign()), entry));
        break;
    case Else:
        // else 指令与 if 的后半部分相似,但它不包含条件
        ElseInstr elseInstr = (ElseInstr) base;
        sb.append("Label_");
        sb.append(index.get());
        sb.append(":\n");
        sb.append(genCode(elseInstr.getAssign()), entry));
        break;
    case IF_Else:
        //在 if 和 else 代码块之间加入了一个 jump 指令,用于无条件跳转
        //这样在执行完 if 代码块后可以直接跳过 else 代码块
        //index 用于维护所有标签的唯一名称
        int i = index.getAndIncrement();
        sb.append(genCode(entry.left.value, entry.left));
        sb.append("jump Label_");
        sb.append(i);
        sb.append(";\n");
        index.getAndIncrement();
        sb.append(genCode(entry.right.value, entry.right));
        sb.append("Label_");
        sb.append(i);
        sb.append(":\n");
        break;
    case Assign:
```

```java
                //将赋值语句转换为 mov 指令码
                AssignInstr assignInstr = (AssignInstr) base;
                sb.append("mov ");
                sb.append(assignInstr.getIdInstr().getName));
                sb.append(",");
                sb.append(assignInstr.getNumberInstr().getNumber());
                sb.append(";\n");
                break;
        }
        return sb.toString();
}
//生成条件码
private static String genOp(ConditionInstr instr) {
        //将所有条件都转换为减法
        //第一个参数作为差,第二个参数为被减数,第三个参数为减数
        //需要注意的是,弹栈时修改了二者的顺序
        //例如 if a > b,因为弹栈,所以变成了 b, a
        //对应到此处的 sub b, b, a
        //这个逻辑相反的好处在于,当 b > 0 时代表 a 不小于 b,即 if 不成立
        //所以直接跳转 index+1 即可,即跳转到 else 处
        StringBuilder sb = new StringBuilder();
        sb.append("sub ");
        sb.append(instr.getOp1().getName());
        sb.append(",");
        sb.append(instr.getOp1().getName());
        sb.append(",");
        sb.append(instr.getOp2().getName());
        sb.append(";\n");
        switch (instr.getOperate()) {
            case ">":
                //对于大于操作,使用 jg 指令判断减法操作的差是否大于 0
                //如果大于 0,则跳转到 label_(index+1) 处
                sb.append("jg ");
                sb.append(instr.getOp1().getName());
                sb.append(",");
                sb.append("Label_");
                sb.append(index.get() + 1);
                sb.append(";\n");
                return sb.toString();
            case ">=":
                //对于大于或等于操作,使用 jge 指令
                sb.append("jge ");
                sb.append(instr.getOp1().getName());
                sb.append(",");
                sb.append("Label_");
                sb.append(index.get());
```

```
            sb.append(";\n");
            return sb.toString();
        default:
            //如果遇到不支持的运算符，则抛出运行时异常
            throw new RuntimeException("Unsupported operation symbol ");
    }
}
```

3）控制流图

控制流图是计算机科学中的一种表示方法，它借鉴数学中图的表示技巧，用于描绘计算机程序执行过程中经过的所有路径。在控制流图中，每个顶点代表一个程序的基本块，即一段不包含分支指令的连续代码。基本块通常以分支指令的目标地址作为起点，并以分支指令或程序的自然结束作为终点。控制流图中的分支通过有向边来表示。在整个控制流图中，有两个特殊的代码块：一个是入口代码块，它是程序进入控制流图时首先执行的代码块；另一个是出口代码块，它是所有程序流程在结束时共同执行的代码块。控制流图的定义可能显得有些抽象，但图4.30将通过具体的代码示例来进一步阐释其概念。

在构建控制流图时，除了考虑分支条件，还必须注意标签名的存在，因为标签名也可能定义代码块的边界。由于goto语句可以跨越多个代码块，这要求在构建控制流图时考虑更多复杂情况。仅依赖分支条件来构建可能会导致忽略由goto语句跳过的代码块。如图4.30所示，存在一种只有出口没有入口的代码块（红色框），这种代码块被称为"死代码块"。在优化控制流图时，可以通过判断代码块的可达性来确定其是否为死代码块，并将其安全地删除。此外，可以利用抽象语法树和三地址码的特性来辅助识别死代码块。在抽象语法树中，如果一条指令后面紧跟着无条件跳转，那么可以初步判断后续代码可能是死代码块。在三地址码中，如果某个代码块没有对应的标签名，那么很可能没有跳转指令指向该代码块。这些规则有助于更准确地识别和移除死代码块。

值得注意的是，控制流图和三地址码的生成顺序并非一成不变，而是根据实际编译需求灵活调整。有时，可能先构建并优化控制流图，然后基于此生成三地址码；而在其他情况下，三地址码的生成可能不是必需的。这种灵活性完全取决于具体的编译场景和需求。关于代码块的构建细节，请参考代码仓库中的 ControlFlowDiagram 文件。

4）可达性分析

可达性分析是一种静态分析技术，用于确定代码中哪些定义可以被访问到。由于可达性分析的实现相对简单，常被用作数据流分析的入门示例。在代码层面，可达性分析的结果通常以控制流图的形式呈现。然而，本文讨论的重点是变量的可达性，因此更侧重于数据流分析。这种分析技术可以应用于常量传播，以优化代码并减少不必要的计算。图4.31展示了可达性分析的一个具体示例。

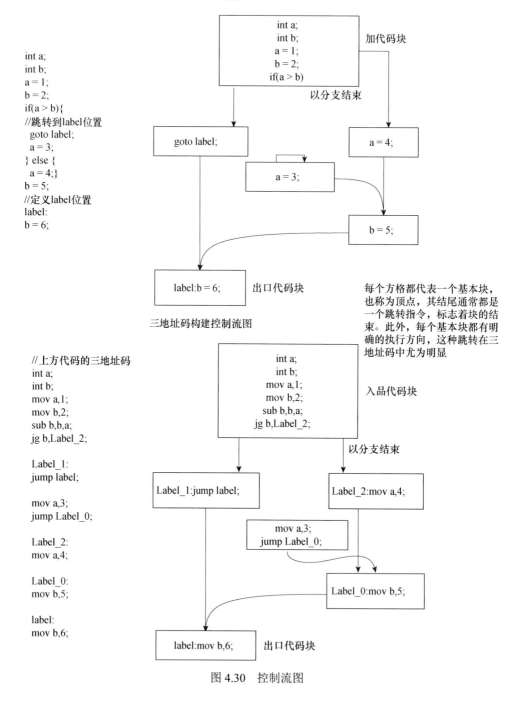

图 4.30 控制流图

每一条语句都有一个输入（in）和一个输出（out），输出一定包含当前语句的操作结果。需要注意的是，每个输出都将成为下一条语句的输入，并且输出需要排除之前所有对当前变量（此处以a和b为例）的操作。这种排除操作被称为"定义"。例如，如果执行的是mov b, a，那么a就是被"使用"的变量。

在讨论之前，我们需要理解两个概念：产生集和杀死集。产生集指的是，例如语句mov a, 1，它执行的操作是生成变量a的值为1。因此，每条语句的产生集仅包含该语句本身（定义：GEN[codeIndex]={code}，其中codeIndex代表当前操作的索引）。杀死集是指，一旦变量a被赋值为1，那么之前所有对变量a赋值的操作，如mov a, x（x为任意值），就会都变得无效，因为这些操作被"杀死"了。因此，这些操作构成了杀死集（定义：KILLER[codeIndex] = DEFS[...] - GEN[codeIndex]，其中DEFS是当前所有定义的集合，它只是一种中移除当前GEN，从中移除当前GEN。从中移除当前GEN定义后，其余的定义都被视为"杀死"）。

输入集和输出集的计算依赖于定义集（产生集）和杀死集。首先，根据当前语句计算定义集（产生集），然后基于定义集确定杀死集。接着，通过将输入集与定义集（产生集）进行并集操作，并从中移除杀死集，从而得到输出集（OUT =IN-KILLER+GEN，其中IN是输出集的上一状态）。

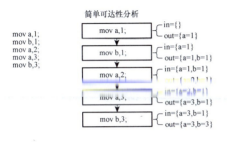

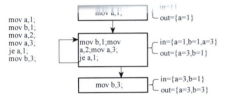

左侧的可达性分析引入了控制流图的概念，这是因为存在像je这样的跳转语句，导致相关语句的输入不再单一，不再仅以前一条语句的输出为主，而是可能会有两个输入源（定义：IN = union(PRE_OUTS)）。在这种情况下，需要将这两个输入合并，并且明确每个输入的来源，这大大增加了静态分析的难度。

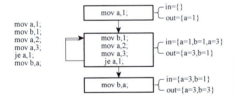

通过定义和使用分析，我们可以发现，在跳转语句je之前，变量a只有定义而没有被使用。由于je语句中对a的值是一个静态值，我们可以直接推断出a的值为3。因此，这条je语句的条件不成立，不会执行跳转。所以，这条je语句可以被移除。同时，在最后一条语句mov b, a中，由于a的值已知为3，我们可以直接将b的值替换为常数3。

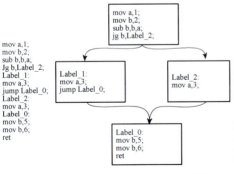

情况一：乍一看左侧的逻辑似乎很复杂，但实际上，通过分析每一条语句的输入和输出，我们可以推导出结果。具体来说，sub语句的结果使得变量b的值必定为1，这意味着jg语句一定会执行跳转到Label_2（因为结果是大于0的）。到达Label_2后，变量会被设置为3。至于后续的两个对b的赋值操作，我们只需保留最后一个，因为前面的赋值在优化阶段并未被使用，这是基于sub语句在优化阶段可以被静态计算的前提。

情况二：仔细观察可以发现，Label_1和Label_2处的代码实际上是等价的，因为它们的输出结果相同。因此，我们可以直接将代码优化为a=3，从而省略掉不必要的跳转操作。

图 4.31  可达性分析

通过图 4.31 的案例可以看出，可达性分析在静态分析中扮演着非常重要的角色，同时它也是相对简单的。利用可达性分析可以优化代码，减少计算量。

5）活性分析

在介绍代码翻译时，虽然提到了寄存器计算机，但并未特别指出现代计算机中寄存器资源的有限性。由于代码通常非常庞大，而寄存器作为一种宝贵的资源，编译器需要对其进行合理分配。活性分析的目的就是高效地将有限的寄存器资源分配给庞大的代码。采用正向分析时，预测后续代码对寄存器的使用情况较为困难，这使得分配过程复杂化。因此，活性分析通常采用逆向分析的方法，以更准确地识别寄存器的使用情况并制定分配策略，如图 4.32 所示。

构建此图的目的在于分析变量之间的冲突关系。细心的读者可能会注意到，在这个例子中，我们仅使用了 GEN 和 KILL 集合，而没有涉及 IN 和 OUT 集合，这是因为代码示例中没有包含分支结构。如果代码中引入了分支，那么 IN 和 OUT 集合就成为了必须考虑的因素。作为一个练习，读者可以尝试在引入分支的情况下，如何构建包含 IN 和 OUT 集合的分析图。

**4. 编译优化**

图 4.33 展示了编译器中的优化流程。从抽象语法树的早期优化开始，到三地址码阶段的中间代码优化，再到目标机器码生成时的晚期优化，优化工作贯穿了整个编译过程的始终。在每个阶段，都可以根据当前阶段的中间表示形式来实施特定的优化措施。编译优化的主要目标是通过对程序的转换，减少资源的消耗和提高执行的效率，同时保证转换前后的程序在语义上是等效的。然而，优化算法的成效常常受到编译时间的限制和开发机器性能等因素的影响。因此，编译器开发者在设计优化策略时，必须全面考虑这些限制因素并做出适当的权衡。正是由于这些复杂因素的存在，几乎没有任何程序在经过优化后能够达到绝对完美的状态，这也恰恰体现了编译优化是一个持续不断且"永无止境"的探索过程。

1）早期优化

早期优化通常在抽象语法树阶段进行，这一过程涉及对树的每个节点类型进行判断和处理。

常量折叠是在编译器能够确定表达式中所有组成部分的具体值时进行的。例如，表达式 int a = 1 + 2 + 3;可以被编译器优化为 int a = 6;，这样做可以减少程序运行时的计算量。这种优化技术在早期的语法制导翻译原理中已经有所展示，尽管当时的优化相对简单，并未涉及复杂的树结构。如果在编译器的判断逻辑中考虑到树节点类型，就可以在语法树阶段实现常量折叠。在执行常量折叠的过程中，必须确保优化后的代码与原程序的语义保持一致，包括正确处理溢出、负数等特殊情况，以保证语义的准确性。

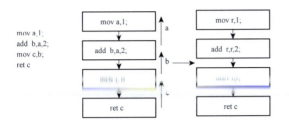

以左侧代码为例，在尝试分配有限的寄存器时，如果采用顺序分配策略，就必须在读取完整代码之后才能进行分配，否则无法确定变量a在后续代码中是否还会被使用。然而，如果采用倒序分配，通过倒箭头指示的区间可以判断变量b的使用与变量a的使用没有交集。也就是说，一旦变量b出现，变量a的使用就已经结束，后续代码不会再使用变量a，因此它们不存在交集。因此，在将变量映射到寄存器时，这种分析仍然有效，并且还可以进行优化，例如将最后的寄存器r,r,1优化为mov r,1。

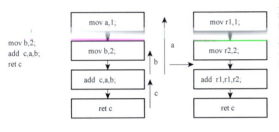

在这个案例中，单个寄存器无法满足需求，因为涉及变量作用域的重叠。变量a的作用域从变量b结束，因此，我们不得不使用两个寄存器来处理这种变量作用域的交叉情况。

```
mov a,1;    GEN={ } KILL={a}
mov b,2;    GEN={ } KILL={b}
add c,a,b;  GEN={a,b} KILL={c}
ret c
```

在描述相关公式时，我们依然采用GEN（产生）和KILL（消除）这两个术语，但它们的定义在这里有所不同。具体来说，GEN指的是语句中使用的变量集合，而KILL则代表语句中定义的变量集合。由于GEN和KILL的含义发生了变化，输入和输出的定义也随之更新，因此，相应的输入和输出公式也进行了相应的调整。

实例:    y = x.... d 代表行号
GEN [d] = {x....};
KILL[d] = {y};
in[d] = GEN[d] ∪ (out[d] - KILL[d])
out[last] = {}
out[d] = in[d+1]

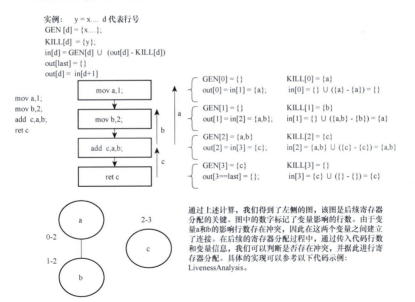

通过上述计算，我们得到了左侧的图，该图是后续寄存器分配的关键。图中的数字标记了变量影响的行数。由于变量a和b的影响行数存在冲突，因此在这两个变量之间建立了连接。在后续的寄存器分配过程中，通过传入代码行数和变量信息，我们可以判断是否存在冲突，并据此进行寄存器分配。具体的实现可以参考以下代码示例：LivenessAnalysis。

图4.32　活性分析

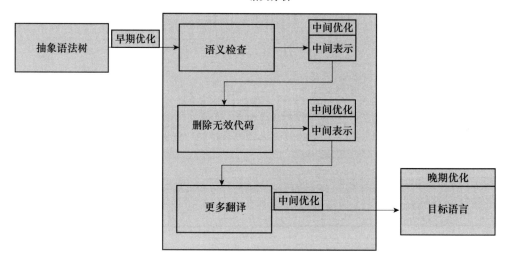

图 4.33 编译优化

```
//参考 LRParser.accept3 方法中的应用
Entry fold(Entry entry){
    switch(entry.value.kind){
        case Add:
            //对左右子树进行优化，如果它们依然是加法操作，那么尝试进行折叠
            Entry left  = fold(entry.left);
            Entry right = fold(entry.right);
            //如果左右子树都被折叠，或者它们都是数字类型，则构建新的 entry 并返回
            if(left.value.kind == InstrKind.Number &&
               right.value.kind == InstrKind.Number){
                return new Entry(InstrKind.Number,
                                 left.value.number + right. value.number);
            }
    }
    return entry;
}
```

代数化简是一种编译器优化技术，它利用代数系统的特性来简化程序中的计算表达式。例如，表达式 int a = b + 0; 可以被化简为 int a = b;，而表达式 int a = 2 * b; 可以被优化为 a = b << 1; 或 a = b + b;。通过代数化简，可以消除程序中的冗余计算，进而提升程序的性能。在 CPU 层面，乘法操作通常比加法和左移操作更耗费性能，因此这种优化对于提升程序的执行效率尤为重要。

```
    .....
    case Add:
        ....
        if(left.value.number == 0){
```

```
            return right;
    }
    case Mul:
        ....
        if(right.value.number == 2){
            right.value.number = 1;
            entry.value.kind = InstrKind.ShiftLeft;
            return entry;
        }
```

死代码删除是一种编译器优化技术，它通过分析控制流图来识别并移除程序中无法执行的代码段。死代码删除的过程并不直观，而是需要对代码进行深入的分析才能完成。然而，在某些情况下，死代码的识别相对直接和简单，例如当遇到 if(false) 这样的条件语句时，由于条件永远为假，因此可以安全地将该 if 语句块内的所有代码判定为死代码并执行删除操作。

```
.....
    case If:
        ....
        if(entry.condition.value == false){
            return entry.else;
        }
.....
```

### 2）中期优化

中期优化主要关注于中间表示，如静态单赋值形式（static single assignment form，SSA，它在 LLVM 中被使用）和控制流图。在实施这些优化之前，必须先构建相应的中间表示，然后在此基础上进行优化。值得注意的是，这些分析具有全局性而非局部性，因为只有通过全局构建中间表示，才能确保优化过程的精确性和有效性。因此，中期优化的流程通常包括以下步骤：首先进行程序分析以构建全局性的中间表示，然后在此基础上对程序进行重写以实施优化。在程序分析阶段，静态分析技术如控制流图和数据流分析被用来预测程序在运行时的行为。与前期优化不同，程序重写阶段会直接修改中间表示的代码，而不仅仅是调整节点信息，这样可以达到优化的效果。

常量传播在中期优化中仍然适用，只不过在这里，我们将关注的焦点从树节点转移到了可达性分析中的输入与输出。如果检测到某个变量的输入数据是一个常量，并且在所有入口点中只有一个输入，那么就可以将这个变量直接优化为相应的数字值。

```
//代码仓库 ReachingDefinition 中
    public static void reachingDefinitionBlock() {
    .....
        //遍历所有定义
        for (Definition def : all) {
            //如果当前代码使用了其他变量，则记录在 uses 中
```

```
        for (String use : def.uses) {
            int uses = 0;
            Definition temp = null;
            //在输入中查找使用的变量
            for (Definition in : def.ins) {
                if (in.name.equals(use)) {
                    uses++;
                    temp = in;
                }
            }
            //如果只有一个输入变量
            if (temp != null && uses == 1) {
                try {
                    //尝试将其转换为数字,如果不是数字则忽略
                    Integer.parseInt(temp.value);
                    //如果是数字,则优化代码,将变量替换为常量值
                    def.code = def.code.replace(temp.name, temp.value);
                } catch (NumberFormatException e) {
                }
            }
        }
        ......
    }
```

常量折叠在这一阶段有其特殊之处,因为常量传播优化之后,常常会出现可以应用常量折叠的情况。因此,在完成常量传播优化之后立即进行常量折叠是恰当的。然而,需要注意的是,完成折叠后可能会出现新的常量传播优化机会,这看起来像是一个循环过程。但实际上,这种所谓的循环并不会导致死循环,因为随着优化的不断深入,最终会达到一个点,代码将不再有进一步优化的空间。

复制传播是一种优化技术,其作用类似于常量传播,但应用范围从常量扩展到了变量。考虑到内存访问在性能上的高成本,为了提高程序的执行效率,可以通过复制传播优化简化数据流动路径,从"内存→寄存器→内存"转变为"寄存器→内存",这样做减少了不必要的内存访问,从而提升了程序的性能。

```
......
try {
    //优化代码,将变量替换为其值
    def.code = def.code.replace(temp.name, temp.value);
} catch (NumberFormatException e) {
}
......
```

前文提到的死代码删除通常是由于 goto 等跳转语句造成某些代码段无法访问而被移除。与此不同的是,这里的死代码删除是由复制传播和常量折叠等优化操作引起的,这些

操作可能导致部分代码变得冗余。在执行删除过程中，编译器会进行活性分析，以确定某个变量在后续代码中是否还会被使用。如果分析结果表明该变量不再被后续代码所引用，那么它之前的赋值操作就变得无效，相应的代码段就可以被安全地移除，以达到进一步优化程序的目的。

```
.....        //LivenessAnalysis.addGraph 方法在计算 end_line 时能够自然地识别死代码
             //因为如果未设置 create_line, end_line 的计算将会失败
             //我们只需构建一个集合来记录那些计算失败的代码行号，以便后续删除这些行
             add c, b;        //将寄存器 c 和 b 的值相加，并将结果存储在寄存器 c 中
    mov b, 2;                 //将数值 2 赋值给寄存器 b
    ret c;                    //返回寄存器 c 的值
//当执行 addGraph("mov b, 2;") 时
//如果发现 create_line 中没有寄存器 b 的记录，则意味着该代码行是无用的
//应记录行号 1 并在后续删除该行
.....
```

3）后期优化

后期优化通常针对特定的处理器平台。例如，x86 架构有其特定的优化策略，而 ARM 架构也有自己的优化方法。由于本书主要围绕 x86 平台展开，因此我们将继续基于前文提到的 nasm 源码来探讨相关的优化技术。

```
//将直接操作数优化为适合有符号字节的大小，除非已经指定了长格式
//这样做可以使得 CPU 执行更精确的指令
//以下是 parser.c 文件第 1136 行的代码示例
    if (optimizing.level >= 0 && !(op->type & STRICT)) {
        if ((uint32_t) (n + 128) <= 255)
            op->type |= SBYTEDWORD;
        if ((uint16_t) (n + 128) <= 255)
            op->type |= SBYTEWORD;
        if (n <= UINT64_C(0xFFFFFFFF))
            op->type |= UDWORD;
        if (n + UINT64_C(0x80000000) <= UINT64_C(0xFFFFFFFF))
            op->type |= SDWORD;
    }
```

## 4.2 GCC 编译器源码

在前文中，我们深入探讨了算法和原理，尽管有代码实现，但并不完整。本节将使用 GCC 1.36 的源码，以之前学到的知识为基础，详细介绍其主流程。

```
-------GCC 开始------
int main(argc, argv){
    ...
```

```c
        //解析参数列表,主要构建 infiles 输入文件数组
        process_command(argc, argv);
        for (i = 0; i < n_infiles; i++){
            input_filename = infiles[i];
            input_filename_length = strlen(input_filename);
            //匹配编译命令
              for (cp = compilers; cp->spec; cp++){
                //匹配当前文件与编译命令,若匹配成功,则执行
                if (strlen(cp->suffix) < input_filename_length &&
                    !strcmp(cp->suffix,
                      infiles[i] + input_filename_length - strlen(cp->suffix)))
                {
                  /* Ok, we found an applicable compiler.  Run its spec. */
                  /* First say how much of input_filename to substitute for %b */
                  register char *p;
                  
                  input_basename = input_filename;
                  for (p = input_filename; *p; p++)
                    if (*p == '/')
                      input_basename = p + 1;
                   basename_length = (input_filename_length -
                        strlen(cp->suffix) -
                        (input_basename - input_filename));
                  //在此处执行
                  value = do_spec(cp->spec);
                  if (value < 0)
                    this_file_error = 1;
                  break;
                }
              }
              ...
        }
        if (error_count == 0)
        {
           int tmp = execution_count;
           //执行连接器 ld 进行连接
           value = do_spec(link_spec);
           if (value < 0)
             error_count = 1;
           linker_was_run = (tmp != execution_count);
         }
         ...
    }
    int do_spec(spec)
    {

      ...
      //构建执行参数
```

```
    value = do_spec_1(spec, 0);

  if (value == 0)
  {
    if (argbuf_index > 0 && !strcmp(argbuf[argbuf_index - 1], "|"))
      argbuf_index--;
    //若解析出参数
    if (argbuf_index > 0)
      //执行命令
      value = execute();
  }

  return value;
}

int do_spec_1(spec, inswitch)
{
    register char *p = spec;
    while (c = *p++){
        switch (inswitch ? 'a' : c){
            //此处解析的是命令行参数,而不是用户直接传入的参数
            //由于命令行非常复杂,此处只讨论核心部分
            case ' ':
              /* Space or tab ends an argument if one is pending. */
              if (arg_going)
                {
                  //向 obstack 中添加 0 字符,作为字符串的结尾标识
                  obstack_1grow(&obstack, 0);
                  //从 obstack 中获取字符串,该字符串从 default 分支开始累积
                  //通过不断添加字符直到遇到 0 字符,形成一个完整的字符串
                  //这里的操作是获取该字符串
                  string = obstack_finish(&obstack);
                  //将获取的字符串存储到 argbuf 中
                  //内部实现为 argbuf[argbuf_index++] = string;
                  store_arg(string, delete_this_arg, this_is_output_file);
                }
              ...
              break;
            case '\n':
              ...
              //执行当前命令
              int value = execute();
              ...
              break;
            default:
              //将字符 c 加入 obstack 中
              obstack_1grow(&obstack, c);
              arg_going = 1;
```

```c
            }
        }
    }
struct compiler
{
    char *suffix;                    //编译后缀
    char *spec;                      //编译指令
};
//此结构定义了.c .cc .i .S四个后缀,这些后缀代表了GCC支持四种编译结构
//此处只讨论.c后缀
struct compiler compilers[] ={
    {".c",
        //spec的定义非常复杂,但有规律可循。例如开头的cpp表示GCC的预处理器阶段
        //注意,该指令在遇到|\n时结束,因为在上方的switch语句中,一旦发现\n就会立马执行
        //第二个指令是cc1,cc1是GCC的编译器。由此可知,gcc.c只是一个控制编译器流程的程序
        //它本身没有编译功能,而是通过执行其他程序来完成编译的
        //第三个指令是as,它将cc1编译出的汇编代码最终编译为.o文件
        //如果只看此命令行,流程到这里似乎已经结束。但实际上还有ld链接命令
        //该命令由GCC程序的后续流程通过调用link_spec来执行
"cpp %{nostdinc} %{C} %{v} %{D*} %{U*} %{I*} %{M*} %{i*} %{trigraphs} -undef \
        -D__GNUC__ %{ansi:-trigraphs -$ -D__STRICT_ANSI__} %{!ansi:%p} %P\
    %c %{O:-D__OPTIMIZE__} %{traditional} %{pedantic}\
    %{Wcomment*} %{Wtrigraphs} %{Wall} %C\
        %i %{!M*:%{!E:%{!pipe:%g.cpp}}}%{E:%{o*}}%{M*:%{o*}} |\n\
%{!M*:%{!E:cc1 %{!pipe:%g.cpp} %1 \
        %{!Q:-quiet} -dumpbase %i %{Y*} %{d*} %{m*} %{f*} %{a}\
        %{g} %{O} %{W*} %{w} %{pedantic} %{ansi} %{traditional}\
        %{v:-version} %{gg:-symout %g.sym} %{pg:-p} %{p}\
        %{pg:%{fomit-frame-pointer:%e-pg and -fomit-frame-pointer are incompatible}}\
        %{S:%{o*}%{!o*:-o %b.s}}%{!S:-o %{!|!pipe:%g.s}} |\n\
        %{!S:as %{R} %{j} %{J} %{h} %{d2} %a %{gg:-G %g.sym}\
        %{c:%{o*}%{!o*:-o %w%b.o}}%{!c:-o %d%w%b.o}\
        %{!pipe:%g.s}\n }}}"
    }
    ...
}
//此处是链接命令,由ld程序单独处理
//由此可见,GCC可执行文件是一个由多个程序组成的集合体
//GCC通过自定义的参数解析来顺序执行各种程序,以实现编译目的
char *link_spec = "%{!c:%{!M*:%{!E:%{!S:ld %{o*} %l\
%{A} %{d} %{e*} %{N} %{n} %{r} %{s} %{S} %{T*} %{t} %{u*} %{X} %{x} %{z}\
%{y*} %{!A:%{!nostdlib:%S}} \
%{L*} %o %{!nostdlib:gnulib%s %{g:-lg} %L}\n }}}}";

int execute(){
```

```c
    ...
    string = find_exec_file(commands[n_commands].prog);
    //通过参数 argbuf 构建执行器
    for (n_commands = 1, i = 0; i < argbuf_index; i++){
        //只有发现|，才会构建新的 command
        if (strcmp(argbuf[i], "|") == 0)
        {
          argbuf[i] = 0;
          commands[n_commands].prog = argbuf[i + 1];
          commands[n_commands].argv = &argbuf[i + 1];
          string = find_exec_file(commands[n_commands].prog);
          if (string)
            commands[n_commands].argv[0] = string;
          n_commands++;
        }
    }
    //遍历并执行命令，使用 execv 或者 execvp 函数
    for (i = 0; i < n_commands; i++){
        extern int execv(), execvp();
        char *string = commands[i].argv[0];

        commands[i].pid = pexecute((string != commands[i].prog ? execv : execvp),
                        string, commands[i].argv,
                        i + 1 < n_commands);

        if (string != commands[i].prog)
          free(string);
    }
}
//至此，GCC 的执行流程完成。接下来我们介绍 cc1 的细节
//在 Makefile 中，cc1 的定义如下
C_OBJS = c-parse.tab.o c-decl.o c-typeck.o c-convert.o
OBJS = toplev.o ....
cc1: $(C_OBJS) $(OBJS) $(LIBDEPS)
    $(CC) $(CFLAGS) $(LDFLAGS) -o cc1 $(C_OBJS) $(OBJS) $(LIBS)
//从这里我们可以找到 C_OBJS/OBJS 对应的源文件。文件名以 parse.tab 结尾的文件很常见
//因为它使用了 yylex 作为词法分析器，这表明这个版本的 GCC 使用了 yylex
//在剩下的文件中，toplev 包含了 main 函数，因此它是程序的入口点，如下所示
int main(argc, argv, envp){
    char *filename = 0;
    ...
    //从参数中获取要编译的文件名。由此可知，文件是逐个编译的
    //同时，这解释了为什么在多文件项目中需要使用 extern 关键字声明变量，以避免编译错误
        //这是因为编译器只关心变量是否被定义，而不关心它们是否有分配的空间，这是链接器的工作
    filename = argv[i];
    ...
    //编译文件
    compile_file(filename);
```

```c
    ...
}
static void compile_file(name);
{
    ...
    //初始化语法树
    init_tree();
    //初始化 yylex
    init_lex();
    ...
    //执行 yylex 语义分析，并通过 c-parse.y 中定义的语法规则在解析的过程中执行对应的事件
    //构建语法树
    yyparse();
    tree globals = getdecls();
    tree decl;
    for (decl = globals; decl; decl = TREE_CHAIN(decl))
    {
      //构建 C 文件内部的全局定义
      //包括 VAR_DECL 类型的变量和标记为 TREE_STATIC 的静态变量
      //这些变量尚未被输出到汇编文件中
      if (TREE_CODE(decl) == VAR_DECL &&
          TREE_STATIC(decl) &&
          !TREE_ASM_WRITTEN(decl))
      {
        if (!TREE_READONLY(decl) || TREE_PUBLIC(decl) || TREE_ADDRESSABLE(decl))
          //处理当前 decl 定义的变量信息
          rest_of_decl_compilation(decl, 0, 1, 1);
      }
      //构建标记为 inline 的函数。注意，如果 TREE_ASM_WRITTEN 为假
      //则表示 inline 函数尚未被写入汇编文件中
      //因此此处可以忽略这些未使用的 inline 函数
      if (TREE_CODE(decl) == FUNCTION_DECL &&
          !TREE_ASM_WRITTEN(decl) &&
          DECL_INITIAL(decl) != 0 &&
          TREE_ADDRESSABLE(decl) &&
          !TREE_EXTERNAL(decl))
        output_inline_function(decl);
      //上述两个条件表明，汇编文件的完整输出并不在此处完成
      //这意味着汇编代码的生成在其他位置进行
      ...
    }
  }
  ...
}
void rest_of_decl_compilation(decl, asmspec, top_level, at_end){
    //如果定义的变量是静态的或者全局的，则执行以下代码
    if (TREE_STATIC(decl) || TREE_EXTERNAL(decl))
```

```
            //TIMEVAR 用于记录代码块的执行时间
            TIMEVAR(varconst_time,{
                //tree 结构不能直接生成汇编代码，需要先构建一个 rtx 结构
                //tree 节点中的 rtl 属性就是该 rtl 结构，以下代码用于构建它
                make_decl_rtl(decl, asmspec, top_level);
                //传入的 at_end 值为 1（表示是最后一个参数）
                //因此对!at_end 取反的结果是 0，即 false
                //然而，由于外部还有一个逻辑非操作符!
                //对该结果再次取反，最终结果变为 1，即 true
                //此处的 top_level 变量在后续定义局部变量时也会被使用
                if (!(!at_end &&
                    top_level &&
                    (DECL_INITIAL(decl) == 0 ||
                    DECL_INITIAL(decl) == error_mark_node)))
                    //构建汇编代码
                    assemble_variable(decl, top_level, write_symbols, at_end);
            ...
    }

    void make_decl_rtl(decl, asmspec, top_level){
        ...
        //获取 tree 中的变量名 decl.assembler_name
        register char *name = DECL_ASSEMBLER_NAME(decl);
        ...
        //如果 DECL_RTL(decl)为 0，则表示需要构建
        if (DECL_RTL(decl) == 0){
            if (!top_level && !TREE_EXTERNAL(decl) && asmspec == 0){
                char *label;
                //如果是 static 内部使用的，则生成编号为 var_labelno 的标签，格式为 name.no
                ASM_FORMAT_PRIVATE_NAME(label, name, var_labelno);
                name = obstack_copy0(saveable_obstack, label, strlen(label));
                var_labelno++;
            }
            //生成 rtx，gen_rtx 方法很简单，它是基于以下参数构建的
            DECL_RTL(decl) = gen_rtx(MEM, DECL_MODE(decl),
                                gen_rtx(SYMBOL_REF, Pmode, name));
        }
        ...
    }
    //这个方法非常有趣，它会涉及许多内容
    rtx gen_rtx(va_alist){
    ...
    //首先获取当前 rtx 的 code，这里传入的是 MEM
    //rtx_code 的定义位于 rtl.h 中，它是由 rtl.def 文件导入的
    //定义如下：DEF_RTL_EXPR(MEM, "mem", "e")
    //#define DEF_RTL_EXPR(ENUM, NAME, FORMAT) ENUM
```

```c
            //也就是说，在 rtx_code 枚举中存在一个值为 MEM 的成员，这也是我们传入的值

            code = va_arg(p, enum rtx_code);

            //接着获取模式，这里传入的是 DECL_MODE
            //machine_mode 的定义位于 rtl.h 中，它是由 machmode.def 文件导入的
            //定义内容例如：DEF_MACHMODE (QImode, "QI", MODE_INT, 1, 1, HImode)
            //#define DEF_MACHMODE(SYM, NAME, TYPE, SIZE, UNIT, WIDER) SYM
            //这里的宏定义是 QImode，当然类似的定义有很多
            mode = va_arg(p, enum machine_mode);

            //如果传入的是 CONST_INT 枚举，其定义为 DEF_RTL_EXPR(CONST_INT, "const_int", "i")
            //则对内容进行优化：如果值为 0 或 1，则返回固定的 rtx
            //否则，分配一个新的 rtx 并将 arg 的值赋予它，最后返回
if (code == CONST_INT)
{
  int arg = va_arg(p, int);
  if (arg == 0)
    return const0_rtx;
  if (arg == 1)
    return const1_rtx;
  //分配新的内存
  rt_val = rtx_alloc(code);
  //赋值计算内容
  INTVAL(rt_val) = arg;
} else {
  rt_val = rtx_alloc(code);
  rt_val->mode = mode;
  //这里比较有趣，以 DEF_RTL_EXPR 为例，它有三个参数，我们目前只使用了第一个
  //GET_RTX_FORMAT 获取的是 FORMAT 参数，即最后一个参数
  fmt = GET_RTX_FORMAT(code);

  //rtx 的长度是在初始化时计算的，如下所示
  //for (i = 0; i < NUM_RTX_CODE; i++)
  //rtx_length[i] = strlen (rtx_format[i]);
  //通过 strlen 计算 rtx_format 得到长度
  for (i = 0; i < GET_RTX_LENGTH(code); i++)
  {
    switch (*fmt++)
    {
      case '0':
        break;

      case 'i':
        //#define XINT(RTX, N) (RTX)->fld[N].rtint)
        //i 作为下标，表示存在多个 int 类型的字段
        //此处非常重要，因为后续代码将使用这些值
```

```c
        XINT(rt_val, i) = va_arg(p, int);
        break;

      case 's': /* A string? */
        //#define XSTR(RTX, N)((RTX)->fld[N].rtstr)
        //i 作为下标，表示存在多个 str 类型的字段
        //与 int 类型的字段处理方式相同，但这里使用的 fld 属性不同
        //fld 是一个联合体（union）结构
        //使用 rtstr 时通过 char*解释，使用 rtint 时通过 int 解释
        XSTR(rt_val, i) = va_arg(p, char *);
        break;

      case 'e':
      case 'u':
        XEXP(rt_val, i) = va_arg(p, rtx);
        break;

      case 'E':
        XVEC(rt_val, i) = va_arg(p, rtvec);
        break;

      default:
        abort();
      }
    }
    //通过该方法解析完 rtx_format 后，我们得到了一组 fld 字段
    //fld 字段的动态数据分配是在 rtx_alloc 中通过 GET_RTX_LENGTH 完成的
    //此处非常重要，因为后续生成汇编代码时需要使用这些字段
    }
}
//构建汇编变量
void assemble_variable(decl, top_level, write_symbols, at_end){
    ...
    //若是全局，则构建全局标签
    if (TREE_PUBLIC(decl) && DECL_NAME(decl))
       //fputs (".globl ", FILE),fputs(name, FILE), fputs ("\n", FILE)
       ASM_GLOBALIZE_LABEL(asm_out_file, name);
    ...
    //若当前变量是只读的，则将其构建到代码段中；否则，将其构建到数据段中
    if (TREE_READONLY(decl) && !TREE_VOLATILE(decl))
       //fprintf(asm_out_file, "%s\n", TEXT_SECTION_ASM_OP);
       //TEXT_SECTION_ASM_OP = ".text"
       text_section();
    else
       //fprintf(asm_out_file, "%s\n", DATA_SECTION_ASM_OP);
       //DATA_SECTION_ASM_OP = ".data"
       data_section();
    ...
    //输出对齐 fprintf ((FILE), "\t.align %d\n", 1<<(LOG))
```

```
            ASM_OUTPUT_ALIGN(asm_out_file, i);
            //输出标签 fputs(name, FILE), fputs (":\n", FILE)
            ASM_OUTPUT_LABEL(asm_out_file, name);
            ...
            //输出常量数据 ASM_OUTPUT_INT(asm_out_file, x);
            //宏展开为 fprintf (FILE,".long"),fprintf(FILE, "%d"),
            //INTVAL (x)),putc('\n',FILE)
            output_constant(DECL_INITIAL(decl), int_size_in_bytes(TREE_TYPE(decl)));
            ...
}
//到目前为止，我们已经完成了声明处理，但尚未涉及构建语法树的构建方法和位置
//接下来将从 yylex 文法开始，探讨在执行 yyparse 方法时如何在 c-parse.y 中构建语法树
//----------开始文法定义--------
//函数文法定义
fndef:
        //函数类型          空实现可以忽略   函数名 也可以存在其他标识
        typed_declspecs setspecs      declarator
          {
            //当满足前三个定义时，将触发归约操作，从而执行此函数进行构建
            if (! start_function ($1, $3))
              YYERROR;
            //如果方法是空的，则重新初始化解析器以准备下一个函数的解析
            reinit_parse_for_function ();
          }
        //函数构建完成后，剩余的解析工作都属于 xdecls：它包含了声明变量的各种文法
        //          类型         可为空忽略   变量名        asm 内联汇编
        //     __attribute 配置   赋值符号    后续解析
        //如：decl:typed_declspecs setspecs declarator maybeasm
        //       maybe_attribute '=' init ';'
        xdecls
          { store_parm_decls (); }
        //包括 if、else 等逻辑结构，这些逻辑结构也包含 xdecls 中的内容
        //例如：'{' pushlevel decls xstmts '}'
        //或者 '{' pushlevel  xstmts '}'
        //xstmts 定义了所有可能的语句语法
        //包括：RETURN ';' | RETURN expr ';' | xstmts ...等所有语法在此处定义
        compstmt_or_error
            //最后完成函数构建并生成汇编代码
            { finish_function (lineno); }
//类型文法定义
typed_declspecs:
     structsp              //可以是结构体类型
     | TYPENAME            //可以是类型名（值类型）
//变量名声明定义
declarator:
     IDENTIFIER            //方法名或变量名
     | '*' declarator      //返回指针类型，并加上方法名或变量名
```

```
        | '(' declarator ')'  //参数列表（在此版本的 C 语法中，参数列表不包含类型,
                              //仅包含变量名，如 gen_rtx(va_alist))
                              //而 xdecls 才是初始化参数
                              //因此它有 store_parm_decls 事件,可以为空,表示无参
        | ...                 //还有很多声明
    decl:                     //可以收缩为 decls, 此处不再赘述
        typed_declspecs setspecs init { finish_decl ($<ttype>5,
            $6, $2); } ';'
        //此处规则有所变更，感兴趣的读者可以通过查看 Y 文件来追踪细节
        //最终将简化为更简洁的形式
        | ...
//变量名初始化文法定义，此处作为引子，后续讲述优化时会用到
init:
        | CONSTANT '+' CONSTANT   //此处做了变换源码是 expr_no_commas '+' expr_no_
commas，但是 expr_no_commas 通过文法可以翻译为 CONSTANT
            { $$ = build_binary_op ($2, $1, $3); }
//开始函数
int start_function(declspecs, declarator){
    ...
        //前文提到过的作用域通过一个压栈来完成，栈顶则是当前作用域
        pushlevel(0);
    ...
        //构建函数的 rtl
        make_function_rtl(current_function_decl);
    ...
}
//---------结束文法定义-------
void store_parm_decls(){
    ...
//处理完参数后，需要初始化函数的核心部分
//即将 init_emit > first_insn 设置为 NULL
    init_function_start(fndecl);
    ...
}
//通过当前方法构建的语法树生成汇编代码
void finish_function(lineno) int lineno;
{
    //获取当前函数的语法树节点
    register tree fndecl = current_function_decl;
    ...
    //注意：此方法名与声明生成汇编的方法名相似，但功能不同
    rest_of_compilation(fndecl);
    ...
    //该方法用于释放已处理完毕的语法树所占用的内存
    //由于内存是通过栈分配的，此处只需进行弹栈操作
    //对应的内存释放操作
    permanent_allocation();
```

```c
    ...
}
void rest_of_compilation(decl) {
//此处省略了许多优化操作,因为 C 语言的复杂性,优化细节在前文已讲述
//后文将详细讲述常量折叠的实现
    ...
//获取 insns,这些指令在 init_function_start 时初始化为空(NULL)
//一旦开始解析代码,就会生成指令并填充 insns
//详情请参考 finish_decl 函数
insns = get_insns();
    ...

    TIMEVARfinal_time, {
        //输出函数声明信息
        assemble_function(decl);
        //忽略此部分,因为内部包含的是用于优化的声明信息
        //这些信息与 assemble_function 类似
        //但包含了重新命名的标签和调用 _mcount 的指令
        //这是一种插桩行为,用于记录函数调用次数(详细解释见 ELF 插桩)
        final_start_function(insns, asm_out_file, write_symbols, optimize);

        //遍历所有 insns,并将它们输出到 asm_out_file 文件中
        final(insns, asm_out_file, write_symbols, optimize, 0);

        //下面的函数基本上是一个空实现,可能用于某些特定的结束处理,但目前没有实际功能
        final_end_function(insns, asm_out_file, write_symbols, optimize);

        //将汇编文件缓冲区中的内容刷新到磁盘上
        fflush(asm_out_file);
    });
    ...
}
//如果方法中的首个语句是赋值语句,则会触发此函数
void finish_decl(decl, init, asmspec_tree) {
    ...
    //检查当前是否为定义语句(变量声明或函数声明)
    if (TREE_CODE(decl) == VAR_DECL ||
    TREE_CODE(decl) == FUNCTION_DECL) {
        ...
        //注意:此处不会生成 .data 段,因为当前的作用域层级不是全局层级
        //即 current_binding_level 不等于 global_binding_level
        rest_of_decl_compilation(decl, asmspec,
                current_binding_level == global_binding_level, 0);
        if (current_binding_level != global_binding_level) {
            ...
            //展开声明的初始化,并构建 RTX(运行时表示)
            expand_decl_init(decl);
```

```
            }
        }
    }
    void expand_decl_init(tree decl){
        //确认当前声明是初始化声明（DECL_INITIAL），并且它不是列表（LIST）
        if (DECL_INITIAL(decl) && TREE_CODE(DECL_INITIAL(decl)) != TREE_LIST){
            //记录代码行信息，便于调试
            emit_line_note(DECL_SOURCE_FILE(decl), DECL_SOURCE_LINE(decl));
            //构建指令序列（insns）
            expand_assignment(decl, DECL_INITIAL(decl), 0, 0);
            //将构建的指令序列加入队列，以便 get_insns() 可以直接获取并遍历
            emit_queue();
        }
    }
    rtx expand_assignment(to, from, want_value, suggest_reg){
        ...
        to_rtx = expand_expr(to, 0, VOIDmode, 0);
        ...
        //保存信息，并最终执行 rtx store_expr(exp, target, suggest_reg)
        return store_field(to_rtx, bitsize, bitpos, mode1, from,(want_value
                        ? (enum machine_mode)TYPE_MODE(TREE_TYPE(to))
                        : VOIDmode),unsignedp,TYPE_ALIGN(TREE_TYPE(tem)) /
                        BITS_PER_UNIT);
    }
    rtx store_expr(exp, target, suggest_reg){
        ...
        emit_move_insn(target, temp);
    }
    rtx emit_move_insn(x, y){
        ...
    //处理器的操作码在初始化时配置
    //例如: mov_optab->handlers[(int) SImode].insn_code = CODE_FOR_movsi;
        //CODE_FOR_nothing是一个特殊的方法，将在后面介绍
        if (mov_optab->handlers[(int)mode].insn_code != CODE_FOR_nothing)
            //使用 insn_code 从 insn_gen_function[]数组中获取相应的函数来生成指令
            //具体细节将在后续介绍
            return emit_insn(GEN_FCN(mov_optab->handlers[(int)mode].insn_code)(x, y));
    }
    rtx emit_insn(pattern){
        ...
        return add_insn(insn);
    }
    //至此，指令序列（insns）的构建完成
    static void add_insn(rtx insn){
        ...
        //将 last_insn 的下一个指针设置为当前 insn
        if (last_insn != NULL)
            NEXT_INSN(last_insn) = insn;
```

```
        //如果 first_insn 为空,则将当前 insn 设置为第一条指令
    if (first_insn == NULL)
        first_insn = insn;
    //更新 last_insn 为当前 insn
    last_insn = insn;
}
//构建当前 insns 链所对应的汇编代码,first 是 insns 链的第一个节点
void final(first, file, write_symbols, optimize, prescan){
    ...
    for (insn = NEXT_INSN(first); insn;)
        insn = final_scan_insn(insn, file, write_symbols,
                               optimize, prescan, 0);
}
rtx final_scan_insn(insn, file, write_symbols,
                    optimize, prescan, nopeepholes){
    ...
    //获取指令的代码编号
    insn_code_number = recog_memoized(insn);
    //根据代码编号获取全局模板
    template = insn_template[insn_code_number];
    //如果模板不存在,则获取输出函数
    if (template == 0)
        template = (*insn_outfun[insn_code_number])(recog_operand, insn);
    //输出汇编指令,template 是最终的输出值,模板也是输出值
    //除非需要动态计算使用 insn_outfun,后续详细介绍
    output_asm_insn(template, recog_operand);
}
void output_asm_insn(template, operands){
    ...
    p = template;
    while (c = *p++){
        //这个 if 语句可以推断出模板中存在参数
        if (c != '%'){
            putc(c, asm_out_file);
        } else if ((*p >= 'a' && *p <= 'z')||
           (*p >= 'A' && *p <= 'Z')) {
            if (letter == 'l')
                //如果占位符对应的是标签,则获取 c 对应的参数并输出
                //fprintf (FILE, "%s", operands[c]) ;
                output_asm_label (operands[c]);
            ...
        }
        ...
    }
}
-------GCC 结束------
```

```
-------genoutput.c 开始------
//汇编输出已经完成
//接下来，我们将详细解释 code/insn_template/insn_outfun/CODE_FOR_movsi 之间的关系
//并进行必要的补充
//在 rtl.def 中，存在一个特殊定义：DEFINE_INSN
//这个类型在编译阶段不会出现，因为它的目的是构建以下四个部分的关系
//CODE_FOR_movsi、insn_outfun、insn_template 和 insn_gen_function

//现在需要引入新的文件 i386.md，该文件是构建此关系的核心
//以下是 genoutput.c 文件（它是一个单独的程序，在编译 GCC 时被调用）中的内容
(define_insn "movsi"
  [(set (match_operand:SI 0 "general_operand" "=g,r")
    (match_operand:SI 1 "general_operand" "ri,m"))]
  ""
  "*
{
  rtx link;
  if (operands[1] == const0_rtx && REG_P (operands[0]))
    return \"xor%L0 %0,%0\";
  if (operands[1] == const1_rtx &&
      (link = find_reg_note (insn, REG_WAS_0, 0)) &&
      ! XEXP (link, 0)->volatil &&
      GET_CODE (XEXP (link, 0)) != NOTE &&
      no_labels_between_p (XEXP (link, 0), insn))
    return \"inc%L0 %0\";
  return \"mov%L0 %1,%0\";
}")
// genoutput 程序通过解析上述内容来构建相应的结构

int main(int argc, char *argv[]){
    infile = fopen(argv[1], "r");
    while (1){
        //跳过注释、空格等无效数据
        c = read_skip_spaces(infile);
        //解析为 rtx
        desc = read_rtx(infile);
        //生成指令信息
        if (GET_CODE(desc) == DEFINE_INSN)
            gen_insn(desc);
    }

    //生成其他信息，后续将详细解释
    output_epilogue();
}
rtx read_rtx(FILE *infile) {
    //读取一个字符
    c = read_skip_spaces(infile);
```

```c
        //查看上方定义,第一个字符应该是左括号,如果不是左括号则结束执行,代表数据定义错误
        if (c != '(')
            dump_and_abort('(', c, infile);
        //括号后紧接着是"define_insn"
        //此处读取它(循环读取 infile,直到遇到空格则退出循环,符合上方定义)
        read_name(tmp_char, infile);
        tmp_code = UNKNOWN;
        for (i = 0; i < NUM_RTX_CODE; i++) {
            //根据解析出的名称匹配对应的 RTX_CODE,GET_RTX_NAME 用于获取 rtx_name[]
            //而 rtx_name[]是通过宏 DEF_RTL_EXPR(ENUM, NAME, FORMAT) NAME
            //引入 rtl.def 构建的
            //即 DEF_RTL_EXPR(DEFINE_INSN, "define_insn", "sEssS")
            //最后解析出"define_insn"
            //所以此处可以通过 strcmp 进行比较
            if (!(strcmp(tmp_char, GET_RTX_NAME(i)))){
                //匹配到所对应的下标便是 CODE 码,通过 rtl.def 构建的结构顺序一致
                tmp_code = (RTX_CODE) i;
                break;
            }
        }
        //构建一个 rtx 结构
        rtx return_rtx = rtx_alloc(tmp_code);
        //获取它的 format,即#define DEF_RTL_EXPR(ENUM, NAME, FORMAT) FORMAT
        //上面的 rtx_name 与 format 宏的名字一样
        //但是它们的实现不一样,name 是获取名字,format 是获取 FORMAT,仔细观察
        //最终得到这个"sEssS",接下来根据 format 继续解析上面的结构
        format_ptr = GET_RTX_FORMAT(GET_CODE(return_rtx));
        for (i = 0; i < GET_RTX_LENGTH(GET_CODE(return_rtx)); i++){
            switch (*format_ptr++){
                case 's': {
                    c = read_skip_spaces(infile);
                    //小 s 代表字符串,所以一定是"开头
                    if (c != '"')
                        dump_and_abort('"', c, infile);
                    int j = 0;
                    while (1){
                        stringbuf[j] = getc(infile);
                        //直到遇到"退出解析
                        if (stringbuf[j] == '"')
                            break;
                        j++;
                    }
                    //设置 return_rtx->fld[i].rtstr = stringbuf
                    XSTR(return_rtx, i) = stringbuf;
                    break;
                }
                case 'E': {
```

```
                    c = read_skip_spaces(infile);
                    // 解析完字符串后紧接的是[,可以观察前方规则定义
                    if (c != '[')
                        dump_and_abort('[', c, infile);

                    while ((c = read_skip_spaces(infile)) && c != ']') {
                        ...
                        //递归构建 rtx_list, c=[时再次读取为 c=
                        //进入 read_rtx 刚好是 c=(递归成立(还记得进入方法的 if 哪里吗)
                        //DEF_RTL_EXPRSS(, set , ee")第  个匹配的是 ....
                        //又会进行 switch 执行 ee,此处不该赘述
                        if (list_rtx == 0) {
                            list_rtx = rtx_list_link;
                        }
                        rtx_list_link->value = read_rtx(infile);
                        ...
                    }
                    next_rtx = list_rtx;
                    //遍历链表并将其加入XVECEXP =>return_rtx->fld[i].rtvec->elem[j].rtx中
                    for (j = 0; j < list_counter; j++, next_rtx = next_rtx->next)
                        XVECEXP(return_rtx, i, j) = next_rtx->value;
                    break;
                }
                case 'S': {
                    c = read_skip_spaces(infile);
                    ungetc(c, infile);
                    //若当前为')'结尾则退出,即可设置当前的 fld[i]=0,代表结束
                    if (c == ')') {
                        XSTR(return_rtx, i) = 0;
                        break;
                    }
                }
            }
        }
    //解析下标:  0           1           2           3           4
//小结: sEssS 通过前方定义的规则解析出了 s:name (名字), E:{set} (一个集合) s
//:"" (空串), s:"* 一堆代码"(代码字符串), S: ) (结束括号), 从而完美构建出了 rtx 结构
}
void gen_insn (insn) {
    ...
    //从 0 开始计数,生成唯一编号
    d->code_number = next_code_number++;
    //insn 的第一个字段一定是 name
    d->name = XSTR (insn, 0);
    //第四个字段空,因此忽略
    d->machine_info = XSTR (insn, 4);
    //关键逻辑:分析第三字段的第一个字符,如果它不是'*',则表示是模板
```

```c
//  (define_insn ""
//    [(set (match_operand:HI 0 "push_operand" "=<")
//          (match_operand:HI 1 "general_operand" "g"))]
//    ""
//    "push%W0 %1") 此处便是模板,直接将模板赋值给 d->template 即可
//而我们解析的movsi带有*,因此不会进入此if语句
if (XSTR(insn, 3)[0] != '*') {
    d->template = XSTR(insn, 3);
    d->outfun = 0;
    return;
}
//动态构建函数,固定参数 operands, insn
//前文中(*insn_outfun[insn_code_number])(recog_operand, insn);就是给它传参
printf("\nstatic char *\n");
printf("output_%d (operands, insn)\n", d->code_number);
printf("     rtx *operands;\n");
printf("     rtx insn;\n");
printf("{\n");
{
    //将"*..."中的内容全部输出到这里
    register char *cp = &(XSTR(insn, 3)[1]);
    while (*cp) putchar(*cp++);
    putchar('\n');
}
printf("}\n");
//为什么不直接输出到文件?因为强大的操作系统可以通过重定位 '>' 指定输出内容到任何地方
//这一点在makefile中会详细介绍
}
//虽然动态构建了函数,但还没有将其配置到函数数组中,此处就是将其输出
void output_epilogue (){
...
    //动态构建模板数组,以便在输出汇编指令时(output_asm_insn)生成汇编代码
    printf("\nchar * const insn_template[] =\n  {\n");
    for (d = insn_data; d; d = d->next){
        if (d->template)
            printf("    \"%s\",\n", d->template);
        else
            printf("    0,\n");
    }
    printf("  };\n");
    //若当前命令不是模板而是函数,则在此处进行构建
//在 template = (*insn_outfun[insn_code_number]) (recog_operand, insn);处调用
    printf("\nchar *(*const insn_outfun[])() =\n  {\n");
    for (d = insn_data; d; d = d->next){
        if (d->outfun)
            printf("    output_%d,\n", d->code_number);
        else
            printf("    0,\n");
```

```
        }
        printf(" };\n");
        //构建函数生成器 GEN_FCN
        printf("\nrtx (*const insn_gen_function[]) () =\n {\n");
        for (d = insn_data; d; d = d->next)
        {
            if (d->name)
                printf("    gen_%s,\n", d->name);
            else
                printf("    0,\n");
        }
        printf(" };\n");
        ...
    }
-------genoutput.c 结束------


-------gencodes.c 开始------
//CODE_FOR_movsi 是由另一个程序生成的
//gencodes.c 与上面的代码类似,也是用于读取并解析 md 文件的
int main(argc, argv) {
    printf("enum insn_code {\n");
    while (1) {
        c = read_skip_spaces(infile);
        //由于读取过程与输出类似,这里不再进行详细讲解
        desc = read_rtx(infile);
        if (GET_CODE(desc) == DEFINE_INSN || GET_CODE(desc) == DEFINE_EXPAND) {
            //下面将简要介绍构建指令的代码生成过程,它非常简单
            gen_insn(desc);
            insn_code_number++;
        }
    }
    //这就是为什么当指令码是 CODE_FOR_nothing 时,不需要执行特定的处理函数
    //因为它是预设的默认值
    printf("  CODE_FOR_nothing};\n");
}
void gen_insn(insn) {
    //如果指令有名称,则拼接前缀 CODE_FOR_ 并赋值为 insn_code_number
    if (strlen(XSTR(insn, 0)) != 0) {
        printf("  CODE_FOR_%s = %d,\n", XSTR(insn, 0), insn_code_number);
    }
}
-------gencodes.c 结束------
```

-------脚本开始------
//至此,GCC 部分的闭环已完成,但还需要讲解 md 等配置文件的执行过程

//在构建 GCC 时,Makefile 会执行以下两个命令

```
//当然，在执行前会先编译它们，Mf 的依赖项也会被构建
./genoutput md > tmp-insn-output.c
./gencodes md > tmp-insn-codes.h
//您如果寻找 md 文件，将找不到它，因为它是动态生成的，由 config.gcc 生成
...
//根据设备信息构建对应的信息
case $machine in
  sequent-i386)
        cpu_type=i386
        configuration_file=xm-i386.h
        target_machine=tm-seq386.h
...
//根据前面读取的信息构建数据
cpu_type=${cpu_type-$machine}
//头文件，如 xm-i386.h
configuration_file=${configuration_file-xm-$cpu_type.h}
//头文件，tm-i386.h
target_machine=${target_machine-tm-$machine.h}
//汇编规则定义文件，如 i386.md
machine_description=${cpu_type}.md
//补充汇编输出文件，如 out-i386.c，以及头文件配置使用
aux_output=${aux_output-out-$cpu_type.c}
//这个技巧可以记录下来，它根据前面定义的信息构建出了两个字符串列表，每个列表都有 4 个元素
files="$configuration_file $target_machine $machine_description $aux_output"
links="config.h tm.h md aux-output.c"
//循环遍历 files 列表
while [ -n "$files" ]
    do
        //通过这种方法，将 files 中的名称替换为 links 中的名称，因此生成了 md
        set $files; file=$1; shift; files=$*
        set $links; link=$1; shift; links=$*
    done
-------脚本结束-------
```

```
-------编译优化开始-------
//GCC 的主流程已经结束。此处单独讲解 GCC 中的常量折叠优化
//在文法定义时，我们留下了 build_binary_op 方法的接口，常量折叠即在此处进行
tree build_binary_op(code, arg1, arg2){
    return build_binary_op_nodefault(code, default_conversion(arg1),
                        default_conversion(arg2), code);
}
tree build_binary_op_nodefault(code, op0, op1, error_code){
    ....
    register tree result = build(resultcode, result_type, op0, op1);
    register tree folded;
    //执行折叠优化
    folded = fold(result);
```

```
        return folded;
}
tree fold(expr){
    ...
    switch (TREE_CODE(t)){
        case PLUS_EXPR:
            ...
            //如果所有操作数都是常数，则进行合并
            if (wins)
                t1 = combine(code, arg0, arg1);
            ...
        }
        ...
}
tree combine(code, arg1, arg2){
    if (TREE_CODE(arg1) == INTEGER_CST){
        //由于存在8个字节的数据类型，因此将整数分为高低两部分
        register int int1l = TREE_INT_CST_LOW(arg1);
        register int int1h = TREE_INT_CST_HIGH(arg1);
        switch(code){
            //如果第一个操作数高位为0，则计算两个低位的和
            //并组合第二个操作数的高位，构建新的tree并直接返回以替换节点
            if (int1h == 0)
            {
                int2l += int1l;
                if ((unsigned)int2l < int1l)
                    int2h += 1;
                t = build_int_2(int2l, int2h);
                break;
            }
            ...
            break;
        }
    }
}
```
--------编译优化结束--------

至此，GCC 源代码的主流程已经全部闭环。其复杂度之所以很高，是因为 GCC 支持多个平台，导致许多内容必须动态生成。即便如此，在编写本书时，我们还是特意精简了优化部分的内容，否则内容将更加庞杂。难以想象，这仅仅是 GCC 1.x 版本的情况；考虑到现在的 GCC 10.x 版本，其复杂程度恐怕会更加难以想象。

## 4.3 其他编译器

LLVM 是目前较为流行的编译器基础设施，其强大之处在于中间表示的定义。它能够将任何语言的语法编译为其定义的中间表示，进而生成目标机器码。因此，LLVM 需要支持多种前端，例如 GCC 的前端、Clang 的前端等。为了取代其他编译器，LLVM 提供了对 GCC 语法的支持，使其能够兼容 GCC 的前端。同时，Java 的 JVM 中也可以看到 LLVM 的身影。LLVM 的实现原理是基于 SSA 进行研发的，感兴趣的读者可以进一步了解。

GraalVM 值得一提，因为它拥有一个极其强大的功能：能够将 Java 代码编译为可执行文件。实际上，当你完整地学习完编译器的相关知识后，你会发现实现这一功能并不简单，尽管如此，它并非遥不可及。通过源码分析可以发现，GraalVM 内部也采用了 LLVM，这再次证明了 LLVM 的强大。

## 4.4 小　　结

通过本章的深入学习，我们已经成功构建了一棵庞大且复杂的编译器知识树，其结构如图 4.34 所示。虽然本书不专注于对编译器的详尽讲解，某些术语可能不够专业，但本章的目的在于向读者展示编译器的核心流程和实现方法。在这一过程中，我们发现了许多值得学习和借鉴的宝贵思想。至此，我们虽然已经接触了大量 C 语言和汇编语言的代码，但还未对其进行系统的分析。因此，在第 5 章中，我们将借助《Intel 开发手册》，深入研究和学习 x86 汇编语言的相关知识。

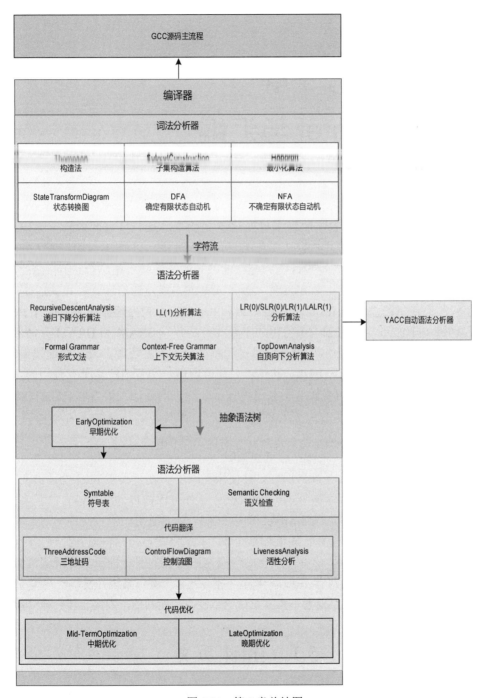

图 4.34 第 4 章总结图

# 第 5 章
# Intel 与汇编

英特尔公司（Intel Corporation）是全球第二大半导体公司，也是首家推出 x86 架构中央处理器的企业，总部位于美国加利福尼亚州圣克拉拉。该公司由罗伯特·诺伊斯、高登·摩尔和安迪·葛洛夫于 1968 年 7 月 18 日共同创立，以"集成电子"（Integrated Electronics）命名，将先进的芯片设计能力与行业领先的制造技术相结合。英特尔的产品线涵盖主板芯片组、网卡、闪存、图形芯片、嵌入式处理器以及通信和计算相关产品。20 世纪 90 年代，英特尔的"Intel Inside"广告标语和 Pentium 系列处理器极大地提升了其品牌知名度。在 20 世纪 90 年代之前，英特尔的主要业务是开发 SRAM 和 DRAM 存储器芯片。进入 20 世纪 90 年代后，英特尔在微处理器设计领域投入大量资源，支持快速发展的计算机产业，并成为计算机微处理器的领先供应商。其市场定位和营销策略具有强烈的竞争性，有时甚至引发争议。英特尔与微软公司共同主导了计算机产业的发展方向。根据 Millward Brown Optimor 在 2007 年发布的全球最强大品牌排名，英特尔的品牌价值从第 15 名下降至第 25 名。其主要竞争对手包括苹果（Apple）、超威半导体（AMD）、英伟达（NVIDIA）、三星电子和台积电（TSMC）（来源：维基百科）。

之前，我对汇编语言进行了深入研究，并使用汇编器验证了其在 Intel 处理器上的实现原理。虽然这些研究主要基于特定架构，但其核心原理可以被视为汇编语言的基本特性，适用于所有处理器。本章将重点关注《Intel 开发手册》，详细说明如何系统地学习汇编语言。由于不同架构的 CPU 具有各自独特的汇编指令集，本章将重点介绍学习新处理器汇编语言的方法和技巧。通过学习本章，读者将学会如何快速适应并掌握一种新的处理器汇编语言。

《Intel 开发手册》共分为四卷：基础架构卷、指令集卷、操作系统开发指南卷和特定模型寄存器卷。其中，特定模型寄存器卷不在本章讨论范围内，而其他三卷内容将会被涉及。

## 5.1　Intel 历史

在《卷 I》中，第 1 章是对开发手册的概述，涉及了许多后续内容，因此这里不再详细阐述。从第 2 章开始，我们将介绍 Intel 的历史，讲解从 IA-32 到 Intel 64 架构的主要技术演变过程，以及在每个重要节点上有哪些杰出的设计。

1978 年 6 月，Intel 8088 处理器问世，支持 16 位数据总线和 16 位控制总线。尽管其总线宽度仅为 16 位，但它能够实现对 1MB 内存的访问，这得益于引入了分段内存管理机制，即增加了段寄存器。段寄存器的设计原理是将其值左移 4 位后与偏移地址相加，从而形成 20 位物理地址。那么，为什么要采用这种设计呢？

原因主要有两点。首先，在研发初期，设计团队基于 64KB 内存进行设计。然而，在研发接近完成时，市场上已经出现了 1MB 内存的需求。如果直接改变寄存器的位数，将涉及复杂的硬件设计变更。因此，为了快速响应市场需求，设计团队决定通过引入段寄存器来扩展寻址范围。其次，在内存设计中，基础单位是字节（byte），即 8 位。考虑到能被 8 整除且最接近 2 的 20 次幂的数是 16，而在当时的技术条件下，24 位寄存器并不实际，因为缺乏相应的内存需求。因此，选择 16 位作为寄存器的大小是综合考虑技术可行性和实际需求的合理选择。

在程序开发过程中，设计者考虑到了可能出现的内存覆盖问题。程序数据通常是顺序存储的，即连续存放；而堆栈则是按照后进先出（LIFO）的顺序进行存储的。不论是顺序存储、随机存储还是后进先出存储，数据都有可能被覆盖（例如，在一个 8 位数据中，前四位可能被一个数据占用，后四位则可能被另一个数据占用）。为了解决这个问题，设计者提出了将内存划分为多个部分的策略，这些部分被称为"段"。分段的一个显著优点是有效地解决了数据覆盖的问题。

1982 年，Intel 推出了 286 处理器，该处理器引入了保护模式。只有在保护模式下，才能对段的描述符进行操作。此外，286 处理器支持 24 位内存寻址，这意味着它能够支持高达 16MB 的内存容量。保护模式具备以下功能：段界限检查（用于限制段的大小，防止内存越界访问）、只读和执行权限的设置，以及四个不同的特权级别（其中级别 0 具有最高特权，可以执行 CPU 的所有操作；级别 1、2、3 的特权级别依次递减）。关于特权级别的更多详细信息，后续章节将会对其进行详细解释。

1985 年，Intel 推出了 386 处理器，该处理器支持 32 位寄存器，用于存储操作数和进行寻址。它的 32 位寄存器的低 16 位可以独立操作，以实现对先前 16 位机的向下兼容性。此外，386 处理器还支持高达 4GB 的物理内存，这得益于其 32 位地址总线。它采用了分段内存模型以及基于分段的平面内存模型。分页功能采用了固定的 4KB 页面大小，提供了虚拟内存管理的方法，并支持并行处理。至此，386 处理器的特性已非常接近现代 CPU。

1989 年，Intel 发布了 486 处理器，它在 386 处理器的基础上增加了 8KB 的一级缓存，并增强了并行处理能力，将执行过程分为五个阶段：取码、译码、执行、访存和写回，形成了流水线。此外，486 处理器集成了 x87 FPU 浮点运算单元，并增加了与省电和系统管理相关的功能。

1993 年，Intel 推出了 Pentium（奔腾）处理器，该处理器引入了超标量架构的概念。在超标量体系结构中，CPU 能够在一个时钟周期内同时分派多条指令到不同的执行单元进行执行，从而实现了指令级的并行处理。因此，Pentium 处理器对缓存进行了升级，将缓存大小从 8KB 提升至 16KB，其中 8KB 专用于代码缓存，另外 8KB 用于数据缓存。为了确保缓存的一致性，Intel 在 Pentium 处理器中引入了 MESI 协议。除了先前 486 处理器使用的直写式缓存，Pentium 处理器还支持更高效的回写式缓存。此外，它还引入了分支预测技术，以提升循环性能。Pentium 处理器还将页表大小从 4KB 扩展至 4MB。同时，该处理器引入了 APIC（高级可编程中断控制器），这是一个用于操作系统电源管理和硬件配置的开放标准接口。

至此，我们已经介绍了 Intel 的关键历史节点。后续 Intel 的研发工作主要集中在性能提升上，包括二级缓存和 SSE 等协议的升级。对于现代操作系统研发而言，这些内容是必须掌握的知识，但它们超出了本章讨论的范围。因此，我们的讨论将截止 1993 年。在过去的十五年里，Intel 的发展速度非常快，即便是现在，其架构仍然是建立在那些早期成果之上的。虽然名称已变，如现在的 Core 系列，但其功能和之前的历史是一脉相承的，现代操作系统仍然依赖于这些技术。

## 5.2 Intel 编码语法

本节将详细介绍 Intel 汇编语言的编码方法。在《Intel 开发手册》的第 2 卷第 2 章，我们将进一步探讨操作系统的引导过程，该过程会涉及前文所讲述的段描述符、分页机制等概念的实际应用。理解这些内容需要掌握本节所提供的前置知识。特别指出 Intel 汇编的原因在于，汇编语言有两种主流的编码语法：Intel 语法和 AT&T 语法。在 DOS 和 Windows 系统中，Intel 语法是主流，而在 UNIX 系统中，则普遍采用 AT&T 语法，这是因为 UNIX 系统起源于 AT&T 贝尔实验室。表 5.1 概述了 AT&T 语法与 Intel 语法之间的主要区别。

表 5.1 AT&T 语法与 Intel 语法之间的主要区别

| | AT&T 语法 | Intel 语法 | 含义 |
|---|---|---|---|
| 参数顺序 | movl $5, %eax<br>在 AT&T 语法中，源操作数在目标操作数之前 | mov eax, 5<br>在 Intel 语法中，目标操作数在源操作数之前 | 将 5 赋值给 eax 寄存器 |

续表

| AT&T 语法 | Intel 语法 | 含 义 |
|---|---|---|
| **参数大小**<br>addl $0x24,%esp<br>movslq %ecx,%rax<br>paddd %xmm1,%xmm2<br>当操作数的大小与指令不匹配或数字类型未知时，需要在指令的尾部添加标识来告知 CPU 操作数的位宽，即大小。这些标识如下：<br>q 代表 64 位；<br>l 代表 32 位；<br>w 代表 16 位；<br>b 代表 8 位。 | add esp,24h<br>movsxd rax,ecx<br>paddd xmm2,xmm1<br>Intel 语法与 AT&T 语法的位宽定义是相同的，但 Intel 语法会自动根据操作寄存器的大小来推断操作数的大小（例如，rax、eax、ax、al 分别对应 q、l、w、b） | Add：在 AT&T 语法中明确指出了操作数的大小，而在 Intel 语法中则通过 ESP 寄存器推断出操作数大小。<br>movsxd：主要是描述 AT&T 与 Intel 的区别。<br>Paddd：在 AT&T 语法中，只有当操作数大小相同时，才不需要显式指定大小 |
| **标识**<br>以$为前缀的常量值，以%为前缀的寄存器 | 汇编器自动检测符号的类型；即它们是寄存器、常量还是其他符号 | AT&T 语法中需要明确区分常量值和寄存器，而 Intel 语法则自动识别 |
| **有效地址**<br>movl offset(%ebx, %ecx, 4), %eax<br>使用 offset 和 DISP(BASE, INDEX, SCALE)来计算偏移地址 | mov eax, [ebx + ecx*4 + offset]<br>使用中括号和运算符 | 动态计算内存有效地址时的方法 |

## 5.3 基础寄存器

在 IA-32 架构中，Intel 提供了 16 个基础的程序执行寄存器，这些寄存器被用于操作系统和执行程序中，并且被分为四种类型。

- ☑ 通用寄存器（general-purpose registers）：包含 8 个寄存器，可用于存储操作数和指针（地址）。
- ☑ 段寄存器（segment registers）：包含 6 个寄存器，用于存储段选择器的信息。
- ☑ 状态寄存器（EFLAGS program status and control register）：提供正在执行的程序的状态信息，并允许对处理器进行有限的（应用程序级）控制。
- ☑ 指令地址寄存器（EIP instruction pointer register）：用于存储或控制下一条执行指令的地址。

### 5.3.1 通用寄存器

如图 5.1 所示，Intel 提供了 32 位通用寄存器，包括 EAX、EBX、ECX、EDX、ESI、EDI、EBP 和 ESP。这些寄存器分别用于存储逻辑和算术运算的操作数、进行地址计算以及存储内存地址。虽然所有这些寄存器都可以用于一般性的操作数、结果和指针存储，但使用 ESP 寄存器时应特别小心。ESP 寄存器专门用于保存堆栈指针，通常不应将其用于其他用途。

许多指令指定了特定的寄存器来保存操作数。例如，字符串指令使用 ECX、ESI 和 EDI 寄存器的内容作为操作数。在使用分段内存模型时，某些指令会假定寄存器中的指针相对于特定段。例如，可以通过[DS:EBX]来访问 DS 段中由 EBX 指定的偏移地址处的数据，这时 EBX 可以被视为指向 DS 段中的地址指针。

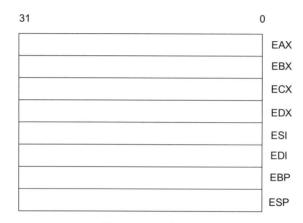

图 5.1　通用寄存器

通用寄存器的功能会根据具体指令而有所不同，以下是对它们用途的总结。

- ☑ EAX：用于存储操作数（累加器）和计算结果，其中 A 代表 accumulator。
- ☑ EBX：用作指向 DS 段中数据的指针，其中 B 代表 base。
- ☑ ECX：通常用于循环计数，其中 C 代表 counter。
- ☑ EDX：常用于 I/O 操作中的指针。
- ☑ ESI：用作指向 DS 寄存器所指向段中数据的指针，以及在字符串操作中作为源指针，其中 S 代表 source。
- ☑ EDI：用作指向 ES 寄存器所指向段中数据的指针（或目标位置），在字符串操作中作为目标指针，其中 D 代表 destination。
- ☑ ESP：作为栈指针，用于在 SS 寄存器中存储栈顶地址。
- ☑ EBP：作为栈基址指针，用于指向栈上的数据。

如图 5.2 所示，在 8086 处理器和 Intel 286 处理器中，通用寄存器的低 16 位直接映射到其寄存器集，可以通过 AX、BX、CX、DX、BP、SI、DI 和 SP 等寄存器名称进行引用。AX、BX、CX 和 DX 这四个 16 位寄存器可以进一步分为两个 8 位字节，分别用 AH、BH、CH 和 DH（高字节）以及 AL、BL、CL 和 DL（低字节）进行引用。为了便于比较，该图中将地址区间 15~31 标记为 AX，实际上 16 位寄存器也可以这样使用：将 EAX 寄存器左移 16 位后，其高 16 位即当前的 AX 位置，可以直接使用 AX 来表示。这里指的是左移操作后，如果不提取高 16 位，那么 AX 将直接代表 0~15 位的数据。对于 64 位寄存器，虽然该图中未展示，但其相对于 32 位寄存器的扩展方式与 32 位相对于 16 位的扩展是类似的。此外，64 位寄存器的命名由 E 开头改为 R 开头，并新增了 R8 至 R15 共 8 个通用寄存器，其他方面的功能与之前的寄存器并无显著区别。

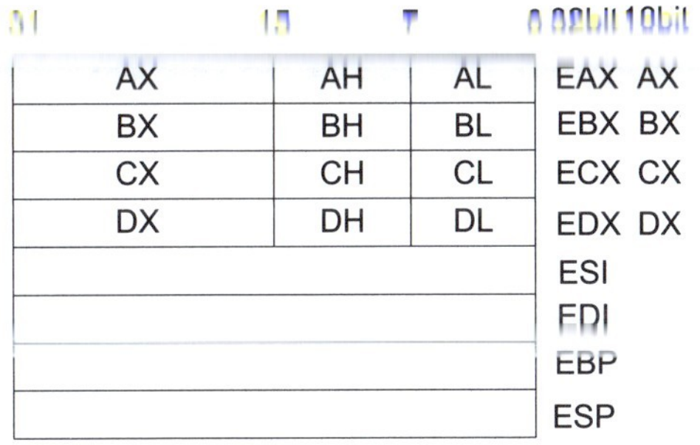

| | | | | |
|---|---|---|---|---|
| AX | AH | AL | EAX | AX |
| BX | BH | BL | EBX | BX |
| CX | CH | CL | ECX | CX |
| DX | DH | DL | EDX | DX |
| | | | ESI | |
| | | | EDI | |
| | | | EBP | |
| | | | ESP | |

图 5.2　通用寄存器

## 5.3.2　段寄存器

段寄存器（CS、DS、SS、ES、FS 和 GS）用于存储 16 位的段选择器。段选择器是一种特殊的指针，用于标识内存中的段。为了访问内存中的特定段，相应的段选择器必须被加载到合适的段寄存器中。也就是说，当访问内存时，所访问的内存区域必须位于当前段内，否则无法进行访问。在编写应用程序代码时，通常使用汇编指令和符号来创建段选择器，并在后续的内存访问中，将创建的段选择器加载到指定的段寄存器中。在 16 位 CPU 中，段的定义仍然限制在 16 位以内，其中只有 4 位用于偏移量，其余 12 位用于描述和限制段。然而，随着技术的发展，出现了 32 位甚至 64 位的 CPU，此时 16 位的段寄存器已不足以满足需求。因此，Intel 并没有通过增加段寄存器的大小来升级，而是引入了段选择器的概念，即 16 位的段选择器指向一个索引，该索引对应的内存位置包含了描述段信息的数据。关于段选择器的具体内容，后续部分将会对其进行详细的介绍。

关于段的使用，Intel 提供了两种策略，如图 5.3 所示。第一种是平坦模型，该模型将 6 个段寄存器都配置为指向 0~4GB 的整个地址空间，并通过分页机制（将在后续部分详细介绍）进行管理。第二种是分段模型，该模型通过将内存划分为多个段，并在程序或系统运行时动态地切换这 6 个段寄存器，以实现不同的运行效果。目前，Linux 操作系统采用的是平坦模型。

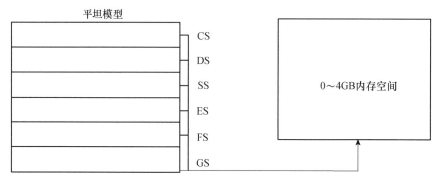

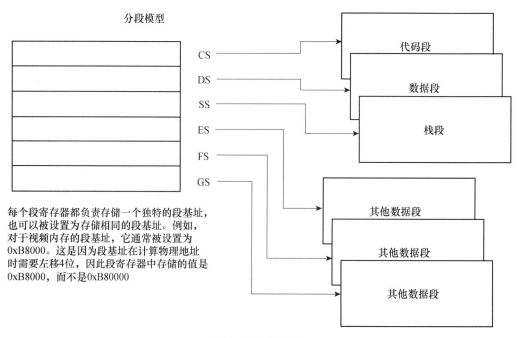

图 5.3 段寄存器

每个段寄存器都与三种存储类型之一相关联：代码、数据或堆栈。例如，CS 寄存器包含代码段的段选择器，该寄存器存储了需要执行或者正在执行的指令。处理器使用由 CS 寄存器中的段选择器和 EIP 寄存器的内容组成的逻辑地址从代码段中获取指令。EIP 寄存器包含下一条要执行指令的代码段内的偏移量。CS 寄存器不能由应用程序程序显式加载，而是由指令或改变程序控制流的内部处理器操作（如过程调用、中断处理或任务切换）隐式加载的。

DS、ES、FS 和 GS 寄存器分别指向四个不同的数据段。这四个数据段的独立性使得高效且安全地访问各种类型的数据结构成为可能。例如，可以创建以下四个独立的数据段：一个用于当前模块的数据结构，一个用于从更高级别模块导出的数据，一个用于动态创建的数据结构，以及一个用于与其他程序共享的数据。为了访问这些额外的数据段，应用程序需要根据需求将相应的段选择器加载到 DS、ES、FS 和 GS 寄存器中。

SS 寄存器存储堆栈段的段选择器，该段选择器指向当前正在执行的程序、任务或处理程序的过程堆栈。所有的堆栈操作都使用 SS 寄存器来查找堆栈段。与 CS 寄存器不同，SS 寄存器可以由应用程序显式加载，这使得应用程序能够配置多个堆栈并在它们之间进行切换。

### 5.3.3 状态寄存器

32 位的 EFLAGS 寄存器包含一组状态标志、一个控制标志以及一组系统标志。图 5.4 展示了这些标志的定义。在处理器完成初始化（通过 RESET 引脚或 INIT 引脚的断言操作）后，EFLAGS 寄存器的初始状态被设置为 00000002H。该寄存器的第 1、3、5、15 位以及第 22 至 31 位均为保留位。

EFLAGS 寄存器中的部分标志可以通过特定的指令（这些指令将在后续部分进行描述）直接进行修改。然而，没有任何指令能够直接对整个 EFLAGS 寄存器进行检查或修改。以下指令可用于将一组标志移入或移出过程堆栈或 EAX 寄存器：LAHF、SAHF、PUSHF、PUSHFD、POPF 和 POPFD。在 EFLAGS 寄存器的内容被转移到过程堆栈或 EAX 寄存器中之后，我们就可以利用处理器的位操作指令（如 BT、BTS、BTR 和 BTC）来检查和修改这些标志了。

在使用处理器的多任务处理功能挂起一个任务时，处理器会自动将 EFLAGS 寄存器的当前状态保存到被挂起任务的任务状态段（TSS）中。当处理器切换到新任务时，它会重新任务的 TSS 中读取数据来加载 EFLAGS 寄存器。在调用中断或异常处理程序时，处理器会自动将 EFLAGS 寄存器的状态保存在过程堆栈上。如果任务切换是由于处理中断或异常而发生的，EFLAGS 寄存器的状态将被保存在被挂起任务的 TSS 中。

### 5.3.4 指令指针寄存器

指令指针（EIP）寄存器存储了当前代码段中即将执行的下一条指令的偏移量，如图 5.5 所示。在代码执行过程中，EIP 会顺序地指向每一条指令，或者在执行如 JMP（跳转）、JCC（条件跳转）、CALL（调用）、RET（返回）以及 IRET（中断返回）等指令时，根据指令的功能向前或向后跳转到指定的指令位置。值得注意的是，EIP 寄存器无法直接通过软件进行访问。它的值通常由控制传递指令（例如 JMP、JCC、CALL 和 RET）以及中断和异常

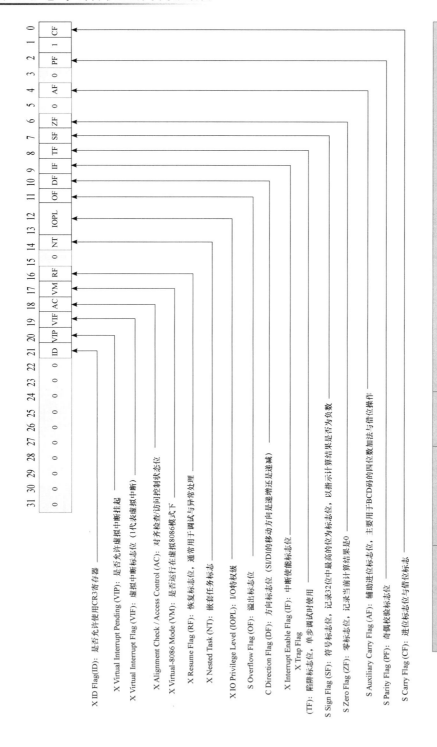

图 5.4 EFALGS 状态寄存器

处理过程隐式地进行修改。若想读取 EIP 寄存器的当前值，一种可行的方法是通过执行 CALL 指令，随后从过程堆栈中检索出返回指令指针的值。要对 EIP 寄存器进行间接加载，可以通过修改过程堆栈上的返回指令指针的值，并随后执行 RET 或 IRET 指令来实现。

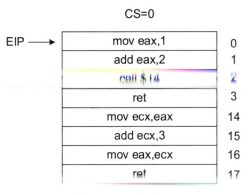

图 5.5　EIP 寄存器

## 5.4　Intel 内存分段

在过去，内存分段设计被视为一种非常出色的设计方案。它允许使用 16 位寄存器来访问 20 位地址空间的数据，并为用户提供了空间隔离的能力，即不同程序可以使用不同的内存分段，如图 5.6 所示。然而，随着技术的发展，为了保持向后兼容，内存分段的实用性逐渐降低，尽管如此，它仍无法被完全淘汰。因此，理解分段机制成为了必要的学习内容。在最初的设计中，分段的段数据存储了内存的地址，以便计算偏移量，这就是所谓的实模式。随后，为了获取更多的段信息（由于 16 位地址空间的限制），分段机制被改造为使用索引，这便是保护模式。实模式虽然历史悠久，但现在仍然存在，因为计算机在启动时会首先进入实模式，然后通过实模式构建保护模式，并最终以保护模式运行。在资源有限的年代，程序员们都致力于优化程序的运行效率，而在实模式下，内存资源的争夺成为了一个主要问题。此外，如果可以通过地址直接访问其他程序的内存信息，这将造成严重的安全风险。因此，为了解决这些问题，保护模式被引入（具体介绍将在后续部分展开）。

图 5.6　实模式分段计算

为了解决 16 位地址空间不足的问题，Intel 引入了段描述符机制。在该机制中，段寄存器不再直接存储段的基址，而是作为段选择子使用，如图 5.7 所示。段选择子包含一个索引，这个索引用于从全局描述符表（GDT）或局部描述符表（LDT）中选择一个段描述符。段描述符提供了段的基址、访问权限、类型和使用信息。此外，段选择子不仅包含索引，还包含 TI 位（用于区分是 GDT 还是 LDT）和 RPL 位（用于权限检查）等额外信息。

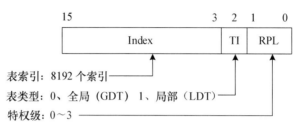

图 5.7 段选择子

GDT 中包含一个特殊的 0 号索引项。当段选择子的 Index 字段和 TI 字段均为 0 时，它表示引用了这个特殊的 0 号索引。在常规情况下，该索引是禁用的，但可以在除代码段寄存器（CS）和堆栈段寄存器（SS）以外的其他段寄存器中使用。一旦尝试在 CS 或 SS 寄存器之外的其他段寄存器中访问这个特殊索引，就会触发异常；而如果是在加载 CS 或 SS 寄存器时尝试访问它，则会立即引发一般保护（GP）异常。因此，在编写操作系统时，开发者必须格外小心，以避免不当使用该索引。

段描述符通常在程序的编译、链接和加载过程中由编译器、连接器、加载器或操作系统创建，而不是由应用程序直接生成。这是因为段寄存器有特定的用途，程序在编译、链接和加载阶段会根据数据和代码的类型进行分类，形成不同的内存段。配置和加载段描述符通常需要较高的权限，因此这一过程通常需要操作系统的介入。段描述符包含了基址、长度、特权级等关键信息，在 32 位系统中，这些信息总共占用 64 位的空间，如图 5.8 所示。这种设计有助于实现内存的有效管理和保护。

特权级的详细解释在《计算之道 卷 III》的操作系统章节中展开（后续将有专门的讲解）。下面的图示将详细阐述 S 标志位与 Type 字段所匹配的多种段描述符类型，包括调用门、陷阱门、中断门、任务门以及 TSS（任务状态段描述符）等。这些描述符在 16 位、32 位和 64 位系统之间通过特定的标识符实现兼容。非系统段，即数据与代码段，则根据数据扩展方向、读写权限、执行权限以及是否允许访问等特性进行细致的区分和划分，具体如表 5.2 所示。

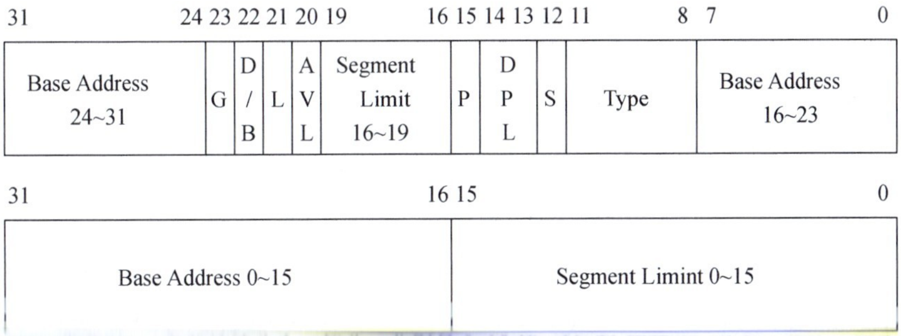

# 第 5 章 Intel 与汇编

| 31 | 24 | 23 | 22 | 21 | 20 | 19 | 16 | 15 | 14 | 13 | 12 | 11 | 8 | 7 | 0 |
|---|---|---|---|---|---|---|---|---|---|---|---|---|---|---|---|
| Base Address 24~31 | | G | D/B | L | AVL | Segment Limit 16~19 | | P | DPL | | S | Type | | Base Address 16~23 | |

| 31 | 16 | 15 | 0 |
|---|---|---|---|
| Base Address 0~15 | | Segment Limint 0~15 | |

　　Base Address（段基址）：段基址被分为三部分，分别是 0~15 位、16~23 位和 24~31 位。将这三部分组合起来，形成一个 32 位的完整地址，这意味着每个段可以独立享有 4GB 的内存空间。Intel 建议段基址是 16 位对齐的，以优化代码与数据的访问性能。

　　Segment Limit（段界限）：段的长度限制被分为两部分，即 0~15 位和 16~19 位。将这两部分组合后，得到一个 20 位的值。如果单位是字节，那么段的最大长度限制为 1MB，这显然不符合 32 位寻址的需求。因此，引入了标志 G，当 G 被设置为 1 时，单位变为 4KB，这样 20 位的限制就能表示完整的 4GB 内存。

　　G（段长粒度标志）：0 表示单位是字节，1 表示单位是 4KB。

　　D/B（数据/代码标志）：这个标志根据段的类型（数据、代码、堆栈）来指示是 16 位还是 32 位操作。用于保持与 16 位处理器的兼容性。

　　L（64 位标志）：类似于 D/B 标志，L 标志用于指示当前代码段是否包含 64 位指令集。当 L 位被设置时，意味着支持 64 位指令集，此时 D/B 位被清除。如果 L 位被清除，则表示代码段以 32 位兼容模式运行。

　　AVL（可用标志）：预留的标志位，供操作系统使用。

　　P（存在标志）：标记当前段是否存在于物理内存中。为了实现每个程序独享 4GB 空间，可能会出现内存不足的情况。Intel 的解决方案是将不常用的数据暂时存储到硬盘上，并释放内存给其他程序，以此确保 4GB 的可用内存。这个位就用来标记段是否被置换到硬盘。

　　DPL（段特权级）：指定访问当前段所需的最低执行特权级。

　　S（系统段标志）：标志位，用于指示当前段描述符是否为系统段。如果 S 为 0，则表示是系统段；如果 S 为 1，则根据 Type 字段进一步判断是代码段还是数据段。

　　Type（段类型）：指定当前段的类型。

图 5.8 段描述符

表 5.2 段描述符与段类型表

| 十进制 | S | Type | | | | 描述 | |
|---|---|---|---|---|---|---|---|
| | | 11 位 | 10 位 | 9 位 | 9 位 | 32 位模式 | IA-32e 模式 |
| 0 | 1 | 0 | 0 | 0 | 0 | 保留 | 保留 |
| 1 | 1 | 0 | 0 | 0 | 1 | 16 位 TSS 段 可执行 | 保留 |
| 2 | 1 | 0 | 0 | 1 | 0 | LDT 局部描述符表 | LDT |
| 3 | 1 | 0 | 0 | 1 | 1 | 16 位 TSS 段 正在执行 | 保留 |
| 4 | 1 | 0 | 1 | 0 | 0 | 16 位 调用门 | 保留 |
| 5 | 1 | 0 | 1 | 0 | 1 | 任务门 | 保留 |
| 6 | 1 | 0 | 1 | 1 | 0 | 16 位中断门 | 保留 |

续表

| 十进制 | S | \multicolumn{4}{c}{Type} | \multicolumn{2}{c}{描 述} |
| --- | --- | --- | --- | --- | --- | --- | --- |
| | | 11 位 | 10 位 | 9 位 | 9 位 | 32 位模式 | IA-32e 模式 |
| 7 | 1 | 0 | 1 | 1 | 1 | 16 位陷阱门 | 保留 |
| 8 | 1 | 1 | 0 | 0 | 0 | 保留 | 保留 |
| 9 | 1 | 1 | 0 | 0 | 1 | 32 位 TSS 段可执行 | 64 位 TSS 段可执行 |
| 10 | 1 | 1 | 0 | 1 | 0 | 保留 | 保留 |
| 11 | 1 | 1 | 0 | 1 | 1 | 32 位 TSS 段正在执行 | 64 位 TSS 段正在执行 |
| 12 | 1 | 1 | 1 | 0 | 0 | 32 位 调用门 | 64 位 调用门 |
| 13 | 1 | 1 | 1 | 0 | 1 | 保留 | 保留 |
| 14 | 1 | 1 | 1 | 1 | 0 | 32 位中断门 | 64 位中断门 |
| 15 | 1 | 1 | 1 | 1 | 1 | 32 位陷阱门 | 64 位中断门 |
| | | 扩展方向 | 写权限 | 是否访问 | 类型 | 描述 | |
| 0 | 0 | 0 | 0 | 0 | 0 | 数据段 | 只读 |
| 1 | 0 | 0 | 0 | 0 | 1 | 数据段 | 只读已被加载 |
| 2 | 0 | 0 | 0 | 1 | 0 | 数据段 | 读写 |
| 3 | 0 | 0 | 0 | 1 | 1 | 数据段 | 读写已被加载 |
| 4 | 0 | 0 | 1 | 0 | 0 | 数据段 | 只读内存向下扩展 |
| 5 | 0 | 0 | 1 | 0 | 1 | 数据段 | 读写内存向下扩展已被加载 |
| 6 | 0 | 0 | 1 | 1 | 0 | 数据段 | 读写内存向下扩展 |
| 7 | 0 | 0 | 1 | 1 | 1 | 数据段 | 读写内存向下扩展已被加载 |
| | | 是否一致性 | 读权限 | 访问权限 | 类型 | 描述 | |
| 8 | 0 | 1 | 0 | 0 | 0 | 代码段 | 只允许执行 |
| 9 | 0 | 1 | 0 | 0 | 1 | 代码段 | 只允许执行已被加载 |
| 10 | 0 | 1 | 0 | 1 | 0 | 代码段 | 允许读与执行 |
| 11 | 0 | 1 | 0 | 1 | 1 | 代码段 | 允许读与执行已经加载 |
| 12 | 0 | 1 | 1 | 0 | 0 | 代码段 | 只允许执行一致性代码 |
| 13 | 0 | 1 | 1 | 0 | 1 | 代码段 | 只允许执行一致性代码已被加载 |
| 14 | 0 | 1 | 1 | 1 | 0 | 代码段 | 允许读与执行一致性代码 |
| 15 | 0 | 1 | 1 | 1 | 1 | 代码段 | 允许读与执行一致性代码已被加载 |

根据图 5.8 的定义，我们确定了系统所需的段信息。在 Linux 操作系统中，通常使用两

个段描述符进行系统级操作,以及另外两个段描述符进行用户级操作。此外,根据 CPU 的核心数量,系统还会为每个核心创建相应的 TSS(任务状态段)和 LDT(局部描述符表)段。定义完这些段描述符后,需要计算它们的总字节大小。由于支持的最大字节数为 16 位,因此最大字节数为 65535。考虑到第 0 个索引是无效的,并且在设置时需要指定最后一个字节的地址(即总大小减 1),所以总字节大小的计算公式为(5 个描述符 *8 字节)-1(此处未考虑多核情况)。接下来,将这些构建好的描述符按照地址和长度连续排列。对于 32 位系统,加载描述符表需要提供 16 位的字节数和 32 位的描述符首地址,总计 48 位信息。组合完成后,使用 lgdt 指令将配置好的描述符表加载到 CPU 中以便进行使用。若需要获取已加载的描述符表地址信息,可以使用 sgdt 指令,该指令会将信息存储在提供的 6 字节空间的起始地址处。

```
//组合长度与描述符地址
gdt_descr:
    .word 5*8-1  //计算长度
SYMBOL_NAME(gdt):
    //获取 gdt_table 地址
    .long SYMBOL_NAME(gdt_table)
//定义段描述符表
ENTRY(gdt_table)
    .quad 0x0000000000000000    /* NULL descriptor */
    .quad 0x00cf9a000000ffff    /* kernel 4GB code at 0x00000000 */
    .quad 0x00cf92000000ffff    /* kernel 4GB data at 0x00000000 */
    .quad 0x00cffa000000ffff    /* user   4GB code at 0x00000000 */
    .quad 0x00cff2000000ffff    /* user   4GB data at 0x00000000 */
//加载描述符
lgdt gdt_descr
```

在分段机制中,必须明确逻辑地址与线性地址这两个概念的区别,如图 5.9 所示。逻

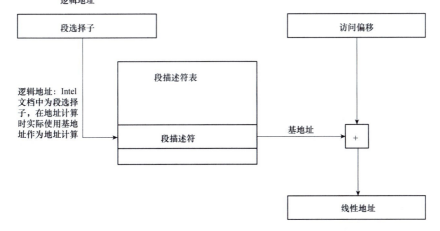

图 5.9　分段内存地址描述

辑地址由段描述符中的基地址加上一个偏移量构成，而线性地址则是通过将逻辑地址中的段内偏移量与段描述符的基地址相加得到的最终内存地址。在 Linux 操作系统中，数据和代码共用了四个段描述符，每个描述符映射了整个 4GB 的地址空间。这表明 Linux 并没有完全利用分段机制的所有特性，而是基于 Intel 架构的特定限制，采用了这种简化的设计方法。

## 5.5　Intel 内存分页

引入分页机制的原因是什么？在 5.4 节中，我们了解到段描述符能支持的最大字节数为 65535，而每个描述符占用 8 字节，这意味着最多只能支持 8192 个段。即使将 4GB 的空间平均分配，每个段的大小仍为 512KB，这对于精细的内存管理来说粒度太大。尽管引入 LDT 可以在一定程度上减小粒度，但这会增加 GDT 的维护难度。在程序执行过程中，尤其是在进行任务切换或多线程执行时，频繁修改 GDT 的内容是不可避免的。此外，即使使用 LDT，其自身的限制以及内存地址在不同程序间的重复使用问题也会带来挑战。这些问题虽然可以解决，但会大幅增加系统的复杂性。相比之下，分页机制能更有效地解决这些问题，并提供了一种更灵活和高效的内存管理方法。

前文所提及的平坦模型是构建在分页与分段机制基础之上的。该模型之所以被称为平坦模型，是因为在此模型中，段描述符的基地址被设定为 0，粒度被固定为 4KB，且段限长被设置为 1048575，以充分利用 20 位的地址空间。在此基础之上，通过分页机制进一步对内存进行管理。这种模型能够将分段机制下原本不连续的内存块在逻辑层面上表现为一个连续的平坦空间，从而显著简化了内存管理的复杂性。分页机制引入了物理内存的概念，与分段机制中常用的线性地址（常被称为虚拟地址）形成对应。当程序利用线性地址访问内存时，内存管理单元（MMU）负责将这些虚拟地址转换为相应的物理地址，以完成内存访问。因此，管理虚拟地址与物理地址之间的映射关系成为了内存管理的核心任务，而这种映射关系则是通过页表来实现的。

图 5.10 清晰地展示了分页机制的运行流程，而图 5.11 则展示了页表的属性。该机制通过将 32 位地址拆分为 10 位、10 位和 12 位三个部分，实现了虚拟地址到物理地址的映射，从而允许访问相应的物理内存位置。然而，每次内存访问都依赖内存管理单元（MMU）进行地址转换，这会对性能产生负面影响。为优化这一过程，Intel 引入了转换后备缓冲器（TLB）。TLB 缓存了最近访问的地址转换信息，使得 CPU 在尝试访问内存时，首先在 TLB 中查找物理地址。如果发生缓存命中，则可以跳过 MMU 的地址转换步骤，直接访问物理内存，这样显著提高了内存访问的效率。只有在 TLB 中未找到匹配的转换地址时，CPU 才会调用 MMU 进行地址翻译。

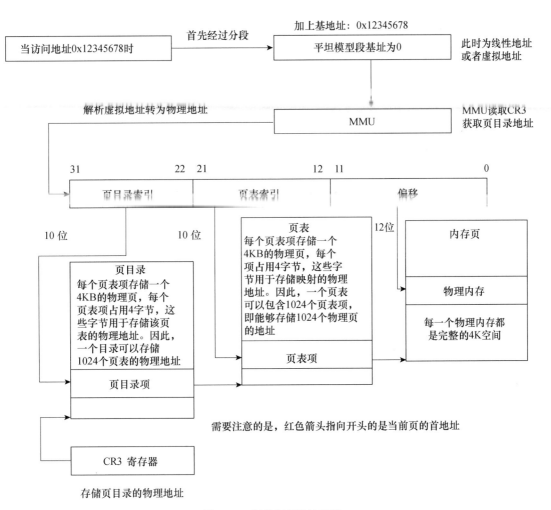

图 5.10 分页内存地址转换

| 31 | | 12 11 | | 8 | 7 | 6 | 5 | 4 | 3 | 2 | 1 | 0 | |
|---|---|---|---|---|---|---|---|---|---|---|---|---|---|
| 页表的物理地址 | | 忽略 | | | 粒度 | 忽略 | 访问 | 缓存 | 直写 | 所属 | 读写 | 有效 | 页目录项 |
| 内存页的物理地址 | | 忽略 | 全局 | 粒度 | 脏页 | 访问 | 缓存 | 直写 | 所属 | 读写 | 有效 | | 页表项 |

| 地址位 | 描述 |
|---|---|
| 0: 有效 | 指示当前页目录项/页表项是否存在物理映射,即是否有效 |
| 1: 读写 | 指示当前页目录项/页表项的权限,是只读还是可读写 |
| 2: 所属 | 指示当前页目录项/页表项属于用户模式还是系统模式,对于分段机制,该位表示系统或用户 |
| 3: 直写 | 指示当前页目录项/页表项在执行写操作时,数据是先写入缓存后刷新到内存,还是直接写入内存 |
| 4: 缓存 | 指示当前页目录项/页表项在读写操作时是否启用缓存 |
| 5: 访问 | 指示在虚拟地址转换过程中是否访问了当前页目录项/页表项。如果访问了,则该位被设置为1 |
| 6: 脏页 | 对于页目录项,当粒度为4KB时,此位被忽略;当粒度为4MB时,指示是否为脏页。对于页表项,此位指示是否已写入数据 |
| 7: 粒度 | 对于页目录项,指示页的大小,其中1代表4MB,0代表4KB。对于页表项,此位代表PAT |
| 8: 全局 | 对于页目录项,仅在粒度为4MB时有效,指示是否为全局。对于页表项,指示是否为全局 |
| 12: PAT | 当页目录项的粒度为4MB时,此位用于PAT,与分页属性表一起进行分页管理 |

图 5.11 页表属性

# 5.6 保护模式

Intel 提供了一种兼具段级和页级运行能力的保护机制,这种机制通过设置不同的特权级别(段有四级,页有两级)来精确控制对特定段或页的访问权限。例如,将操作系统代码和数据放置在比应用程序代码具有更高特权级别的段中,可以有效保护它们。接着,处理器的保护机制严格限制应用程序代码,确保它们仅在满足特定条件时,以受控的方式访问操作系统代码和数据。这些条件包括长度检查(例如,段的 limit 限制)、类型检查(例如，段描述符中的 S 和 Type 字段组合）、特权级验证以及特权指令的限制，这些措施共同确保了内存访问的严格性和安全性。与段级保护机制类似，页级内存保护也起到了至关重要的作用。

limit 限制检查：这项检查旨在防止程序在运行时超出其段界限，访问段外的地址，确保程序始终在有效的内存范围内运行，从而保障内存访问的安全性。

类型检查：由于段寄存器具有特定的用途和限制，例如 CS 寄存器专门用于加载代码段的选择子，而 DS 等数据段寄存器仅限于加载数据段。这种设计确保了段寄存器只能加载与之对应的段类型，防止程序因错误的段加载而导致的运行错误。如果没有这种检测机制，若允许将数据段错误地加载到代码段中，CPU 将无法正确识别和执行指令，因为数据并非用于指令执行，这会严重威胁系统的稳定性和安全性。

分页内存保护：分页内存保护包含了上述提到的内容。

特权级校验：前文提到的四个特权级别（0 至 3），如图 5.12 所示。虽然 Intel 为每个特权级设定了推荐的使用对象，但开发者（非 Intel 内部人员）在实际应用中可以根据项目需求灵活调整这些级别。例如，Linux 系统仅使用了 0 和 3 这两个级别，并在检测到越权操作时抛出 GP（general protection）异常。Intel 设计了 CPL（current privilege level，当前特权级）、RPL（requested privilege level，请求特权级）和 DPL（descriptor privilege level，描述符特权级）这三种概念，它们共同构成了其内存保护机制。

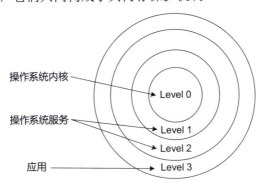

图 5.12 特权级环

CPL（当前特权级）：表示当前执行程序或任务的特权级别。这一信息存储在当前执行程序或任务的 SS（堆栈段）和 CS（代码段）寄存器的第 0 位和第 1 位中。通常，CPL 的值是从 CS 寄存器中获取的。在正常情况下，当堆栈段和代码段发生切换时，处理器会修改 CPL 的值。然而，在一致性代码段中，CPL 不会发生改变，这是因为一致性代码段允许较低特权级别的代码进行访问（具体细节将在后文阐述）。

RPL（请求特权级）：在执行段切换操作时，例如使用指令 mov cs, 0x000A（其二进制形式为 0000 0000 0000 1010），这会将全局描述符表中索引为 1 的段选择子的特权级（RPL）设置为2，并将其加载到 CS 寄存器中。首先，处理器会读取当前 CS 寄存器的特权级，即 CPL。然后，它会比较 CPL 和 RPL 的值，并选择两者中的较高特权级（注意，特权级数值越小，表示的特权级越高，其中 0 代表最高特权级），因此使用 MAX(CPL, RPL) 来确定新的特权级。这个最大值将替换当前的 CPL 和 RPL，使得它们的值都变为这个最大结果。接下来，处理器会将这个结果与目标段的 DPL 进行比较。如果校验通过，则新的 CPL 将被设置为这个最大结果。由于 RPL 可以被任意设置，为了避免权限提升，因此采用取 MAX(CPL, RPL)。

DPL（描述符特权级）：表示在定义描述符时设定的特权级，它决定了访问者所需的权限级别，或者说是访问该段所必须具备的特权级别。DPL 由描述符中的 2 位来表示，并且为了区分不同类型（代码段或数据段）的段在访问检查上的不同，描述符还利用 Type 字段进行分类。

- ☑ 数据段：数据类型的段代表最小访问权限级别（再次提醒，级别数值越小，权限越高）。例如，如果 DPL=1，则只有当 CPL 为 1 或 0 时才能访问。在数据段中，不使用 RPL，而是直接使用 CPL，即如果 CPL ≤ DPL，则可以访问，否则不允许访问。
- ☑ 非一致性代码段（不使用调用门）：代码段的特权级必须与程序或任务的特权级一致才能访问。例如，如果 DPL=0，则 CPL 也必须为 0，此处不使用 RPL。
- ☑ 调用门：与数据段的处理方式一致。
- ☑ 一致性代码段与非一致性代码段访问调用门时：此时只允许较低特权级的访问。例如，如果 DPL=2，则不允许特权级 0 和 1 的访问，只允许 2 和 3 的特权级使用。
- ☑ TSS（任务状态段）：与数据段的处理方式一致。

在将段描述符的段选择子加载到段寄存器中时，会进行特权级别的检查。数据访问的特权级别检查与代码段间程序控制转移的检查有所区别。以下内容将基于这一描述，详细说明这两种检查的具体过程。

## 5.6.1 数据段的访问与检查

为了访问数据段中的数据，必须将相应的段选择子加载到数据段寄存器（DS、ES、FS 或 GS）或堆栈段寄存器（SS）中。在处理器将段选择子加载到段寄存器中之前，它会执行特权级检查，这包括比较当前运行程序或任务的 CPL、段选择子的 RPL 以及目标段描述符的 DPL，如图 5.13 所示。如果 DPL 的数值大于或等于 CPL 和 RPL，处理器则会将段选择子加载到段寄存器中；否则，将引发一般保护故障（#GP），且不会加载段寄存器。

图 5.14 展示了四个进程（代码段 A、B、C 和 D），它们分别以不同的特权级别运行，并尝试访问同一数据段。由于数据段 E 的 DPL 被设置为 2，因此只有特权级别为 0、1、2 的代码段才能够访问它。代码段 C 尝试以 RPL=3（使用段选择子 E3）访问数据段，这是不允许的；它即使尝试使用 RPL=2（段选择子 E1），由于采用了最大值规则，实际 RPL 会被提升到 3，因此也无法访问。代码段 A 和 B 由于特权级别较低，可以访问数据段 E，这是

符合预期的。特别值得注意的是代码段 D，当它使用 RPL=2（段选择子 E2）进行访问时是被允许的，但如果使用 RPL=3（段选择子 E3），则与代码段 C 一样，访问会被拒绝，这符合前文对数据段 DPL 的定义。

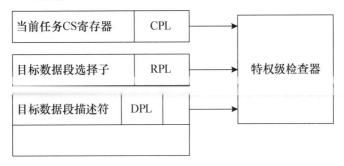

图 5.13　数据段特权级检查

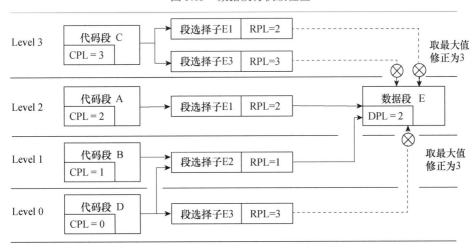

图 5.14　数据段特权级访问例子

栈段是一种特殊的数据段，当通过段选择子将 SS 寄存器加载到栈段时，会执行特权级别检查。与栈段相关的特权级别必须与 CPL 相匹配，即 CPL、栈段选择子的 RPL 以及栈段描述符的 DPL 三者必须一致。如果这三者不相等，系统将引发一个通用保护异常（#GP）。

## 5.6.2　代码段的访问与检查

为了将程序控制从当前代码段转移到另一个代码段，必须将目标代码段的段选择子加载到代码段寄存器（CS）中。在加载过程中，处理器将对目标代码段的段描述符执行一系列检查，包括限制条件、类型以及特权级的验证。如果这些检查都通过，CS 寄存器将被加载，程序控制将移至新的代码段，并且程序执行将从 EIP 寄存器指向的指令以及根据新 CS 计算出的地址开始。与图 5.15 中展示的数据段不同，代码段的特权级检查还考虑了 C 标志（一致性代码标识符）。因此，代码段被分为一致性代码段和非一致性代码段，接下来我们将详细讨论这两种类型。

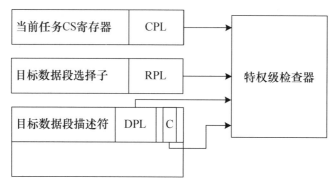

图 5.15 代码段特权级检查

### 1. 一致性代码段

当访问一致性代码段时，调用方的 CPL 必须大于或等于目标代码段的描述符特权级（DPL）。只有当 CPL 的数值小于 DPL 时（即调用方的特权级高于目标代码段的特权级），处理器才会引发一个通用保护异常（#GP）。在访问一致性代码段时，RPL 不会产生影响（不会进行检查），这意味着不能通过修改 RPL 来访问一致性代码段（即不能通过降低 RPL 来使高特权级的代码采用低特权级的 RPL 进行访问）。

一致性代码段通常用于共享的代码模块，例如数学库和异常处理程序。当切换到一致性代码段时，CPL 保持不变，即保持在调用方代码段的特权级别。这样做可以防止应用程序利用一致性代码段的特权级别（DPL）来访问非一致性代码段，进而防止它访问更高特权级别的数据。也就是说，即使一致性代码段的级别为 0（最高特权级），由于允许通过修改代码段寄存器（CS）进行跳转，低特权级代码在一致性代码段中尝试访问非一致性代码段也是不被允许的。因为调用方的 CPL 为 0，为了防止潜在的系统安全漏洞，Intel 在切换到一致性代码段时不会改变 CPL。因此，在一致性代码段内访问非一致性代码段时，仍然会使用最初调用一致性代码段的 CPL 作为当前的 CPL。

图 5.16 展示了关于一致性代码段的特权级访问的一个示例。在该图中，代码段 E 被标记为一致性代码段，其 DPL 被设置为 0。这意味着任何特权级别（CPL）为 0、1、2 或 3 的程序都可以访问和使用代码段 E。因此，在该图中，代码段 A、B 和 C 也可以访问代码段 E。然而，试图从代码段 E 访问非一致性代码段 D 是不被允许的。尽管代码段 E 的 DPL 是 0，但它并不会改变当前的 CPL。由于 CPL 仍然是 1、2 或 3 之一，无论选择哪个值，都无法通过特权级检查。

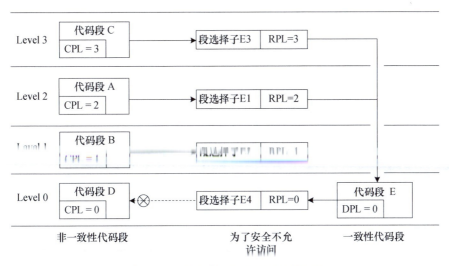

图 5.16 一致性代码段特权级访问例子

## 2. 非一致性代码段

如图 5.17 所示，当访问非一致性代码段时，调用者的 CPL 必须与目标代码段的 DPL 相等。如果不相等，处理器将引发#GP。这限制了 RPL 的作用，因为如前文所述，最终的有效特权级是 CPL 和 RPL 中的较大值。然而，由于此处 CPL 必须等于 DPL，RPL 的影响力就相对较小了。例如，如果 DPL 和 CPL 均为 2，那么 RPL 可以选择为 0、1 或 2。但由于最终的有效特权级是 CPL 和 RPL 中的较大值，选择 0 或 1 的 RPL 将是无效的，因此实际上 RPL 只能被设置为 2。此外，即使在 CPL 为 1 的情况下，也不能通过设置 RPL 为 2 来访问，因为非一致性代码段要求 CPL 与 DPL 完全相等，而不是取较大值。这一点再次强调了在访问非一致性代码段时，RPL 的作用是有限的。

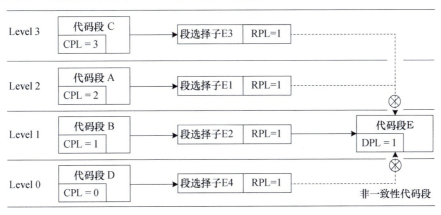

图 5.17 非一致性代码段特权级访问例子

## 5.6.3 调用门

调用门用于在不同特权级别之间实现程序控制权的转移,通常只在启用了特权级保护机制的操作系统或应用程序中使用。此外,调用门还能支持在 16 位和 32 位代码段之间进行程序控制权的转移,具体过程如图 5.18 所示。

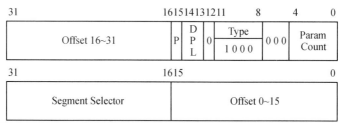

Offset:表示访问代码段的偏移地址。由于能够访问完整的 4GB 地址空间,因此使用 32 位来表示偏移。
Segment Selector:用于选择并访问特定代码段的段选择子。
Param Count:代码转移时需要传递的参数数量。这些参数存储在栈中,在特权级切换时,系统会根据参数数量,将调用方栈中的参数复制到目标特权级的栈中,以实现参数的传递。
P:有效性位,用于指示该门描述符是否有效。
DPL:描述符特权等级,规定了访问该门所需的最低特权级。

图 5.18 门描述符

当处理器通过调用门进行程序控制权的转移时,它会使用调用门描述符中的段选择子来查找目标代码段的段描述符(该描述符可能位于全局描述符表 GDT 或局部描述符表 LDT 中)。接着,处理器会将代码段描述符中的基址与调用门描述符中的偏移量相加,从而形成代码段中过程入口点的线性地址,这一过程如图 5.19 所示。

调用门的特权级检查比以往更为复杂,这是因为调用门执行的是跳转操作,因此必须检查目标代码的 DPL。在跳转操作中,常用的指令是 JMP 和 CALL,这两个指令在调用门中的行为与在其他场合有所不同。具体来说:JMP 指令的要求是 CPL≤调用门 DPL,且 RPL≤调用门 DPL;对于一致性代码,DPL≤CPL,而对于非一致性代码,DPL=CPL。相对地:CALL 指令的要求是 CPL≤调用门 DPL,RPL≤调用门 DPL;在一致性代码的情况下,DPL≤CPL,而在非一致性代码的情况下,DPL≤CPL。这些差异主要体现在非一致性代码的转移上。虽然前文提到非一致性代码通常要求 CPL=RPL=DPL,但在此处,调用门却放宽了这一规则,允许较低特权级的代码进行调用。

图 5.20 展示了门调用特权级访问的示例,与前面介绍的内容相符合。需要特别指出的是,这里引入了一个新的概念:栈的切换。实际上,无论是否执行门调用,只要发生特权级切换(特别是在非一致性代码的情况下),就必然会发生栈的切换。也就是说,0 至 3 四个特权级各自拥有自己的栈,这一设计旨在确保数据安全隔离。值得注意的是,一致性代码在执行过程中不会修改 CPL,因此不会发生栈的切换。

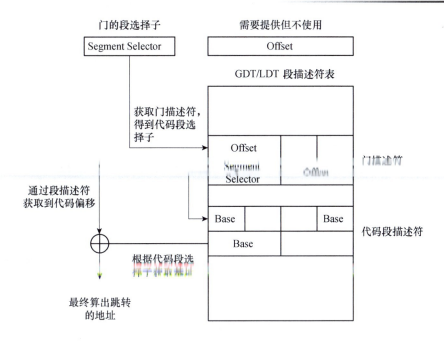

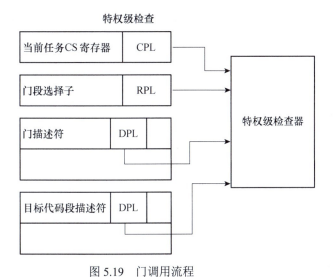

图 5.19 门调用流程

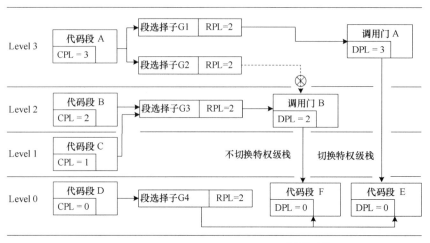

图 5.20　门调用特权级访问例子

图 5.21 详细描述了发生栈切换时的具体变化。处理器首先将原栈的 SS（堆栈段选择子）和 ESP（堆栈指针）值压入新栈中；接着，读取门描述符中定义的参数个数；随后，将这些参数从原栈复制到新栈中；最后将调用方的返回地址信息压入新栈中，以便实现完整的调用返回过程。这一系列操作构成了 Intel 为系统开发者提供的系统调用入口。然而，Linux 采用了不同的实现方式（将在后续章节介绍），从其调用流程的复杂性可以看出，Linux 的实现更为复杂。

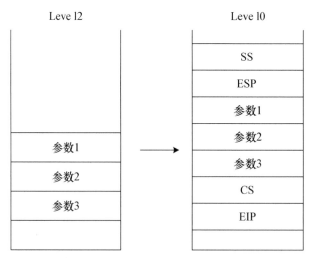

图 5.21　门调用栈变化

## 5.6.4 中断与异常

中断和异常是处理器在执行程序或任务时可能遇到的需要引起注意的特殊事件。这些事件通常会使处理器暂时停止当前运行的程序或任务，并转而执行预设的中断或异常处理程序。中断通常是随机的，通常响应来自硬件的信号，例如时钟信号、鼠标插入等。软件也可以通过执行特定指令（例如 int n;，这里的 n 是后文提及的中断向量号）来触发中断。相比之下，异常发生在处理器执行指令时检测到错误，例如除零操作、保护违规、页面错误或机器内部故障等。处理器一旦接收到中断信号或检测到异常，就会立即执行相应的处理程序，并暂停当前任务。处理程序执行完成后，处理器将恢复被中断的任务，以保持程序执行的连续性，除非异常无法修复或中断导致任务终止。本节将深入探讨处理器在保护模式下对中断和异常的处理机制。

为了对应异常和中断处理程序，每个程序都会定义一个结构。当需要排列这些结构时，会为它们分配一个唯一的标识号——向量号，以便进行区分。处理器使用这个向量号作为中断描述符表（IDT）的索引，该表提供了异常或中断处理程序的入口地址。向量号的范围限定为 0~255。特别是，向量号 0~31 已被 Intel 64 和 IA-32 架构预留用于特定的异常和中断，尽管并非每个预留的向量号都必须有一个对应处理程序，但这些向量号必须保持其预留状态。向量号 32~255 则留给用户自定义中断使用，这些中断通常被分配给外部 I/O 设备，使它们能够通过硬件中断机制向处理器发送信号。表 5.3 展示了架构已定义的异常和非屏蔽中断（NMI）的向量号分配情况，包括异常类型、是否保存错误代码以及每个预定义异常和 NMI 中断的来源。

表 5.3 中断异常向量表

| 向量（索引） | 助记符 | 描述 | 类型 | 是否存在错误码 | 来源 |
| --- | --- | --- | --- | --- | --- |
| 0 | #DE | 除法错误 | 故障 | 否 | DIV、IDIV 指令执行时，若除数为 0，则触发 |
| 1 | #DB | Debug 异常 | 故障/陷阱 | 否 | 用于在指令、数据、IO 设置断点或执行单步调试时触发 |
| 2 | — | NMI 中断 | 中断 | 否 | 不可屏蔽外部中断，由 NMI 设备触发 |
| 3 | #BP | 断点 | 陷阱 | 否 | INT 3 指令触发 |
| 4 | #OF | 溢出异常 | 陷阱 | 否 | 程序计算溢出时不会触发，此处是监控指令修改 EFL-AGS 的溢出标识时触发 |
| 5 | #BR | 越界异常 | 故障 | 否 | 比如：段选择子的索引超出 GDT 表时触发 |
| 6 | #UD | 未定义指令集 | 故障 | 否 | 由于开发错误导致数据段被作为代码段执行，将会出现很多未知指令 |

续表

| 向量<br>(索引) | 助记符 | 描述 | 类型 | 是否存在错误码 | 来源 |
|---|---|---|---|---|---|
| 7 | #NM | 设备不可用异常 | 故障 | 否 | 处理器没有内部 FPU 浮点单元时，若执行了浮点指令则会触发 |
| 8 | #DF | 双故障 | 中止 | 是（0） | 当 Intel 387 数学协处理器在操作数的中间部分检测到页面或段违规时触发 |
| 9 | - | 预留 | | 是 | |
| 10 | #TS | 错误的 TSS 切换 | 故障 | 是（对应条件表） | 在任务切换期间或在使用 TSS 信息的指令执行期间触发 |
| 11 | #NP | 不存在段异常 | 故障 | 是（段选择子索引） | 段中的 P 标志位为 0 时，读取该段则会触发 |
| 12 | #SS | 栈段异常 | 故障 | 是（段选择子索引/0） | 栈操作或加载时触发，通常因栈不存在或者权限问题 |
| 13 | #GP | 通用保护模式异常 | 故障 | 是 | 任何内存操作和其他保护检查失败时触发 |
| 14 | #PF | 分页故障 | 故障 | 是 | 任何内存操作因分页机制问题触发 |
| 15 | - | 保留 | 故障 | 否 | |
| 16 | #MF | 数学故障 | 故障 | 否 | FPU 检测到浮点运算错误时触发 |
| 17 | #AC | 对齐检查 | 故障 | 是（空/0） | 启用对齐检查时，检测到未对齐的内存操作数触发 |
| 18 | #MC | 处理器检查 | 中断 | 否 | 处理器检测到内部机器错误、总线错误，或由外部代理检测到总线错误时触发 |
| 19 | #XM | SIMD 浮点异常 | 故障 | 否 | SSE/SSE2/SSE3 指令执行时触发 |
| 20 | #VE | 虚拟化异常 | 故障 | 否 | 处理器检测到 VMX 非根操作违反 EPT 时触发 |
| 21 | #CP | 控制保护模式异常 | 故障 | 是 | 此异常由 RET、IRET、RSTORSSP、SETSSBSY 指令触发，当 RET 指令执行时，如果检测到影子堆栈不匹配，将触发此异常。影子堆栈专门用于控制转移操作 |
| 22-31 | - | 保留未使用 | | | |
| 32-255 | - | 用户自定义中断 | 中断 | | 通过执行 INT num 指令触发，其中 num 取值范围为 32~255 |

### 1. 异常分类

异常根据其报告方式以及引起异常的指令是否可以在不丢失程序或任务连续性的情况下重新启动，被细致地划分为故障、陷阱或中止三种类型。

- ☑ **故障**：故障是一种异常，通常可以被纠正。一旦故障得到纠正，程序就可以重新启动而不会丢失连续性。在报告故障时，处理器会将机器状态恢复到执行故障指令之前的状态。故障处理程序的返回地址（在发生故障时，CS 和 EIP 寄存器的值被保存到中断栈中，并在返回时使用）指向故障指令本身，而不是指向故障指令之后的指令。
- ☑ 陷阱：陷阱是在执行陷阱指令后立即报告的异常。它允许程序或任务在不丢失连续性的情况下继续执行。陷阱处理程序的返回地址指向陷阱指令之后的指令，这与故障处理程序的情况不同。
- ☑ 中止：中止是一种异常，它不一定能够精确报告引起异常的指令位置，并且不允许重新启动导致异常的程序或任务。中止通常用于报告严重的错误，例如硬件错误和系统表中的不一致或非法值。

### 2. 不可屏蔽中断(NMI)

除了由异常引起的中断，处理器还配备了本地 APIC，它通常与基于系统的 I/O APIC 相连。在系统中，I/O APIC 的引脚接收外部中断信号，这些信号可以通过系统总线或 APIC 串行总线传输到本地 APIC。I/O APIC 负责确定中断的向量号，并将该中断向量发送到本地 APIC。APIC 是高级可编程中断控制器，但并非所有 CPU 都支持它。在不含本地 APIC 的 Intel486 处理器和早期奔腾处理器上，LINT[1:0]引脚（ACIP 使用的引脚）是不可用的。无论是否支持 APIC，NMI 都是用于触发中断的外部设备信号，而 APIC 的作用是接管中断并按照配置将其分发到各个 CPU。不可屏蔽中断（NMI）有以下两种产生方式。

- ☑ 外部硬件触发 NMI 引脚。
- ☑ 处理器在系统总线或 APIC 串行总线上接收具有 NMI 交付模式的消息。

当处理器从这些源接收到 NMI 时，它会立即处理该中断，通过调用中断向量所指向的 NMI 处理程序。处理器还会将 EFLAGS 寄存器中的 IF 标志位设置为 1，以确保在 NMI 处理程序执行完毕之前，不会接收其他中断，包括 NMI 中断。理论上，处理器可以通过向向量 2（int 2）发出一个可屏蔽的硬件中断（通过 INTR 引脚）来调用 NMI 中断处理程序；但实际上，这个中断不会是真正的 NMI 中断。只有通过上述机制之一传递的 NMI 中断，才能激活处理器的 NMI 处理硬件。8259A 芯片是 NMI 的代表性设备，如图 5.22 所示。

8259A 芯片的每个单元都配备了 8 个中断请求引脚。在级联配置中，主 8259A 芯片与从 8259A 芯片之间的连接是通过主芯片的 IRQ2 引脚与从芯片的 INT 引脚实现的。这些芯片共享一个 8 位的数据总线（D0~D7），该总线用于传输控制信号、状态信息以及中断号。这种设计允许系统扩展多个从芯片。当系统中存在多个从芯片时，可以通过使用保留的引脚位来进行扩展。

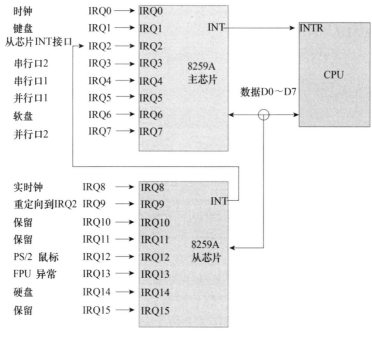

图 5.22　8259A 芯片

```
//8259A 的设计颇具特色，它仅提供了两个端口：控制端口和数据端口
//控制端口用于指示哪些数据位有效，而数据端口则用于按顺序配置数据
//主芯片控制端口，用于发送数据配置命令
PIC_M_CTRL = 0x20;
//主芯片数据端口，用于按顺序写入数据
PIC_M_DATA = 0x21;
//从芯片控制端口，用于发送数据配置命令
PIC_S_CTRL = 0xA0;
//从芯片数据端口，用于按顺序写入数据
PIC_S_DATA = 0xA1;

//初始化主芯片的 ICW1-4
//outb 用于输出一个字节（8 位数据）
//ICW1 用于基本数据配置，第一位指示 ICW4 是否有效
//第二位处理中断后是否清除特定芯片的状态（1 为清除，0 为不处理）
//第四位设置触发模式（1 为水平触发，0 为边缘触发）
//高 4 位固定为 0001，此处 0x11 = 0001 0001
//表示 ICW4 有效，中断后不清除状态，使用边缘触发
outb(PIC_M_CTRL, 0x11);
//ICW2 用于设置中断向量表的偏移基地址，必须 8 字节对齐，因此低三位为 0
//此处设置 0x20，表示从中断向量表自定义偏移起，后续 8 个中断向量由主芯片管理
//中断号为 0x20 + IRQN（N 代表具体的中断请求号）
outb(PIC_M_DATA, 0x20);
```

```
//ICW3 用于主芯片记录芯片连接的引脚
//0x04 = 0x0100，表示从芯片连接到主芯片的 IRQ2
outb(PIC_M_DATA, 0x04);
//ICW4 提供额外配置，第二位：是否自动结束中断（0 为不自动结束）
//第三/四位：缓冲模式（00 为无缓冲），第五位：是否允许中断嵌套（0 为不允许）
//其余高 3 位固定为 0，最低位固定为 1
//此处设置表示不自动结束中断，不使用缓冲模式，不允许中断嵌套
outb(PIC_M_DATA, 0x01);

//从芯片的配置与主芯片类似
outb(PIC_S_CTRL, 0x11);
//由于 20~27 号中断已被主芯片使用，从芯片的偏移基地址设置为 0x28
outb(PIC_S_DATA, 0x28);
//ICW3 对于从芯片来说有所不同，此处标记的是连接到主芯片的引脚索引
//由于连接到 IRQ2，因此值为 0x02
outb(PIC_S_DATA, 0x02);
//ICW4 的配置与主芯片相同
outb(PIC_S_DATA, 0x01);

//OCW1 用于主芯片设置哪些中断被启用
//此处 0xB8 = 1011 1000，代表开启时钟、键盘、从芯片、软盘的中断
//设置为 1 代表关闭中断，0 代表开启中断
outb(PIC_M_DATA, 0xB8);
//OCW1 用于从芯片设置哪些中断被启用
//此处 0xBF = 1011 1111，代表仅开启硬盘的中断，其他关闭
outb(PIC_S_DATA, 0xBF);
```

通过上述代码，即可完成中断的配置。此代码启用了时钟、键盘、从芯片、软盘和硬盘的中断。这些中断配置对于操作系统至关重要，它们在系统启动过程中都会被使用。例如，时钟中断可以实现线程的切换，而硬盘中断则支持异步操作（在此之前，读取硬盘时系统会处于死循环等待状态，直到磁盘操作完成并修改指定端口的状态。有了中断机制后，系统可以在等待磁盘操作完成时挂起当前操作，切换到其他程序执行，从而显著提高系统性能）。

### 3. 中断描述符表

段描述符的详细信息被存储在段描述符表中，并通过段选择子来加载。同样地，中断处理也需要一张表，即中断描述符表（IDT）。表 5.3 展示了这张表的具体内容。IDT 将每个异常或中断向量与一个门描述符相关联，该门描述符指向用于处理相应异常或中断的过程或任务。与全局描述符表（GDT）和局部描述符表（LDT）类似，IDT 是一个由 8 字节描述符组成的数组（在保护模式下）。与 GDT 不同的是，IDT 的第一个条目是可以使用的，并且被固定为除法错误异常。为了形成 IDT 的索引，处理器将异常或中断向量索引与 8 字节（门描述符的大小）对齐，这样做是为了优化缓存填充的性能。IDT 可以被存储在内存

地址空间的任何位置。使用 LIDT（加载 IDT 寄存器）和 SIDT（存储 IDT 寄存器）指令分别加载和存储 IDT 寄存器的内容。IDT 的加载方式与 GDT 类似，也是通过地址和长度的组合来实现的，如图 5.23 所示。

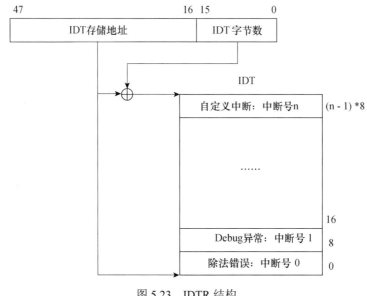

图 5.23　IDTR 结构

中断描述符表支持三种类型的描述符定义。
- ☑ 任务门描述符。
- ☑ 中断门描述符。
- ☑ 陷阱门描述符。

图 5.24 展示了任务门、中断门和陷阱门描述符的格式。在 IDT 中使用的任务门格式，与 GDT 或 LDT 中使用的任务门格式是相同的（后续内容将详细讲解"任务门描述符"）。任务门包含了指向异常或中断处理程序任务的 TSS 的段选择器。

中断门和陷阱门在结构上与调用门非常相似，它们都包含了一个段选择子和偏移地址。处理器使用这个指针将程序执行的控制权转移到异常或中断处理程序代码段中的相应处理程序过程。这些门之间的主要区别在于处理器如何处理 EFLAGS 寄存器中的中断标志（IF）位。

处理器调用异常处理程序和中断处理程序的方式与执行过程或任务的 CALL 指令类似。在响应异常或中断时，处理器会使用异常或中断向量作为索引，在 IDT 中查找相应的描述符。如果索引指向的是中断门或陷阱门描述符，处理器将以类似于调用门描述符的方式调用异常或中断处理程序。相反，如果索引指向的是任务门描述符，处理器将执行任务切换，以进入异常处理或中断处理任务的环境中，这一过程与通过任务门描述符进行任务切换的机制相似。具体的处理流程如图 5.25 所示。

　　CPU 执行的程序可能会随时被中断。一旦触发中断，就必须记录下程序被中断前的执行位置。之前提到，EFLAGS 寄存器存储了计算的状态，在中断处理过程中，这些状态可能会被修改，因此也需要记录。此外，异常触发时会产生异常码，因此中断记录至少应包含四个参数：EFLAGS、CS、EIP 和 ERRNO。虽然并非所有中断都需要提供异常码，但为了保持参数传递的一致性，如果没有异常码，则会推送一个 0 值。在保护模式下，中断处理在原有参数的基础上增加了两个参数：ESP 和 SS。这是因为如果发生特权级切换，则需要使用特定的栈，而这个栈来自当前被中断的任务。具体的中断处理流程如图 5.26 所示。

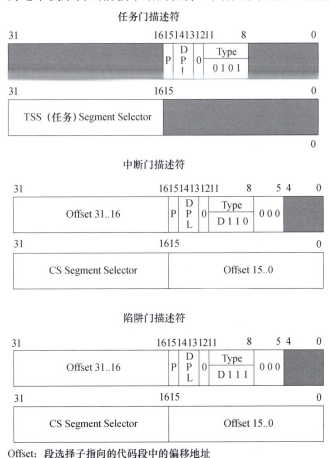

图 5.24　中断描述符

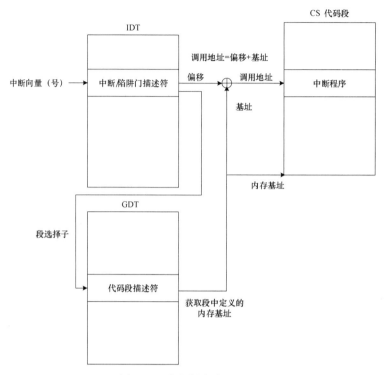

图 5.25 中断触发流程

无特权级切换

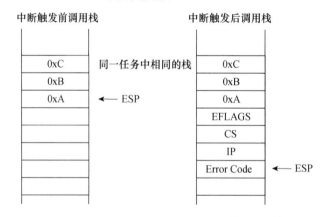

图 5.26 中断任务栈切换

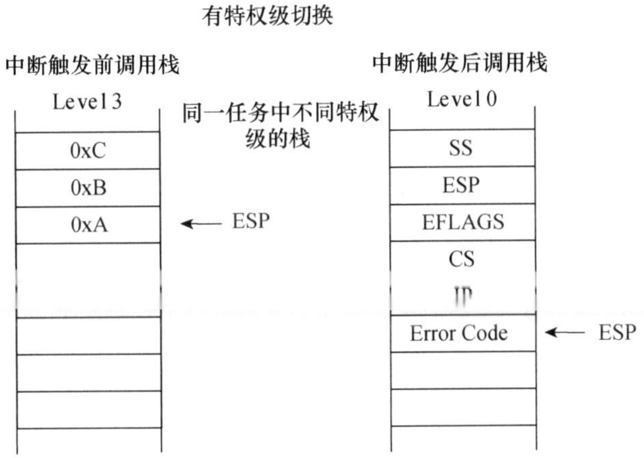

图 5.26 中断任务栈切换（续）

中断相关的讨论至此结束。如果读者对中断表中的诸多中断有疑问，建议参考《Intel 开发手册》第 3 卷的 6.15 节 *EXCEPTION AND INTERRUPT REFERENCE*，其中为每个中断提供了详尽的说明。由于内容既详细又广泛，此处不再逐一详述。

## 5.6.5 任务管理

IA-32 架构提供了一种机制，用于保存任务状态、调度任务执行，以及在不同任务之间进行切换。在保护模式下，处理器的所有执行活动都是在任务上下文中进行的。即使是简单的系统，也必须定义至少一个任务。复杂系统可以利用处理器的任务管理功能来支持多任务操作。一个任务包括两个主要部分：任务执行空间和任务状态段（TSS）。任务执行空间由代码段、堆栈段以及一个或多个数据段构成，如图 5.27 所示。如果操作系统或应用程序启用了处理器的特权级保护，那么任务执行空间还需要为每个特权级别提供独立的堆栈。

任务切换可以通过执行 CALL 指令、JUMP 指令、触发中断、异常处理或使用 IRET（中断返回）指令来实现。这些任务切换方法均涉及使用指向任务门的段选择子或任务的 TSS 的段选择子来标识要执行的任务。在使用 CALL 或 JMP 指令调度任务时，指令中的选择子可以直接指定 TSS 的段选择子，或者选择一个指向为 TSS 保留的任务门段选择子（即

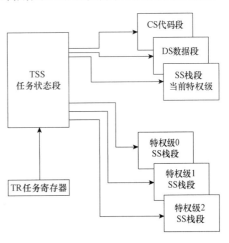

图 5.27 任务执行结构

可以直接调用 TSS，也可以通过任务门间接调用）。

在处理中断或异常时，IDT 中的相应条目必须包含一个任务门，该任务门包含指向中断或异常处理程序的 TSS 的选择器。当任务被调度执行时，将发生当前运行任务与被调度任务之间的切换。在任务切换过程中，当前执行任务的执行环境（即任务的状态或上下文）会被保存在其 TSS 中，并且当前任务的执行将被暂停。接着，被调度任务的上下文将被加载到处理器中，任务的执行将重新加载的 EIP 寄存器所指向的指令开始。如果任务在系统初始化后尚未运行，EIP 将指向任务代码的第一条指令；如果任务之前已经运行过，EIP 将指向任务在最后一次活动时执行的最后一条指令之后的下一条指令。

当执行的任务（即调用任务）需要调用另一个任务（即被调用任务）时，为了维护任务间的连接，调用任务的 TSS 段选择器将被保存在被调用任务的 TSS 中。在 IA-32 处理器架构中，任务执行是非递归的，这意味着任务不能直接调用或跳转至自身。当发生中断或异常时，处理器将通过任务切换来执行相应的中断或异常处理程序。在此过程中，处理器将从当前执行的任务切换到中断或异常处理程序任务。处理完毕后，处理器将通过执行 IRET 指令自动返回被中断的任务。

在任务切换过程中，处理器可以自动切换 LDT，这允许每个任务拥有基于 LDT 的不同逻辑到物理地址映射。同时，页目录基址寄存器（CR3）也会在任务切换时重新加载，使得每个任务可以拥有独立的页表集合。这些保护机制有助于实现任务间的隔离，防止它们相互干扰。如果不利用这些保护机制，处理器将无法在任务之间提供安全防护，即便操作系统采用了多个特权级别进行保护。在这种情况下，运行在特权级别 3 的任务可能会使用与其他同级任务相同的 LDT 和页表，这可能导致它们访问、篡改数据，甚至破坏其他任务的堆栈，因为缺少必要的保护措施。

图 5.28 展示了 TSS 的结构。在任务调用过程中，该图中的 0~2 字节用于记录前一个任务的选择子，以实现任务间的链接。28~32 字节记录了当前执行任务的页目录基址（PDBR），以确保每个任务都有其独立的内存映射。92~94 字节定义了任务自己的 LDT 段选择子。如果启用了 SSP（影子段），则在任务调用时，系统会记录当前的 CS/EIP，并在任务返回时检查它们是否与之前记录的值相同；如果不同，则会抛出异常，这样做是为了确保系统的安全性。在 Linux 系统中，任务切换是通过 IRET 指令实现的，这表明 SSP 是关闭的，因为如果 SSP 被开启，任务切换将不会成功。I/O 映射基地址与 I/O 权限位图是一种机制，它允许特权较低的程序或任务以及在虚拟 8086 模式下运行的任务对 I/O 端口进行有限的访问。

图 5.29 展示了 TSS 描述符。该图中的 B 标志位用于防止任务递归，即避免了任务自我调用的问题。对于任务切换，任何有权访问 TSS 描述符的程序（即其 CPL 数值上小于或等于 TSS 描述符的 DPL）都可以通过执行调用或跳转指令来调度任务。在大多数操作系统中，TSS 描述符的 DPL 被设置为小于 3 的值，这意味着只有特权级较高的程序才能执行任务切

换。然而，在多任务应用程序的环境中，某些 TSS 描述符的 DPL 可以被设置为 3，这样就可以在应用程序（或用户）权限级别进行任务切换。

| | | |
|---|---|---|
| SSP（影子段） | | 104 |
| I/O映射基地址 | 保留 T | 100 |
| 保留 | LDT段选择子 | 96 |
| 保留 | GS | 92 |
| 保留 | FS | 88 |
| 保留 | DS | 84 |
| 保留 | SS | 80 |
| 保留 | CS | 76 |
| 保留 | ES | 72 |
| EDI | | 68 |
| ESI | | 64 |
| EBP | | 60 |
| ESP | | 56 |
| EBX | | 52 |
| EDX | | 48 |
| ECX | | 44 |
| EAX | | 40 |
| EFLAGS | | 36 |
| EIP | | 32 |
| CR3（PDBR 页目录基址寄存器） | | 28 |
| 保留 | SS2 | 24 |
| ESP2 | | 20 |
| 保留 | SS1 | 16 |
| ESP1 | | 12 |
| 保留 | SS0 | 8 |
| ESP0 | | 4 |
| 保留 | 前一个任务选择子 | 0 |

图 5.28 TSS 结构图描述符

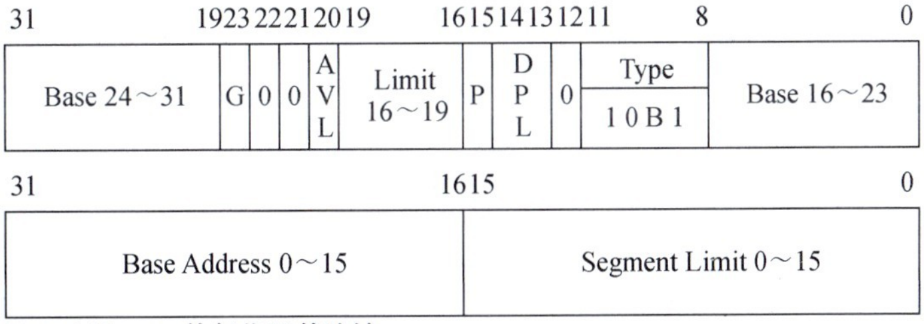

| 31 | 19 23 22 21 20 19 | 16 15 14 13 12 11 | 8 | 0 |
|---|---|---|---|---|
| Base 24~31 | G 0 0 A V L | Limit 16~19 | P D P L 0 | Type 1 0 B 1 | Base 16~23 |

| 31 | 16 15 | 0 |
|---|---|---|
| Base Address 0~15 | Segment Limit 0~15 | |

Base Address：执行代码基地址
Limit：代码限制
AVL：是否允许系统软件使用
B：是否繁忙
G：Limit的粒度0——1 Byte，1——4 KB

图 5.29 TSS 描述符

## 5.7 其 他

本节将深入探讨 Intel 的两项显著设计：多核处理器和高级可编程中断技术。多核处理器作为现代计算的核心，通过集成多个处理器核心，显著提高了计算能力，满足了不断增长的多任务处理需求。高级可编程中断技术则提供了一种灵活且高效的中断管理方式，它使得系统能够迅速响应外部事件，从而提高了系统的整体响应速度和稳定性。这两项创新设计充分体现了 Intel 在处理器技术领域的领先地位，为现代计算应用提供了坚实的支撑。

### 5.7.1 多核处理器

在系统启动时，只有一个入口点，因此此时仅使用单个核心而非多个核心。但是，在多核系统中，如何确定哪个核心作为启动线程（bootstrap process，BSP）呢？这就需要一个称为多处理器（multiple-processor，MP）协议的选举过程来进行初始化。在系统上电或复位后，P6 系列处理器执行 MP 初始化协议算法，以初始化系统总线上的每个处理器。在这个过程中，将执行启动和初始化操作。

（1）根据系统拓扑，系统总线上的每个处理器都被分配一个唯一的 APIC ID（用于在 MP 系统中识别逻辑处理器）。这个 ID 被写入每个处理器的本地 APIC ID 寄存器中。

（2）每个处理器与系统总线上的其他处理器同时执行其内部的内置自测（built-in self-test，BIST）。在完成 BIST（在时间 T0）后，每个处理器会向包括自己在内的所有处理器广播一个启动中断请求（boot IPI，BIPI）消息。

（3）APIC 仲裁硬件确保所有 APIC 按顺序（T1、T2、T3）依次响应 BIPI。

（4）当接收到第一个 BIPI 时（时间点 T1），每个 APIC 将 BIPI 中的四个最低有效位与其 APIC ID 进行比较。如果向量和 APIC ID 匹配，那么处理器会通过在其 IA32_APIC_BASE MSR 中设置 BSP 标志来选择自己作为 BSP；如果向量和 APIC ID 不匹配，那么处理器会通过进入"等待 SIPI"状态来选择自己作为 AP（注意，在图 5.30 中，来自处理器 2 的 BIPI 是第一个被处理的 BIPI，因此处理器 2 称为 BSP）。

（5）新建立的 BSP 向所有处理器，包括它自己，广播 FIPI（final boot IPI）消息。FIPI 确保只有在非 BSP 处理器发布的 BIPI 完成后才会被处理。

（6）在 BSP 建立之后，未完成的 BIPI 将逐个接收（T2、T3），并且会被所有处理器忽略，因为系统总线被锁定，所以不会出现并行问题。所有处理器接收到的第一条消息必定是一致的。

（7）当 FIPI 最终被接收（时间点 T4）时，只有 BSP 会响应它。BSP 通过获取并执行

BIOS 引导代码来响应，执行过程从重置向量（物理地址 FFFF FFF0H）开始。

（8）作为引导代码的一部分，BSP 创建一个 ACPI 表和一个 MP 表，并在适当的情况下将其初始 APIC ID 添加到这些表中。

（9）在引导过程结束时，BSP 向系统中的所有 AP 广播 SIPI 消息。这里，SIPI 消息包含一个指向 BIOS AP 初始化代码的向量（该向量在 000V V000H 中，其中 VV 是 SIPI 消息中包含的向量）。

（10）所有 AP 在接收到 SIPI（startup IPI 消息）后，会竞争访问 BIOS 初始化信号量。第一个获得信号量的 AP 开始执行初始化代码。作为 AP 初始化过程的一部分，AP 会根据需要将其 APIC ID 号添加到 ACPI 表和 MP 表中。初始化过程完成后，AP 将执行 CLI 指令（清除 EFLAGS 寄存器中的 IF 标志）以停止自身的执行。

（11）一旦每个 AP 都获得了信号量的访问权限并执行了 AP 初始化代码，同时将它们的 APIC ID 写入 ACPI 表和 MP 表的相应位置，BSP 就会统计连接到系统总线的处理器数量，完成 BIOS 引导代码的执行，并随后开始执行操作系统引导代码和启动代码。

（12）当 BSP 执行操作系统引导和启动代码时，AP 将保持在暂停状态。在此状态下，它们只会响应 init、NMI 和 SMI 中断。此外，它们还会响应 snoop 和 STPCLK#引脚（外部控制逻辑使用该引脚进行系统内的电源管理）的信号。

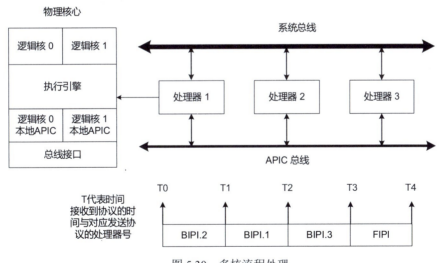

图 5.30 多核流程处理

通过上文描述的初始化流程，我们可以得出 MP 协议对系统的具体要求如下：
- ☑ 必须提供 APIC 时钟（APICLK），因为投票机制需要使用它。
- ☑ MP 协议将在系统通电或重置（RESET）后执行。如果 MP 协议已经执行完毕并且选定了 BSP，那么后续的 init 操作（无论是针对特定处理器还是系统范围的）

不会导致 MP 协议的重复执行。相反，每个处理器都会检查其 IA32_APIC_BASE MSR 中的 BSP 标志，以确定它是否应该执行 BIOS 引导代码（如果是 BSP）或进入等待 SIPI 状态（如果是 AP）。
- ☑ 在 MP 初始化协议期间，系统中所有能够向处理器发送中断的设备都必须被禁止发送中断。中断禁止的时间应包括从 BSP 向 AP 发出 INIT-SIPI-SIPI 序列开始，直到 AP 响应序列中最后一个 SIPI 结束的时间段。在 MP 初始化协议的启动阶段，将使用以下专用的处理器间中断（IPI）。

前文提到的协议详细解释如下：
- ☑ 引导 IPI（boot IPI）：启动仲裁机制，从系统总线上的处理器组中选择一个 BSP，并将其余处理器指定为 AP。系统总线上的每个处理器在上电或复位后（完成自检）会向所有处理器广播一个 BIPI。
- ☑ 最终引导 IPI（final boot IPI）：启动 BSP 的 BIOS 初始化过程。这个 IPI 被广播到系统总线上的所有处理器，但只有 BSP 会响应它。BSP 通过在复位向量处开始执行 BIOS 初始化代码来响应。
- ☑ 启动 IPI（startup IPI，SIPI）：启动 AP 的初始化过程。SIPI 消息包含指向 BIOS 中 AP 初始化代码的向量。

在图 5.30 中，物理核心展示了超线程的实现原理。它们共享执行引擎，但每个核心都有其独有的内容，例如 APIC 的具体差异。
- ☑ 以下功能在每个逻辑处理器上是共享或复制的，具体取决于实现方式：通用寄存器（EAX、EBX、ECX、EDX、ESI、EDI、ESP、EBP）。
- ☑ 每个逻辑处理器拥有独立的段寄存器（CS、DS、SS、ES、FS、GS）。
- ☑ 每个逻辑处理器拥有独立的 EFLAGS 和 EIP 寄存器。注意，每个逻辑处理器的 CS 和 EIP/RIP 寄存器指向该逻辑处理器正在执行的线程的指令流。
- ☑ 每个逻辑处理器还拥有独立的本地 APIC 寄存器。

## 5.7.2　APIC

高级可编程中断控制器（advanced programmable interrupt controller，APIC，也称为本地 APIC）主要有以下两个功能。
- ☑ 它接收来自处理器中断引脚、内部源以及外部 I/O APIC（或其他外部中断控制器，如 8259A）的中断信号，并将这些信号发送至处理器核心进行处理。
- ☑ 在多处理器（MP）系统中，它通过系统总线向其他逻辑处理器发送和接收处理器间中断（IPI）消息。IPI 消息可用于在系统中的处理器之间分发中断，或执行系统范围内的功能（例如，启动处理器或在处理器组之间分发工作）。

外部 I/O APIC 是 Intel 系统芯片组的一部分。其主要功能是接收来自系统及其相关 I/O 设备的外部中断事件，并将这些事件作为中断消息中继至本地 APIC。在 MP 系统中，I/O APIC 还提供了一种机制，用于将外部中断分发到系统总线上选定的处理器或处理器组的本地 APIC。每个本地 APIC 由一组 APIC 寄存器及相关硬件组成，这些硬件负责控制向处理器核心发送中断和生成 IPI 消息。APIC 寄存器是内存映射的，可以通过 MOV 指令进行读写。本地 APIC 可以接收以下来源的中断。

- 内部连接的 I/O 设备：这些中断起源于直接连接到处理器本地中断引脚（LINT0 和 LINT1）的 I/O 设备所断言的边缘或电平信号。I/O 设备也可以连接到 8259A 中断控制器，该控制器依次通过一个本地中断引脚连接到处理器。
- 外部连接的 I/O 设备：这些中断起源于连接到 I/O APIC 的中断输入引脚的 I/O 设备所断言的边缘或电平信号。中断作为 I/O 中断消息从 I/O APIC 发送到系统中的一个或多个处理器。
- 处理器间中断（IPI）：Intel 64 或 IA-32 处理器可以使用 IPI 机制来中断系统总线上的另一个处理器或一组处理器。IPI 用于软件自中断、中断转发或抢占调度。
- APIC 定时器产生的中断：本地 APIC 定时器可以在配置的计数达到时发送一个本地中断到其关联的处理器。
- 性能监控计数器中断：P6 系列、Pentium 4 和 Intel Xeon 处理器提供了在性能监控计数器溢出时向其关联处理器发送中断的功能。
- 热传感器中断：Pentium 4 和 Intel Xeon 处理器提供了在内部热传感器被触发时发送中断的能力。
- APIC 内部错误中断：当本地 APIC 内识别到错误条件（例如，试图访问一个未实现的寄存器）时，APIC 可以通过配置发送一个中断到其相关处理器。

这种设计的先进性主要体现在第 2 和第 3 点，它支持了多个处理器的中断配置和通信。相比之下，8259A 并不支持多处理器，它只能触发 CPU 的指定引脚。因此，在多处理器出现时，8259A 就无法有效使用，因为总不能因为一个中断信号而将所有处理器的执行都中断。

## 5.8　Intel 指令原理

《Intel 开发手册》为每条指令提供了伪代码实现，以便向开发人员准确展示如何使用这些指令。本节将介绍其中一些指令的实现原理。

### 5.8.1　PUSH 指令

图 5.26 展示了栈的变化，那么 ESP 寄存器是否指向最后一个 PUSH 的值？为了得到答

案，需要查阅开发手册中对应的指令描述。

```
IF StackAddrSize = 32        //若当前栈地址是 32 位的，则进入此 IF
THEN
    IF OperandSize = 64      //若当前操作数是 64 位的，则进入此 IF（推送 quadword）
    THEN
        ESP := ESP - 8;      //首先将 ESP 减去 8，然后更新 ESP 的值
        Memory[SS:ESP] := SRC;
                //然后将 SRC（需要 PUSH 的操作数）存储到 SS:ESP 指向的内存地址中
    ELSE IF OperandSize = 32  //与 64 位同理，只是操作数大小不同
                              //因此 ESP 的偏移也不同（推送 dword）
    THEN
        ESP := ESP - 4;
        Memory[SS:ESP] := SRC;
    ELSE                     //若操作数是 16 位的（推送 word）
        ESP := ESP - 2;
        Memory[SS:ESP] := SRC;
FI;
```

## 5.8.2　MOV 指令

第 2 章已经介绍了 MOV 指令对应的机器码。接下来，我们将详细解释 MOV 指令在 Intel 架构中的实现原理。

```
//对于常规赋值操作，过程非常简单：直接将源操作数赋值给目标操作数
DEST := SRC;
//对于 SS 段寄存器的加载操作，处理流程如下
IF SS is loaded
THEN
    IF segment selector is NULL                          //如果段选择器为空
    THEN
        #GP(0);                                          //则触发#GP 异常
    FI;
    IF segment selector index is outside descriptor table limits
    //如果段选择器索引超出了全局描述符表的界限
    OR segment selector's RPL ≠ CPL
    //或者当前请求特权级别（RPL）不等于当前特权级别（CPL）
    OR segment is not a writable data segment            //或者当前段不是可写的段
    OR DPL ≠ CPL  //或者描述符特权级别（DPL）不等于当前特权级别（CPL）
    THEN
        #GP(selector);                                   //直接触发#GP 异常
    FI;
    IF segment not marked present                        //若段描述符未标记为存在于内存中
    THEN
        #SS(selector);                                   //则触发#SS 异常
    ELSE                                                 //否则加载段数据
```

```
        SS := segment selector;
        SS := segment descriptor;
    FI;
FI;
```

### 5.8.3　ADD、MUL、DIV、SUB 指令

以下是加、减、乘、除四种基本算术操作的实现方式。

```
//ADD 指令：将源操作数加到目标操作数上
DEST := DEST + SRC;

//MUL 指令：执行乘法操作
IF (Byte operation)                              //如果操作是字节
THEN
    AX := AL * SRC;    //使用 AL 寄存器与源操作数进行乘法，将结果存储在 AX 寄存器中
ELSE (* Word or doubleword operation *)          //如果操作是字或双字
    IF OperandSize = 16                          //对于 16 位操作数，使用 AX 和 DX 寄存器
    THEN
        DX:AX := AX * SRC;  //AX 寄存器可能不足以存储结果，溢出的内容存储在 DX 寄存器中
    ELSE IF OperandSize = 32                     //对于 32 位操作数，使用 EAX 和 EDX 寄存器
        THEN EDX:EAX := EAX * SRC;               //使用 EAX 和 EDX 寄存器存储乘法结果
    FI;
    ELSE (* OperandSize = 64 *)                  //对于 64 位操作数，使用 RAX 和 RDX 寄存器
        RDX:RAX := RAX * SRC;                    //使用 RAX 和 RDX 寄存器存储乘法结果
    FI;
FI

//DIV 指令：执行除法操作
IF SRC = 0                                       //如果源操作数为 0，则抛出除法错误异常
THEN
    #DE; (* Divide Error *)
FI;
... //省略了 16 位和 64 位的除法计算，因为它们的处理方式与 32 位类似
IF  Operandsize = 32         //如果当前操作数为 32 位 (* Doubleword operation *)
THEN
    temp := EDX:EAX / SRC;   //使用 EDX:EAX 作为被除数进行 64 位除法
    IF temp > FFFFFFFFH      //如果结果溢出，则抛出除法错误异常
    THEN
        #DE; (* Divide error *)
    ELSE
        EAX := temp;         //商存储在 EAX 寄存器中，余数存储在 EDX 寄存器中
        EDX := EDX:EAX MOD SRC;
    FI;
FI
...
```

```
//执行减法操作
DEST := (DEST - SRC);              //从目标操作数中减去源操作数
```

### 5.8.4　LIDT/LGDT

中断描述符表和全局描述符表采用相同的加载逻辑。

```
IF Instruction is LIDT              //检查当前指令是否为加载中断描述符表（LIDT）
THEN
    IF OperandSize = 16             //如果操作数大小为16位
    THEN
        IDTR(Limit) := SRC[0:15];       //位0～15定义长度限制
        IDTR(Base) := SRC[16:47] AND 00FFFFFFH;  //位16～47定义中断描述符基址
    ELSE IF 32-bit Operand Size     //如果操作数大小为32位
    THEN
        IDTR(Limit) := SRC[0:15];       //位0～15定义长度限制
        IDTR(Base) := SRC[16:47];       //位16～47定义中断描述符基址
    FI;
ELSE IF 64-bit Operand Size (* In 64-Bit Mode *)
//如果操作数大小为64位（在64位模式下）
    THEN
        IDTR(Limit) := SRC[0:15];       //位0～15定义长度限制
        IDTR(Base) := SRC[16:79];       //位16～79定义中断描述符基址
    FI;
FI;
    ELSE (* Instruction is LGDT *)  //如果当前指令是加载全局描述符表（LGDT）
        IF OperandSize = 16
        THEN
            GDTR(Limit) := SRC[0:15];       //位0～15定义长度限制
            GDTR(Base) := SRC[16:47] AND 00FFFFFFH;
                                            //位16～47定义全局描述符基址
        ELSE IF 32-bit Operand Size
        THEN
            GDTR(Limit) := SRC[0:15];       //位0～15定义长度限制
            GDTR(Base) := SRC[16:47];       //位16～47定义全局描述符基址
        FI;
        ELSE IF 64-bit Operand Size (* In 64-Bit Mode *)
        //如果操作数大小为64位（在64位模式下）
        THEN
            GDTR(Limit) := SRC[0:15];       //位0～15定义长度限制
            GDTR(Base) := SRC[16:79];       //位16～79定义全局描述符基址
        FI;
    FI;
FI;
```

## 5.9 小　　结

本章从 Intel 的历史出发，讲述了其发展过程，并从历史中提炼出每个版本的关键内容进行详细阐述，具体内容如图 5.31 所示。这不仅是对历史的回顾，也是一种有效的学习方法：从历史中捕捉关键信息，并逐一深入理解。此外，本章内容为后续学习 Linux 代码奠定了基础。掌握了本章的要点后，读者应能独立查阅资料，构建一个基于 x86 架构的操作系统，因为操作系统的核心要素已在此进行了详尽讲解。若在研究过程中遇到不熟悉的指令，可以在《Intel 开发手册》的索引中进行查找。需要注意的是，某些指令可能无法直接检索到，例如 movzbl 指令。这类指令通常包含特定的操作位宽（在此例中，b 代表字节，l 代表零扩展（zero-extend）），在检索时，可以尝试从指令后部开始逐步删除字符，例如，通过搜索 movz 来找到 movzbl 指令的相关信息。

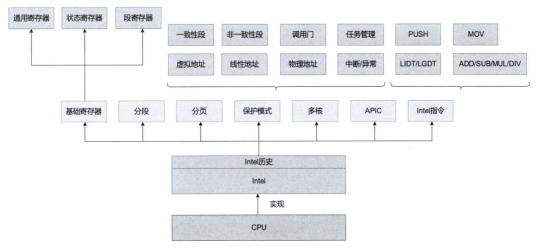

图 5.31　第 5 章总结图

# 第 6 章
# C 语言

C 是一种通用的计算机编程语言，由 Dennis Ritchie（丹尼斯·里奇）在 20 世纪 70 年代创建，至今仍被广泛使用并具有深远的影响力。它在操作系统、设备驱动程序和协议栈等领域中得到应用，但在应用软件开发中的使用正逐渐减少，因为 C 语言的优势在这些领域不再那么突出。C 语言广泛应用于从超级计算机到微控制器和嵌入式系统等不同规模的计算机体系结构研发中。作为编程语言 B 的后继者，C 语言最初由贝尔实验室的 Dennis Ritchie 在 1972 年至 1973 年间开发，用于编写在 UNIX 系统上运行的程序。随后，它被用于重新实现 UNIX 操作系统的内核。在 20 世纪 80 年代，C 语言逐渐普及，并已成为最广泛使用的编程语言之一。C 编译器支持几乎所有现代计算机体系结构和操作系统的开发。

《C 编程语言》一书由 C 语言的设计者之一 Brian Kernighan（布莱恩·柯林汉）和 Dennis Ritchie 合著，多年来一直被视为该语言的事实标准。自 1989 年起，C 语言已被美国国家标准协会（ANSI）和国际标准化组织（ISO）标准化。C 是一种命令式编程语言，支持结构化编程、变量作用域和递归，并具有静态类型系统。它被设计为编译型语言，以便提供对内存和硬件的低级访问，这些特性可以直接映射到机器指令，从而减少对运行时的支持需求。尽管 C 语言的功能较为基础，但其设计目的是促进跨平台编程。根据可移植性原则编写的符合标准的 C 程序，可以在各种计算机平台和操作系统上进行编译，通常只需对源代码进行少量修改。

本章将延续第 5 章的思路，从历史角度出发，探究其发展历程，并从中提取关键概念进行详细阐述。这样编排的目的是帮助读者构建一个系统的学习框架，这同样体现了本书的宗旨和价值。

## 6.1 C 标准历史（维基百科）

C 语言标准的历史是一段丰富多彩且充满变革的历程，它伴随着计算机科学的进步和应用领域的扩展而持续发展。以下是对 C 语言标准历史的概览，主要依据权威资料——维基百科的引用和汇编。

## 6.1.1 基于 B 语言的第一个 C 版本

在 1971 年，Dennis Ritchie 开始对 B 语言进行改进，以便更好地利用 PDP-11 的强大功能。一个关键的增强是引入了字符数据类型。他最初将这个新版本命名为 New B（NB）。Ken Thompson（肯·汤普森）开始使用 NB 编写 UNIX 内核，他的需求在很大程度上影响了语言的发展方向。到了 1972 年，NB 语言增加了更多丰富的数据类型，包括整数数组（int 数组）和字符数组（char 数组）。此外，NB 语言还增加了指针的概念，允许生成指向其他类型的指针，支持所有类型的数组，以及从函数返回不同类型的能力。在表达式中，数组的使用被转换为指针。为了支持这些新特性，他们编写了一个新的编译器，并将该语言正式更名为 C。C 语言的编译器和一些使用 C 编写的实用工具被包含在第二代 UNIX 系统中，即 Version 2 UNIX，也被称为 Research UNIX。

## 6.1.2 结构体和 UNIX 内核重写

在 1973 年 11 月发布的 UNIX 第 4 版中，UNIX 内核广泛采用了 C 语言进行重写。此时，C 语言已经增添了一些强大的功能，包括结构体（struct）类型。在 Alan Snyder（艾伦·斯奈德）的推动下，预处理器大约在 1973 年被引入，这一举措旨在借鉴 BCPL 和 PL/I 语言中文件包含机制的实用性。预处理器的初始版本仅支持包含文件、简单的字符串替换以及无参数宏。随后，Mike Lesk（迈克·莱斯克）和 John Reiser（约翰·雷瑟）对其进行了扩展，将宏与参数以及条件编译功能（如#include 和#define 指令）整合在一起。

UNIX 是最早使用除汇编语言之外的其他编程语言实现的操作系统内核之一。早期的实例包括 1961 年用于 Burroughs B5000 的 Multics 系统（使用 PL/I 编写）和主控制程序（MCP）（使用 ALGOL 编写）。大约在 1977 年，Dennis Ritchie 和 Stephen C. Johnson（约翰逊）对 C 语言进行了进一步改进，这些改进有助于提升 UNIX 操作系统的可移植性。约翰逊开发的便携式 C 编译器成为了新平台上多种 C 语言实现的基础。

## 6.1.3 *K&R C*

1978 年，Brian Kernighan 和 Dennis Ritchie 合作出版了《C 编程语言》的第 1 版。该书以作者名字的首字母缩写被简称为 *K&R*，长期以来一直被视为 C 语言的非正式标准。该书中描述的 C 语言版本通常被称为 *K&R C*，也被称为 *C78*。该书的第 2 版包含了后来的 ANSI C 标准。

K&R 引入了以下语言特性。
- ☑ 标准 I/O 库。
- ☑ long int 数据类型。
- ☑ unsigned int 数据类型。
- ☑ 复合赋值运算符的形式由=op 更改为 op=（例如，从=-更改为-=），以消除 i=-10 这类表达式的语义歧义。这种结构曾被误解为 i = -10（即将 i 减少 10），而实际上它的正确含义是 i = -10（即将 i 赋值为-10）。

即使在 1989 年 ANSI 标准发布之后，多年来，*K&R C* 仍被 C 程序员视为实现最大可移植性的"共同基础"，因为许多旧编译器仍在使用中，而且精心编写的 *K&R C* 代码也可以是合法的标准 C。在 C 语言的早期版本中，只有当函数的返回类型不是 int 时，才需要在定义之前声明；否则，未经声明的函数默认返回 int 类型。由于 *K&R* 中的函数声明不包含参数信息，因此编译器不会进行函数参数类型检查。如果本地函数被错误数量的参数调用，或者外部函数被不同数量或类型的参数多次调用，某些编译器会发出警告。为了应对这一问题，开发了如 UNIX 的 lint 等独立工具，这些工具可以检查多个源文件中函数使用的一致性。

在 *K&R C* 发布后的几年里，C 语言增添了一些新功能，并得到了 AT&T（特别是 PCC）以及其他供应商的编译器支持。
- ☑ void 函数（没有返回值的函数）。
- ☑ 返回 struct 或 union 类型的函数（之前只能返回单个指针、整数或浮点数）。
- ☑ struct 数据类型的赋值。
- ☑ 枚举类型（之前使用预处理器定义的整数常量，例如#define GREEN 3）。

标准库的广泛扩展和共识的缺乏，加之 C 语言的流行，以及 UNIX 编译器并未完全遵循 *K&R* 规范，这些因素共同催生了 C 语言标准化的需求。

## 6.1.4　ANSI C 和 ISO C

在 20 世纪 70 年代末至 20 世纪 80 年代，C 语言在各种大型、小型及微型计算机（包括 IBM 计算机）上得到部署，其受欢迎程度显著提高。

1983 年，美国国家标准协会（ANSI）成立了 X3J11 委员会，负责制定 C 语言的标准规范。X3J11 委员会基于 UNIX 系统上的 C 语言实现来制定标准；然而，UNIX C 库中不可移植的部分被转交给 IEEE 的 1003 工作组，这成为了 1988 年 POSIX 标准的基础。1989 年，C 语言标准被批准为 ANSI X3.159-1989《编程语言 C》。这个语言版本通常被称为 ANSI C、标准 C，有时也被称为 C89。

1990 年，国际标准化组织（ISO）采纳了 ANSI C 标准（并进行了一些格式上的修改），命名为 ISO/IEC 9899:1990，有时也称为 C90。因此，C89 和 C90 这两个术语指的是同一种编程语言。

ANSI 与其他国家标准机构一样，不再单独制定 C 语言标准，而是遵循由 ISO/IEC JTC1/SC22/WG14 工作组维护的国际 C 语言标准。各国/地区通常会在 ISO 发布新标准后一年内采纳更新的国际标准。

C 标准化过程的目标之一是创建一个 K&R C 的超集，该超集包含了后来引入的许多非官方功能。标准委员会还增加了额外的功能，如函数原型（源自 C++）、void 指针、对国际字符集和语言环境的支持，以及预处理器功能的增强。尽管参数声明的语法得到了扩展，以包含 C++ 中使用的风格，但为了保持与现有源代码的兼容性，K&R 风格的接口仍然被允许使用。

现代 C 编译器支持 C89 标准，而且大多数现代 C 代码都是基于这一标准编写的。任何仅使用标准 C 编写的、不依赖特定硬件的程序，都能在符合 C 标准的任何平台上，在其资源限制内正确运行（支持跨平台编译和运行，无须修改代码）。如果没有这种跨平台兼容性措施，程序可能只限于在特定平台或使用特定编译器编译。例如，程序可能因为使用了非标准库（如 GUI 库）或依赖于编译器或平台特定的属性（如数据类型的精确大小和字节序）而产生依赖性。

如果代码需要由符合标准的编译器或基于 K&R C 的编译器编译，可以使用 __STDC__ 宏来区分标准 C 和 K&R C 的代码部分，避免在基于 K&R C 的编译器上使用仅标准 C 提供的功能（这用于告知编译器应使用哪个标准进行编译）。在 ANSI/ISO 标准化之后，C 语言规范在数年内保持稳定。1995 年，ISO 和国际电工委员会（IEC）发布了 1990 年 C 标准的修正案 1（ISO/IEC 9899/AMD1:1995，非正式称为 C95），旨在纠正一些细节并增强对国际字符集的支持。

## 6.1.5　C99

C 标准在 20 世纪 90 年代末进行了修订，并于 1999 年发布了 ISO/IEC 9899:1999，通常被称为 C99。此后，该标准经过了三次技术勘误的修订。

C99 标准引入了多项新特性，包括内联函数、新增的数据类型（如 long long int 和用于表示复数的 complex 类型）、变长数组、灵活的数组成员、对 IEEE 754 浮点标准的改进支持、可变参数宏，以及如同 BCPL 和 C++ 中那样的单行注释（以 // 开头）。这些特性中的许多已经被多个 C 编译器作为扩展实现。

C99 标准大部分向后兼容 C90 标准，但在某些方面更为严格，特别是，不再默认缺少类型说明符的声明为 int 类型。标准宏 __STDC_VERSION__ 被定义为 199901L，用于指示 C99 标准的支持。GCC、Solaris Studio 和其他 C 编译器目前支持 C99 标准的大部分或全部新特性。然而，Microsoft Visual C++的 C 编译器实现了 C89 标准，并仅实现了与 C++ 11 兼容所需的 C99 标准部分。

此外，C99 标准要求支持以转义序列表示的 Unicode 标识符（例如\u0040 或\U0001f431），并建议编译器支持原始 Unicode 名称（例如在代码中使用中文字符也能正常编译）。

### 6.1.6 C11

2007 年，C 标准的再次修订工作启动，当时非正式地命名为 C1X，直到 2011 年 12 月 8 日，ISO/IEC 9899:2011 正式发布。C 标准委员会采纳了指导原则，旨在限制引入未在现有实现中测试过的新特性。

C11 标准为 C 语言及其标准库引入了众多新特性，包括类型泛型宏、匿名结构体、增强的 Unicode 支持、原子操作、多线程以及边界检查函数。此外，C11 标准将 C99 标准库中的一些功能设为可选，并提升了与 C++的兼容性。标准宏__STDC_VERSION__被定义为 201112L，用于指示 C11 标准的支持。

### 6.1.7 小结

C 语言在 C11 标准之后仍在继续发展，但这些后续版本并未引入新特性，而是对 C11 标准中的缺陷进行了修复。综合前文，C 语言的核心内容包括：预处理（包括宏定义）、基本数据类型、标准输入/输出库、复合赋值运算（包括浮点运算如 float 和 double）、函数、void 类型、结构体（struct）、联合体（union）、枚举（enum）、指针、数组、内联函数、变长数组、注释等。接下来的章节将基于这些内容进行详细讲解。

## 6.2 宏 定 义

最初，宏定义仅涉及简单的文本替换。但随着 C 语言的发展，宏的功能日益增强，导致原有的简单替换已无法满足需求。因此，GCC 提供了一个专门的程序来处理宏，即 cccp.c（或在更高版本中为 libccp/directives.cc 文件），该程序根据宏的标识实现了基本的编译功能。

- ☑ #define：用于定义宏。例如，#define Version 1.0.0，在代码中所有出现 Version 的地方都会被替换为 1.0.0。参数化宏的用法如#define Max(numA, numB) ((numA) > (numB) ? (numA) : (numB))，这样可以在使用的地方展开通用代码。
- ☑ #include：用于包含文件，例如 #include <stdio.h>。在宏替换过程中，stdio.h 文件中的所有内容都会被插入使用#include 指令的文件中。尖括号< >表示从系统或命令行指定的路径中搜索文件，例如使用 gcc -I ./include 来指定包含路径；系统的默认路径如/usr/include。另一种使用方式是#include "stdio.h"，其中双引号" "表示相对路径，即相对于当前使用#include 指令的文件所在目录。

- ☑ #if：用于条件判断，通常与 #endif 一起使用。在 #if 和 #endif 之间的代码是否被编译取决于 #if 的条件。例如，#if Version != 1.0.0 表示如果当前版本不是 1.0.0，则保留下方代码进行编译，否则这些代码将被忽略，不参与编译。
- ☑ #ifdef：用于检查指定的宏是否已定义。例如，使用#ifdef Max，如果宏 Max 已定义，则保留后续代码，其作用与#if 相同。
- ☑ #ifndef：与#ifdef 相反，用于检查某个宏是否未被定义。常用于头文件中，以防止同一文件被多次包含，导致重复定义的问题。例如，使用#ifndef Version_H。
- ☑ #else：与#if 结合使用，用于指定条件不成立时的代码块。
- ☑ #elif：相当于 else if，用于在#if 条件链中提供额外的条件判断。
- ☑ #undef：用于移除某个宏的定义。在编译时，每个文件可能需要使用自己的宏定义，如果其他文件已经定义了该宏，则需要先移除它，然后重新定义。
- ☑ #line：指示预处理器将编译器的行号和文件名报告值设置为指定的行号和文件名。例如，使用#line 20 "hello.c"表示当前处理的是 hello.c 文件的第 20 行代码。该指令通常与__LINE__和__FILE__这两个宏配合使用，通过输出可以准确地确定当前程序运行的位置信息。
- ☑ #error：该指令在编译时发出用户指定的错误消息，并随后终止编译。正确的使用方式是#error "编译器版本过低"。该指令通常与#if 指令配合使用，以便在特定条件不满足时发出错误消息并终止编译。
- ☑ #pragma：该指令是一种编译器辅助命令，用于控制编译器的行为或生成特定的信息。例如，使用#pragma message("这是一个编译消息")可以在编译时输出信息；而#pragma GCC optimize ("O0")则指示编译器不对当前文件进行优化。#pragma 支持多种指令，感兴趣的读者可以自行深入了解。

## 6.3 变量与常量

变量与常量是两个相对的概念：变量代表可变的数据，而常量代表永久不变的数据。它们都用于描述数据，但具有不同的属性——变量允许数据被修改，而常量则不允许修改。在第 4 章中，我们介绍了变量声明的格式，即"类型 名称;"。这里的类型可以是基本数据类型，如第 2 章所述，也可以是结构类型，我们将在后续章节中介绍。要标识一个常量，我们通常在其声明前加上关键字 const。此外，还有一个重要的属性是作用域，作用域的内容及其实现原理在第 4 章中已经详细讨论。需要注意的是，这些讨论都是基于编译器的视角；在汇编语言层面，数据的表示和操作方式会有所不同。

```
//gcc xx.c -o a.out              //编译下方代码
int test1=0xffaa;                //变量
const int test2=0xffbb;          //常量
static test3=0xffcc;             //静态变量（作用域）
int main(){
  {
    int test1 = 0xffdd;          //作用域
    printf("%d",test1);
  }
  printf("%d,%d,%d",test1,test2,test3);
}

//main 函数部分内容
//objdump -D a.out               //反编译得到下方汇编
...
    地址       二进制                    汇编      汇编参数              注释
    1151:    48 83 ec 10              sub       $0x10,%rsp          从栈中分配局
                                                                     部变量test1
    1155:    c7 45 fc dd ff 00 00     movl      $0xffdd,-0x4(%rbp)  # 将 0xffdd
                                                                     设置到分配中
    115c:    8b 45 fc                 mov       -0x4(%rbp),%eax     # test1
                                                                     0xffdd
    115f:    89 c6                    mov       %eax,%esi
    1161:    48 8d 05 a0 0e 00 00     lea       0xea0(%rip),%rax    # 2008
                                                                     <test2+0x4>
    1168:    48 89 c7                 mov       %rax,%rdi
    116b:    b8 00 00 00 00           mov       $0x0,%eax
    1170:    e8 db fe ff ff           call      1050 <printf@plt>
    1175:    8b 15 99 2e 00 00        mov       0x2e99(%rip),%edx   # 4014
                                                                     <test3>
    117b:    be bb ff 00 00           mov       $0xffbb,%esi
    1180:    8b 05 8a 2e 00 00        mov       0x2e8a(%rip),%eax   # 4010
                                                                     <test1>
...
//test2 内容
0000000000002004 <test2>:
    2004:    bb ff 00 00              mov       $0x250000ff,%ebx
...
//查看符号表
//objdump -t a.out
//地址                属性     类型          大小                    符号名
0000000000004014     l       0 .data       0000000000000004        test3
0000000000004010     g       0 .data       0000000000000004        test1
0000000000002004     g       0 .rodata     0000000000000004        test2
```

通过反编译，我们发现 test2 的内容与代码存储在一起，即常量数据的内存位置位于代码段中。由于加载的代码段通常是不可写的，这确保了常量的不可修改特性。如果需要修改常量，可以将它所在的代码段或分页设置为可写。另外，如果局部变量 test1 被声明为常量，直接修改它将导致编译器报错，因为常量是不允许被修改的。然而，如果通过指针间接修改它，则不会引发异常，因为栈上的内存是可读写的。test2 是定义在代码段中的常量，因此不允许通过指针修改。关于 test2 的地址，注释中提到的地址是 0x2008，而非代码段的起始地址 0x2004，这多出的+4 偏移量是怎么回事？这需要检查 test2 的内存部分，我们看到它的存储顺序为 0xbbff0000，这与源码中设置的值 0xffbb 不符。这里需要引入一个新的概念——端序。在多个字节的存储上，有两种方式：大端序（从左往右读时，最左边的字节是最高位）和小端序（与大端序相反）。Intel 处理器使用的是小端序，因此它的代码以小端序存储。在读取时，需要按照小端序的规则进行，所以地址会偏移+4。

在 main 方法外部定义了 test1 和 test3，它们形成了对比，这两个变量都存储在数据段中。由于在代码中只能看到数据段的地址，而无法查看具体的数据描述，因此需要通过查看符号表来获取详细信息。经过检查，我们发现这两个变量在内存空间中是连续的，但它们的作用域属性不同：test1 是全局作用域（标记为 G，即 global），而 test3 是文件作用域（标记为 L，即 local）。在汇编代码中，这三个变量（包括 main 方法中的变量）的表示存在差异，这将在汇编代码中体现出来。

```
        .globl   test1              #全局变量
        .data                       #数据段
        .align 4                    #4 字节对齐
        .type    test1, @object     #对象类型
        .size    test1, 4           #大小为 4 字节
test1:
        .long    65450              #test1 的初始值为 0xffaa

        .globl   test2              #全局变量
        .section   .rodata          #只读数据，代表分配在代码段中
        .align 4
        .type    test2, @object
        .size    test2, 4
test2:
        .long    65467              #test2 的初始值为 0xffbb

        .data                       #数据段，test3 没有使用.globl，因此它是文件作用域
        .align 4
        .type    test3, @object
        .size    test3, 4
test3:
        .long    65484              #test3 的初始值为 0xffcc
```

局部变量 test1 比较特殊，它是在程序运行时从栈上分配的。在汇编代码的第 1151 行，每次进入 main 方法时，都会在栈上分配 0x10（16 个字节）。在后续的使用中，通过 esp/rsp 寄存器进行减法操作来使用这些空间。虽然这里只使用了 4 个字节（因为 int 类型），但分配了 16 个字节，这是因为在某些情况下，为了提高性能，会牺牲一定的空间来实现字节对齐。

通过上述代码分析，我们了解了作用域（全局、文件、局部）、读写属性（只读、读写）以及分配方式（栈上分配、数据段分配、代码段分配）这三个维度的实现方式。全局变量表示其他程序可以读取，对外暴露符号（在 ELF 文件中详细讲述）。文件作用域（static）可用于 C 语言的模块化开发，为了保护数据安全，将数据设置为 static，并提供相应的操作方法供外部使用。

## 6.4 函　　数

函数被定义为执行特定功能的代码段，它包含输入和输出。在 C 语言中，函数可以定义为有零个或一个输出（返回值），以及一个或多个输入（参数）。

```
//定义无返回值，两个参数的函数
void no_return(int a,int b){

}
//定义有返回值，多个参数的函数
int add(int a,int b,int c,int d,int e,int f,int r,int t,int y,int u){
    return a+b+c+d;
}
//函数调用
int main(){
    no_return(1,3);
    int a = add(1,3,3,4,3,3,3,4,3,3);
}
//使用 GCC 进行编译时不进行优化
//对应的汇编代码
0000000000001129 <no_return>:
    1129:   f3 0f 1e fa             endbr64
    112d:   55                      push    %rbp
    112e:   48 89 e5                mov     %rsp,%rbp
    1131:   89 7d fc                mov     %edi,-0x4(%rbp)
    1134:   89 75 f8                mov     %esi,-0x8(%rbp)
    1137:   90                      nop
    1138:   5d                      pop     %rbp
    1139:   c3                      ret
000000000000113a <add>:
    113a:   f3 0f 1e fa             endbr64
```

```
 113e:    55                      push    %rbp
 113f:    48 89 e5                mov     %rsp,%rbp
 1142:    89 7d fc                mov     %edi,-0x4(%rbp)
 1145:    89 75 f8                mov     %esi,-0x8(%rbp)
 1148:    89 55 f4                mov     %edx,-0xc(%rbp)
 114b:    89 4d f0                mov     %ecx,-0x10(%rbp)
 114e:    44 89 45 ec             mov     %r8d,-0x14(%rbp)
 1152:    44 89 4d e8             mov     %r9d,-0x18(%rbp)
 1156:    8b 55 fc                mov     -0x4(%rbp),%edx
 1159:    8b 45 f8                mov     -0x8(%rbp),%eax
 115c:    01 c2                   add     %eax,%edx
 115e:    8b 45 f4                mov     -0xc(%rbp),%eax
 1161:    01 c2                   add     %eax,%edx
 1163:    8b 45 f0                mov     -0x10(%rbp),%eax
 1166:    01 d0                   add     %edx,%eax
 1168:    5d                      pop     %rbp
 1169:    c3                      ret

0000000000000116a <main>:
 116a:    f3 0f 1e fa             endbr64
 116e:    55                      push    %rbp
 116f:    48 89 e5                mov     %rsp,%rbp
 1172:    48 83 ec 10             sub     $0x10,%rsp
 1176:    be 03 00 00 00          mov     $0x3,%esi
 117b:    bf 01 00 00 00          mov     $0x1,%edi
 1180:    e8 a4 ff ff ff          call    1129 <no_return>
 1185:    6a 03                   push    $0x3
 1187:    6a 03                   push    $0x3
 1189:    6a 04                   push    $0x4
 118b:    6a 03                   push    $0x3
 118d:    41 b9 03 00 00 00       mov     $0x3,%r9d
 1193:    41 b8 03 00 00 00       mov     $0x3,%r8d
 1199:    b9 04 00 00 00          mov     $0x4,%ecx
 119e:    ba 03 00 00 00          mov     $0x3,%edx
 11a3:    be 03 00 00 00          mov     $0x3,%esi
 11a8:    bf 01 00 00 00          mov     $0x1,%edi
 11ad:    e8 88 ff ff ff          call    113a <add>
 11b2:    48 83 c4 20             add     $0x20,%rsp
 11b6:    89 45 fc                mov     %eax,-0x4(%rbp)
 11b9:    b8 00 00 00 00          mov     $0x0,%eax
 11be:    c9                      leave
 11bf:    c3                      ret
```

如上述代码所示，函数实际上是在连续的代码空间中标记了一个汇编标签（label），以便使用 call 指令通过该标签进行跳转。在实际运行时，使用的是地址，例如 add 函数的地址是 0x113a。在执行 call 指令时，我们看到的是具体的地址号码，而不是标签。尽管在汇编代码中出现了 <add>，这是因为 ELF 符号表的关系，它可以通过反编译工具看到。因此，C 语言的函数在编译时将所有代码连续组合在一起，调用时只需将函数名替换为相应的地址即可。

no_return 函数的参数通过 esi/edi 寄存器进行传递,但在函数内部却使用了 ebp 寄存器来访问栈空间(此处提到的 esp 是栈顶指针,如图 5.26 所示,栈是向下生长的,即使用 esp-4 来表示在栈上分配了 4 个字节的空间)。使用 ebp-4 来引用空间是有风险的,因为如果不通过修改 esp 来分配栈空间,而是直接使用 ebp 进行分配,那么在后续的函数调用中可能会覆盖掉 ebp-4 位置的数据。然而,这里之所以可以这样编译,是因为 no_return 函数内部没有进行其他函数调用,因此可以忽略这个问题。感兴趣的读者可以自行实验,如果函数内部包含其他函数调用,那么可能会看到类似于 sub xxx,%esp 的指令来调整栈空间。

在 add 函数中,参数传递既使用了寄存器也使用了栈。这样做是为了完整地展示参数传递过程,因此使用了较多的参数,导致寄存器不足以容纳所有参数。优先使用寄存器的原因很简单,因为 mov 指令操作寄存器的速度非常快,由于寄存器紧邻 CPU,其访问时间几乎可以忽略不计。不过,这里的实现并没有完全追求性能,因为在释放寄存器时,仍然使用了栈空间进行内存访问,这样做是为了保持代码的通用性。即使 no_return 是一个空函数,也遵循了相同的约定。需要注意的是,这里的编译没有启用编译器优化,一旦启用优化,这些细节可能就会被改变。至于返回值,在 C 语言中,通常将返回值存储在%eax 寄存器中,对于非常规的返回值处理将在后续进行介绍。

前文提到,函数是执行特定功能的代码块,这是理想的情况。函数即使不执行任何操作,只要遵循 C 语言的定义规范,就仍然被视为一个函数。下面的代码展示了函数的汇编表示,它与反编译的结果相似,但包含了一些额外的描述符,其内容与变量基本相同。

```
        .text
        .globl   no_return            #全局描述符为no_return,若是static,则没有此属性
        .type    no_return, @function    #指定no_return 的类型为函数
no_return:
.LFB0:
        endbr64
        pushq    %rbp
        movq     %rsp, %rbp
        movl     %edi, -20(%rbp)
        movl     %esi, -24(%rbp)
        movl     -20(%rbp), %eax
        addl     $4, %eax
        movl     %eax, -4(%rbp)
        nop
        popq     %rbp
        ret
.LFE0:
        .size    no_return, .-no_return    #记录函数的大小,
                                           # "." 代表当前-no_return 的位置,
                                           #用于计算函数的字节大小
```

内联函数的设计目的是减少因函数调用而产生的栈帧开销（参见图 5.21）。有些简单的方法虽然在编写时被定义为函数，但若在函数定义前添加了 inline 关键字，编译器会将对该函数的调用直接替换为函数体内的代码，类似于宏展开，但这里声明的是一个函数而不是宏。

```
//inline 关键字并不总是导致函数展开
//为了演示这一特性，这里使用 __attribute__ (always_inline))
//它指示编译器在所有情况下都应展开该函数
//使用 static 关键字的原因是，如果不使用它，函数将被视为其自外部链接的全局函数
//即使在展开的同时，也会保留函数的定义
//加上 static 后，函数在展开到调用点后，就不会保留原函数的定义
//由于 inline 关键字在不同的 C 语言标准下的行为可能不同
//这里使用编译器命令 gcc -std=gnu90 来编译 a.c，以使用 gnu90 标准来解析 inline
__attribute__((always_inline)) static inline  int  add(int a,int b){
    return a+b;
}
int main(){
    return add(2,3);
}
...
//在这里，函数 add 被完全展开到 main 函数中
0000000000001129 <main>:
    1129:   f3 0f 1e fa             endbr64
    112d:   55                      push   %rbp
    112e:   48 89 e5                mov    %rsp,%rbp
    1131:   c7 45 f8 02 00 00 00    movl   $0x2,-0x8(%rbp)
    1138:   c7 45 fc 03 00 00 00    movl   $0x3,-0x4(%rbp)
    113f:   8b 55 f8                mov    -0x8(%rbp),%edx
    1142:   8b 45 fc                mov    -0x4(%rbp),%eax
    1145:   01 d0                   add    %edx,%eax
    1147:   5d                      pop    %rbp
    1148:   c3                      ret
...
```

## 6.5 数组与指针

数组（array）是一种由相同类型的元素（element）组成的集合，形成了一种数据结构，通常存储在内存或磁盘上的一块连续空间中。通过元素的索引（index），我们可以计算出该元素在存储空间中的地址。这与内存的设计理念相似，内存由字节组成，每个字节都有一个对应的内存地址，因此内存可以被视为一个字节数组。然而，内存的解析并不局限于字节。根据前文提到的步长概念，当内存地址的解析步长为 1 字节时，它被视为字节数组；

如果以整型（int）的步长来解析，则可以视为整型数组。在 C 语言中，数组以元素类型来确定内存的解析步长。例如，声明一个数组：int num[10]，这是一个包含 10 个整型元素的数组，每个元素占用 4 字节，因此总空间大小为 10 乘以 4，即 40 字节。通过 num[x] 的方式可以访问数组中索引为 x 的元素，其原理是计算地址 num + (4 * x) 并取出该地址处的值。

指针（pointer）是一种数据类型，用于存储或表示内存地址，该地址直接指向存储在该位置的对象的值。在内存中，每个数据项都有一个对应的地址。如前所述，变量通常存储数据值，而指针则存储的是其他数据的内存地址。声明如下：int *num_ptr，这样就声明了一个指向 int 类型数据的指针，它用于存储某个 int 类型数据的内存地址。

有趣的是，在 C 语言中，数组名可以直接赋值给指针，这被视为一种语法糖。因此，很多人错误地认为数组就是指针。然而，这是不正确的，因为数组名表示的是数组的首地址，而指针是一个单独的变量，它可以存储任何类型的地址，这是数组与指针之间的一个重要区别。

```
#include <stdio.h>
char a[9]  ="abcfaaaa\0";
char* b = a;

int main(){
    char *c = a;
    printf("%s,%s,%c,%c",a,b,a[0],*c);
}

//gcc -O0 a.c
0000000000001149 <main>:
    1149:   f3 0f 1e fa             endbr64
    114d:   55                      push     %rbp
    114e:   48 89 e5                mov      %rsp,%rbp
    1151:   48 83 ec 10             sub      $0x10,%rsp
    1155:   48 8d 05 b4 2e 00 00    lea      0x2eb4(%rip),%rax
# 4010 <a> 根据 eip 与偏移获取 a 的地址
    115c:   48 89 45 f8             mov      %rax,-0x8(%rbp)
# 将地址存储到 rbp 中，由上方 sub 在栈中开辟的空间
    1160:   48 8b 45 f8             mov      -0x8(%rbp),%rax
# 获取局部变量 c，即上条指令存储的数据
    1164:   0f b6 00                movzbl   (%rax),%eax
# (%rax)=*c，即 rax 存储的是一个地址，从这个地址中获取一个字节数据
    1167:   0f be c8                movsbl   %al,%ecx
# 将获取的一个字节数据存储到 ecx 中，此处使用 ecx 作为传参寄存器
    116a:   0f b6 05 9f 2e 00 00    movzbl   0x2e9f(%rip),%eax
# 4010 <a> 从 a 处读取一个字节
    1171:   0f be d0                movsbl   %al,%edx
# 然后将读取的一个字节存储到 edx 中
    1174:   48 8b 05 a5 2e 00 00    mov      0x2ea5(%rip),%rax
```

# 第 6 章 C 语言

```
#4020 <b> 将 b 的地址赋值给 rax 作为参数
    117b:   41 89 c8                mov    %ecx,%r8d
#修改传参寄存器，将 ecx 改为 r8d
    117e:   89 d1                   mov    %edx,%ecx
#将 edx 修改为 ecx
    1180:   48 89 c2                mov    %rax,%rdx
#将 rax 修改为 rdx
    1183:   48 8d 05 86 2e 00 00    lea    0x2e86(%rip),%rax
#4010 <a> 获取 a 的地址并将其赋值给 rax
    118a:   48 89 c6                mov    %rax,%rsi
#将 rax 修改为 rsi
    118d:   48 8d 05 70 0e 00 00    lea    0xe70(%rip),%rax
#2004 <_IO_stdin_used+0x4> 获取字符串"%s,%s,%c,%c"的地址
    1194:   48 89 c7                mov    %rax,%rdi
#将其设置为 rdi
    1197:   b8 00 00 00 00          mov    $0x0,%eax
#清空 eax 中的数据，防止由于非内使用 eax 导致数据计算错误
    119c:   e8 af fe ff ff          call   1050 <printf@plt>
#调用打印方法
...
0000000000002000 <_IO_stdin_used>:
#此处为数据段，所以反编译的代码都是无效的，它们都是数据而非代码
    2000:   01 00                   add    %eax,(%rax)
    2002:   02 00                   add    (%rax),%al
    2004:   25 73 2c 25 73          and    $0x73252c73,%eax
#从_IO_stdin_used + 4 开始。0x25=%, 0x73=s, 以此类推
    2009:   2c 25                   sub    $0x25,%al
    200b:   63                      .byte  0x63
    200c:   2c 25                   sub    $0x25,%al
    200e:   63 00                   movsxd (%rax),%eax
...
0000000000004010 <a>:
#Intel 没有 0x61 指令，所以是错误的。此处的内容便是字符串"abcfaaaa"
    4010:   61                      (bad)
    4011:   62 63 66 61 61          (bad)
    4016:   61                      (bad)
    4017:   61                      (bad)
...
0000000000004020 <b>:
#b 因为是小端序，所以是 0x1040，将其转为大端序则是 0x4010，这便是指针指向 a 变量的原理
    4020:   10 40 00                adc    %al,0x0(%rax)
    4023:   00 00                   add    %al,(%rax)
    4025:   00 00                   add    %al,(%rax)
```

如上所示，地址 1155～115c 行的反汇编代码实现了 char *c = a; 这一语句。即使直接将数组 a 的地址赋值给指针 c，编译器也不会报错或发出任何警告。这里使用了 lca 指令，该指令用于计算操作数的有效地址。接下来，地址 1164 行的代码对应于*c 的操作，此时 rax

寄存器存储的是数组 a 的起始地址 0x4010。由于 mov 指令在此处用于访问内存地址中的数据，因此使用括号来指示 mov 指令应该操作的是地址 rax 所指向的数据，而不是 rax 寄存器中的数值本身。地址 1164 行的指令代表从 rax 寄存器所存储的内存地址中读取一个字节，并将其存储到 eax 寄存器中。在分析函数参数传递时，需要注意的是，在高级语言（如 C 语言）中，函数参数的传递顺序是从左到右，而在汇编语言中，根据调用约定，参数通常是从右向左通过寄存器传递的。

```
#假设在main方法中加入此段代码
  int* d = (int*)a;
  printf("%x,%c",*d++,a[2]);
...
#对应的反汇编代码如下
0000000000001149 <main>:
...
 a[2]
    11a1:   48 8d 05 68 2e 00 00    lea    0x2e68(%rip),%rax
    #4010 <a>：将变量 a 的地址加载到 rax 寄存器中
    11a8:   48 89 45 f8             mov    %rax,-0x8(%rbp)
    #将 rax 寄存器的值存储到栈中，由于代码的变化，前一段代码中的偏移量+0x8 将被调整为 +0x10
    11ac:   0f b6 05 5f 2e 00 00    movzbl 0x2e5f(%rip),%eax
    #4012 <a+0x2>：如前所述，参数传递是从右向左进行的
    #因此这里处理的是数组 a 的第 三 个元素（a[2]）
    11b3:   0f be d0                movsbl %al,%edx
    #由于字符（char）和字节（byte）都是一个字节，所以此步长为 1
    #获取的是索引为 2 的值，即偏移量为+0x2
    11b6:   48 8b 45 f8             mov    -0x8(%rbp),%rax
    #从栈中取出 a 的地址
    11ba:   48 8d 48 04             lea    0x4(%rax),%rcx
    #将 a 的地址加上 4 的地址，并将结果存储到寄存器 rcx 中
    11be:   48 89 4d f8             mov    %rcx,-0x8(%rbp)
    #将 rcx 寄存器中存储的地址复制到栈中
    #因为 rcx 已经递增（即增加了 4），所以需要修改栈中的地址
    11c2:   8b 00                   mov    (%rax),%eax
    #获取 a 地址中的值并将其赋值给 eax 寄存器
    11c4:   89 c6                   mov    %eax,%esi
    #将获取到的值放置到 esi 寄存器中，作为参数传递
    11c6:   48 8d 05 43 0e 00 00    lea    0xe43(%rip),%rax
    #2010 <_IO_stdin_used+0x10> 读取字符串"%x,%c"
    11cd:   48 89 c7                mov    %rax,%rdi
    11d0:   b8 00 00 00 00          mov    $0x0,%eax
    11d5:   e8 76 fe ff ff          call   1050 <printf@plt>
```

上方代码片段说明了指针的步长问题。当执行*d++时，由于 d 的类型是 int（其步长为 4 字节），因此代码中使用 lea rax+4,rcx 来递增指针。然而，在访问数组 a[2]时，由于 char 类

型的步长为 1 字节,因此直接在 a 的地址上加 2 即可获取到所需元素。仔细审查上述代码,可以发现存在错误:原本应该输出 d 指针递增 4 字节后的数据,但实际上输出的是 d 指向的原始数据。这是因为操作符的优先级问题,*d++虽然先进行计算,但在后续使用时却重新获取了 rax 的值,而不是已经计算好的 rcx。这种情况提醒读者在编程时需特别注意操作符的优先级。这也验证了优先级的实现逻辑(因为仅从 C 代码来看,可能会误以为先进行参数传递再进行计算,但实际上计算和参数传递是两个独立的步骤)。编译后的汇编代码与反编译结果基本一致,只是将反编译中的具体地址偏移改为了汇编中的标签。具体的细节不再赘述,感兴趣的读者可以自行查阅。

总结:数组本身不是指针,而是编译器提供的一种语法糖,帮助开发者更方便地获取地址。如果需要显式地获取地址,可以通过&a 来获取数组 a 的地址,也就是说,将 int *d = (int*)a 改为 int *d = (int*)&a,结果是一样的。在 C 语言中,获取地址中的值是通过*操作符,而在汇编语言中,则使用括号()来实现。

指针用于存储地址,这不仅包括数据地址,还可以是代码地址,即函数的地址,这种指针被称为函数指针。

```
#简单的加法函数
int add(int a,int b){
  return a+b;
}

int main(){
    #定义一个函数指针 add2,它的地址指向 add
    int (*add2)(int, int) = add;
    #与直接调用 add 一样使用 add2
    add2(2,3);
    add(2,3);
    return 1;
}
...
0000000000001129 <add>:
    1129:   f3 0f 1e fa             endbr64
...
0000000000001141 <main>:
    1141:   f3 0f 1e fa             endbr64
    1145:   55                      push   %rbp
    1146:   48 89 e5                mov    %rsp,%rbp
    1149:   48 83 ec 10             sub    $0x10,%rsp
    114d:   48 8d 05 d5 ff ff ff    lea    -0x2b(%rip),%rax
#1129 <add>,同样根据 lea 指令获取
    1154:   48 89 45 f8             mov    %rax,-0x8(%rbp)
    1158:   48 8b 45 f8             mov    -0x8(%rbp),%rax
    115c:   be 03 00 00 00          mov    $0x3,%esi
```

```
1161:   bf 02 00 00 00          mov     $0x2,%edi
1166:   ff d0                   call    *%rax
#与正常调用相同使用call指令,只是此处通过rax而不是具体地址
1168:   be 03 00 00 00          mov     $0x3,%esi
116d:   bf 02 00 00 00          mov     $0x2,%edi
1172:   e8 b2 ff ff ff          call    1129 <add>
1177:   b8 01 00 00 00          mov     $0x1,%eax
117c:   c9                      leave
117d:   c3                      ret
```

还存在一种特殊的指针类型 void*,它可以指向任何类型的地址(也称为通用指针)。例如,可以声明一个 void* 类型的指针 void* ptr = &intVar/&longVar/&charVar,然后在需要使用它时将其转换回原始类型。这种使用方式可以类比为 Java 中的 Object 对象,但它们并不完全相同。

## 6.6 结 构 体

结构体(struct)是一种基本的数据结构,它由一系列相关字段组成,这些字段可以由不同的数据类型构成,并且通常具有固定的数量和顺序。在结构体中,每个字段有时被称为元素,但为了避免与数组中的元素概念混淆,更恰当的称呼是属性。结构体中的属性也存在步长,但与数组不同,结构体的步长是由每个属性的类型决定的,而不是统一由一个固定类型确定。

```
#include <stdio.h>
#后续结构体使用1字节对齐,这意味着结构体的大小将仅由其成员的实际大小决定
#不会因为对齐而增加结构体的大小
#pragma pack(1)
#student 结构体
struct student {
    char* name;              #姓名
    int age;                 #年龄
    char gender;             #性别
    long number;             #学号
};

int main(){
    struct student stu;      #创建一个结构体
    stu.name = "hundun";     #设置名字为hundun
    stu.age = 5000;          #设置年龄5000岁
    stu.gender= 'M';         #设置性别为男
    stu.number = 1;          #设置学号为1
    #打印内容
```

```
    printf("name:%s,age:%d,gender:%c,number:%ld\n",stu.name,
    stu.age,stu. gender,stu.number);
}
...
0000000000001149 <main>:
    1149:   f3 0f 1e fa             endbr64
    114d:   55                      push    %rbp
    114e:   48 89 e5                mov     %rsp,%rbp
    1151:   48 83 ec 20             sub     $0x20,%rsp
    1155:   48 8d 05 ac 0e 00 00    lea     0xeac(%rip),%rax
#2008 <_IO_stdin_used+0x8> 获取字符串中"hundun"的地址
#并将其存储到 rax 寄存器中
    115c:   48 89 45 e0             mov     %rax,-0x20(%rbp)
#将地址存储到栈中，偏移量为-0x20
    1160:   c7 45 e8 88 13 00 00    movl    $0x1388,-0x18(%rbp)
#0x1388=5000，此处将 5000 存储到栈中，偏移量为-0x18,0x20-0x18 中有 8 个字节
    1167:   c6 45 ec 4d             movb    $0x4d,-0x14(%rbp)
# 0x4d 是 ascii 的 M 数值，将其存储到栈中，偏移量为-0x14
    116b:   48 c7 45 f0 01 00 00    movq    $0x1,-0x13(%rbp)
#将 1 存储到栈中-0x13 处
    1172:   00
    1173:   48 8b 75 f0             mov     -0x13(%rbp),%rsi
#将存储到栈中的数据依次取出，用于按照打印函数的参数顺序进行传递
    1177:   0f b6 45 ec             movzbl  -0x14(%rbp),%eax
    117b:   0f be c8                movsbl  %al,%ecx
    117e:   8b 55 e8                mov     -0x18(%rbp),%edx
    1181:   48 8b 45 e0             mov     -0x20(%rbp),%rax
    1185:   49 89 f0                mov     %rsi,%r8
    1188:   48 89 c6                mov     %rax,%rsi
    118b:   48 8d 05 7e 0e 00 00    lea     0xe7e(%rip),%rax
#2010 <_IO_stdin_used+0x10>
    1192:   48 89 c7                mov     %rax,%rdi
    1195:   b8 00 00 00 00          mov     $0x0,%eax
    119a:   e8 b1 fe ff ff          call    1050 <printf@plt>
...
0000000000002000 <_IO_stdin_used>:
    2000:   01 00                   add     %eax,(%rax)
    2002:   02 00                   add     (%rax),%al
    2004:   00 00                   add     %al,(%rax)
    2006:   00 00                   add     %al,(%rax)
    2008:   68 75 6e 64 75          push    $0x75646e75
# 68 75 6e 64 75 6e 对应 hundun 六个字符
    200d:   6e                      outsb   %ds:(%rsi),(%dx)
    200e:   00 00                   add     %al,(%rax)
    2010:   6e                      outsb   %ds:(%rsi),(%dx)
#从 6e~0a 是打印字符信息
    2011:   61                      (bad)
    2012:   6d                      insl    (%dx),%es:(%rdi)
```

```
2013:    65 3a 25 73 2c 61 67       cmp        %gs:0x67612c73(%rip),%ah
# 67614c8d <_end+0x67610c75>
201a:    65 3a 25 64 2c 67 65       cmp        %gs:0x65672c64(%rip),%ah
# 65674c85 <_end+0x65670c6d>
2021:    6e                         outsb      %ds:(%rsi),(%dx)
2022:    64 65 72 3a                fs gs jb 2060 <__GNU_EH_FRAME_HDR+0x28>
2026:    25 63 2c 6e 75             and        $0x756e2c63,%eax
202b:    6d                         insl       (%dx),%es:(%rdi)
202c:    62 65                      (bad)
202e:    72 3a                      jb         206a <__GNU_EH_FRAME_HDR+0x32>
2030:    25 6c 64 0a 00             and        $0xa646c,%eax
```

通过 #pragma pack(1)，我们将结构体的对齐方式设置为 1 字节。因此，在汇编代码中，我们可以看到指令 movq $0x1,-0x13(%rbp)，而不是 movq$0x1,-0x18(%rbp)。在 64 位系统中，指针占用 8 字节，因此 name 和 age 成员之间的间隔是 8 字节。同样，long 类型也占用 8 字节。由于 number 是结构体的最后一个成员，其后的对齐在代码中不会体现为额外的空间。C 语言提供了 sizeof 函数，该函数在编译时执行，用于计算传入类型的大小。根据上述 1 字节对齐的结构体，使用 sizeof 计算得出的结果是 21 字节，具体分解为：8 字节（char*）+ 4 字节（int）+ 1 字节（char）+ 8 字节（long）。若采用默认对齐方式，则结果为 24 字节，具体分解为：8 字节 + 4 字节 + 4 字节（由于对齐，char 后面会有 3 字节的填充）+ 8 字节。

结构体的操作技巧较为复杂。本节将介绍几种高级操作，例如将结构体的最小对齐方式从 1 字节改为更精确的位（bit）对齐、Redis 中的 sds（简单动态字符串）结构，以及 Linux 内核中的 container_of 宏。

## 6.6.1 位操作

位操作（bitwise operation）涉及在计算机中对二进制位进行直接处理的一类操作。这些操作会针对变量或数据的二进制形式的各个位进行，通常用于执行位逻辑运算、创建位掩码、将位清零、设置位以及检查位等。

```
#pragma pack(1)
struct str{
    int a:2;        //定义一个 int 变量，它占内存两位
    int  :1;        //不可用变量，用于填充不足的位
    int b:3;        //定义一个占用内存三位的变量
    int c:2;        //再次定义一个占用内存两位的变量
};
int main(){
    //使用方式与传统结构体相同，但有一个位没有变量名，因此只能直接使用三个变量
    struct str st;
    st.a = 1;
    st.b = 2;
```

```
        st.c = 1;
        //最终打印结果为：1，1，2，1，其中第一个 1 表示结构体占用的内存共一个字节
        printf("%d,%d,%d,%d\n",sizeofstruct str),st.a,st.b,st.c);
        return 1;
}
...
    //短短的几行 C 代码在编译后生成了大量的汇编代码
    1151:   48 83 ec 10              sub      $0x10,%rsp
    1155:   0f b6 45 ff              movzbl   -0x1(%rbp),%eax
    //代中 1 的位置是 a 结构体的数据，由于 st 只有一个字节，因此地址处读取一个字节
    1159:   83 e0 fc                 and      $0xfffffffc,%eax
    //将读取的数据与 0xfc 进行与运算，二进制为 11111100，以移除低两位数据
    115c:   83 c8 01                 or       $0x1,%eax
    //将移除的结果与 1 进行或运算，得到结果 11111101
    115f:   88 45 ff                 mov      %al,-0x1(%rbp)
    //然后将结果写回栈中
    1162:   0f b6 45 ff              movzbl   -0x1(%rbp),%eax
    //再次读取栈中的数据
    1166:   83 e0 c7                 and      $0xffffffc7,%eax
    //将读取的数据与 0xc7 进行与运算，二进制为 11000111，此操作跳过空位，移除中间三位
    1169:   83 c8 10                 or       $0x10,%eax
    //然后将结果与 0x10 进行或运算，二进制为 00 010 000，只看中间三位即为十进制的 2
    116c:   88 45 ff                 mov      %al,-0x1(%rbp)
    //将结果写回栈中
    116f:   0f b6 45 ff              movzbl   -0x1(%rbp),%eax
    //再次读取栈中的数据
    1173:   83 e0 3f                 and      $0x3f,%eax
    //将数据与 0x3f 进行与运算，移除最高两位，二进制为 00111111
    1176:   83 c8 40                 or       $0x40,%eax
    //然后将结果与 0x40 进行或运算，二进制为 01 000 000，只看高位即为十进制的 1
    1179:   88 45 ff                 mov      %al,-0x1(%rbp)
    //将结果写回栈中，赋值完成
    117c:   0f b6 45 ff              movzbl   -0x1(%rbp),%eax
    //开始准备打印函数的参数，首先读取一个字节
    1180:   c0 f8 06                 sar      $0x6,%al
    //由于参数是从右向左传递的，因此首先传递参数 c，它是高 7~8 位，需要右移 6 位来获取
    1183:   0f be c8                 movsbl   %al,%ecx
    //将获取的结果移动到 ecx 寄存器中，作为参数传递
    1186:   0f b6 45 ff              movzbl   -0x1(%rbp),%eax
    //再次读取栈中的数据
    118a:   c1 e0 02                 shl      $0x2,%eax
    //首先左移 2 位，移除高两位，即 c 的数据
    118d:   c0 f8 05                 sar      $0x5,%al
    //然后右移 5 位，得到高 3 位，即 b 的值
    1190:   0f be d0                 movsbl   %al,%edx
    //将结果移动到 edx 寄存器中
    1193:   0f b6 45 ff              movzbl   -0x1(%rbp),%eax
```

```
                //再次读取栈中的数据
                1197:   c1 e0 06                shl     $0x6,%eax
                //左移6位，移除高6位的数据，包括2位c、3位b和1位空位
                119a:   c0 f8 06                sar     $0x6,%al
                //再右移6位，得到高两位，由于前面的左移操作，因此这高两位实际上是原来的低两位
                119d:   0f be c0                movsbl  %al,%eax
                //将结果移动到eax寄存器中
                11a0:   41 89 c8                mov     %ecx,%r8d
                //将前面计算的结果移动到r8d寄存器中
                11a3:   89 d1                   mov     %edx,%ecx
                11a5:   89 c2                   mov     %eax,%edx
                11a7:   be 01 00 00 00          mov     $0x1,%esi
                //将0x1移动到esi寄存器中，表示sizeof计算的结果为一个字节
                //这也验证了sizeof在编译期的作用
                11ac:   48 8d 05 51 0e 00 00    lea     0xe51(%rip),%rax
                //2004 <_IO_stdin_used+0x4>是打印字符串的地址"%d,%d,%d,%d\n"
                11b3:   48 89 c7                mov     %rax,%rdi
                11b6:   b8 00 00 00 00          mov     $0x0,%eax
                11bb:   e8 90 fe ff ff          call    1050 <printf@plt>
                ...
```

## 6.6.2 其他

```
//redis sds 结构
typedef char *sds;
struct __attribute__ ((__packed__)) sdshdr5 {
    unsigned char flags; /* 3 lsb of type, and 5 msb of string length */
    char buf[];
};

#define SDS_HDR(T,s) ((struct sdshdr##T *)((s)-(sizeof(struct sdshdr##T))))
//分配关键代码
sds s = (char*)sh+hdrlen;

//Linux
#define container_of(ptr, type, member)({              \
    const typeof(((type *)0)->member) *__mptr = (ptr); \
    (type *)((char *)__mptr - offsetof(type, member)); })
```

sds结构实际上是一个char*指针类型，而它的具体解析是由sdshdr*指针来完成的。也就是SDSHDR宏定义，此宏有两个参数，其中第一个参数T代表类型，此处以5作为案例，因此此处提供了sdshdr5结构。

sdshdr5结构是通过将T与sdshdr##T拼接而成，从而形成sdshdr5这一具体结构类型。在内存分配的关键代码中，sds结构被操作，而宏定义的第二个参数也是sds结构。在分配

过程中，sds 指针会跳过 sdshdr5 结构体，直接指向具体的数据值。因此，在使用时，若要获取结构体的数据，就需要通过减去头部大小的操作来实现，这正是 SDS_HDR 宏定义的作用。

container_of 宏在内核中被广泛使用，尤其是在涉及链表的操作中。这是因为 Linux 的链表实现是在数据结构中嵌入节点结构，与 Java 中在节点内嵌入数据的方式不同。这种设计是由于 C 语言不支持泛型，因此要实现通用链表，必须使用通用指针 void*。这在大型项目中是不利的，因为在庞大的操作系统代码中，内存错误很难被排查。另外，如果需要查询特定数据，就必须操作链表，而在大量代码中增加一个参数的改动是极具危险的。因此，Linux 链表选择不采用节点指向数据的设计，而这种方式在 Java 集合中却是非常普遍的。

数据挂载节点的优势在于可以通过具体数据中的节点轻松获取链表的前后节点。然而，这种设计在从链表遍历时检索数据时显得不便，因为无法直接通过节点来获取数据。这时，我们使用 container_of 宏定义。该宏接收三个参数：第一个参数是指向成员的指针，第二个参数是包含该成员的结构体类型，第三个参数是成员字段的名字。宏的第一行代码 const typeof(((type *)0)->member) *__mptr = (ptr);使用 typeof 来获取((type *)0)->member 的类型，即成员的类型，这里假设为 Node，然后定义了一个指针 __mptr。第二行代码(type *)((char *)__mptr − offsetof(type, member));通过将指针地址减去 Node 属性在结构中的偏移量（即所有前字段的总和大小），计算出结构体的首地址。这种方法在 C 语言中可行，因为 C 语言可以灵活地计算内存偏移，而在 Java 中则需要通过 Unsafe 类和 JNI 来获取偏移量，如果强行在 Java 中使用类似的方法，反而会不恰当。

### 6.6.3 返回值

假设整个结构体作为返回值，应该怎么处理？

```
#继续使用前文的 student 结构体。注意此处未使用 1 字节对齐，而是使用默认对齐方式
#因此该结构体的大小将是 24 字节
#其中 int 类型的 age 成员和 char 类型的 gender 成员各占 4 字节，为后续偏移计算做准备
struct student {
  char* name;
  int age;
  char gender;
  long number;
};
#定义一个方法，用于返回一个 struct student 类型的实例
struct student init(){
  struct student stu;
  stu.name = "hundun";
  stu.age = 5000;
```

```
        stu.gender= 'M';
        stu.number = 1;
        return stu;
}
int main(){
        struct student st;
        #使用init函数初始化st结构体并接收数据
        st = init();
        #打印初始化结果
        printf("%s,%d\n",st.name,st.age);
        return 1;
}
...
0000000000001169 <init>:
    1169:   f3 0f 1e fa             endbr64
    116d:   55                      push    %rbp
    116e:   48 89 e5                mov     %rsp,%rbp
    1171:   48 89 7d d8             mov     %rdi,-0x28(%rbp)
    #将rdi存储到栈中，后续要用
    1175:   48 8d 05 88 0e 00 00    lea     0xe88(%rip),%rax
    #2004 <_IO_stdin_used+0x4> 读取hundun字符串地址
    117c:   48 89 45 e0             mov     %rax,-0x20(%rbp)
    #将地址存储到栈中偏移量为-0x20的位置
    1180:   c7 45 e8 88 13 00 00    movl    $0x1388,-0x18(%rbp)
    #将5000存储到栈中偏移量为-0x18的位置
    1187:   c6 45 ec 4d             movb    $0x4d,-0x14(%rbp)
    #将M存储到栈中偏移量为-0x14的位置
    118b:   48 c7 45 f0 01 00 00    movq    $0x1,-0x10(%rbp)
    1192:   00
    #至此初始化完成。此方法未在栈上分配空间，栈空间由调用方分配
    1193:   48 8b 4d d8             mov     -0x28(%rbp),%rcx
    #从栈中获取st的地址
    1197:   48 8b 45 e0             mov     -0x20(%rbp),%rax
    #从栈中读取stu.name,并将其放置到rax中
    119b:   48 8b 55 e8             mov     -0x18(%rbp),%rdx
    #从栈中读取stu.gender,并将其放置到rdx中
    119f:   48 89 01                mov     %rax,(%rcx)
    #将rax中的值存储到st.name中
    11a2:   48 89 51 08             mov     %rdx,0x8(%rcx)
    #将rdx中的值存储到st.gender中
    11a6:   48 8b 45 f0             mov     -0x10(%rbp),%rax
    #从栈中读取stu.number,并将其放置到rax中
    11aa:   48 89 41 10             mov     %rax,0x10(%rcx)
    #将rax中的值存储到st.number中
    11ae:   48 8b 45 d8             mov     -0x28(%rbp),%rax
    #将st的地址存储到rax中
```

```
    11b2:    5d                          pop     %rbp
    11b3:    c3                          ret
0000000000011b4 <main>:
    11b4:    f3 0f 1e fa                 endbr64
    11b8:    55                          push    %rbp
    11b9:    48 89 e5                    mov     %rsp,%rbp
    11bc:    48 83 ec 20                 sub     $0x20,%rsp
    11c0:    64 48 8b 04 25 28 00        mov     %fs:0x28,%rax
#将 rax 的值设置为 0
    11c7:    00 00
    11c9:    48 89 45 f8                 mov     %rax,-0x8(%rbp)
#将 rax 的值存储到栈上偏移量为 0x8 的位置
    11cd:    31 c0                       xor     %eax,%eax
#清除 eax 寄存器
    11cf:    48 8d 45 e0                 lea     -0x20(%rbp),%rax
#将栈上偏移量为-0x20 的地址加载到 rax 寄存器中，即局部变量 st 的地址
    11d3:    48 89 c7                    mov     %rax,%rdi
#rax 赋值给 rdi init 方法中使用的 rdi 便是 st 的地址
    11d6:    b8 00 00 00 00              mov     $0x0,%eax
#将 eax 寄存器的值设置为 0
    11db:    e8 89 ff ff ff              call    1169 <init>
#执行 init 方法
    11e0:    8b 55 e8                    mov     -0x18(%rbp),%edx
#读取 st.age 并存放在 edx 中，作为参数传递给打印方法
    11e3:    48 8b 45 e0                 mov     -0x20(%rbp),%rax
#读取 st.name 并存放在 rax 中
    11e7:    48 89 c6                    mov     %rax,%rsi
#将传参寄存器修改为 rsi
    11ea:    48 8d 05 1a 0e 00 00        lea     0xe1a(%rip),%rax
#200b <_IO_stdin_used+0xb> 读取打印字符串"%s,%d\n"地址
    11f1:    48 89 c7                    mov     %rax,%rdi
#使用 rdi 作为传参寄存器
    11f4:    b8 00 00 00 00              mov     $0x0,%eax
#将 eax 初始化为 0
    11f9:    e8 72 fe ff ff              call    1070 <printf@plt>
#打印输出
    1200:    b8 01 00 00 00              mov     $0x1,%eax
#设置 eax 为 1
    1205:    48 8b 55 f8                 mov     -0x8(%rbp),%rdx
#读取前方设置的 0x8，正常情况下应当为 0
    1209:    64 48 2b 14 25 28 00        sub     %fs:0x28,%rdx
#从%fs:0x28 读取的值应与之前从 0x8 地址读取的值相同，因为它们指向同一个地址
    1210:    00 00
    1212:    74 05                       je      1219 <main+0x63>
#若相同则跳转到 leave 处然后结束运行
    1214:    e8 47 fe ff ff              call    1060 <__stack_chk_fail@plt>
#否则代表栈被踩踏了，因为 init 方法内分配的内存是由外部分配的
```

```
1219:   c9                      leave
#所以存在踩踏的可能性，当然即使踩踏也是编译器异常，故而报异常
121a:   c3                      ret
...
```

由上述代码可以得出：局部变量都是在栈上分配内存的，因此不允许直接返回栈内存的地址。这是因为每次执行返回指令（ret）时，都会将栈指针恢复到函数调用前的状态。因此，在 C 语言中，为了返回结构体，通常会在函数内部进行多次赋值操作：首先在函数内部对局部结构体变量进行赋值，然后在返回之前将这个局部变量的值赋给外部调用者提供的接收变量，从而实现结构体的传递和返回。

## 6.7 可变数组

可变长度数组分为两种类型。第一种是长度不定的数组（在栈上分配），通常是指由外部指定数组长度的情况。这种数组的处理方式与结构体返回值相似，虽然它看似是一个简单的分配操作，但 C 语言为了保证安全性，会在编译时插入大量的汇编代码来进行边界检查。接着，通过循环执行 sub $0x1000,%rsp 指令来完成栈上的内存分配。读者可以自行编写一个方法并编译，以理解其原理（类似于结构体返回时的栈检查机制）。

第二种类型的数组是长度不确定的，它仅作为内存偏移的标记。这种方法通常被用于结构体中。这种处理方式与前面提到的 Redis 中的 sds 有关，因为在 sdshdr5 结构体中就包含了一个这样的数组声明：char buf[]。

```
#结构体
struct sdshdr5 {
    unsigned char flags;
    char buf[];
};
int main(){
    #暂时忽略malloc,此方法是从堆分配内存的,后续会进行讲解
    struct sdshdr5 *sds = malloc(sizeof(struct  sdshdr5)+10);
    sds->flags = 1;
    sds->buf[0] = 'h';
    sds->buf[1] = 'd';
    printf("%d,%s\n",sds->flags,sds->buf);
    return 1;
}

0000000000001169 <main>:
    1169:   f3 0f 1e fa             endbr64
    116d:   55                      push    %rbp
    116e:   48 89 e5                mov     %rsp,%rbp
```

```
1171:    48 83 ec 10           sub    $0x10,%rsp
#从栈中分配内存,用于记录局部变量sds
#将分配大小提供给edi,供malloc函数使用。注意,b=11,而我们手动加了10
#这意味着sdshdr5结构体本身的大小是1,即buf不占内存空间
1175:    bf 0b 00 00 00        mov    $0xb,%edi
117a:    e8 f1 fe ff ff        call   1070 <malloc@plt>
117f:    48 89 45 f8           mov    %rax,-0x8(%rbp)
#栈空间-8是局部变量sds,由于它是指针,因此将分配结果eax的值存入该位置
1183:    48 8b 45 f8           mov    -0x8(%rbp),%rax
#读取分配的内存地址
1187:    c6 00 01              movb   $0x1,(%rax)
#首先将flags设置为1
118a:    48 8b 45 f8           mov    -0x8(%rbp),%rax
#再次读取地址
118e:    c6 40 01 68           movb   $0x68,0x1(%rax)
#h的ascii是104,即0x68,将其放置到分配内存+1的位置,即buf[0]
1192:    48 8b 45 f8           mov    -0x8(%rbp),%rax
#再次读取地址
1196:    c6 40 02 64           movb   $0x64,0x2(%rax)
#d的ascii是100,即0x64,将其放置到分配内存+2的位置,即buf[1]
119a:    48 8b 45 f8           mov    -0x8(%rbp),%rax
#再次读取地址
119e:    48 8d 50 01           lea    0x1(%rax),%rdx
#rax现在存储的是分配的地址,此处获取该地址并将其加1,即buf的首地址
11a2:    48 8b 45 f8           mov    -0x8(%rbp),%rax
#再次读取地址
11a6:    0f b6 00              movzbl (%rax),%eax
#获取flags的值并将其移动到eax中
11a9:    0f b6 c0              movzbl %al,%eax
11ac:    89 c6                 mov    %eax,%esi
#将其修改为esi,作为参数传递
11ae:    48 8d 05 4f 0e 00 00  lea    0xe4f(%rip),%rax
#2004 <_IO_stdin_used+0x4> 读取打印字符串"%d,%s\n"
11b5:    48 89 c7              mov    %rax,%rdi
#将字符串地址移动到rdi中
11b8:    b8 00 00 00 00        mov    $0x0,%eax
11bd:    e8 9e fe ff ff        call   1060 <printf@plt>
#执行打印
11c2:    b8 01 00 00 00        mov    $0x1,%eax
11c7:    c9                    leave
11c8:    c3                    ret
```

由上述代码分析可知,可变长度数组本身不占用实际空间,它仅起到一个符号作用,用于计算偏移量和步长。基于这两个功能,可变长度数组通常被放置在结构体的末尾,以便访问后续的内存空间。这也意味着,在编译时如果数组的长度未知,那么在使用时如果超出内存界限,可能会导致不可预知的问题。这个问题并非仅限于可变长度数组,实际上

任何类型的指针都可能出现此类问题。例如，常见的字符指针（char*），为了解决这个问题，标准开发库提供了 strlen 函数，该函数通过遍历 char* 指向的字符串，直到遇到空字符（\0），以此来确定字符串的结束。这样做存在一个问题，即字符串内部不允许出现\0 字符。因此，Redis 的处理方式是在 flags 字段中使用低 5 位来记录字符串的长度，这也是 sdshdr5 中的 "5" 的由来，意味着字符串长度不能超过 2 的 5 次方。这样，就可以通过读取 flags 来直接获取 buf 的长度，这是 C 语言中的一种常见技巧。

## 6.8 其他特性

C 语言是一门功能强大的编程语言，提供了丰富的特性来支持各种复杂的编程需求。虽然 C 语言的优化和高级特性非常多样，但在这里可以集中讨论几个关键的概念：浮点型运算、联合体和内联汇编等。

### 6.8.1 浮点型运算

浮点运算实际上是对小数的计算，其特殊性体现在它所使用的指令和寄存器与之前提到的内容完全不同，也就是说，浮点运算拥有专用的处理器——浮点处理单元（FPU）。C 语言遵循 IEEE 754 标准，简而言之，该标准定义了二进制数据中特定几位的含义来进行计算。浮点数的实际值是由符号位（sign bit，位于第 31 位）乘以指数偏移量（exponent bias，位于第 23 至 30 位）再乘以分数值（fraction，位于第 0 至 22 位）得到的。感兴趣的读者可以自行深入研究这些细节。

```
int main(){
    double a = 8.2;            #双精度
    float b = 0.4;             #单精度
    double c = a + b;
    return 1;
}
...
0000000000001129 <main>:
    1129:    f3 0f 1e fa               endbr64
    112d:    55                        push   %rbp
    112e:    48 89 e5                  mov    %rsp,%rbp
    1131:    f2 0f 10 05 cf 0e 00      movsd  0xecf(%rip),%xmm0
#在地址 2008 <_IO_stdin_used+0x8>处读取双精度浮点数 8.2 并将其存入 xmm0 中
    1138:    00
    1139:    f2 0f 11 45 f0            movsd  %xmm0,-0x10(%rbp)
#将读取的内容存储到栈中
    113e:    f3 0f 10 05 ca 0e 00      movss  0xeca(%rip),%xmm0
```

```
#在地址 2010 <_IO_stdin_used+0x10> 处读取单精度浮点数 0.4
#将其存入寄存器 xmm0 中
1145:   00
1146:   f3 0f 11 45 ec          movss   %xmm0,-0x14(%rbp)
#将读取的内容存储到栈中
114b:   66 0f ef c0             pxor    %xmm0,%xmm0
#清除寄存器 xmm0
114f:   f3 0f 5a 45 ec          cvtss2sd -0x14(%rbp),%xmm0
#将单精度浮点值转换为双精度浮点值，因为 0.4 是 float
1154:   f2 0f 10 4d f0          movsd   -0x10(%rbp),%xmm1
#读取 0.2
1159:   f2 0f 58 c1             addsd   %xmm1,%xmm0
#相加
115d:   f2 0f 11 45 f8          movsd   %xmm0,-0x8(%rbp)
#将计算结果存储到栈中
...
0000000000002000 <_IO_stdin_used>:
    2000:   01 00                   add     %eax,(%rax)
    2002:   02 00                   add     (%rax),%al
    2004:   00 00                   add     %al,(%rax)
    2006:   00 00                   add     %al,(%rax)
#从地址 2008 到 2010 的数据结束，结果为 66 66 66 66 66 66 20 40
#因为是小端格式，所以转为大端格式后的结果为 40 20 66 66 66 66 66 66
#读者可以自行检索一个 IEEE 754 标准的在线转换工具来验证其结果
#本书使用 www.binaryconvert.com/convert_double.html
#最终结果与 C 编译器的输出一致
    2008:   66 66 66 66 66 66 20    data16 data16 data16 data16 data16
data16 and %al,-0x33(%rax)
#地址 200f 的值为 40，2010 的值为 cd，所以 0.4 被存储为 cd cc cc 3e
#转为大端格式后为 3e cc cc cd
    200f:   40 cd
    2011:   cc                      int3
    2012:   cc                      int3
    2013:   3e                      ds
...
```

## 6.8.2 联合体和枚举

联合体（union）是一种节省内存的数据结构，它还具备字段的多义性。联合体的大小由其所有字段中占用内存最大的字段决定。这种多义性体现在联合体内的多个字段是互斥的，例如，如果联合体中有 a、b、c 三个字段，它们分别是不同类型的指针，那么在联合体中这三个字段是互斥的。如果访问了字段 a，那么就不能同时访问 b 或 c，否则会导致步长计算错误（这一点在编码时需要特别注意）。使用联合体的好处是，它允许这三个属性作为结构体的一部分，同时只占用一个指针大小的内存。此外，还可以通过属性名直接访问指向的内存数据，而不需要通过通用指针来强制实现功能。这样做的好处是，它使得开发者能够明确知道指针的具体类型。

枚举（enum）出现之前，通常使用宏定义来定义数据。枚举的出现解决了宏定义无法表达数据之间关联性的问题。在枚举中，元素默认从 0 开始依次递增，但也可以手动设置特定的值。此外，枚举限制了数据的类型，确保使用的是枚举类型而不是宏定义中任意的数据，从而提高了代码的可读性和维护性。

```
#枚举
enum Type{
  One,        #所有使用 One 的地方都会是 0，因为枚举的第一个元素默认从 0 开始
  Three=3,    #通过赋值改变其值，原本此处应为 1，但被设置为 3
  Four        #每个元素相较上一个都是自增的，所以此处是 4
};
union un{   #联合体，共三种类型使用同一个内存空间，即 long 的大小
#因为三个类型中 long 占用的内存最大
  int a;
  char b;
  long c;
};
int main(){
    enum Type type;       #定义一个枚举变量
    type = One;           #将枚举值 One 赋值给变量 type
    #打印并验证
    printf("%d,%d,%d,%d",sizeofenum Type),sizeofunion un),type,Four);
    return 1;
}
...
0000000000001149 <main>:
    1149:   f3 0f 1e fa             endbr64
    114d:   55                      push    %rbp
    114e:   48 89 e5                mov     %rsp,%rbp
    1151:   48 83 ec 10             sub     $0x10,%rsp
    1155:   c7 45 fc 00 00 00 00    movl    $0x0,-0x4(%rbp)
    #栈中-4 的位置是 type 的存储位置，将 0 赋值给 type 符合 One==0
    115c:   8b 45 fc                mov     -0x4(%rbp),%eax
    #将 type 变量的值读取到 eax 寄存器中
    115f:   41 b8 04 00 00 00       mov     $0x4,%r8d
    # 将 4 设置到 r8d 寄存器中，此处 r8d 作为 Four 的值，传递给打印函数
    1165:   89 c1                   mov     %eax,%ecx
    #将前面读取的 eax 寄存器的值存储到 ecx 寄存器中
    1167:   ba 08 00 00 00          mov     $0x8,%edx
    #联合体的大小是 8 字节，对应于 long 类型的大小
    116c:   be 04 00 00 00          mov     $0x4,%esi
    #枚举类型的大小是 4 字节，因此它的元素以 int 类型进行自增
    1171:   48 8d 05 8c 0e 00 00    lea     0xe8c(%rip),%rax
```

```
       #2004 <_IO_stdin_used+0x4>
 1178:    48 89 c7              mov     %rax,%rdi
 117b:    b8 00 00 00 00        mov     $0x0,%eax
 1180:    e8 cb fe ff ff        call    1050 <printf@plt>
 1185:    b8 01 00 00 00        mov     $0x1,%eax
 118a:    c9                    leave
 118b:    c3                    ret
...
```

### 6.8.3 标准库

经过前文的详细讲解，我们可以看出 C 语言与汇编语言或机器语言非常接近。这意味着编译后的结果通常不具备可移植性，因此从这一角度来看，C 语言并不是一种跨平台语言。然而，得益于强大的编译器，如 GCC，它支持所有主流平台，这可以在一定程度上减少代码修改的需求，从而实现跨平台支持。显然，这是一种理想状态；为了尽可能地接近这种理想，我们需要一套标准。例如，前文提到的简单函数 printf，如果所有平台都采用相同的名称，并且参数的顺序和含义也相同，那么在不同平台间迁移时就不需要更改函数名。因此，我们需要一个权威的个人或机构来定义一系列函数名组成的库，这种提供函数的库就是所谓的标准库。

为何要使用"尽可能"这个词呢？因为任何标准都无法涵盖所有可能的情况。即使在 GCC 这样的跨平台编译器中，也使用了大量的宏定义来区分不同的环境。即使是同一平台，也需要区分 x86 和 x64 等不同的架构，因此无法实现完全的覆盖。毕竟，不同的操作系统都有各自的优缺点。值得一提的是 Linux，也被称为 GNU/Linux。这是因为 Linux 本身只是一个内核，它提供了大量的系统调用，但并没有提供用户友好的交互界面；而 GNU 项目则提供了大量的交互软件，例如图形界面、C 函数库（标准库）、Shell 以及许多实用的工具。因此，Linux 和 GNU 项目通常是配套使用的。

那么，这里有一个问题：内核编译是否会用到 C 语言的函数库？（这是一个典型的"先有鸡还是先有蛋"的问题）。答案是否定的，因为 Linux 的运行并不依赖于运行时库。它本身就是一个庞大的库，也就是说，由于 Linux 为 C 标准库提供了支持，C 标准库才能实现某些功能，例如线程的创建、内存的分配等。这里仅做一个简单的介绍，后续我们将详细讨论内存分配的过程，届时结合代码将进一步明确这两者之间的关系。

### 6.8.4 extern/volatile

extern 关键字用于指示一个方法或变量的内存不在当前文件中，而是定义在外部的其他文件里。由于方法的调用和变量的使用都涉及内存地址，对于这些位置未知的地址，我们需要用 extern 进行标记。在后续的链接过程中，这些标记会被替换为外部文件中定义的具体地址。这部分内容与连接器和 ELF 文件格式的交互将在第 7 章详细讲解，因此这里不再详述。

在 C 语言中，volatile 关键字主要用于告诉编译器不要对某些变量进行优化。在此之前，所有的 C 代码默认是未经优化的，因此逻辑阅读起来比较清晰。然而，在正常情况下，编译器会对代码进行优化。例如，在同一个方法内多次加载相同的变量时，编译器可能会为了性能优化而只从内存中读取一次，后续的访问则使用寄存器中的值。这种优化在单线程环境中是合理的，因为内存速度慢于 CPU。但在多线程环境中，如果变量值被缓存到寄存器中，可能会导致数据的修改不够实时，从而引发并发问题。这是由于编译器优化而可能产生的问题。volatile 关键字用于变量声明，以防止这种优化，例如，通过声明 volatile int num; 来确保每次访问变量都是直接从内存中进行的。

## 6.8.5　内联汇编

C 语言虽然与底层汇编语言较为接近，但由于编译器的存在，对于某些需要针对性优化或特殊处理的情况，其默认支持并不如汇编语言那样直接有效。因此，C 语言的设计者引入了内联汇编的功能，允许开发者在 C 程序中直接嵌入汇编代码。这一特性在内核开发以及许多需要高性能的框架中被广泛使用。正如编译器所说明的，编译器无论如何进行优化，提供的都是通用优化。内联汇编恰好弥补了这一不足，提供了更为精细的控制。

```
//先定义一个静态内联方法，编译器在调用时会将其展开
static inline void compiler_barrier() {
    //__asm__ 关键字告知编译器此为内联汇编代码，volatile 关键字禁止编译器优化
    //第一个参数是汇编语句，此处较为特殊并没有汇编，因为方法名告知编译器此为屏障
    //第二个参数是输出结果，有时候需要获取汇编执行中某个寄存器的值，因此通过此处输出内容
    //第三个参数是传入的值，汇编代码既然可以返回内容，也就支持传入内容
    //第四个参数告知这个汇编语句影响的数据范围，比如此处是 memory，代表需要刷新内存
    __asm__ volatile ("" : : : "memory");
    //此处采用了 JVM 中屏障的代码,但功能并不完整
}

inline void fence() {
    //JVM 全屏障实现，在 x86 下通过 lock 指令来保证下一条指令的原子性
    //"cc"告知编译器这段内容可能影响条件分支
    __asm__ volatile ("lock; addl $0,0(%%esp)" : : : "cc", "memory");
    compiler_barrier();
}

//Linux 系统调用
void syscall(){
```

```
        //接收返回值的变量
        long __res;
        //在 Linux 中，系统调用是通过中断进行的。在 x86 架构中，int 是中断指令
        //此处触发中断表中 0x80 的中断程序
        __asm__ volatile ("int $0x80"
            //a 是 eax 的缩写，因为方法返回值通常使用 eax 作为返回值
            //所以将 eax 传入 res 中，得到方法的执行结果
            : "=a" (__res)
            //0 也是 eax，编译器为寄存器编了号，b 则是 ebx，c 则是 ecx，
            //这些都属于寄存器的别名
            : "0" (0x20),"b" ((long)(1)),"c" ((long)(2)));
}
//反编译验证
0000000000000000 <compiler_barrier>:
//因为编译器屏障的汇编代码是空的，所以此方法也为空
//volatile 关键字是针对编译器的，所以在汇编代码中也没有体现
   0:   55                       push   %rbp
   1:   48 89 e5                 mov    %rsp,%rbp
   4:   90                       nop
   5:   5d                       pop    %rbp
   6:   c3                       ret
0000000000000007 <fence>:
...
   c:   48 89 e5                 mov    %rsp,%rbp
    //实现全内存屏障
   f:   f0 67 83 04 24 00        lock addl $0x0,(%esp)
  15:   b8 00 00 00 00           mov    $0x0,%eax
  1a:   e8 e1 ff ff ff           call   0 <compiler_barrier>
...
0000000000000022 <syscall>:
...
    //主要内容在此处
  2b:   b8 20 00 00 00           mov    $0x20,%eax   //指定了 eax
  30:   ba 01 00 00 00           mov    $0x1,%edx    //指定的 ebx,此处居然是 edx
                                                      //这是有问题的，不过下面对它做了修改
  35:   b9 02 00 00 00           mov    $0x2,%ecx    //指定了 ecx
  3a:   48 89 d3                 mov    %rdx,%rbx    //将 edx 改为 rbx
  3d:   cd 80                    int    $0x80
  3f:   48 89 45 f0              mov    %rax,-0x10(%rbp)
                                                      //将执行结果存储到 res 中
...
```

有趣的是，cc 和 memory 这两个关键字在汇编代码中并不直接出现，正如前面所提到的，它们的作用是向编译器提供指令，与汇编代码本身无直接关联。以 memory 为例，假设在执行内联汇编之前已经将某个局部变量加载到寄存器中，如果没有使用 memory 这个关键字，编译器可能会继续使用寄存器中的数据，这有助于优化程序性能。相反，如果使

用了 memory 关键字，编译器会认为寄存器中的值可能已不再有效，因此需要重新从内存中读取该局部变量的值。

cc 关键字用于指示对标志寄存器的修改，即 Intel 架构中的 eflags 寄存器。在其他处理器架构中，可能需要更新相应的状态标识，因此这一操作是为了保持与它们的兼容性。对于像 Intel 这样的处理器，如果不允许直接操作 eflags 寄存器，则不需要进行特殊处理。除了这两个关键字，还可以指定特定的寄存器，例如 eax。这与 memory 的作用类似，即告知编译器 eax 寄存器的值可能会发生变化，因此在后续使用 eax 寄存器时，需要考虑是使用内联汇编执行前的值，还是执行后的值。

## 6.9  C 语言的编译

在 GCC 的源码中，通过分析 compilers 变量中程序的调用顺序，我们可以总结出编译过程分为四个阶段：预编译（宏展开）、C 语言到汇编、汇编到文件、文件链接到目标文件（第 7 章内容）。尽管前文已经从源码角度对这一过程进行了介绍，但在这里我们仍需再次阐述其使用方法。

```
//文件 add.h 用于定义 add 函数
#ifndef __ADD_H__        //若未定义 __ADD_H__，则进入此处定义，以防止多次引入
#define __ADD_H__        //定义 __ADD_H__ 宏，表示当前文件已被包含
#define One 1            //定义宏 One，值为 1
extern void add(int a, int c); //声明外部函数 add
#endif

//文件 add.c 实现 add 函数
void add(int a, int c) {
    a + c;               //此处应为 return a + c;，否则函数无返回值
}

//文件 a.c 实现 main 函数
#include "add.h"         //包含 add.h 头文件
#define Two 2            //定义宏 Two，值为 2

int main() {
    add(One, Two);       //调用 add 方法，传入宏 One 和 Two
    return 1;            //返回 0 表示程序正常结束
}
```

（1）使用 gcc -E a.c -o a.i 命令进行宏展开，其中 -E 选项告知 GCC 只进行预处理（即宏展开），-o 选项指定输出结果为 a.i 文件。

```
//由此可知：include 指令是在预处理阶段（而不是在宏展开阶段）完成的
```

```
//宏展开仅针对当前文件中定义的宏
//对于非当前文件中的宏，不会进行处理。One 是一个很好的例子
//One 定义在 add.h 文件中，此处并未展开，而是展开了当前文件中的 Two
# 1 "add.h" 1
int main() {
        add(One, 2);
        return 1;
}
```

（2）将展开的结果编译为汇编语言。此时，使用 C 语言编译器 GCC 进行编译，命令为 gcc -S a.i -o a.s，其中-S 选项告知编译器生成汇编文件。

```
    .file "a.c"
    .text
    .globl main
    .type main, @function
main:
.LFB0:
    endbr64
    pushq   %rbp
    movq    %rsp, %rbp
    movl    $2, %esi
    movl    $1, %edi      #此处可见，include 是在 C 编译阶段进行的，One 已经被展开
    movl    $0, %eax
    call    add@PLT       #需要注意的是，此处将 add 的名称修改为 add@PLT（第 7 章将详细讲述）
    movl    $1, %eax
    popq    %rbp
    ret
```

（3）将汇编代码编译为文件，正确来说，应该称为可重定位文件，即.o 文件。使用 GCC 编译器的命令 gcc -c a.s -o a.o，其中-c 选项告知编译器只生成文件输出，不进行链接。

```
#这是反编译的结果，因为.o 文件已经是二进制文件格式而非文本格式
0000000000000000 <main>:
   0:   f3 0f 1e fa             endbr64
   4:   55                      push    %rbp
   5:   48 89 e5                mov     %rsp,%rbp
   8:   be 02 00 00 00          mov     $0x2,%esi
   d:   bf 01 00 00 00          mov     $0x1,%edi
  12:   b8 00 00 00 00          mov     $0x0,%eax
  17:   e8 00 00 00 00          call    1c <main+0x1c>
  1c:   b8 01 00 00 00          mov     $0x1,%eax
  21:   5d                      pop     %rbp
  22:   c3                      ret
#编译 add 文件，命令为 gcc -c add.c -o add.o
#在此之前，并未使用这个文件，而在此处编译它是为了后续做准备
0000000000000000 <add>:
```

```
   0:   f3 0f 1e fa              endbr64
   4:   55                       push    %rbp
   5:   48 89 e5                 mov     %rsp,%rbp
   8:   89 7d fc                 mov     %edi,-0x4(%rbp)
   b:   89 75 f8                 mov     %esi,-0x8(%rbp)
   e:   90                       nop
   f:   5d                       pop     %rbp
  10:   c3                       ret
#这两个文件反编译的结果地址都是从 0 开始的，并且地址重复
#这显然不符合一个程序的结构。因此需要连接器重新定位这些地址，即可重定位文件
```

（4）将两个可重定位文件（add.o 和 a.o）链接在一起，生成一个可执行文件。使用命令 gcc add.o a.o -o a.out 来完成这个过程。

```
0000000000001129 <add>:
    1129:   f3 0f 1e fa              endbr64
    112d:   55                       push    %rbp
    112e:   48 89 e5                 mov     %rsp,%rbp
    1131:   89 7d fc                 mov     %edi,-0x4(%rbp)
    1134:   89 75 f8                 mov     %esi,-0x8(%rbp)
    1137:   90                       nop
    1138:   5d                       pop     %rbp
    1139:   c3                       ret
000000000000113a <main>:
    113a:   f3 0f 1e fa              endbr64
    113e:   55                       push    %rbp
    113f:   48 89 e5                 mov     %rsp,%rbp
    1142:   be 02 00 00 00           mov     $0x2,%esi
    1147:   bf 01 00 00 00           mov     $0x1,%edi
    114c:   b8 00 00 00 00           mov     $0x0,%eax
    1151:   e8 d3 ff ff ff           call    1129 <add>
    1156:   b8 01 00 00 00           mov     $0x1,%eax
    115b:   5d                       pop     %rbp
    115c:   c3                       ret
```

最终链接的结果是将多个可重定位文件按照 GCC 的输入顺序排列到内存中。例如，如果输入的文件顺序为 a.o 和 add.o，那么 main 方法将会位于前面。感兴趣的读者可以自行验证这一点。

## 6.10  GAS

在 GCC 中，汇编语言到文件的转换是通过 GAS 完成的，它是编译器套件中的 as 程序。前文介绍汇编编译器时提到了 NASM，因为它专门针对 Intel 架构。相比之下，GAS 是一

个多平台兼容的汇编器，因此其复杂度较高，之前并未详细讨论。此处将重点介绍如何学习和使用 GAS。接下来将简单介绍其中几个标识，并结合具体案例进行讲解。

```c
int s = 10;
void add(int a,int c){
  a+c;
}
int main(){
    add(1,2);
    return 1;
}
```

这是一个简单的 C 语言例子，下方的代码是通过 gcc -S 命令编译生成的结果。在 GAS 中，所有汇编指令的名称均以句点（"."）开头。大多数目标的名称不区分大小写，通常以小写形式编写。因此，对于下方编译结果，我们只关心 "." 开头的汇编指令，并对其进行逐行解释。

```
            #file 指令有两个版本：默认版本用于告知 gas 开始一个新的文件
            #另一个版本则用于配合调试信息，指出当前汇编所对应的 C 源文件
            .file   "a.c"
            #标记从此处开始为新的一段内容，用于分段
            .text
            #提供给连接器使用，告知当前文件有一个名为 s 的符号，用于 extren 时替换地址
            .globl  s
            #告知编译器将以下数据放到当前分段中的数据部分
            .data
            #对齐数为 4 字节，也支持表达式，扩展部分在《GAS 手册》中有描述
            .align  4
            #类型分为 COFF 与 ELF 两个版本，此处使用 ELF，所以只讲述 ELF 相关的内容
            #object 是 ELF 中 STT_OBJECT 类型：将符号标记为数据对象，即 s 是一个对象
            .type   s, @object
            #设置对应符号的大小，例如此处将 s 设置为 4 字节
            .size   s, 4
s:
            #将 s 的值设置为 100，类型为 long，还有类型 .int 与其作用相同
            .long   100
            #数据段至此完毕，开启新的分段
            .text
            .globl  add
            #function 是 ELF 中 STT_FUNC 类型：将符号标记为函数名，即 add 是一个函数
            .type   add, @function
add:
.LFB0:      #标记代码开始位置
            #CFI 是一套由 GAS 实现的调用帧信息指令
            #此指令用于每个函数的开头，这些函数应在 .eh_frame 中有一个条目
```

```
            #它表示描述如何设置寄存器以在运行时恢复前一个调用帧的表
            #CFI 和 CFA 都是用于调试的伪指令
    .cfi_startproc
        ...  #中间内容省略
        .cfi_endproc
.LFE0:  #标记代码结束位置
        #size 指令用于指定当前 add 符号对应的大小
        .size    add, .-add
        #构建 main 方法
        .globl   main
        .type    main, @function
main:
.LFB1:
...#省略
.LFE1:
        .size    main, .-main
        #这个指令被一些汇编程序用来在目标文件中放置标记
        #该指令的行为因目标结果而异。例如 ELF/COFF
        .ident   "GCC: (Ubuntu 12.2.0-3ubuntu1) 12.2.0"
        #后续内容分配到一个节中
        #名为.note.gnu.property 的节，标记为"a"表示该节在内存中是可分配的
        #具体的 ELF 格式细节请参见相关文档
        .section   .note.gnu.property,"a"
...
```

当然，GAS 提供了许多相关的伪指令，它们都可以在 GAS 文档中找到，例如.bss（将.bss 以下语句组装到 BSS 部分的末尾）等。这类伪指令不仅存在于 GAS 中，NASM 也有相应的实现。关于 NASM 中的具体含义，请参考 NASM 的文档。

## 6.11　小　　结

至此，C 语言的大多数特性都已介绍完毕。如果读者觉得自己似乎理解了这些特性，但又不知道如何具体应用，那么这意味着读者是刚踏入编程领域的新手。如果读者认为可以通过操作其他进程的内存来达到自己的目的，那么这表明读者可能对安全研究、破解技术或开发辅助工具等领域感兴趣。如果读者已经能够理解 JVM 是如何通过操作 SO 库来构建其虚拟机环境的（尽管这部分内容尚未详细介绍），那么这表明读者可能已经开始了对 JVM 源代码的研究。

本章对 C 语言的介绍并非旨在描述如何使用 C 语言，而是旨在扩展读者现有的工作经验或学习经验，激发更多的思考。当遇到未知的知识领域时，可以通过理解底层原理来推

导出自己的思路。抛开平台特定的指令，C 语言的核心内容在于内存操作，目前已知的内存分配方式包括：通过栈分配内存（通过操作 ESP 寄存器来实现）、在代码中静态分配（编译时将数据与代码放置在一起，且为只读形式），以及专门用于存储程序中数据内容的数据块分配。第 7 章将介绍 malloc 函数如何从堆中分配内存，以及一个程序在 Linux 系统中的内存布局方式。

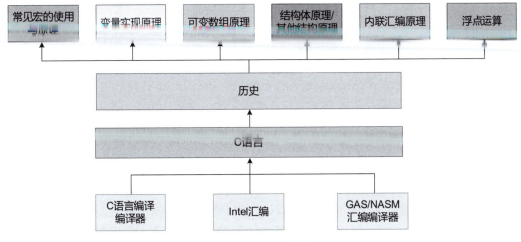

图 6.1　第 6 章总结图

# 第 7 章
# ELF 与链接器

可执行与可链接格式（executable and linkable format，此前有时被误写为 extensible linking format），通常简称为 ELF 格式，在计算中，是一种用于可执行文件、目标代码（可重定位文件）、共享目标文件和核心转储（core dump）的标准文件格式。ELF 格式首次发布于 UNIX 操作系统版本 System V Release 4（SVR4）的应用二进制接口（ABI）规范中，并随后发布于工具接口标准（tool interface standard）。此后，ELF 格式很快被不同的 UNIX 发行商所接受。1999 年，这种格式被 86open 项目选为 x86 架构处理器上的 UNIX 和类 UNIX 系统的标准二进制文件格式。按照设计，ELF 格式具有高度的灵活性、可扩展性，并且跨平台。例如，它支持不同的字节序和地址范围，因此不会因为字节序而不兼容特定的 CPU 或指令架构。这也使得 ELF 格式能够被运行于众多不同平台的各种操作系统所广泛采纳。ELF 包含了连接内容，因此需要将其与连接器一同讲解。其中，连接器分为静态链接（编译期链接）和动态链接（运行时链接）两种方式，这些内容将在本章结合源码进行讲述。

## 7.1 ELF

ELF 格式主要描述四种类型的文件，其中核心转储（core dump）在早期版本的 Linux 中并未被广泛使用。在后续版本中，当检测到满足 sig_kernel_coredump 条件的信号时，系统将当前进程的执行信息输出为一个文件。这个信号用于判断进程是否异常退出，并提供给研发人员用于诊断线上问题的一种解决方案。在这里，它仅用于描述程序运行时的内存信息，与连接器无关，因此不会深入讲解。感兴趣的读者可以从 Linux 3.10 版本的 void do_coredump(siginfo_t *siginfo)函数开始阅读相关内容。

可重定位文件（relocatable file）包含由编译器生成的代码和数据。连接器会将它与其他目标文件链接起来，以创建可执行文件或共享目标文件。也就是说，它只是程序的一部分内容，通过组合多个这样的部分内容来形成可执行程序。这种做法的好处在于可以并行编译多个文件。因为文件之间在编译时没有强烈的依赖关系〔尽管在运行时存在强依赖，这部分工作由连接器提供（静态链接），也就是说，这些文件仅作用于文件链接阶段），它们通常以".o"结尾。

共享目标文件（shared object file）包含了可重定位文件的内容，但它在运行时进行动态链接以确定地址信息，这个过程称为动态链接。共享目标文件的出现是为了减少内存占用。在静态链接时，可重定位文件会将链接内容组合写入目标文件中。例如，如果一个函数 sum 占用 10MB 内存，且有 10 个程序依赖该函数，那么在静态链接的情况下，每个程序都会包含这个函数的一个副本，这会消耗大量内存。为了解决这个问题，引入了共享目标文件。在编译期间，不会将函数 sum 的内容写入目标文件中，而是在目标文件中记录相应的信息。在程序加载运行时，动态检索到函数并进行调用，这样就将原有的多个相同内容缩减为一份。

可执行文件（executable file）定义了程序的执行入口。当运行程序时，操作系统根据其定义的入口进行跳转执行，最终实现用户程序的运行效果。

ELF 格式是针对这四种文件类型的描述结构。通过上述内容，我们可以将它们分为两类：共享类和执行文件类。如图 7.1 所示，尽管它们被抽象为两类，但它们的描述结构是相同的，只是对于不同类型，某些数据成为了可选。需要说明的是，该图中提到的节头表和程序头表的内容都是多个，以数组结构排列。它们记录的并不是具体的内容（如段内容/节内容），而是对应内容的第一个内容地址和内容数量。总结来说，头表是一个数组，每个头表项记录了一个内容数组的地址和大小，形成了二维数组结构（后续将详细讲解）。

图 7.1　ELF 文件结构

ELF 格式在 32 位环境中定义了以下基础数据类型，用于读取描述文件中数据的步长，如表 7.1 所示。

表 7.1  ELF 基础数据类型定义

| 名　　称 | 大　小 | 对齐大小 | 描　　述 |
|---|---|---|---|
| Elf32_Addr | 4 | 4 | 用于地址的描述 |
| Elf32_Half | 2 | 2 | 短 int，如 short |
| Elf32_Off | 4 | 4 | 文件偏移 |
| Elf32_Sword | 4 | 4 | 长 int，带符号位 |
| Elf32_Word | 4 | 4 | 无符号长 int |
| unsigned char | 1 | 1 | 无符号字符类型 |

## 7.1.1  ELF 头结构

图 7.1 中的两种文件结构都以 ELF 头部作为起始点，因此，此处先介绍 ELF 头部的定义。下面的内容将展示头部所对应的内容。

```
#define EI_NIDENT 16
// EI_NIDENT 默认值为16字节，表示在读取ELF32文件时，前16个字节对应ELF 标识信息
typedef struct {
        unsigned char e_ident[EI_NIDENT];    //ELF 标识信息
//其中包含魔术值 0x7F 'E' 'L' 'F'，占前 4 个字节
//第 5 字节表示 CPU 位数，第 6 字节表示字节序（用于多平台兼容性标识）
Elf32_Half e_type;                           //文件类型：ET_REL=1（可重定位文件）
//ET_EXEC=2（可执行文件），ET_DYN=3（共享库）
        Elf32_Half e_machine;  //机器类型：EM_386=3（Intel 80386 架构），其他类型
        Elf32_Word e_version;  //版本信息
        Elf32_Addr e_entry;    //可执行程序入口地址：对于可重定位文件
//此值为 0，表示没有入口点
        Elf32_Off  e_phoff;    //程序头表在文件中的偏移位置：通常紧跟在ELF 头部之后
        Elf32_Off  e_shoff;    //节头表在文件中的偏移位置
        Elf32_Word e_flags;    //与 CPU 架构相关的标志：Intel 32 位架构未使用，
                               //因此设置为 0
        Elf32_Half e_ehsize;      //ELF 头的大小（以字节为单位）
        Elf32_Half e_phentsize;   //程序头表项的大小（以字节为单位）
        Elf32_Half e_phnum;       //程序头表中的项数
        Elf32_Half e_shentsize;   //节头表项的大小（以字节为单位）
        Elf32_Half e_shnum;       //节头表中节的数量
        Elf32_Half e_shstrndx;    //指向 .shstrtab 节在节头表中的索引
} Elf32_Ehdr;
```

## 7.1.2 节的结构

节的结构由节头表定义，它是一个数组结构，包含了所有需要重定位的信息。此外，节头表不仅包含重定位信息，还包含程序定义的信息（如全局变量、函数定义等）、符号表、字符串表、哈希表以及动态链接信息等。在 ELF 文件头中，e_shentsize 表示节头表项的大小（以字节为单位），e_shnum 表示节头表中节的数量，e_shoff 表示节头表在文件中的偏移位置。

```
typedef struct {
    Elf32_Word sh_name;       //当前节的名称,此处存储的是字符串表中的索引,而非字符串
    Elf32_Word sh_type;       //节的类型,内容较多,将在下文单独说明
    Elf32_Word sh_flags;      //SHF_WRITE 表示可写
                              //SHF_ALLOC 表示需要分配空间以供加载,
                              //SHF_EXECINSTR 表示可执行
    Elf32_Addr sh_addr;       //节在内存中的加载位置
    Elf32_Off  sh_offset;     //节在文件中的偏移量
    Elf32_Word sh_size;       //当前节所占的空间大小
    Elf32_Word sh_link;       //指向相关联的节头表的索引
                              //在节头表中每种节只有一个关联
                              //若不同类型的节需要关联则使用此值,无关联时为 SHN_UNDEF
    Elf32_Word sh_info;       //当前节的附加信息
    Elf32_Word sh_addralign;  //地址对齐要求
    Elf32_Word sh_entsize;    //当前类型的节头表中每个元素的大小
                              //针对于固定大小的元素,非固定的则是 0
} Elf32_Shdr;
```

节的类型如表 7.2 所示，一些不必要的类型并没有在此列出。读者可以自行查阅本书附带的 elf_format 文件以获取更多信息。

表 7.2 节头表结构类型

| 名 称 | 值 | 描 述 |
| --- | --- | --- |
| SHT_NULL | 0 | 空节点 |
| SHT_PROGBITS | 1 | 程序信息 |
| SHT_SYMTAB | 2 | 符号表 |
| SHT_STRTAB | 3 | 字符串表 |
| SHT_RELA | 4 | 可重定位表，带加数 |
| SHT_HASH | 5 | 哈希表 |
| SHT_DYNAMIC | 6 | 动态链接信息 |
| SHT_REL | 9 | 可重定位表，不带加数 |

ELF 格式要求节头表的第一个元素是保留的，其值默认为 0 或者指向默认的数据。针

对汇编语言，ELF 提供了相应的节配置信息，如表 7.3 所示。

表 7.3　汇编语言中节名称、值及其描述

| 名称 | 值 | 描述 |
| --- | --- | --- |
| .data | SHT_PROGBITS | SHF_ALLOC + SHF_WRIT |
| .dynamic | SHT_DYNAMIC | 保存动态链接信息，连接部分使用 |
| .got | SHT_PROGBITS | 记录全局偏移表 |
| .hash | SHT_HASH | SHF_ALLOC |
| .plt | SHT_PROGBITS | 记录过程链接表 |
| .rel name | SHT_REL | 记录了重定位信息 |
| .rela name | SHT_RELA | 与 rel 相同，只是有偏移加数 |
| .rodata | SHT_PROGBITS | 记录只读数据 |
| .strtab | SHT_STRTAB | 字符串表 |
| .symtab | SHT_SYMTAB | 符号表 |
| .text | SHT_PROGBITS | SHF_ALLOC + SHF_EXECINSTR |
| .interp | SHT_PROGBITS | 记录链接器的路径 |

对于结构中的 sh_flags 属性，ELF 提供了几种描述信息，如表 7.4 所示。

表 7.4　节标识及其描述

| 名称 | 值 | 描述 |
| --- | --- | --- |
| SHF_WRITE | 0x1 | 可写 |
| SHF_ALLOC | 0x2 | 需要加载到内存中 |
| SHF_EXECINSTR | 0x4 | 可执行 |
| SHF_MASKPROC | 0xf0000000 | 特殊平台使用 |

## 7.1.3　字符串表

节头表中的 sh_type 字段值为 SHT_STRTAB 时，表示该节是一个字符串表，位于节头表的第二个维度数组结构中。如图 7.2 所示，sh_offset 字段指定的位置是字符串表的开始。在 ELF 文件中，节名称、函数名、变量名等字符串都存储在这个字符串表中。该表是一个连续的内存区域，其中包含多个连续排列的字符。使用者只需记录字符串在表中的偏移量。字符串表的第一个字节始终是空字符 (\0)，标志着字符串表的开始，并且表中的每个字符串都以空字符结尾。

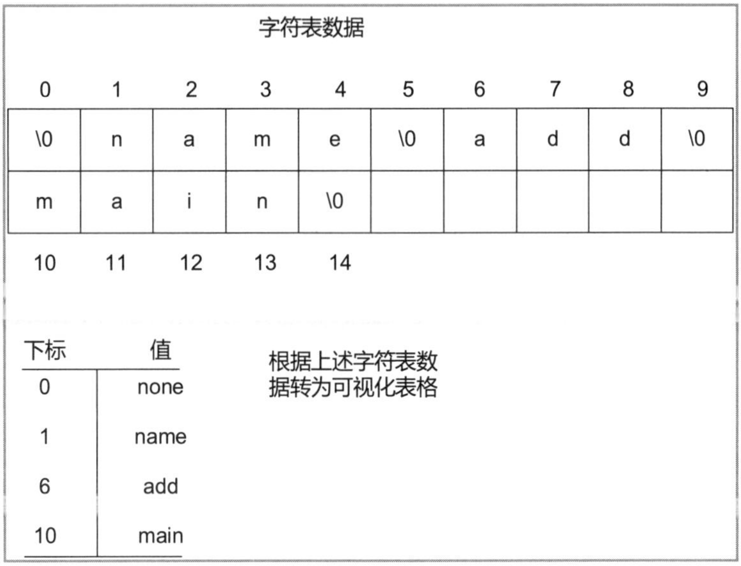

## 字符串表

```
                字符表数据
  0    1    2    3    4    5    6    7    8    9
 \0    n    a    m    e   \0    a    d    d   \0
  m    a    i    n   \0
 10   11   12   13   14
```

| 下标 | 值 |
|------|------|
| 0 | none |
| 1 | name |
| 6 | add |
| 10 | main |

根据上述字符表数据转为可视化表格

图 7.2　字符串表

## 7.1.4　符号表

当节头表中的 sh_type 字段值为 SHT_SYMTAB 时，它指的是符号表，该表位于节头表的二维数组结构中。sh_offset 字段指示的地址定义了符号表的结构，如表 7.5 所示。符号用于描述编程语言中的对象，例如 C 语言的函数或变量。以变量为例，前文已经展示了其汇编代码的内容，其中包括变量名、变量大小和作用域等信息。符号表中的每个符号都有对应的数据结构，如下所示。

```
typedef struct {
    Elf32_Word st_name;      //指向字符串表的下标，若当前符号是变量，则为变量名
    Elf32_Addr st_value;     //当前符号的地址值，若是函数，则为函数地址
    Elf32_Word st_size;      //当前符号占用的内存大小
    若是函数，则为函数入口到返回指令的大小（即前文的.size  no_return,.-no_return）
    unsigned char st_info;   //当前符号的类型和绑定属性
    unsigned char st_other;  //无特殊含义
    Elf32_Half st_shndx;     //指向节头表的索引
} Elf32_Sym;

//st_info 的定义
#define ELF32_ST_BIND(i) ((i)>>4)              //高 4 位存储符号的绑定属性
#define ELF32_ST_TYPE(i) ((i)&0xf)             //低 4 位存储符号的类型
#define ELF32_ST_INFO(b,t) (((b)<<4)+((t)&0xf))//绑定属性和类型组合形成 st_info
```

表 7.5　符号表 st_info 绑定类型（ELF32_ST_BIND）

| 名　称 | 值 | 描　述 |
| --- | --- | --- |
| STB_LOCAL | 0 | 作用域局部 |
| STB_GLOBAL | 1 | 作用域全局 |
| STB_WEAK | 2 | 弱引用，允许被替换 |
| STB_LOPROC | 13 | 特殊处理器使用 |
| STB_HIPROC | 15 | 特殊处理器使用 |

ELF32_ST_BIND 主要描述了当前对象的作用域信息。ELF32_ST_TYPE 标注了对象具体的类型，如表 7.6 所示。

表 7.6　符号表 st_info 数据类型（ELF32_ST_TYPE）

| 名　称 | 值 | 描　述 |
| --- | --- | --- |
| STT_NOTYPE | 0 | 无类型 |
| STT_OBJECT | 1 | 对象类型 |
| STT_FUNC | 2 | 函数类型 |
| STT_SECTION | 3 | 关联其他节 |
| STT_FILE | 4 | 文件类型 |
| STT_LOPROC | 13 | 特殊处理器使用 |
| STT_HIPROC | 15 | 特殊处理器使用 |

## 7.1.5　重定位表

sh_type 字段可以是 SHT_RELA 或 SHT_REL（这些是节头部表中第二维数组的类型）。sh_offset 字段指向的结构是重定位表，其类型分别如表 7.7 和表 7.8 所示。重定位是将符号引用与符号定义连接起来的过程。例如，当程序调用一个函数时，相关的调用指令在执行时必须将控制权转移到正确的目标地址。换句话说，可重定位文件必须包含描述如何修改其节内容的信息，这样可执行文件和共享目标文件才能为进程的程序映像保存正确的地址信息。编译时，extern 关键字告知编译器该函数是外部的，并且编译器生成的 call 指令的地址并不是最终的目标地址。在链接阶段，链接器会处理这些调用，确保它们指向正确的函数地址。重定位表用于描述这些地址替换的信息。假设 add 函数在程序中被调用了三次，那么将会有三个重定位条目。通过遍历这些重定位条目，可以找到需要修改的地址，并将它们更新为真实的函数地址，从而完成函数的重定位过程。

```
typedef struct {
    Elf32_Addr r_offset;      //需要替换的位置，此位置为调用位置或使用位置
    Elf32_Word r_info;        //替换类型等信息
} Elf32_Rel;                  //重定向结构，不带加数
typedef struct {
    Elf32_Addr r_offset;
    Elf32_Word r_info;
    Elf32_Sword r_addend;     //加数
} Elf32_Rela;                 //重定向结构，带结构
//高 24 位记录了符号信息，即使使用了 excern 关键字标记为外部符号
//这些信息仍然包括类型等。此处 24 位是指向符号表中描述该符号的条目的索引
#define ELF32_R_SYM(i)  ((i)>>8)
//类型
#define ELF32_R_TYPE(i) ((unsigned char)(i))
#define ELF32_R_INFO(s,t) (((s)<<8)+(unsigned char)(t))
```

表 7.7  重定位表计算类型

| 名 称 | 描 述 |
|---|---|
| A | 存储的值用于计算地址偏移 |
| B | 共享对象加载的基地址 |
| G | 在 GOT 中的偏移位置 |
| GOT | 全局偏移表地址 |
| L | 在链接表中的位置 |
| P | 存储重定向结构的地址（动态链接使用） |
| S | 动态库的基地址 |

在 info 中存储的低 8 位为重定位表类型，如表 7.8 所示。

表 7.8  重定位表类型

| 名 称 | 值 | 计 算 公 式 |
|---|---|---|
| R_386_NONE | 0 | none |
| R_386_32 | 1 | S + A |
| R_386_PC32 | 2 | S + A - P |
| R_386_GOT32 | 3 | G + A - P |
| R_386_PLT32 | 4 | L + A - P |
| R_386_COPY | 5 | none |
| ... | ... | ... |

至此，与可重定位相关的结构已经基本介绍完毕。从以上内容可以得出，在静态链接

过程中，连接器会将多个可重定位文件合并写入一个输出文件中，并记录每个可重定文件的具体写入位置。完成写入后，连接器将遍历所有的重定位表，根据记录的信息来匹配重定位表中所引用的函数节或数据节的名称，以此替换依赖处的默认地址，从而实现静态链接的功能。静态连接器的功能相对简单，本书提供的资料中包含了针对 binutils-2.3 主要脉络的简易注释。因此，此处不再深入讲解静态连接器，而是将重点转向动态连接器。下文将通过案例来讲解动态连接器的应用，而不是直接分析连接器的源码。

```
//创建 a.c 文件，内容如下
extern int add(int a,int b);
void main() {
  add(1,2);
}

//使用 gcc -c a.c 命令将 a.c 文件编译为可重定位文件
//使用 readelf -a a.o 命令获取 ELF 描述信息，如下所示
//可重定位表
Relocation section '.rela.text' at offset 0x160 contains 1 entry:
  Offset          Info           Type            Sym. Value    Sym. Name + Addend
//在内存中的偏移
//对应的符号表名
000000000013  000400000004 R_X86_64_PLT32    0000000000000000 add - 4
//符号表信息
Symbol table '.symtab' contains 5 entries:
   Num:    Value          Size Type    Bind   Vis      Ndx Name
     0: 0000000000000000     0 NOTYPE  LOCAL  DEFAULT  UND
     1: 0000000000000000     0 FILE    LOCAL  DEFAULT  ABS a.c
     2: 0000000000000000     0 SECTION LOCAL  DEFAULT    1 .text
     3: 0000000000000000    26 FUNC    GLOBAL DEFAULT    1 main
     4: 0000000000000000     0 NOTYPE  GLOBAL DEFAULT  UND add
//使用 objdump -D a.o 命令反编译 a.o 文件，得到如下内容
//注意：main 函数的地址从 0 开始计算
//12 字节处的 e8 指令是调用指令，
//其后的四个 00 对应可重定向表中 add 函数的偏移
0000000000000000 <main>:
   0: f3 0f 1e fa           endbr64
   4: 55                    push   %rbp
   5: 48 89 e5              mov    %rsp,%rbp
   8: be 02 00 00 00        mov    $0x2,%esi
   d: bf 01 00 00 00        mov    $0x1,%edi
  12: e8 00 00 00 00        call   17 <main+0x17>
  17: 90                    nop
  18: 5d                    pop    %rbp
  19: c3                    ret

//创建 b.o 文件，内容如下
int add(int a,int b){
```

```
    return a+b;
}
//通过 readelf 命令查看可重定位表，发现 b.o 文件中并不存在内容
//这是因为该文件内部并没有引用外部文件，它只提供了自己的符号表
Symbol table '.symtab' contains 4 entries:
   Num:    Value          Size Type    Bind   Vis      Ndx Name
     0: 0000000000000000     0 NOTYPE  LOCAL  DEFAULT  UND
     1: 0000000000000000     0 FILE    LOCAL  DEFAULT  ABS b.c
     2: 0000000000000000     0 SECTION LOCAL  DEFAULT    1 .text
     3: 0000000000000000    24 FUNC    GLOBAL DEFAULT    1 add
```

```
//当执行 ld a.o b.o 命令时，将会进行静态链接，从而得到 a.out 文件
//该文件中存在 9 个符号表，其中包含 add 与 main 函数，最终组合成了执行文件
Symbol table '.symtab'     contains 9 entries:
     0: 0000000000000000     0 NOTYPE  LOCAL  DEFAULT  UND
     1: 0000000000000000     0 FILE    LOCAL  DEFAULT  ABS a.c
     2: 0000000000000000     0 FILE    LOCAL  DEFAULT  ABS b.c
     3: 000000000040101a    24 FUNC    GLOBAL DEFAULT    2 add
     ...
     6: 0000000000401000    26 FUNC    GLOBAL DEFAULT    2 main
     ...
//反编译如下
0000000000401000 <main>:
    ...
   401012:  e8 03 00 00 00          call   40101a <add>
    ...
000000000040101a <add>:
    ...
```

有趣的是，ld 命令的参数顺序决定了链接后代码段的排列顺序。例如，在上述案例中，使用命令 ld a.o b.o 导致 main 函数在 add 函数之前。如果改变这两个文件的顺序，例如使用 ld b.o a.o，代码段的排列顺序也会相应改变。感兴趣的读者可以自行尝试这个实验来验证这一点。

## 7.1.6 程序加载

前文所述的 ELF 结构包含了函数和变量等的位置信息，这些信息对于重定位过程中的地址查找和修改至关重要。然而，这些信息本身并不足以直接支持程序的运行。在程序加载和运行阶段，除了动态链接的情况，这些位置信息通常不再被直接使用，因为函数跳转的地址在连接阶段已经确定。因此，为了全面理解程序的运行，我们还需要探讨进程的结构。在深入讨论进程结构之前，我们将介绍程序的加载过程。

当系统创建或扩展进程映像（即可执行文件）时，它逻辑上会将文件中的段数据（包括数据段和代码段）映射到虚拟内存段。系统何时运行以及是否读取文件取决于程序的执

行行为和系统负载等因素。进程在运行时并不需要立即使用所有数据（包括代码和数据），只有在需要执行或访问这些数据时才会使用。因此，系统通常不会立即为进程分配物理内存，而是分配虚拟内存，并在实际使用时通过触发缺页异常来分配物理内存，从而提高系统性能。为了在实际操作中实现这种效率，可执行文件和共享目标文件必须确保其段映像的文件偏移量和虚拟地址与页面大小对齐。在 SYSTEM V 体系结构中，段的虚拟地址和文件偏移量通常以 4KB（0x1000）或更大的 2 的幂为模相等，如图 7.3 所示。

可执行文件和共享文件都有一个基址，这是程序文件与内存映像相关联的最低虚拟地址。基址的一个用途是在动态链接期间重新定位程序的内存映像。可执行或共享文件的基址是在执行过程中根据三个值计算的：内存加载地址、最大页面大小和程序可加载段的最低虚拟地址。程序头文件中的虚拟地址可能并不代表程序内存映像的实际虚拟地址。为了计算基址，需要确定与 PT_LOAD（7.1.7 节介绍）段的最低 p_vaddr 值相关联的内存地址。然后，通过将内存地址截断为最接近的最大页面大小的倍数来获得基址。根据加载到内存中的文件类型，内存地址可能与 p_vaddr 值匹配，也可能不匹配。

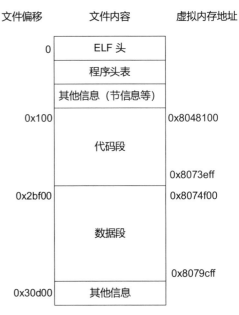

图 7.3　程序文件数据排列

## 7.1.7　程序头结构

可执行文件或共享目标文件的程序头表是一个数组结构（第一维数组），如表 7.9 所示。每个结构描述一个段或系统准备执行程序所需的其他信息。一个段中包含一个或多个节信息，如下面内容所述。程序头仅存在于可执行文件和共享目标文件中。在 ELF 文件头中，e_phentsize 表示程序头表的字节大小、e_phnum 表示头表中包含的程序头结构的数量、e_phoff 表示程序头表在文件中的位置信息。

```
typedef struct {
    Elf32_Word p_type;      //当前段描述的数据类型，并不区分代码段或者数据段
                            //而是将它们视为一种类型处理
    Elf32_Off  p_offset;    //该段的数据在文件中的偏移位置
    Elf32_Addr p_vaddr;     //需要加载到的虚拟内存地址
    Elf32_Addr p_paddr;     //需要加载到的物理内存地址
```

```
            //此数据通常为 0,因为物理内存由操作系统管理分配,参考程序加载中的描述
        Elf32_Word p_filesz;               //该段在文件中的大小
        Elf32_Word p_memsz;                //该段在内存中的大小
        //若是代码段,那么文件与内存的大小可以相同
        //但是数据在文件中并不会占很大的空间,而是在内存中膨胀
        Elf32_Word p_flags;                //段的相关标志位
        Elf32_Word p_align;                //段的对齐值,通常为 2 的整数次幂
    } Elf32_Phdr;
```

表 7.9 构图 7.0 中的程序头结构映射到属性

| 属 性 | 代 码 段 | 数 据 段 |
|---|---|---|
| p_type | PT_LOAD | PT_LOAD |
| p_offset | 0x100 | 0x2bf00 |
| p_vaddr | 0x8048100 | 0x8074f00 |
| p_paddr | 未定义 | 未定义 |
| p_filesz | 0x2be00 | 0x4e00 |
| p_memsz | 0x2be00 | 0x5e24 |
| p_flags | PF_R + PF_X | PF_R + PF_W + PF_X |
| p_align | 0x1000 | 0x1000 |

除非在其他地方有特别要求,否则所有程序头段类型都是可选的。这意味着一个文件的程序头表可能只包含一些与其内容相关的部分段类型,如表 7.10 所示。

表 7.10 程序段类型

| 名 称 | 值 | 描 述 |
|---|---|---|
| PT_NULL | 0 | 未使用,其他成员的值未定义。这种类型允许程序头表有被忽略的项 |
| PT_LOAD | 1 | 指定一个可加载的段,由 p_filesz 和 p_memsz 描述 |
| PT_DYNAMIC | 2 | 指定动态链接信息,后续介绍 |
| PT_INTERP | 3 | 指定要作为解释器调用的以空结尾的路径名的位置和大小 |
| PT_NOTE | 4 | 指定辅助信息的位置和大小,后续介绍 |
| PT_SHLIB | 5 | 此段类型是保留的,但具有未指定的语义 |
| PT_PHDR | 6 | 指定程序头表本身在文件和程序内存映像中的位置和大小(允许不定义) |
| PT_LOPROC | 0x70000000 | 此范围内的值被保留,用于特定于处理器的语义 |
| PT_HIPROC | 0x7fffffff | |

程序结构和节结构在描述内容上存在重叠，但它们的侧重点不同。程序结构主要关注操作系统加载和解释器（通常是动态连接器，因为它不仅执行动态链接操作，还负责解析 ELF 文件，因此也可以称为解释器）所需的信息。相比之下，节结构则更侧重于静态链接和动态链接时的符号查找。程序结构的描述相对粗略，且如前文所述，一个程序段可能包含多个节信息，因此需要明确区分这两种结构，以避免后续讲解中的混淆。

在节类型中，有些类型如 SHT_NOTE 并没有详细说明。SHT_NOTE 与 PT_NOTE 具有相同的含义，都用于供应商或系统构建者记录特殊信息，以便其他程序检查其一致性、兼容性等。对此，我们只需进行简单的了解。

## 7.1.8 程序解释器

一个可执行文件可以有一个 PT_INTERP 类型的程序头元素。在执行期间，系统从 PT_INTERP 段中检索路径名，并基于解释器文件的各个段来构建初始的进程映像。这意味着，系统不会直接使用原始可执行文件的段，而是创建一个新的内存映像，专门用于解释器。随后，解释器负责从系统中接收控制信号，并为应用程序构建运行环境。

解释器通过两种方式之一来接收控制信号：一是获取一个文件描述符，该描述符指向可执行文件的起始位置，允许解释器读取或将文件段映射到内存；二是由系统根据可执行文件的格式直接将其加载到内存中，而不是向解释器提供一个打开的文件描述符。除非涉及文件描述符的特殊情况，否则解释器的初始进程状态与可执行文件的状态一致。解释器本身可能不需要依赖另一个解释器，它可以是一个共享库或者一个独立的可执行文件。

一个共享对象（通常情况下）可以被加载到任意地址，这个地址可能因进程而异，系统在 mmap(KE_OS) 和相关业务使用的动态段区域中创建自己的段。因此，共享对象解释器通常不会与原始可执行文件的原始段地址发生冲突（因为在原有的进程中通过 mmap 进行内存分配时，地址是不冲突的，所以解释器或共享对象在加载时并不会根据其定义的地址进行存储。因此，前文提到的基地址值适用于程序的加载，而非共享对象）。

**1. 动态链接**

在编译一个使用动态链接的可执行文件时，链接编辑器（如 ld，即静态连接器）会向可执行文件中添加一个类型为 PT_INTERP 的程序头元素。这个元素指定了动态连接器的路径，通常为/lib64/ld-linux-x86-64.so.2（对于 64 位系统而言）。需要注意的是，静态连接器和动态连接器是两个不同的程序，它们尽管都用于链接过程，但分别属于 binutils 和 glibc 这两个不同的项目。通过 PT_INTERP 元素，系统知道需要调用动态连接器作为程序的解释器。动态连接器的文件名表明它针对特定处理器设计。

操作系统与动态连接器共同协作，为程序创建进程映像。进程映像是指程序在操作系统中的一个执行上下文环境，包括处理机中各通用寄存器的值、进程的内存映像、打开文件的状态以及进程占用的资源信息等。创建进程映像的步骤如下。

（1）根据可执行文件中各段的描述信息，构建进程映像。

（2）跳转到解释器执行代码（官方文档中并没有这一步骤，若忽略它，会让第 6 步显得很突兀）。

（3）向进程映像中添加共享对象（动态链接器也是共享对象）内存段。

（4）对可执行文件及其共享对象执行重定位（由链接器完成）。

（5）关闭用于读取可执行文件的文件描述符（如果采用了解释器的第一种方式进行解析）。

（6）将控制传递给程序，使其看起来好像程序直接从操作系统中接收了控制（跳转回程序中）。

在静态链接时，链接编辑器还构造各种数据，以帮助可执行文件和共享目标文件的动态链接操作。如上面的"程序头"所示，这些数据被存储在可加载段中，以确保它们在执行期间可用（需要注意的是，确切的段内容是特定于处理器的）。

☑ 类型为 SHT_DYNAMIC 的.dynamic section 保存了各种数据。位于节开头的结构保存了其他动态链接信息的地址（后续说明）。

☑ 类型为 SHT_HASH 的.hash section 保存了一个符号哈希表。这个哈希表是根据符号表的元素构建的，用于快速查找对应的符号信息。

☑ 类型为 SHT_PROGBITS 的.got 和.plt section 分别保存了两个独立的表：全局偏移表和过程链接表。下面的内容将介绍动态链接器如何使用和修改这两个表，以便为目标文件创建内存映像。

在创建进程映像时进行动态链接，可能会出现一个问题：如果一个进程依赖于许多共享对象，而这些对象大多数很少被触发或者在程序启动时并不需要，那么全部链接可能会导致程序加载速度变慢。为了解决这个问题，连接器提供了一个环境变量 LD_BIND_NOW，用于告知动态连接器是立即链接所有共享对象，还是采用懒加载方式（即在程序调用相应方法时再加载）。当 LD_BIND_NOW 的值为 0 时，表示采用懒加载；值为 1 时，表示立即链接。

**2. 动态链接节的结构**

需要说明的是，本节与前文所描述的节有所不同，它专门用于动态链接修改地址，其类型如表 7.11 所示。前文所述的节是静态链接时使用的，尽管它们都被称为节，但它们的含义完全不同。如果一个执行文件使用了动态链接，那么在其程序头表中将包含一个类型为 PT_DYNAMIC 的元素。该元素所指向的数据是一个由多个 Elf32_Dyn 结构组成的数组，这个数组记录了以下结构信息（在 32 位环境下）。

```
typedef struct {
   Elf32_Sword d_tag;           //结构的类型
   union {
      Elf32_Word d_val;
      Elf32_Addr d_ptr;
   } d_un;       //根据不同的类型,它的解释也有所不同,它可以是一个地址,也可以是一个值
} Elf32_Dyn;
```

表 7.11　动态节类型

| 名　称 | tag | d_un | 可执行程序 | 共享库 | 描　述 |
| --- | --- | --- | --- | --- | --- |
| DT_NULL | 0 | 忽略 | 必须存在 | 必须存在 | 代表 Elf32_Dyn 数组结束 |
| DT_NEEDED | 1 | d_val | 可选 | 可选 | 依赖库的名称,指向 DT_STRTAB |
| DT_PLTRELSZ | 2 | d_val | 可选 | 可选 | 保存与过程链接表相关的重定位表项的总大小(字节) |
| DT_PLTGOT | 3 | d_ptr | 可选 | 可选 | 保存与过程链接表(和/或)全局偏移表相关联的地址 |
| DT_HASH | 4 | d_ptr | 必须存在 | 必须存在 | 保存符号哈希表的地址,这个哈希表指向 DT_SYMTAB 元素所引用的符号表 |
| DT_STRTAB | 5 | d_ptr | 必须存在 | 必须存在 | 前文字符串表的地址 |
| DT_SYMTAB | 6 | d_ptr | 必须存在 | 必须存在 | 前文符号表的地址 |
| DT_RELA | 7 | d_ptr | 必须存在 | 可选 | 保存重定位表的地址,若存在,则进行地址修正 |
| DT_RELASZ | 8 | d_val | 必须存在 | 可选 | DT_RELA 重定位表的总大小(字节) |
| DT_RELAENT | 9 | d_val | 必须存在 | 可选 | 单个 DT_RELA 元素的大小(字节) |
| DT_STRSZ | 10 | d_val | 必须存在 | 必须存在 | 字符串表的字节大小 |
| DT_SYMENT | 11 | d_val | 必须存在 | 必须存在 | 符号表的字节大小 |
| DT_INIT | 12 | d_ptr | 可选 | 可选 | 保存初始化函数的地址 |
| DT_FINI | 13 | d_ptr | 可选 | 可选 | 保存终止函数的地址 |
| DT_SONAME | 14 | d_val | 忽略 | 可选 | 共享库的名称,指向字符串表 |
| DT_RPATH | 15 | d_val | 可选 | 忽略 | 搜索库的搜索路径字符串在字符串表中的偏移量,多个路径之间以分号(;)分隔 |
| DT_SYMBOLIC | 16 | 忽略 | 忽略 | 可选 | 默认是否使用当前共享库的搜索路径,此标志位将改变搜索逻辑 |
| DT_REL | 17 | d_ptr | 必须存在 | 可选 | 保存重定位表的地址,若不存在,则进行地址修正 |

续表

| 名称 | tag | d_un | 可执行程序 | 共享库 | 描述 |
|---|---|---|---|---|---|
| DT_RELSZ | 18 | d_val | 必须存在 | 可选 | DT_REL 重定位表的总大小（字节） |
| DT_RELENT | 19 | d_val | 必须存在 | 可选 | 单个 DT_REL 元素的大小（字节） |
| DT_PLTREL | 20 | d_val | 可选 | 可选 | 指定过程链接表所引用的重定位表项的类型 |
| DT_DEBUG | 21 | d_ptr | 可选 | 忽略 | 用于调试 |
| DT_TEXTREL | 22 | 忽略 | 可选 | 可选 | 告知动态链接器，所重定向的表项存在代码段（不可写），需要将该段修改为可写（代码段不可写） |
| DT_JMPREL | 23 | d_ptr | 可选 | 可选 | 保存了仅与过程链接表相关联的重定位表项的地址 |
| DT_LOPROC | 0x70000000 | 未定义 | 未定义 | 未定义 | 保留用于特定于处理器的语义 |
| DT_HIPROC | 0x7fffffff | 未定义 | 未定义 | 未定义 | |

除了数组末尾的 DT_NULL 元素和 DT_NEEDED 元素的相对顺序，其他动态段表项可以以任何顺序出现。未在表中列出的标记值是保留的。需要指出的是，此处 DT_RELA 和 DT_REL 所引用的结构是前文提到的重定位表的结构。因此，它们通过 d_ptr 字段直接指向相应的地址，以便进行复用。

### 3. 共享对象依赖

在静态链接处理可重定向文件时，连接器会提取文件中的成员并将其复制到输出对象文件（可执行文件或共享目标文件）中。这些提取和复制操作所需的信息仅在静态链接执行期间可用，并不涉及动态连接器。共享对象也提供执行此类操作所需的信息，动态连接器必须将适当的共享对象文件附加到进程映像中以供执行。因此，可执行文件和共享文件都会描述它们特定的依赖关系，这种提供信息的行为也被称为服务。

当动态连接器为对象文件创建内存段时，它依赖于动态结构的 DT_NEEDED 项中记录的信息来确定哪些共享对象需要被加载以提供程序链接服务。动态连接器通过递归地加载这些共享对象及其依赖关系（共享对象也可能有依赖项），构建出完整的进程映像。在解析符号引用时，动态连接器采用广度优先搜索策略来遍历符号表。也就是说，它首先检查可执行程序自身的符号表，然后按照 DT_NEEDED 表项的顺序检查共享对象的符号表，接着是第二级 DT_NEEDED 表项，以此类推。这要求共享目标文件对进程必须是可读的，而其他权限则不是必需的。如果一个共享对象在依赖项列表中被多次引用，动态连接器只会链接该对象一次，后续的引用将复用相同的地址。

依赖项列表中的名称可以是 DT_SONAME 字符串，也可以是用于构建对象文件的共享对象的路径名。例如，如果静态连接器使用一个 DT_SONAME 项为名为 lib1 的共享对象和另一个路径名为/usr/lib/lib2 的共享对象库来构建一个可执行文件，那么该可执行文件在其依赖列表中将包含 lib1 和/usr/lib/lib2。如果共享对象名称包含一个或多个斜杠（/）字符，例如/usr/lib/lib2 或 directory/file，动态连接器将直接使用该字符串作为路径名。如果名称中没有斜杠，如 lib1，则表示它是一个文件名，可以通过三种方式指定共享对象的路径搜索。当存在多种指定方式时，将遵循特定的优先级规则。

首先，动态数组标签 DT_RPATH 可以提供一个包含目录列表的字符串，目录之间以冒号（:）分隔。例如，字符串 /home/dir/lib:/home/dir2/lib 告诉动态连接器首先搜索目录 /home/dir/lib，然后是/home/dir2/lib，最后是当前目录来查找依赖项。

其次，进程环境中的 LD_LIBRARY_PATH 变量可以保存上述目录列表，并且可以选择在目录列表后面加上分号（;）和另一个目录列表。下面的值与前面的例子等效。

- ☑ LD_LIBRARY_PATH=/home/dir/lib:/home/dir2/lib:
- ☑ LD_LIBRARY_PATH=/home/dir/lib;/home/dir2/lib:
- ☑ LD_LIBRARY_PATH=/home/dir/lib:/home/dir2/lib:

所有 LD_LIBRARY_PATH 目录将在 DT_RPATH 目录之后被搜索。尽管有些程序（如静态连接器）可能对分号前后的列表处理方式不同，但动态连接器不会。因此，动态连接器接受分号表示法，并具有上面描述的语义。

最后，如果在前两组目录中未能找到所需的库，动态连接器将搜索/usr/lib 路径。

需要注意的是，出于安全考虑，动态连接器会忽略 set-user 和 set-group ID 程序的环境搜索规范（如 LD_LIBRARY_PATH）。但是，它会搜索 DT_RPATH 目录和/usr/lib。

### 4. 全局偏移表（GOT）

在一般情况下，位置无关代码中的数据操作不应包含绝对虚拟地址。在不涉及动态链接的情况下，所有数据位置的偏移地址均由编译器动态计算得出。然而，在动态链接中，由于数据的共享性，代码中使用的数据地址可能是不确定的，因此绝对地址的使用是不恰当的。全局偏移表（global offset table，GOT）的存储地址在编译时是固定的，这使得地址可用，同时不影响程序文本的位置独立性和可共享性。程序通过位置无关的寻址方式引用其 GOT，并从中提取绝对地址，从而将位置无关代码中的数据引用重定向到绝对位置。

最初，GOT 保存着重定位表项所需的信息（详见 7.1.5 节）。在系统为可加载的目标文件创建内存段之后，动态连接器处理这些重定位表项，其中可能包括 R_386_GLOB_DAT 类型的项，这些项引用 GOT。动态连接器确定相关符号的值，计算它们的绝对地址，并将适当的内存表项设置为相应的值。尽管在静态连接器构建目标文件时，绝对地址是未知的，但动态连接器知道所有内存段的地址，因此能够计算出其中包含的符号的绝对地址。如果程序需要直接访问符号的绝对地址，那么该符号将有一个 GOT 项。由于可执行文件和共享对象都有各自独立的 GOT，一个符号的地址可能会出现在多个表中。动态连接器在控制进程映像中的任何代码执行之前处理所有 GOT 重定位，确保在执行期间绝对地址是可用的。

GOT 的第一个元素（下标 0）被保留，用于存储动态结构的地址，该地址由符号 _DYNAMIC 引用。这允许程序（如动态连接器）在没有处理重定位表项的情况下找到自己的动态结构。这一点对动态连接器尤为重要，因为它必须在不需要其他程序重新定位其内存映像的情况下初始化自身。在 32 位的 Intel 体系结构中，GOT 中的第 1 和第 2 项也是保留的，具体说明见下文"程序链接表（PLT）"。系统可以为不同的程序或同一程序的不同执行选择不同的内存段地址，甚至为同一个共享对象选择不同的地址。因此，一旦进程映像建立，内存段的地址就不会改变。只要进程存在，其内存段就会驻留在固定的虚拟地址中。GOT 的格式和解释是特定于处理器的。对于 32 位的 Intel 架构，符号 _GLOBAL_OFFSET_TABLE_ 可用于访问 GOT。

### 6. 程序链接表（PLT）

程序链接表（procedure linkage table，PLT）的作用是将位置无关的函数调用重定向到绝对位置，这与 GOT 计算绝对地址的方式相似。静态连接器无法解析从一个可执行文件或共享对象到另一个可执行文件的执行转移，例如函数调用。因此，静态连接器会将程序控制转移操作记录为 PLT 中的项。在 System V 架构中，PLT 驻留在全局代码段中，并使用属于当前共享文件的私有 GOT 中的地址。动态连接器确定目标的绝对地址，并相应地修改 GOT 的内存映像（例如，将共享库中的函数地址重定位到当前程序的位置，该位置在不同的程序中可能会有所不同）。这样，动态连接器可以重定向函数调用，而不会影响程序文本的位置独立性和可共享性。可执行文件和共享对象都有各自的 PLT。

```
.PLT0:   pushl 4(%ebx)
         jmp *8(%ebx)
         nop; nop
         nop; nop
.PLT1:   jmp *name1@GOT(%ebx)
         pushl $offset
         jmp .PLT0@PC
.PLT2:   jmp *name2@GOT(%ebx)
         pushl $offset
         jmp .PLT0@PC
         ...
```

根据上述代码，动态连接器与程序"合作"使用 PLT 和 GOT 来解析符号引用，具体步骤如下。

当首次创建程序的内存映像时，动态连接器会将 GOT 中的第二和第三项设置为特殊值。这些值将在后续步骤中详细解释。

如果 PLT 与位置无关，那么 GOT 的地址必须存储在 %ebx 寄存器中。程序映像中的每个共享目标文件都拥有自己的 PLT，并且控制仅在同一目标文件内部转移至 PLT 条目。因此，调用函数负责在调用 PLT 条目之前正确设置 GOT 基址寄存器。

假设程序调用 name1 函数，它将控制权转移到标签.PLT1 处执行。当执行到.PLT1 时，它的第一条指令会跳转到 name1 在 GOT 项中的地址，即*name1@GOT。最初，这个 GOT 项保存的是下面 pushl $offset 指令的地址，而不是 name1 的实际地址。

因此，程序会在堆栈上推送一个重定位偏移量（offset）。这个重定位偏移量是重定位表中一个 32 位的非负字节偏移量，它对应于类型为 R_386_JMP_SLOT 的重定位表项。该重定位表项的偏移量指定了前面 jmp *name1@GOT 指令中使用的 GOT 项。重定位表项还包含一个符号表索引，这个索引告诉动态连接器正在引用哪个符号，在本例中是 name1。

在执行 pushl 重定位偏移量之后，程序跳转到.PLT0，即 PLT 中的第一个条目。pushl 指令将 GOT 中的第二个条目（got_plus_4 或 4%ebx））的值压入堆栈中，为动态连接器提供一个字的标识信息。接着，程序跳转到 GOT 中的第三个条目（got_plus_8 或 8%ebx））所指向的地址，从而将控制权转移到动态连接器。

当动态连接器接收到控制权时，它会检查堆栈上指定的重定位表项，找到符号的值，并将其存储在 GOT 中对应 name1 的条目里（即 name1@GOT 最初设置的函数地址），然后跳转到所需的目标地址。

PLT 项的后续执行将直接跳转到 name1 函数，而无须再次调用动态连接器。也就是说，位于.PLT1 的 jmp *name1@GOT(%ebx)指令将直接跳转到真实的 name1 函数地址，而不是执行下方的 push 指令。

虽然链接过程最初提供了详细的步骤，但随着技术的发展，这一过程也进行了一些优化。这些改变包括减少了一个 jmp 操作，从而提升了性能，如下所示。

```
#使用 objdump -D 命令获取目标文件的反汇编代码
#12. 最终跳转到此处，通过前面压入栈中的 DT_JMPREL 表索引来查找链接信息
#并最终跳转到动态链接器
0000000000001020 <.plt>:
# 3fb8 <_GLOBAL_OFFSET_TABLE_+0x8>
    1020:   ff 35 92 2f 00 00       push    0x2f92(%rip)
    # 3fc0 <_GLOBAL_OFFSET_TABLE_+0x10>
    1026:   f2 ff 25 93 2f 00 00    bnd jmp *0x2f93(%rip)
    102d:   0f 1f 00                nopl    (%rax)
#8. printf 最终跳转到 1030
    1030:   f3 0f 1e fa             endbr64
#9. 而 printf 在 DT_JMPREL 表中是第一个元素，因此下标为 0
    1034:   68 00 00 00 00          push    $0x0
    1039:   f2 e9 e1 ff ff ff       bnd jmp 1020 <_init+0x20>
    103f:   90                      nop
#10. malloc 最终跳转到 1040
    1040:   f3 0f 1e fa             endbr64
    #11. 而 malloc 在 DT_JMPREL 表中是第二个元素，因此下标为 1
```

```
    1044:   68 01 00 00 00           push   $0x1
    1049:   f2 e9 d1 ff ff ff        bnd jmp 1020 <_init+0x20>
    104f:   90                       nop
    ...
#3. printf 和 malloc 的表项虽然不同, 但都属于 DT_JMPREL 表, 并且该表项是按顺序排列的
0000000000001060 <printf@plt>:
    1060:   f3 0f 1e fa              endbr64
#4. 地址 3fc8 <printf@GLIBC_2.2.5> 是 printf 函数的真实跳转地址
    1064:   f2 ff 25 5d 2f 00 00     bnd jmp *0x2f5d(%rip)
    106b:   0f 1f 44 00 00           nopl   0x0(%rax,%rax,1)
0000000000001070 <malloc@plt>:
    1070:   f3 0f 1e fa              endbr64
#5. 地址 3fd0 <malloc@GLIBC_2.2.5> 是 malloc 函数的真实跳转地址
    1074:   f2 ff 25 55 2f 00 00     bnd jmp *0x2f55(%rip)
    107b:   0f 1f 44 00 00           nopl   0x0(%rax,%rax,1)
    ...
0000000000001169 <main>:
    ...
    1180:   b8 00 00 00 00           mov    $0x0,%eax
#1. 在 main 函数中调用这些函数会跳转到相应的 PLT 条目
    1185:   e8 d6 fe ff ff           call   1060 <printf@plt>
    118a:   bf 0a 00 00 00           mov    $0xa,%edi
#2. 这两个函数的 PLT 条目并不相同
    118f:   e8 dc fe ff ff           call   1070 <malloc@plt>
    ...
0000000000003fb0 <_GLOBAL_OFFSET_TABLE_>:
  # 3fb7 <_GLOBAL_OFFSET_TABLE_+0x7>
    3fb0:   c0 3d 00 00 00 00 00     sarb   $0x0,0x0(%rip)
    ...
#6. 地址 3fc8 处的值为 30, 3fc9 处的值为 0x10, 由于字节序的影响, 最终表示的地址为 1030
    3fc7:   00 30                    add    %dh,(%rax)
    3fc9:   10 00                    adc    %al,(%rax)
    3fcb:   00 00                    add    %al,(%rax)
    3fcd:   00 00                    add    %al,(%rax)
#7. 地址 3fd0 处的值为 0x40, 3fd1 处的值为 0x10, 最终表示的地址为 1040
    3fcf:   00 40 10                 add    %al,0x10(%rax)
    #使用 readelf -a 获取的信息
    #该节是 DT_JMPREL 表
Relocation section '.rela.plt' at offset 0x630 contains 2 entries:
  Offset          Info           Type           Sym. Value     Sym. Name + Addend
000000003fc8  000300000007 R_X86_64_JUMP_SLO 0000000000000000 printf@GLIBC_2.2.5 + 0
000000003fd0  000500000007 R_X86_64_JUMP_SLO 0000000000000000 malloc@GLIBC_2.2.5 + 0
```

连接器提供了 LD_BIND_NOW 环境变量, 该变量能够改变动态链接的行为。当该变量的值非空时, 动态连接器在将控制权传递给程序之前, 会计算程序的链接表项。这意味着, 动态连接器在进程初始化期间就会处理 R_386_JMP_SLOT 类型的重定位表项。相反,

如果 LD_BIND_NOW 的值为空，动态连接器将延迟计算程序链接表项，直到这些表项第一次被执行，从而延迟符号解析和重定位的过程。延迟绑定通常能够提升应用程序的整体性能，因为未使用的符号不会产生动态链接的开销。

然而，存在两种情况，使得某些应用程序不适宜使用延迟绑定。首先，对共享对象函数的首次引用可能比后续调用耗时更长，因为动态连接器需要拦截该调用以解析符号。某些应用程序可能无法容忍这种性能的不确定性。其次，如果在延迟绑定过程中发生错误，导致动态连接器无法解析符号，动态连接器将终止程序。这种错误可能在程序的任意执行时刻发生，同样，某些应用程序可能无法接受这种不确定性。通过关闭延迟绑定，动态连接器确保在应用程序接收到控制权之前，所有的链接问题都在进程初始化期间得到解决，从而避免了运行时的不确定性和潜在的错误。

### 6. 哈希表

Elf32_Word 对象用于表示 ELF 文件中的哈希表，该哈希表支持对符号表的快速访问。图 7.4 中展示的标签有助于说明哈希表的组织方式，但这些标签并不属于 ELF 规范的一部分。

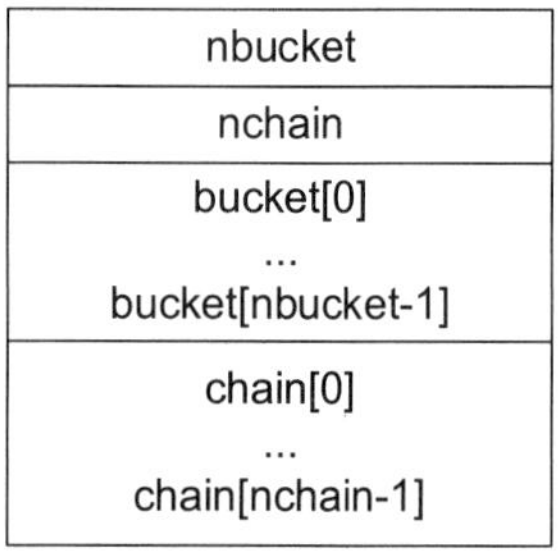

哈希表中的 bucket 数组包含 nbucket 个条目，这些条目是通过哈希计算结果对 nbucket 取余得到的，用于确定哈希值在 bucket 数组中的索引位置。例如，如果哈希值为 4，nbucket 为 3，则索引为 1（因为 4%3=1）。chain 数组包含 nchain 个条目，用于处理哈希冲突。这两个数组虽然功能相似，但存在的原因是为了更高效地解决哈希冲突问题：首先在 bucket 数组中查找，如果不匹配，则继续在 chain 数组中查找。chain 数组通过索引构建了一个冲突链表，因此，在查找时，会沿着链表一直循环查找，直到找到匹配的符号表项或到达链表末尾。bucket 和 chain 数组的索引都是从 0 开始的。它们都存储着符号表的索引。链表项与符号表平行，因此符号表项的数量应该等于 nchain。哈希函数接受符号名作为输入，并返回一个值，该值可用于计算 bucket 索引。例如，如果哈希函数返回的值为 x，则 bucket[x%nbucket]会给出符号表和链表的索引 y。如果该索引对应的符号表项不匹配，则 chain[y]会给出下一个具有相同哈希值的符号表项。沿着链表链接，直到找到包含所需名称的符号表项，或者链表项包含值 STN_UNDEF，表示查找失败。

| nbucket |
| nchain |
| bucket[0] |
| ... |
| bucket[nbucket-1] |
| chain[0] |
| ... |
| chain[nchain-1] |

图 7.4 哈希表

```
unsigned long elf_hash(const unsigned char *name) {
    unsigned long h = 0, g;
    while (*name) //遍历名称的每一个字符进行哈希计算，最终得到哈希值 h。
                  //此算法没有意义，只需知道它是为了缩短链表遍历长度而采用的一种哈希
                  //计算优化手段
    {
        h = (h << 4) + *name++;
```

```
            if (g = h & 0xf0000000)
                h ^= g >> 24;
            h &= ~g;
        }
        return h;
    }
```

**7. 初始化与退出函数**

在动态连接器构建了进程映像并完成重定位之后，每个共享对象都有机会执行其初始化代码。这些初始化函数的调用顺序并未指定，但它们都在可执行文件获得控制权之前执行。同样，共享对象可能包含终止函数，这些函数在进程开始终止序列后通过 atexit 机制执行。动态连接器调用这些终止函数的顺序也是未指定的。共享对象通过动态结构中的 DT_INIT 和 DT_FINI 条目指定其初始化和终止函数，这些在前文有描述。通常，这些函数的代码位于 .init 和 .fini 节中，这在前文提到过。atexit 终止处理尽管通常会被执行，但不能保证在进程终止时一定会执行。特别是，进程如果直接调用 _exit，或者因为接收到一个既没有被捕获也没有被忽略的信号而终止，那么将不会执行终止处理。

### 7.1.9 小结

至此，ELF 文件格式的介绍已经完成。读者现在应当对 ELF 格式、动态连接器以及静态连接器的基本流程有了整体的理解。虽然可能还有一些细节尚未完全掌握，但只要静下心来，结合前文的内容和 ELF 官方文档，读者就能够尝试编写一个简单的连接器。7.2 节将通过源代码来讲解动态连接器的工作原理，而静态连接器的细节则留给读者自行探索。在 7.1.5 节之前的内容已经为理解静态链接的原理奠定了基础，因此这里不再赘述。

## 7.2 动态链接器

动态连接器是操作系统的一个关键组件，负责将库的内容从持久存储（磁盘）复制到 RAM（内存）中，并填充跳转表以及重新定位指针。此外，动态连接器能够在执行可执行程序时（即在"运行时"）加载和链接程序所需的共享库。动态连接器的功能和实现方式取决于特定的操作系统和可执行文件格式。7.1 节已经详细描述了动态连接器的执行原理，本节将通过分析 glibc-2.0.1 的源代码来讲述其加载流程。虽然这里使用的版本较低，但其基本流程在更高版本的 glibc 中保持不变。学习完这部分内容后，读者应当能够根据相同的原则阅读最新版本的源代码。同时，为了讲述完整的执行过程，我们还将探讨 Linux 内核（1.0 版本）对可执行文件的加载原理。尽管在高版本的内核中可能对流程进行了调整，但其核心方法和 glibc 一样，基本没有大的变化。

## 7.2.1 Bash 执行流程

在讲述程序运行机制时，Shell 的作用不可或缺。以下将以 Bash-2.01.1 版本为例，详细描述其执行流程。

（1）Bash shell 接收执行命令。首先，它会检查命令是否为内置函数。如果命令不是内置函数，即需要操作系统执行的外部指令，Bash 将通过 fork 操作创建一个子进程，并构建该进程所需的系统依赖结构（如 task_struct），这包括内存页表等。接着，Bash 在子进程中执行 execve 系统调用，以跳转至 glibc。需要注意的是，execve 的执行目标不是 shell 进程，而是 fork 操作产生的子进程中将要执行的命令。

（2）在 glibc 中，当触发 execve 系统调用时，在 i386 架构下，它会根据内核参数的要求组装必要的信息，并执行系统调用以进入内核空间。

（3）内核首先读取文件内容，并根据文件类型标志——如 ELF 格式的头部信息——来确定对应的处理函数。随后，内核执行该处理函数以解析所需信息，例如连接器信息和程序入口点。完成这些信息的解析后，控制权将转回给 glibc 的动态连接器，以便进行后续的重定向操作。

（4）控制权回到 glibc 后，执行内存重定向操作。当所有必要的信息配置完成后，程序的控制权将转移至程序的入口点，即_start（需要纠正的是，程序的真正入口是_start 而非 main，这一点在后续的执行过程中会有所体现）。

（5）程序从_start 入口点开始执行，完成所需的操作。

```
int main (argc, argv, env){
    //Shell 的执行同样以 main 函数作为入口
    //此处进行了 Shell 的配置，细节忽略（感兴趣的读者可自行深入研究）
    ...
    //Bash 是一个命令行解释器，通常运行于文本界面中，能够执行用户直接输入的命令
    //Bash 还能从文件中读取命令，这类文件称为脚本
    //此外，Bash 支持多次执行单个输入的命令或者一次性执行多个输入的命令
    //对于这种场景，最好的处理方式是循环等待用户的每次输入
    reader_loop ();
    ...
}
int reader_loop (){
    ...
    //只要未接收到退出指令，就会一直循环解析内容
    while (EOF_Reached == 0){
        //此函数使用 yyparse 解析传入的命令，并将解析的结果存储在 global_command 中
        //global_command = yyvsp[-1].command;
        if (read_command () == 0){
```

```
                //将解析结果赋值给current_command
                if (current_command = global_command){
                    ...
                    //开始执行命令
                    execute_command(current_command);
                    ...
                    QUIT;
                }
            }
        }
        ...
    }
    ...
}
int execute_command(command) {
  int result;
  //此函数负责组装数据，并最终调用execute_command_internal函数执行命令
  result = execute_command_internal(command, 0, NO_PIPE, NO_PIPE, bitmap);
  return (result);
}
int execute_command_internal(command, asynchronous,
                             pipe_in, pipe_out, fds_to_close){
    //从指令结构中解析出字符串信息，并将其传入make_child函数中以构建子进程
    paren_pid = make_child(savestring(make_com(mand_stringcommand)),
                    asynchronous);
    if (paren_pid == 0){
        //此处为命令对应的进程，即子进程
        //由于已经执行了fork操作，后续不需要再进行fork，因此将命令标志设置为nofork
        command->flags |= CMD_NO_FORK;
    } else {
        //此处为Bash shell进程
        ...
        //Bash shell进程直接返回，而子进程将继续执行后续代码
        //注意：此处返回值可能不唯一，不一定是EXECUTION_SUCCESS
        return (EXECUTION_SUCCESS);
    }
    ...
    //当执行系统命令时，该命令会被封装为cm_simple类型的command的结构体
    //因此最终调用此函数执行命令
    exec_result = execute_simple_command(command->value.Simple, pipe_in,
                    pipe_out, asynchronous, fds_to_close);
}
//从返回值可以推出，此函数用于创建新进程
pid_t make_child(command, async_p){
    ...
    //函数的核心操作是调用fork，这会导致进程进入内核态执行
    //此外，该函数的执行过程还会涉及glibc库的后续处理
    //具体细节将在后面进行介绍
    pid = fork();
```

```
    ...
}
//最终执行此函数,注意,此函数的执行代表了一个新的命令进程,而不是Bash shell本身
static int execute_simple_command(simple_command, pipe_in, pipe_out,
async, fds_to_close){
    ...
    //此类型的命令不仅限于运行系统文件,可能还包含内置的函数
    //因此单独以disk来标注该命令为磁盘读取运行的命令
    execute_disk_command(words, simple_command->redirects, command_line,
                pipe_in, pipe_out, async, fds_to_close,
                simple_command->flags);
    ...
}
static void execute_disk_command(words, redirects,
                                 command_line, pipe_in,
                                 pipe_out, async,
                                 fds_to_close, cmdflags){
    ...
    nofork = (cmdflags & CMD_NO_FORK);
    ...
    //跳过fork
    if (nofork && pipe_in == NO_PIPE && pipe_out == NO_PIPE)
        pid = 0;
    else
        pid = make_child(savestring(command_line), async);
    ...
    //最终执行命令
    exit(shell_execve(command, args, export_env));
}
int shell_execve(command, args, env){
    ...
    //至此跳转至glibc
    execve(command, args, env);
    ...
}
```

引入Bash是为了保持流程的完整性,避免在阅读时出现理解上的断层。实际上,Bash的内容并不复杂,尤其是在程序加载的过程中。其复杂性主要来自对脚本的解析(这个版本依赖于yyparse,对于有相关背景知识的读者来说,这也不是一个复杂的问题)。需要特别强调的是,执行顺序是先进行fork操作,然后是execve。更重要的是,execve的执行是由命令本身控制的,而不是由Bash来执行,这一点非常关键。

### 7.2.2 fork()原理

fork()是UNIX和类UNIX系统中常用的系统调用,用于创建一个新进程。当程序调用

fork()时，操作系统会创建一个当前进程的副本，包括其代码、数据和打开的文件描述符。fork()调用会返回两次：在父进程中，fork()返回新创建子进程的进程ID（PID）；而在子进程中，fork()返回0。父进程和子进程都会在fork()调用之后的位置继续执行，它们拥有相同的代码和状态，但各自拥有独立的内存空间。父进程和子进程是完全独立的进程，通过不同的进程ID进行标识。父进程可以通过fork()返回的子进程PID来识别子进程，而子进程可以通过获取父进程ID（PPID）来识别其父进程。

```
//与execve相同，fork的执行也需要通过glibc，因此此处只介绍一次，execve将忽略该过程
//核心在于 SYSCALL__ 的定义
SYSCALL__ (fork, 0)
    decl r1
    andl r1, r0
    ret
//将__fork重命名为fork，weak_alias将在后文进行介绍
weak_alias (__fork, fork)
//该宏依赖于__宏，它首先在传入的name前面加上__，以构造weak_alias的要求
#define SYSCALL__(name, args)   PSEUDO (__##name, name, args)
#define PSEUDO(name, syscall_name, args)
    .text;
    //定义函数入口为__fork，告知编译器（或静态连接器）函数的位置
    ENTRY (name)
        //构建调用流程并进行调用
        DO_CALL (args, syscall_name);
        //检查返回值，前文提到过eax用作返回值
        cmpl $-4095, %eax;
        //如果返回值小于或等于-4095，则跳转到系统调用错误处进行处理，此处忽略
        jae syscall_error;
#define DO_CALL(args, syscall_name)
    PUSHARGS_##args
    //根据参数个数动态构建宏，例如，如果args为0，则构建结果为PUSHARGS_0

    DOARGS_##args      //构建结果为DOARGS_0
    movl $SYS_ify (syscall_name), %eax;
                        //设置eax为对应于syscall_name的系统调用中断号，此处为fork
    int $0x80          //执行中断
    POPARGS_##args     //执行POPARGS_0
//PUSHARGS_0，DOARGS_0 和 POPARGS_0 的定义此处为空操作
//获取系统调用的中断号
#define SYS_ify(syscall_name) SYS_##syscall_name
//其结果为2
#define SYS_fork    2
//至此，glibc的调用部分完成，控制权将转移到Linux内核进行处理
//glibc使用的系统调用中断号并非随意指定，它们在内核中也有相应的定义
#define __NR_fork       2
fn_ptr sys_call_table[] = {
    sys_setup,
```

```
        sys_exit, glibc
        sys_fork,
//数组中的第三个元素，其下标为2，代表当调用sys_call_table[2]时会触发sys_fork
        ...
    }
    void sched_init(void){
        ...
        //设置调用门，当触发0x80中断时调用system_call函数
        //对于调用门的构建，5.4节有详细的讲述
        //此处仅通过汇编指令进行定义，感兴趣的读者可以自行查阅相关资料
        set_system_gate(0x80,&system_call);
        ...
    }
//接下来介绍上文提到的int 0x80指令之后发生的事情
//system_call函数在汇编语言中定义
//为了在C语言中被调用，需要在函数名称前面加上_
//因此此处使用_system_call作为函数名
    _system_call:
        //将eax寄存器的值保存到栈中
        pushl %eax
        //使用SAVE_ALL宏将所有寄存器的值保存到栈中
        SAVE_ALL
        //尽管还未执行系统调用，但先将返回值设置为错误码ENOSYS，以表示函数未实现
        //由于之前使用了SAVE_ALL宏，后续将使用RESTORE_ALL宏
        //此处确保RESTORE_ALL时eax寄存器的值正确
        //由于之前使用了SAVE_ALL宏，后续将使用RESTORE_ALL宏
        //此处确保RESTORE_ALL时eax寄存器的值正确
        movl $-ENOSYS,EAX(%esp)
//_NR_syscalls定义了系统调用表中函数的最大数量，即sys_call_table数组的长度
//如果eax的值大于_NR_syscalls，则代表中断号错误
//直接跳转到ret_from_sys_call处理
        cmpl _NR_syscalls,%eax
        //如果eax大于或等于_NR_syscalls，则跳转到ret_from_sys_call
        jae ret_from_sys_call
        ...
        //最终跳转到对应的系统调用函数，此处为sys_fork call *
        call _sys_call_table(,%eax,4)
//fork函数最终执行sys_fork
//regs参数是SAVE_ALL宏记录的内容，此处需要注意的是regs是一个结构体而非指针
//如果是结构体，那么在传递时会进行结构体展开
//regs结构体内容与SAVE_ALL宏中保存的寄存器相同，并且还包括了额外的信息
//如之前执行的pushl %eax指令和调用时的eip等，这些都在pt_regs结构体中定义
//这是检验读者对前文内容理解的时候
//读者可以根据该结构体复习前面关于栈传递参数和Intel call指令的栈结构的知识
asmlinkage int sys_fork(struct pt_regs regs)
{
    //定义新进程的寄存器结构
```

```c
    struct pt_regs * childregs;
    //定义新进程的任务结构
    struct task_struct *p;
    int i,nr;
    struct file *f;
    //设置克隆标志
    unsigned long clone_flags = COPYVM | SIGCHLD;
    // task_struct 结构的大小等同于一个内核页的大小
    if(!(p = struct task_struct*)__get_free_page(GFP_KERNEL)))
        goto bad_fork;
    //在本版本中，系统支持的进程号数量是固定的，为 128 个
    //为了便于查找进程，使用了数组来存储
    //后续版本将通过树状结构进行查找，因此不再限制进程数量
    nr = find_empty_process();
    if (nr < 0)
        goto bad_fork_free;
    //将新进程添加到进程数组中。注意，这里执行 fork 的是 bash 进程
    task[nr] = p;
    //将当前进程的结构复制到新进程中。注意，这是一个浅复制，不会复制内核栈等资源
    *p = *current;
    ...
    //将新进程设置到进程链表中，以便于调度和管理
    SET_LINKS(p);
    ...
    //创建新进程的执行栈。如果失败，则跳转到 bad_fork_cleanup 处理
    if (!(p->kernel_stack_page = __get_free_page(GFP_KERNEL)))
        goto bad_fork_cleanup;
    //构建 TSS 结构。有关详细信息，请参考第 5 章
    p->tss.es = KERNEL_DS;
    p->tss.cs = KERNEL_CS;
    p->tss.ss = KERNEL_DS;
    p->tss.ds = KERNEL_DS;
    p->tss.fs = USER_DS;
    p->tss.gs = KERNEL_DS;
    p->tss.ss0 = KERNEL_DS;
    p->tss.esp0 = p->kernel_stack_page + PAGE_SIZE;
    p->tss.tr = _TSS(nr);
    childregs = ((struct pt_regs *)(p->kernel_stack_page + PAGE_SIZE)) - 1;
    p->tss.esp = (unsigned long) childregs;
    p->tss.eip = (unsigned long) ret_from_sys_call;
    ...
    //复制系统调用时的寄存器信息
    *childregs = regs;
    //设置子进程的返回值为 0，表示执行命令成功
    childregs->eax = 0;
    //将当前进程的页表复制给新进程
    //如果复制成功，则返回 0，并执行 shm_fork，此函数用于处理共享内存
```

```c
    if (copy_vm(p) || shm_fork(current, p))
        goto bad_fork_cleanup;
//判断是否需要复制文件描述符
//如果需要，则复制当前进程所有的文件描述符对应的结构
//否则，增加文件描述符的引用计数
    if (clone_flags & COPYFD) {
        for (i=0; i<NR_OPEN;i++)
            if ((f = p->filp[i]) != NULL)
                p->filp[i] = copy_fd(f);
    } else {
        for (i=0; i<NR_OPEN;i++)
            if (f = p->filp[i]) != NULL)
                f->f_count++;
    }
//增加当前工作目录的引用计数
    if (current->pwd)
        current->pwd->i_count++;
    ...
//对于 Intel 来说，页表可能就够了
//但是 Linux 内核需要维护一套分配信息，以防止已使用的内存被再次分配
//因此，这里将当前进程的内存映射关系也复制了一份
    dup_mmap(p);
//最后设置 TSS 信息
    set_tss_desc(gdt+(nr<<1)+FIRST_TSS_ENTRY,&(p->tss));
    if (p->ldt)
        set_ldt_desc(gdt+(nr<<1)+FIRST_LDT_ENTRY,p->ldt, 512);
    else
        set_ldt_desc(gdt+(nr<<1)+FIRST_LDT_ENTRY,&default_ldt, 1);

    p->counter = current->counter >> 1;
//设置运行状态
    p->state = TASK_RUNNING;    /* do this last, just in case */
//最终返回进程 ID
    return p->pid;
    ...
}
```

至此，fork 系统调用执行完毕。其核心在于将 eax 寄存器的值设置为 0，以便调用方通过返回值来判断是父进程还是子进程的返回。这样，便可以执行不同的代码路径（例如 bash 中的 if 分支）。其次，涉及进程数据的复制，以及将新进程添加到进程链表中，以便系统能够执行它。此处可能会有疑问：为什么在数据复制完成之前就将其加入链表中？实际上，即使加入了链表，也不会立即执行，因为在进程调度时，会检查当前进程的状态是否为 TASK_RUNNING。因此，在返回 pid 之前设置进程状态是非常重要的。

## 7.2.3　execve()原理

execve()是 UNIX 和类 UNIX 系统上的一个系统调用，用于执行一个新程序。execve() 的调用过程如下。

（1）参数准备：调用进程需要准备一些参数，包括要执行的程序路径、命令行参数、环境变量等。

（2）打开并解析可执行文件：execve()首先打开指定路径的可执行文件，并检查文件的格式，如 ELF 格式。

（3）创建新的进程地址空间：execve()在当前进程的地址空间中创建一个新的进程地址空间。

（4）清除旧的地址空间内容：execve()清除旧的地址空间内容，包括代码、数据和堆栈等。

（5）加载可执行文件：execve()将指定的可执行文件加载到新的进程地址空间中。加载过程包括将可执行文件的代码和数据复制到对应的地址空间位置，并设置程序计数器指向程序的入口点。

（6）参数传递：execve()将之前准备的命令行参数、环境变量等传递给新的程序。

（7）执行新程序：一旦可执行文件成功加载并参数传递完成，execve()就会开始执行新的程序。控制权完全转移到新程序，原来的程序代码不再执行。

```
//与 fork 系统调用类似，直接跳转到系统调用处理程序
//由于 fork 没有参数，因此在这里不需要展开内容
//execve 有三个参数，因此需要详细讲解
SYSCALL__ (execve, 3)
//在 SYSCALL__ 宏中，调用了 DOARGS_ (参数个数)的宏
//宏的定义如下，它通过递归调用实现代码的复用
#define _DOARGS_1       _DOARGS_1 (4)
#define _DOARGS_1(n)    movl n(%esp), %ebx; _DOARGS_0(n-4)
#define _DOARGS_2       _DOARGS_2 (8)
#define _DOARGS_2(n)    movl n(%esp), %ecx; _DOARGS_1 (n-4)
#define _DOARGS_3       _DOARGS_3 (16)
#define _DOARGS_3(n)    movl n(%esp), %edx; _DOARGS_2 (n-4)
//execve 的传参宏展开后的汇编代码为
movl 16(%esp), %edx;
movl 12(%esp), %ecx;
movl 8(%esp), %ebx;
//对应的参数定义为 path=ebx, argv=ecx, envp=edx
int execve (char *path, char * argv[], char * envp[]);
//execve 的系统调用号为 11
#define SYS_execve  SYS_exec
#define SYS_exec    11
//当触发系统调用时，会匹配 sys_call_table 中的 sys_execve
```

```c
//与fork系统调用一样,获取了所有寄存器的数据
//区别在于,execve通过寄存器传递了参数
asmlinkage int sys_execve(struct pt_regs regs)
{
    int error;
    char * filename;
    //此处将其ebx寄存器中存储的地址复制到filename中
    //该函数内部会为filename分配内存,因此此处filename只是一个指针
    error = getname((char *) regs.ebx, &filename);
    if (error)
        return error;
    //ecx寄存器对应argv,edx寄存器对应envp
    error = do_execve(filename,(char **) regs.ecx,(char **) regs.edx, &regs);
    putname(filename);
    return error;
}
static int do_execve(char * filename, char ** argv, char ** envp, struct
                    pt_regs * regs)
{
    //Linux程序描述对象,记录了文件、环境等信息
    struct linux_binprm bprm;
    //解析程序的对象信息,后续查看定义
    struct linux_binfmt * fmt;
    //fs段寄存器临时存储用
    unsigned long old_fs;
    //遍历变量
    int i;
    //返回值
    int retval;
    //是否为shell脚本,若是,则文件以#!开头,此时sh_bang为真
    int sh_bang = 0;
    //确保当前cs段属于用户段
    if (regs->cs != USER_CS)
        return -EINVAL;
    //bprm中预留了32个页(每个页大小为4096字节)的空间,用于记录程序信息
    //此处计算并获取该空间的最大地址
    bprm.p = PAGE_SIZE*MAX_ARG_PAGES-4;
    //该空间被切分为32个页,每个页的大小为4096字节
    //这些页可以不连续,因为在后续分配时按需分配,此处先进行初始化
    for (i=0 ; i<MAX_ARG_PAGES ; i++)
        bprm.page[i] = 0;
    //打开文件,并将文件inode设置到bprm.inode中
    //此处传递inode的地址,以便根据该地址进行赋值
    retval = open_namei(filename, 0, 0, &bprm.inode, NULL);
    if (retval)
        return retval;
    //构建程序信息
```

```c
        bprm.filename = filename;
        bprm.argc = count(argv);
        bprm.envc = count(envp);

restart_interp:
        //进行一些检查，以防止后续操作出现错误
        if (!S_ISREG(bprm.inode->i_mode)) { /* must be regular file */
            retval = -EACCES;
            goto exec_error2;
        }
        if (IS_NOEXEC(bprm.inode)) {        /* FS mustn't be mounted noexec */
            retval = -EPERM;
            goto exec_error2;
        }
        if (!bprm.inode->i_sb) {
            retval = -EACCES;
            goto exec_error2;
        }
        i = bprm.inode->i_mode;
        //进行简单的安全检测，包括用户组等信息
        if (IS_NOSUIDbprm.inode) &&(((i & S_ISUID) &&
            bprm.inode->i_uid != current-> euid) ||
            ((i & S_ISGID) && !in_group_p(bprm.inode->i_gid))) &&
            !suser()) {
            retval = -EPERM;
            goto exec_error2;
        }
        //设置程序的归属信息
        if (current->flags & PF_PTRACED) {
            bprm.e_uid = current->euid;
            bprm.e_gid = current->egid;
        } else {
            bprm.e_uid = (i & S_ISUID) ? bprm.inode->i_uid : current->euid;
            bprm.e_gid = (i & S_ISGID) ? bprm.inode->i_gid : current->egid;
        }
        if (current->euid == bprm.inode->i_uid)
            i >>= 6;
        else if (in_group_p(bprm.inode->i_gid))
            i >>= 3;
        if (!(i & 1) &&
            !((bprm.inode->i_mode & 0111) && suser())) {
            retval = -EACCES;
            goto exec_error2;
        }
        //buf 有 128 个字节的空间，此处将其初始化为 0
        memset(bprm.buf,0,sizeofbprm.buf));
        //获取当前的 fs 寄存器值
        old_fs = get_fs();
```

```c
        //将ds寄存器的值设置给fs寄存器
        set_fs(get_ds());
        //从文件中读取128个字节
        retval = read_exec(bprm.inode,0,bprm.buf,128);
        //恢复fs寄存器的原始值
        set_fs(old_fs);
        if (retval < 0)
            goto exec_error2;
        //处理shell脚本,此处忽略
        if ((bprm.buf[0] == '#') && (bprm.buf[1] == '!') && (!sh_bang)) {
            ...
        }
        //由于处理的是非shell脚本,因此必须执行此if语句下的操作
        if (!sh_bang) {
            //将参数中的环境变量与参数列表复制到bprm.page中,并在此方法内分配内存
            bprm.p = copy_strings(bprm.envc,envp,bprm.page,bprm.p,0);
            bprm.p = copy_strings(bprm.argc,argv,bprm.page,bprm.p,0);
            if (!bprm.p) {
                retval = -E2BIG;
                goto exec_error2;
            }
        }

        bprm.sh_bang = sh_bang;
        //遍历当前内核所有的执行文件格式,逐个尝试加载当前程序,直至成功
        fmt = formats;
        do {
            //执行该格式的load_binary方法
            int (*fn)(struct linux_binprm *, struct pt_regs *) = fmt->load_binary;
            if (!fn)//若不存在该函数的定义,则跳过当前格式
                break;
            //执行加载函数
            retval = fn(&bprm, regs);

            if (retval == 0) {
                iput(bprm.inode);
                current->did_exec = 1;
                return 0;
            }
            fmt++;
        } while (retval == -ENOEXEC);
exec_error2:
    iput(bprm.inode);
exec_error1:
    for (i=0 ; i<MAX_ARG_PAGES ; i++)
        free_page(bprm.page[i]);
    return(retval);
}
```

```c
unsigned long copy_strings(int argc,char ** argv,unsigned long *page,
    unsigned long p, int from_kmem){
    ...
    int offset = 0;
    while (argc-- > 0) {
        ...
        //获取当前参数，每个 argv 都是一个指针，所以此处只是获取最后一个参数的指针地址
        if (!t(mp =( char *)get_fs_long(((unsigned long *)argv)+argc)))
        //获取该指针指向的数据长度，以\0 作为结尾
        len=0;
        do {
            len++;
        } while (get_fs_byte(tmp++));
        ...
        //遍历该数据
        while (len) {
            //由于之前 tmp 已经指向数据的末尾，所以此处需要倒着复制
            --p; --tmp; --len;
            //offset 初始为 0，减 1 后必然小于 0
            if (--offset < 0) {
                //获取当前页的最大地址
                offset = p % PAGE_SIZE;
                ...
                //如果当前 page 不存在，则通过 get_free_page 获取一个新页
                if (!(pag = (char *) page[p/PAGE_SIZE]) &&
                    !(pag = (char *) page[p/PAGE_SIZE] =
                    (unsigned long *) get_free_page(GFP_USER)))
                    return 0;
                ...
            }
            //将数据复制到 page 中
            *(pag + offset) = get_fs_byte(tmp);
        }
    }
    ...
}
//Linux 1.0 所支持的可执行文件格式，此处我们只关注 ELF
struct linux_binfmt formats[] = {
    {load_aout_binary, load_aout_library},
    {load_elf_binary, load_elf_library},
    {load_coff_binary, load_coff_library},
    {NULL, NULL}
};
//加载 ELF 文件
int load_elf_binary(struct linux_binprm * bprm, struct pt_regs * regs)
{
    //可执行文件 ELF 头部信息
    struct elfhdr elf_ex;
```

```c
//解释器头部信息
struct elfhdr interp_elf_ex;
//可执行文件file指针,用于读取数据
struct file * file;
//与interp_elf_ex相同,只是字段名不一样
  struct exec interp_ex;
//解释器的inode
struct inode *interpreter_inode;
//加载地址
unsigned int load_addr;
//当前解释器类型
unsigned int interpreter_type = INTERPRETER_NONE;
int i;
int old_fs;
int error;
//ELF可执行文件的程序头,elf_ppnt用于遍历,elf_phdata用于记录原始数据
struct elf_phdr * elf_ppnt, *elf_phdata;
//可执行文件的文件标识,对应于当进程(current)的file数组中的索引
int elf_exec_fileno;
unsigned int elf_bss, k, elf_brk;
int retval;
//解释器地址
char * elf_interpreter;
//ELF入口地址
unsigned int elf_entry;
int status;
//文件内格式信息,包括代码段的起始位置和结束位置、数据段的结束位置等
unsigned int start_code, end_code, end_data;
unsigned int elf_stack;
//用于字符串格式化的数组
char passed_fileno[6];
//设置初始值
status = 0;
load_addr = 0;
//将前面读取的128个字节转为ELF头结构
elf_ex = *(struct elfhdr *) bprm->buf);     /* exec-header */
//校验当前文件是否为ELF可执行文件
if (elf_ex.e_ident[0] != 0x7f ||
   strncmp(&elf_ex.e_ident[1], "ELF",3) != 0)
    return -ENOEXEC;
//校验ELF文件是否为可执行文件以及是否支持当前平台
if(elf_ex.e_type != ET_EXEC ||
  (elf_ex.e_machine != EM_386 && elf_ex.e_machine != EM_486) ||
   (!bprm->inode->i_op || !bprm->inode->i_op->default_file_ops ||
    !bprm->inode->i_op->default_file_ops->mmap)){
    return -ENOEXEC;
};
```

```c
//根据头部信息计算程序头结构所需的空间大小
elf_phdata = (struct elf_phdr *) kmalloc(elf_ex.e_phentsize *
              elf_ex.e_phnum, GFP_KERNEL);

old_fs = get_fs();
set_fs(get_ds());
//根据ELF头信息记录的程序头偏移与大小,将可执行文件内的数据读取到elf_phdata中
retval = read_exec(bprm->inode, elf_ex.e_phoff, (char *) elf_phdata,
          elf_ex.e_phentsize * elf_ex.e_phnum);
set_fs(old_fs);
//如果读取失败,则释放内存并返回错误码
if (retval < 0) {
    kfree (elf_phdata);
    return retval;
}
//设置程序头数据以便后续遍历
elf_ppnt = elf_phdata;

elf_bss = 0;
elf_brk = 0;
//打开inode并将其转换为文件,该函数构建file结构并将其存储到filp数组中
//返回值即为该数组的索引
elf_exec_fileno = open_inode(bprm->inode, O_RDONLY);
//如果打开失败,则释放内存并返回错误码
if (elf_exec_fileno < 0) {
    kfree (elf_phdata);
    return elf_exec_fileno;
}
//获取该file结构,该结构记录了文件操作的偏移量等信息
file = current->filp[elf_exec_fileno];
//设置初始值
elf_stack = 0xffffffff;
elf_interpreter = NULL;
start_code = 0;
end_code = 0;
end_data = 0;

old_fs = get_fs();
set_fs(get_ds());
//遍历程序头表
for(i=0;i < elf_ex.e_phnum; i++){
    //仅处理程序头中的解释器信息
    if(elf_ppnt->p_type == PT_INTERP) {
        //根据解释器段的大小分配空间
        elf_interpreter = (char *) kmalloc(elf_ppnt->p_filesz,
                          GFP_KERNEL);
        //从文件中读取解释器段的内容,并将其存储在elf_interpreter中
```

```c
            retval = read_exec(bprm->inode,elf_ppnt->p_offset,
                            elf_interpreter,
                            elf_ppnt->p_filesz);
            //尝试从解释器文件中读取128个字节
            //首先打开解释器文件
            if(retval >= 0)
                retval = namei(elf_interpreter, &interpreter_inode);
            //然后尝试读取
            if(retval >= 0)
                retval = read_exec(interpreter_inode,0,bprm->buf,128);
            //如果读取成功,则设置到interp_ex/interp_elf_ex中
            if(retval >= 0){
                interp_ex = *((struct exec *) bprm->buf);        /* exec-header */
                interp_elf_ex = *((struct elfhdr *) bprm->buf);
                /* exec-header */
            };
            //如果读取失败,则释放已分配的内存并返回错误码
            if(retval < 0) {
              kfree (elf_phdata);
              kfree(elf_interpreter);
              return retval;
            };
        };
        elf_ppnt++;
    };

    set_fs(old_fs);

    //如果读取到解释器信息,则确定解释器的类型
    if(elf_interpreter){
        //初始化解释器类型为ELF和AOUT

        interpreter_type = INTERPRETER_ELF | INTERPRETER_AOUT;
        if(retval < 0) {
            kfree(elf_interpreter);
            kfree(elf_phdata);
            return -ELIBACC;
        };
        //如果解释器不是AOUT类型,则将其设置为ELF
        If((N_MAGIC(interp_ex) != OMAGIC) &&
           (N_MAGIC(interp_ex) != ZMAGIC) &&
           (N_MAGIC(interp_ex) != QMAGIC))
          interpreter_type = INTERPRETER_ELF;
        //如果文件信息不包含ELF魔法值,则移除ELF类型

        if (interp_elf_ex.e_ident[0] != 0x7f ||
            strncmp(&interp_elf_ex.e_ident[1], "ELF",3) != 0)
            interpreter_type &= ~INTERPRETER_ELF;
```

```c
        //如果类型匹配失败，则结束运行
        if(!interpreter_type)
          {
            kfree(elf_interpreter);
            kfree(elf_phdata);
            return -ELIBBAD;
          };
}
//非 shell 脚本执行到此处
if (!bprm->sh_bang) {
        char * passed_p;
        //如果解释器类型不是 AOUT，则跳过
        if(interpreter_type == INTERPRETER_AOUT) {
            ...
        };
        //如果 p 减少到 0，则结束运行
        if (!bprm->p) {
            if(elf_interpreter) {
                kfree(elf_interpreter);
            }
            kfree (elf_phdata);
            return -E2BIG;
        }
}
//此函数清除当前运行的可执行文件的所有跟踪信息，以便启动一个新的可执行文件
flush_old_exec(bprm);
//设置初始值
current->end_data = 0;
current->end_code = 0;
current->start_mmap = ELF_START_MMAP;
current->mmap = NULL;
//获取当前执行文件的入口地址
elf_entry = (unsigned int) elf_ex.e_entry;
...
//再次遍历程序头表
elf_ppnt = elf_phdata;
for(i=0;i < elf_ex.e_phnum; i++){
    //如果当前是解释器段，则将当前文件的入口地址替换为解释器的地址
    if(elf_ppnt->p_type == PT_INTERP) {

      set_fs(old_fs);
      //根据解释器类型来加载解释器
      if(interpreter_type & 1) elf_entry =
        load_aout_interp(&interp_ex, interpreter_inode);

      if(interpreter_type & 2) elf_entry =
        load_elf_interp(&interp_elf_ex, interpreter_inode);
```

```c
        old_fs = get_fs();
        set_fs(get_ds());

        iput(interpreter_inode);
        kfree(elf_interpreter);
        //0xffffffff 代表解释器加载失败
        if(elf_entry == 0xffffffff) {
            printk("Unable to load interpreter\n");
            kfree(elf_phdata);
            send_sig(SIGSEGV, current, 0);
            return 0;
        };
    };

    //如果当前是需要加载的程序段，则执行以下操作
    if(elf_ppnt->p_type == PT_LOAD) {
        //映射当前程序段的数据，注意使用 MAP_PRIVATE 属性
        //该属性表示当内存内容发生变化时，会复制一份物理内存
        //并将修改后的结果重新映射给修改进程，即写时复制（copy-on-write, COW）
        //这一机制非常重要
        error = do_mmap(file,
            elf_ppnt->p_vaddr & 0xfffff000,
            elf_ppnt->p_filesz + (elf_ppnt->p_vaddr & 0xfff),
            PROT_READ | PROT_WRITE | PROT_EXEC,
            MAP_FIXED | MAP_PRIVATE,
            elf_ppnt->p_offset & 0xfffff000);
        if(elf_ppnt->p_vaddr & 0xfffff000 < elf_stack)
            elf_stack = elf_ppnt->p_vaddr & 0xfffff000;
        if(!load_addr)  //获取加载地址
            load_addr = elf_ppnt->p_vaddr - elf_ppnt->p_offset;
        //根据当前信息计算出相应的位置
        k = elf_ppnt->p_vaddr;
        if(k > start_code) start_code = k;
        k = elf_ppnt->p_vaddr + elf_ppnt->p_filesz;
        if(k > elf_bss) elf_bss = k;
        if((elf_ppnt->p_flags | PROT_WRITE) && end_code < k)
            end_code = k;
        if(end_data < k) end_data = k;
        k = elf_ppnt->p_vaddr + elf_ppnt->p_memsz;
        if(k > elf_brk) elf_brk = k;
    };
    elf_ppnt++;
};
set_fs(old_fs);

kfree(elf_phdata);

if(!elf_interpreter) sys_close(elf_exec_fileno);
```

```c
    current->elf_executable = 1;
    current->executable = bprm->inode;
    bprm->inode->i_count++;
#ifdef LOW_ELF_STACK
    current->start_stack = p = elf_stack - 4;
#endif
    bprm->p -= MAX_ARG_PAGES*PAGE_SIZE;
    //p 对于 execve 调用非常关键，它在 create_elf_tables 中用于组装 ELF 的参数结构
    bprm->p = (unsigned long)
        create_elf_tables((char *)bprm->p,
            bprm->argc,
            bprm->envc,
            (interpreter_type == INTERPRETER_ELF ? &elf_ex : NULL),
            load_addr,
            (interpreter_type == INTERPRETER_AOUT ? 0 : 1));
    //根据前文读取的计算结果设置当前进程的相关属性
    if(interpreter_type == INTERPRETER_AOUT)
        current->arg_start += strlen(passed_fileno) + 1;
    current->start_brk = current->brk = elf_brk;
    current->end_code = end_code;
    current->start_code = start_code;
    current->end_data = end_data;
    current->start_stack = bprm->p;
    current->suid = current->euid = bprm->e_uid;
    current->sgid = current->egid = bprm->e_gid;
    current->brk = (elf_bss + 0xfff) & 0xfffff000;
    //系统调用 sys_brk 用于设置进程的 brk 值
    //小内存分配的细节将在后续的 malloc 函数中展示，此处不进行详细说明
    sys_brk((elf_brk + 0xfff) & 0xfffff000);

    padzero(elf_bss);
    ...
    //此处完成后，将返回调用点。regs 结构体包含了系统调用时的寄存器状态
    //其地址对应着当时的栈信息
    //也就是说，在这里修改 eip 等同于修改系统调用返回时的 eip
    //因此用户态的代码执行将在系统调用之后开始
    //即跳转到 ELF 动态连接器的入口，将在系统调用返回时执行
    regs->eip = elf_entry;
    //esp 记录了解释器所需要的环境信息
    regs->esp = bprm->p;
    if (current->flags & PF_PTRACED)
        send_sig(SIGTRAP, current, 0);
    return 0;
}
//加载 ELF 解释器
static unsigned int load_elf_interp(struct elfhdr * interp_elf_ex,
            struct inode * interpreter_inode)
{
```

```c
//解释器对应的文件结构
struct file * file;
//解释器程序头地址
struct elf_phdr *elf_phdata = NULL;
//用于遍历程序头的指针
struct elf_phdr *eppnt;
unsigned int len;
//加载地址
unsigned int load_addr;
//解释器文件对应的文件标识符
int elf_exec_fileno;
int elf_bss;
int old_fs, retval;
unsigned int last_bss;
int error;
int i, k;

elf_bss = 0;
last_bss = 0;
error = load_addr = 0;

//简单校验解释器
if((interp_elf_ex->e_type != ET_EXEC &&
   interp_elf_ex->e_type != ET_DYN) ||
  (interp_elf_ex->e_machine != EM_386 &&
   interp_elf_ex->e_machine != EM_486) ||
  (!interpreter_inode->i_op || !interpreter_inode->i_op->bmap ||
   !interpreter_inode->i_op->default_file_ops->mmap)){
    return 0xffffffff;
};

if(sizeof(struct elf_phdr) * interp_elf_ex->e_phnum > PAGE_SIZE)
    return 0xffffffff;
//分配解释器程序头空间
elf_phdata = (struct elf_phdr *)
    kmalloc(sizeof(struct elf_phdr) * interp_elf_ex->e_phnum, GFP_KERNEL);
if(!elf_phdata) return 0xffffffff;

old_fs = get_fs();
set_fs(get_ds());
//读取解释器程序头
retval = read_exec(interpreter_inode, interp_elf_ex->e_phoff,
        (char *) elf_phdata,
        Sizeof(struct elf_phdr) * interp_elf_ex->e_phnum);
set_fs(old_fs);
//打开解释器文件
elf_exec_fileno = open_inode(interpreter_inode, O_RDONLY);
if (elf_exec_fileno < 0) return 0xffffffff;
```

# 第 7 章　ELF 与链接器

```c
        file = current->filp[elf_exec_fileno];
        eppnt = elf_phdata;
        //遍历程序头
        for(i=0; i<interp_elf_ex->e_phnum; i++, eppnt++)
            //处理可加载类型
            if(eppnt->p_type == PT_LOAD) {
                //将文件映射到内存。注意，此处未使用 MAP_FIXED 属性
                //表示如果指定地址映射失败，系统将分配一个可用地址
                //使用 MAP_PRIVATE 支持共享库的 COW，同时基于文件进行 mmap
                //意味着仅对文件读取将直接从内存处中取数据，而不是从磁盘中读取
                error = do_mmap(file,
                    eppnt->p_vaddr & 0xfffff000,
                    eppnt->p_filesz + (eppnt->p_vaddr & 0xfff),
                    PROT_READ | PROT_WRITE | PROT_EXEC,
                    MAP_PRIVATE |(interp_elf_ex->e_type == ET_EXEC ? MAP_FIXED : 0),
                    eppnt->p_offset & 0xfffff000);
                //error 返回的是最终的映射地址
                if(!load_addr && interp_elf_ex->e_type == ET_DYN)
                    load_addr = error;
                k = load_addr + eppnt->p_vaddr + eppnt->p_filesz;
                if(k > elf_bss) elf_bss = k;
                //如果分配失败，则跳出循环
                if(error < 0 && error > -1024) break;  /* Real error */
                k = load_addr + eppnt->p_memsz + eppnt->p_vaddr;
                if(k > last_bss) last_bss = k;
            }
        //for 循环没有括号，所以到此处已经结束，即上方只处理了 load 段
        //关闭解释器文件
        sys_close(elf_exec_fileno);
        if(error < 0 && error > -1024) {
            kfree(elf_phdata);
            return 0xffffffff;
        }

        padzero(elf_bss);
        len = (elf_bss + 0xfff) & 0xfffff000; /* What we have mapped so far */

        /* Map the last of the bss segment */
        if (last_bss > len)
            do_mmap(NULL, len, last_bss-len,
                PROT_READ|PROT_WRITE|PROT_EXEC,
                MAP_FIXED|MAP_PRIVATE, 0);
        kfree(elf_phdata);
        //解释器的入口地址是相对于程序头的偏移量
        //因此需要加上加载到的地址才能得到最终的入口地址
        //这一点很容易理解：假设程序的固定入口地址是 0x12345678
        //这个地址既是绝对地址，也是相对于程序头的偏移量
```

```c
        //如果由于某些原因，这个地址被占用，分配内存时地址可能会改变
        //例如最终地址可能变为 0x20000000
        //要找到准确的入口地址，需要将 0x12345678 与加载地址相加
        //这样才能得到正确的地址
        return ((unsigned int) interp_elf_ex->e_entry) + load_addr;
}
//创建ELF表非常重要，因为连接器需要从这些表中读取数据，例如程序的入口点等
unsigned long * create_elf_tables(char * p,int argc,
        int envc,struct elfhdr * exec,
        unsigned int load_addr, int ibcs)
{
    unsigned long *argv,*envp, *dlinfo;
    unsigned long * sp;
    ...
    //p是execve传递的参数与环境变量，将其提供给sp用于遍历
    sp = (unsigned long *) (0xfffffffc & (unsigned long) p);
    //如果是ELF文件，则需要空出16个long类型的空间，因为DLINFO_ITEMS = 8
    if(exec) sp -= DLINFO_ITEMS*2;
    //将sp转换为dlinfo
    dlinfo = sp;
    //减去环境变量数
    sp -= envc+1;
    //将地址赋给环境指针
    envp = sp;
    //减去参数个数
    sp -= argc+1;
    //将地址赋给参数指针
    argv = sp;
    //如果不是ibcs，则执行以下操作，ELF结构中ibcs默认是1所以可以忽略
    if (!ibcs) {
        put_fs_long(unsigned long)envp,--sp);
        put_fs_long(unsigned long)argv,--sp);
    }
    //根据ELF要求构建环境信息
    //此处构建的大小正好为16个long类型的大小
    if(exec) {
      struct elf_phdr * eppnt;
      //exec是指向可执行程序的结构体指针，而非解释器
      eppnt = (struct elf_phdr *) exec->e_phoff;
      //首先设置类型3，代表AT_PHDR，然后将程序头对应的地址写入
      put_fs_long(3,dlinfo++);
      put_fs_long(load_addr + exec->e_phoff,dlinfo++);       //glibc AT_PHDR
      //接着写入程序头的大小
      put_fs_long(4,dlinfo++);
      put_fs_long(sizeof(struct elf_phdr),dlinfo++);         //glibc AT_PHENT
      //写入程序头的数量
      put_fs_long(5,dlinfo++);
```

```
        put_fs_long(exec->e_phnum,dlinfo++);        //glibc AT_PHNUM
        //程序执行入口地址
        put_fs_long(9,dlinfo++);
        put_fs_long((unsigned long)exec->e_entry,dlinfo++); //glibc AT_ENTRY
        //期望解释器所在的基址,但是已经加载,所以并没有使用
        put_fs_long(7,dlinfo++);
        put_fs_long(SHM_RANGE_START,dlinfo++);       //AT_BASE
        //由于没有设置标志,因此值为 0
        put_fs_long(8,dlinfo++);
        put_fs_long(0,dlinfo++);                     //AT_FLAGS
        //一页内存的大小
        put_fs_long(6,dlinfo++);
        put_fs_long(PAGE_SIZE,dlinfo++);             //AT_PAGESZ
        //以 0 作为结尾
        put_fs_long(0,dlinfo++);
        put_fs_long(0,dlinfo++);                     //AT_NULL
    };
    //将参数长度记录到 sp 中
    put_fs_long((unsigned long)argc,--sp);
    //记录参数起始位置
    current->arg_start = (unsigned long) p;
    //将每个参数的首地址记录到 p 中
    while (argc-->0) {
        put_fs_long((unsigned long) p,argv++);
        while (get_fs_byte(p++)) /* nothing */ ;
    }
    put_fs_long(0,argv); //0 作为参数的结尾
    //处理环境变量
    current->arg_end = current->env_start = (unsigned long) p;
    while (envc-->0) {
        put_fs_long((unsigned long) p,envp++);
        while (get_fs_byte(p++)) /* nothing */ ;
    }
    put_fs_long(0,envp);
    current->env_end = (unsigned long) p;
    //处理完成,前面已经将 sp 的地址存储到 esp 中  (regs->esp = bprm->p;)
    return sp;
}
```

至此,Linux 的执行流程已经完毕,图 7.5 展示了 Linux 1.0 的内存结构。在后续的 syscall 系统调用返回时,将会恢复 EIP 寄存器的值。在此过程中,EIP 寄存器已被修改为指向解释器的入口地址,因此系统调用返回后,将会执行解释器代码。需要注意的是,此处使用的内存采用 COW 机制,并且内存映射是基于文件的。这表明当多个程序加载相同的文件时,它们共享相同的物理内存页,除非某个进程需要修改内存内容。一旦发生修改,操作系统就会为该进程复制一份物理内存页,并在修改数据后,将新的物理内存页映射给

该进程，从而实现内存复用。接下来，elf_table 的构建是按照动态连接器的要求进行排列的。此外，从 execve 系统调用开始，执行的是新创建的进程，而不是 Bash shell。

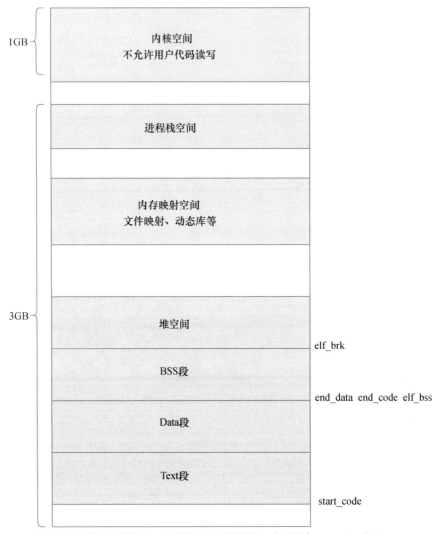

结合Linux1.0的内存结构图，如果PT_LOAD段只有一个且包含.text、.data和.bss，那么这个图就容易理解了。首先，段的起始位置就是.text的起始位置；其次，文件大小涵盖了.text和.data；最后，内存大小还包括了.bss。因此，通过源代码分析可以获得此图。

图 7.5  Linux 1.0 内存结构图

## 7.2.4　glibc 动态链接原理

glibc（GNU C library）是一个常用的 C 语言标准库，它为 Linux 系统上的程序提供访问操作系统核心功能的接口。以下是 glibc 的动态链接过程。

（1）程序编译：在编译程序时，可以选择静态链接或动态链接 glibc。静态链接会将 glibc 的代码和数据直接嵌入程序中，生成一个独立的可执行文件。相反，动态链接则会配置程序在运行时通过解释器加载 glibc。

（2）动态连接器：执行使用动态链接的程序时，操作系统的动态连接器（通常是 ld.so 或 ld-linux.so）会被调用。动态连接器的主要任务是解析和加载程序所需的动态链接库。

（3）共享对象搜索：动态连接器首先检查程序的可执行文件中的特定段（例如 ELF 格式中的 .dynamic 段），以识别程序依赖的共享对象（即动态链接库）。

（4）共享对象加载：确定程序依赖的共享对象后，动态连接器会按照预定义的搜索路径（例如由 LD_LIBRARY_PATH 环境变量指定的路径）来查找这些共享对象。一旦找到相应的共享对象，它们就会被加载到程序的内存空间中。

（5）符号解析：在共享对象加载完成后，动态连接器负责解析程序中对 glibc 函数和变量的引用。它将遍历程序及其依赖的共享对象的符号表，并将符号引用与相应的内存地址进行绑定。

（6）程序运行：一旦所有符号引用都解析完毕，程序就可以正常运行。在执行期间，程序可以调用 glibc 提供的各种函数和服务。

```
//在文件 elf/rtld.c 中,连接器的入口函数是通过宏定义的汇编代码来定义的
RTLD_START
//具体定义如下
.text
.globl _start
.globl _dl_start_user
_start:                   //汇编程序入口通常为 _start
    pushl %esp            //传递栈指针 esp,在 Linux 1.0 中 esp 记录了拼接的参数和环境信息
    call _dl_start        //调用连接器的核心入口函数 dl_start
    popl %ebx
_dl_start_user:
    movl %eax, %edi  //将 dl_start 的返回值(可执行程序的入口地址)存储到 edi 中
    call 0f
    ...
0:  pushl %esi
    // 获取 init 函数地址
    call _dl_init_next@PLT
    addl $4, %esp
    testl %eax, %eax
    jz 1f                 //如果获取失败,则跳转到标签 1f,否则执行 init 函数
```

```
    call *%eax
    # 继续获取下一个 init 函数
    jmp 0b
1:
    movl _dl_starting_up@GOT(%ebx), %eax
    movl $0, (%eax)  //清除启动信息
    movl _dl_fini@GOT(%ebx), %edx    //获取退出函数地址并通过 edx 传递给可执行程序
    jmp *%edi                        //跳转到可执行程序的入口
```

通过分析启动函数，我们了解到动态连接器的执行流程包括以下几个步骤：首先启动动态连接器，然后运行初始化函数，最后将结束函数的地址传递给可执行程序，并跳转到可执行程序的入口开始执行。需要注意的是，这个流程仅适用于当前版本；后续的高级版本可能会有所不同。

```
//在文件 dl-machine.h 中，通过 _dl_start 方法初始化动态连接器
//参数 arg 是传入的栈指针 esp，在 Linux 中，esp 用于传递参数和环境变量
ElfW(Addr) _dl_start(void* arg) {
    //定义连接器所需的数据结构，稍后会进行初始化
    struct link_map bootstrap_map;
    //此宏定义用于生成动态链接的内联函数，供引导重定位使用
    //在一些内联函数中，会通过该宏来判断是否进行编译
    #define RTLD_BOOTSTRAP
    //当动态连接器链接自己时，会使用该宏
    //创建 RESOLVE 锚点，后续会有不同的定义
    #define RESOLVE(sym, flags) bootstrap_map.l_addr
    #include "dynamic-link.h"
    //获取动态连接器自身的运行时加载地址
    //每个程序的动态连接器在内存中的位置都不同，因此需要确定当前动态连接器的代码地址
    //该方法通过调用一个名为 here 的内联汇编标签
    //然后使用 pop 指令弹出存储的指令指针 ip 来实现
    bootstrap_map.l_addr = elf_machine_load_address();
    //根据动态链接的基地址 获取连接器自身的动态部分
    bootstrap_map.l_ld = (void*)bootstrap_map.l_addr + elf_machine_dynamic();
    /** 例如，DT_NUM=24 表示 0~24 的索引对应 DT_NULL 到 DT_NUM 的内容

     * bootstrap_map.l_info  ElfW(Dyn) *l_info[DT_NUM + DT_PROCNUM +
DT_VERSIONTAGNUM + DT_EXTRANUM]
     * 这是一个二级指针数组，其下标是根据信息类型来定义的
     * 数组的大小由 elf.h 中的 DT_* 类型定义
     * 例如，DT_NUM=24 表示 0~24 的索引对应 DT_NULL 到 DT_NUM 的内容，以此类推
     * 该数组用于指向动态部分的索引指针
        [0,DT_NUM) 通过与处理器无关的标签进行索引
        [DT_NUM,DT_NUM+DT_PROCNUM) 通过将标记减去 DT_LOPROC 进行索引
        [DT_NUM+DT_PROCNUM,DT_NUM+DT_PROCNUM+DT_EXTRANUM) 通过已编入索引的
        DT_EXTRATAGIDX(tagvalue)进行索引
        [DT_NUM+DT_PROCNUM+DT_VERSIONTAGNUM,
```

```
                   DT_NUM+DT_PROCNUM+DT_VERSIONTAGNUM+DT_EXTRANUM)
                  通过 DT_EXTRATAGIDX(tagvalue)进行索引（参见 <elf.h>）
  */
//l_ld 指向动态链接节的结构地址（Elf32_Dyn）
//然后遍历它以获取所有信息并将其存储到 info 中，此时 bootstrap_map 仍在栈中
//根据前文介绍，d_tag 字段是数字，此处利用这个特点作为 l_info 的下标
//将 l_ld 中所有的 Elf32_Dyn 结构添加到 l_info 中
elf_get_dynamic_info(bootstrap_map.l_ld, bootstrap_map.l_info);
/**
*在 elf_machine_load_address 函数中
*here 标签用于获取运行时地址，它对应一个 R_386_32 重定位表项
*这是动态连接器文本中的第一次重定位
*我们跳过它是为了避免在这个阶段尝试修改只读段的问题
*ELF_MACHINE_BEFORE_RTLD_RELOC 的展开内容如下
*here 的操作占了 DT_REL 的一项
*所以此处读取 DT_REL 的首地址并计算++，以跳过第一项
*类似于从 0 跳到 1，1 跳到 2
*原先 0 下标指向地址 1，通过++变为 0 指向 2
*接下来根据 ELF 文档，RELSZ 描述了 REL 的字节总数，因此此处需要 --
*++(const Elf32_Rel *) (bootstrap_map.l_info)[DT_REL]->d_un.d_ptr;
*(bootstrap_map.l_info)[DT_RELSZ]->d_un.d_val -= sizeof (Elf32_Rel);
*/
#ifdef ELF_MACHINE_BEFORE_RTLD_RELOC
 ELF_MACHINE_BEFORE_RTLD_RELOC(bootstrap_map.l_info);
#endif
 /* Relocate ourselves so we can do normal function calls and
    data access using the global offset table.  */
//重新定位动态连接器，以便可以使用全局偏移表进行正常的函数调用和数据访问
//参数 0 表示立即重定向，在 ELF 中，LD_BIND_NOW 控制是否懒加载
//但此处链接动态连接器的依赖不应懒加载
 ELF_DYNAMIC_RELOCATE(&bootstrap_map, 0);
//将 bootstrap_map 的内容复制到全局变量 _dl_rtld_map 中
//在 Linux 中，连接器使用 mmap 进行映射，确保动态连接器加载到指向程序的地址空间
//_dl_rtld_map 作为全局变量也会被映射
//由于 mmap 映射的物理地址在多个进程间是共享的
//因此如果在此处发生修改，其他程序也可能受到影响
//解决这个问题的关键在于，Linux 在构建动态连接器映射时使用了 MAP_PRIVATE 参数
//从而利用了 Linux 的 COW 机制

 _dl_rtld_map.l_addr = bootstrap_map.l_addr;
 _dl_rtld_map.l_ld = bootstrap_map.l_ld;
 memcpy(_dl_rtld_map.l_info, bootstrap_map.l_info,
   sizeof _dl_rtld_map.l_info);
//从 l_info 中解析出哈希表类型并设置相应变量
 _dl_setup_hash(&_dl_rtld_map);
//根据 DT_RPATH 指向的 DT_STRTAB 的索引获取字符串
//该字符串指定了搜索动态链接库的目录，目录之间以分号分隔
```

```c
        //有关详细信息,请参阅7.1.8节的"3.共享对象依赖"
        _dl_rpath = (void*)(_dl_rtld_map.l_addr +
          _dl_rtld_map.l_info[DT_STRTAB]->d_un.d_ptr +
          _dl_rtld_map.l_info[DT_RPATH]->d_un.d_val);
        //动态连接器的主函数
        return _dl_sysdep_start(arg, &dl_main);
}
//获取连接器加载地址
static inline Elf32_Addr __attribute__((unused)) elf_machine_load_address(void)
{
    //图5.21显示了门调用栈的变化。由于EIP在栈顶,因此在执行here指令后
    //立即执行pop指令可以获取到 here 的地址(因为EIP记录的是下一条指令的地址)
    //精妙之处不在于EIP的获取,而在于后续的subl指令
    //$here 是给汇编器看的,在运行前它表示的是相对于0地址的偏移量
    //通过在运行时获取 here 的位置,并减去编译时计算出的偏移量,我们得到的一定是加载地址
    Elf32_Addr addr;
    asm("       call here\n"
        "here:  popl %0\n"
        "       subl $here, %0"
        : "=r"(addr));
    return addr;
}
//将Elf32_Dyn结构读取到info数组中
static inline void __attribute__((unused)) elf_get_dynamic_info(ElfW(Dyn)* dyn,
  ElfW(Dyn)* info[DT_NUM + DT_PROCNUM + DT_VERSIONTAGNUM
  + DT_EXTRANUM])
{
  unsigned int i;
  //初始化info数组
  for (i = 0; i < DT_NUM + DT_PROCNUM + DT_VERSIONTAGNUM + DT_EXTRANUM; ++i)
    info[i] = NULL;
    //如果dyn为NULL,表示动态连接器信息获取失败,不进行初始化
  if (!dyn)
    return;
  //遍历所有dyn条目
  while (dyn->d_tag != DT_NULL)
  {
    //根据d_tag的值将dyn条目存储到info数组中
    if (dyn->d_tag < DT_NUM)
      info[dyn->d_tag] = dyn;
    else if (dyn->d_tag >= DT_LOPROC &&
      dyn->d_tag < DT_LOPROC + DT_PROCNUM)
      info[dyn->d_tag - DT_LOPROC + DT_NUM] = dyn;
    else if ((Elf32_Word)DT_VERSIONTAGIDX(dyn->d_tag) < DT_VERSIONTAGNUM)
      info[DT_VERSIONTAGIDX(dyn->d_tag) + DT_NUM + DT_PROCNUM] = dyn;
    else if((Elf32_Word)DT_EXTRATAGIDX(dyn->d_tag) < DT_EXTRANUM)
      info[DT_EXTRATAGIDX(dyn->d_tag) + DT_NUM + DT_PROCNUM
```

```
      + DT_VERSIONTAGNUM] = dyn;
    else
      assert(!"bad dynamic tag");
    dyn++;
  }
  //简单的结构校验，参考表 7.11
  if (info[DT_RELA])
    assert(info[DT_RELAENT]->d_un.d_val == sizeof(ElfW(Rela)));
  if (info[DT_REL])
    assert(info[DT_RELENT]->d_un.d_val == sizeof(ElfW(Rel)));
  if (info[DT_PLTREL])
    assert(info[DT_PLTREL]->d_un.d_val == DT_REL ||
      info[DT_PLTREL]->d_un.d_val == DT_RELA);
}
ELF_DYNAMIC_RELOCATE //重定向宏的定义将在后文详细讲解，因为它与程序的连接过程紧密相关
//从 info 中获取 hash 表，并将其存储在 map 结构的属性中，以便后续使用
void _dl_setup_hash(struct link_map* map)
{
  ElfW(Symndx)* hash = (void*)(map->l_addr + map->l_info[DT_HASH]->d_un.d_ptr);
  ElfW(Symndx) nchain;
  map->l_nbuckets = *hash++;
  nchain = *hash++;
  map->l_buckets = hash;
  hash += map->l_nbuckets;
  map->l_chain = hash;
}
```

以上是第一段代码片段（在引用代码时，将标记为"第一段代码片段"）。

至此，动态连接器已完成自身的初始化和链接过程。接下来，程序将进入_dl_sysdep_start 函数以启动运行。在此过程中，需要注意的是，调用_dl_sysdep_start 函数时传递了一个名为 dl_main 的参数，这是一个函数指针，它指向的函数将在内部被调用。

```
//在 Linux 系统中，动态链接器的一部分是 _dl_sysdep_start 函数
//它负责初始化动态链接器的执行环境
//这个函数接收指向 start_argptr 的指针，该指针指向 _start 函数所需的参数
//这些参数包括程序头表（phdr）、程序头个数（phnum）和用户入口地址（user_entry）
//在 Linux 中，start_argptr 指向的数据是由 linux.create_elf_tables 处理的
//其中包含了程序参数的个数、参数数组、环境变量等
ElfW(Addr) _dl_sysdep_start(void** start_argptr,
    void *(dl_main) (const ElfW(Phdr)* phdr, ElfW(Word) phnum,
  ElfW(Addr)* user_entry)) {
  //程序头地址
  const ElfW(Phdr)* phdr = NULL;
  //程序头个数
  ElfW(Word) phnum = 0;
  //用户地址
  ElfW(Addr) user_entry;
```

```c
        // Linux 中构建的辅助向量表
        ElfW(auxv_t)* av;
        uid_t uid = 0;
        uid_t euid = 0;
        gid_t gid = 0;
        gid_t egid = 0;
        unsigned int seen;
        //默认执行 ld 的 start，尽管 ld.so 本身是可执行的
        //读者可能会疑问为何此处仍指向_start
        //这是因为当前函数的调用可能不仅限于我们的执行链路，还可能通过其他入口执行
        //而那个入口需要通过 _start 来初始化数据
        user_entry = (ElfW(Addr)) & _start;
        //start_argptr 指向的数据经过 linux.create_elf_tables 处理，第一个元素是参数个数
        _dl_argc = *(long*)start_argptr;
        //获取参数数组的首地址，这是一个二维数组
        _dl_argv = (char**)start_argptr + 1;
        //获取环境变量数组的地址
        _environ = &_dl_argv[_dl_argc + 1];
        //将环境变量字符串的地址赋给 start_argptr
        start_argptr = (void**)_environ;
            //环境变量不以明确的数量标识，而是以 "\0" 作为结尾
            //因此此处通过遍历可以找到传递的第三个参数，即 ELF 表格
        while (*start_argptr)
            ++start_argptr;
        seen = 0;
#define M(type) (1 << type))
        //遍历 ELF 表格，解析程序头信息，这些信息都是 Linux 中对应的 16 个 long 类型的数据
        for (av = (void*) ++start_argptr;
          av->a_type != AT_NULL;
          seen |= ((M++av)->a_type))
            switch (av->a_type)
            {
            case AT_PHDR:
              phdr = av->a_un.a_ptr;
              break;
            case AT_PHNUM:
              phnum = av->a_un.a_val;
              break;
            case AT_ENTRY:
              user_entry = av->a_un.a_val;
              break;
            case AT_UID:
              uid = av->a_un.a_val;
              break;
            case AT_GID:
              gid = av->a_un.a_val;
              break;
            case AT_EUID:
```

```
      euid = av->a_un.a_val;
      break;
    case AT_EGID:
      egid = av->a_un.a_val;
      break;
    }
//权限校验使用,此处忽略
    ....
//Debug 使用,此处忽略
  if (__sbrk(0) == &_end){
    ...
  }
//执行传入的函数指针,从该函数中获取程序入口函数地址并返回
  (*dl_main) (phdr, phnum, &user_entry);
  return user_entry;
}
//执行程序; phdr 是指向程序头表的指针
//phent 代表程序头表的条目数,user_entry 是程序入口地址的回填指针
static void dl_main(const ElfW(Phdr)* phdr,
  ElfW(Half) phent,
  ElfW(Addr)* user_entry) {
  //用于后续遍历程序头结构的指针
  const ElfW(Phdr)* ph;
  //用于遍历的 link_map 结构指针
  struct link_map* l;
  //懒加载标识符
  int lazy;
  //当前连接器支持四种模式:常规、打印模块依赖、校验、追踪
  enum { normal, list, verify, trace } mode;
  struct link_map** preloads;
  unsigned int npreloads;
  const char* preloadlist;
  size_t file_size;
  char* file;
  //根据环境变量 LD_TRACE_LOADED_OBJECTS 设置模式,默认为常规模式
  mode = getenv("LD_TRACE_LOADED_OBJECTS") != NULL ? trace : normal;
  //判断是否需要懒加载
  if (mode == trace)
    lazy = -1;
  else //ELF 描述中 LD_BIND_NOW 在此获取,后续直接使用 lazy 即可
    lazy = !__libc_enable_secure && *(getenv"LD_BIND_NOW") ? : "") == '\0';
  //设置连接器启动标识
  _dl_starting_up = 1;
  //如果当前执行程序的入口地址等于 _start,则表示执行的是 ld.so 自身
  if (*user_entry == (ElfW(Addr)) & _start)
  {
    //除了处理各种参数,核心就剩这两句,从连接器中获取入口地址
```

```c
    ...
    l = _dl_map_object(NULL, _dl_argv[0], lt_library, 0);
    ...
    *user_entry = l->l_entry;
  }
  else
  {
   //否则为可执行文件本身创建一个 link_map。本小节第三段代码片段将对此进行展开
    l = _dl_new_object((char*)"", "", lt_executable);
    if (l == NULL)
      _dl_sysdep_fatal("cannot allocate memory for link map", NULL);
   //将用户参数设置到新的 link_map 中
    l->l_phdr = phdr;
    l->l_phnum = phent;
    l->l_entry = *user_entry;
  }
  //跳过
  if (l != _dl_loaded) {
      //GDB 假定链上的第一个元素是可执行文件本身的 link_map,并且总是跳过它
      //确保第一个元素确实是自己
    l->l_prev->l_next = l->l_next;
    if (l->l_next)
      l->l_next->l_prev = l->l_prev;
    l->l_prev = NULL;
    l->l_next = _dl_loaded;
    _dl_loaded->l_prev = l;
    _dl_loaded = l;
  }
  //读取程序头表,解析动态链接的节信息
  for (ph = phdr; ph < &phdr[phent]; ++ph)
    switch (ph->p_type)
    {
      //如果一个 object 文件(可重定向.o 文件)参与动态链接
      //它的程序头表将有一个 PT_DYNAMIC 类型的元素
      //这个"段"包含.dynamic 节。一个特殊的符号_DYNAMIC 标记了这个 section
      //它包含了以下结构的数组
      /**
        typedef struct {
         Elf32_Sword d_tag;
         union {
           Elf32_Word d_val;
           Elf32_Addr d_ptr;
         } d_un;
        } Elf32_Dyn;
      */
      case PT_DYNAMIC:
        //它告诉我们在哪里找到动态部分,以及我们需要做的一切。这与静态链接时获取的信息相同
        //l_addr 为 0,因为程序的地址都是固定的,p_vaddr 指定的一定是文件中存储的地址
```

```c
        l->l_ld = (void*)l->l_addr + ph->p_vaddr;
      break;
    //当构建一个使用动态链接的可执行文件时
    //静态连接器将 PT_INTERP 类型的程序头元素添加到可执行文件中
    //以指示系统使用动态连接器作为程序解释器
    case PT_INTERP:

        //这个"解释器路径"被程序加载器用来查找程序解释器，即程序依赖的动态连接器
        //需要记录路径，以便后续的 dlopen 调用或处理 DT_NEEDED 项时使用
        //对于那些想要作为共享库链接到动态连接器的对象，这将帮助识别共享对象是否已经加载
        _dl_rtld_map.l_libname = (const char *)l->l_addr + ph->p_vaddr;
      break;
  }
//如果当前程序并未记录库路径，那么使用当前连接器的路径作为该路径
if (!_dl_rtld_map.l_libname && _dl_rtld_map.l_name)
  _dl_rtld_map.l_libname = _dl_rtld_map.l_name;
else
  assert(_dl_rtld_map.l_libname);  //若都没有则报错
//如果是校验模式，到这里已经完成
if (mode == verify)
  _exit(l->l_ld == NULL ? EXIT_FAILURE : EXIT_SUCCESS);
    //从 l_ld 中将动态链接信息读到 info 中。参考本小节第一段代码片段
elf_get_dynamic_info(l->l_ld, l->l_info);
if (l->l_info[DT_HASH])//若存在 hash，则将其加载到 l 中
  _dl_setup_hash(l);
if (!_dl_rtld_map.l_name)
  _dl_rtld_map.l_name = (char*)_dl_rtld_map.l_libname;
//将当前运行时 map 的类型设置为链接库
//此 map 是当前连接器的信息，所以将其设置为链接库是没问题的
_dl_rtld_map.l_type = lt_library;
//从 l 中找到最后一个，如果当前是执行程序，那么 l 是没有 next 的
//只有当当前加载的是运行时库（如 ld.so test.so）时，才存在 next
while (l->l_next)
  l = l->l_next;
l->l_next = &_dl_rtld_map;
_dl_rtld_map.l_prev = l;
/**
 * 有两种方法来指定要预加载的对象：通过环境变量或通过/etc/ld.so.preload 文件
 * 后者在启用安全性时也可以使用。
 * */
preloads = NULL;
npreloads = 0;
//通过修改 LD_PRELOAD 环境变量来指定预加载的列表
preloadlist = getenv("LD_PRELOAD");
if (preloadlist)
{
/**
```

```c
 * LD_PRELOAD 环境变量中存储了一个以空格隔开的库列表，记录了所有需要预加载的 so 文件
 */
  char* list = strdupa(preloadlist);
  char* p;
  //通过空格分隔符遍历 LD_PRELOAD 环境变量中的每个库
  //并在 elf/dl-load.c 中的 _dl_map_object 方法中进行加载
  while ((p = strsep(&list, " ")) != NULL)
    if (!__libc_enable_secure || strchr(p, '/') == NULL)
    {
      //根据共享库的地址创建 link_map 结构，并将其加载到 _dl_loaded 中
      //后续将详细讲述该方法
      //本小节第三段代码片段将展开讲解
      (void) _dl_map_object(NULL, p, lt_library, 0);
      ++npreloads;
    }
}
//第二种方式是通过文件加载，首先打开文件并读取内容，将内容返回 file 中
file = _dl_sysdep_read_whole_file("/etc/ld.so.preload", &file_size,
                                  PROT_READ | PROT_WRITE);
//如果读取的文件存在内容，则进行解析
if (file)
{
  char* problem;
  char* runp;
  size_t rest;
  /* Eliminate comments.  */
  //处理注释，将所有以#开头的内容全部替换为空格
  runp = file;
  rest = file_size;
  while (rest > 0)
  {
    char* comment = memchr(runp, '#', rest);
    if (comment == NULL)
      break;
    rest -= comment - runp;
    do
      *comment = ' ';
    while (--rest > 0 && *++comment != '\n');
  }
  //处理文件结尾不是\0 的情况
  if (file[file_size - 1] != ' ' && file[file_size] != '\t' &&
      file[file_size] != '\n')
  {
    problem = &file[file_size];
    while (problem > file && problem[-1] != ' ' && problem[-1] != '\t' &&
           problem[-1] != '\n')
      --problem;
    if (problem > file)
```

```c
      problem[-1] = '\0';
    }
    else
      problem = NULL;
    if (file != problem)
    {
      char* p;
      runp = file;
      //遍历文件内容，文件中的多个库以:隔开
      while ((p = strsep(&runp, ": \t\n")) != NULL)
      {
        //处理方法与前面相同
        (void)_dl_map_object(NULL, p, lt_library, 0);
        ++npreloads;
      }
    }
    if (problem != NULL)
    {
      char* p = strndupa(problem, file_size - (problem - file));
      (void)_dl_map_object(NULL, p, lt_library, 0);
    }
    //释放文件内存
    __munmap(file, file_size);
  }
  //至此，如果存在共享库依赖，那么npreloads不会为0
  if (npreloads != 0)
  {
    /* Set up PRELOADS with a vector of the preloaded libraries.  */
    struct link_map* l;
    unsigned int i;
    //第一次调用_dl_new_object时
    // l 被设置为 _dl_new_object((char*)"", "", lt_executable);
    //此前已调用，因此l代表链表中的第一个元素
    //由于前面已将_dl_rtld_map添加到了l中，链表中现在有两个元素
    //回到_dl_new_object 的第一次调用，它初始化全局变量_dl_loaded
    //其中_dl_loaded是链表的第一个元素l
    //随着_dl_map_object添加共享对象，新元素会不断追加到_dl_loaded的末尾
    //由于前文中的_dl_rtld_map设置
    //新元素实际上是从_dl_rtld_map之后开始添加的
    //因此，此处通过_dl_rtld_map.l_next获取上面构建的所有link_map
    preloads = __alloca(npreloads * sizeof preloads[0]);
    l = _dl_rtld_map.l_next; /* End of the chain before preloads.  */
    i = 0;
    //将前文创建的链表数据平铺到数组中
    do
    {
      preloads[i++] = l;
```

```
      l = l->l_next;
    } while (l);
    assert(i == npreloads);
}
//加载 DT_NEEDED 项指定的所有库
//如果 LD_PRELOAD 指定了一些要加载的库
//这些库将被插入可执行文件的搜索列表中的实际依赖项之前,以进行符号解析
//与_dl_map_object 所做之事相同,只是一个为显示定义的依赖,一个是段中设置的依赖
//例如,DT_NEEDED 元素保存以空结束的字符串的字符串表偏移量,给出所需库的名称
//本小节第四段代码片段会展开讲解
_dl_map_object_deps(l, preloads, npreloads, mode == trace);
//_dl_rtld_map 代表当前动态连接器的 map 对象,先将其从链表中移除
_dl_rtld_map.l_prev->l_next = _dl_rtld_map.l_next;
if (_dl_rtld_map.l_next)
    _dl_rtld_map.l_next->l_prev = _dl_rtld_map.l_prev;
if (_dl_rtld_map.l_opencount)
{
/**
 * 一些 DT_NEEDED 项引用了解释器对象本身,所以需要将其重新放回可见对象列表中
 * 我们按照符号搜索顺序将其插入链中,因为 gdb 使用链的顺序作为其符号搜索顺序。
 * 也就是说,虽然从 l 的链表中移除了该对象,但仍然将其加入 search 列表中以供检索
 */
    unsigned int i = 1;
    while (l->l_searchlist[i] != &_dl_rtld_map)
        ++i;
    _dl_rtld_map.l_prev = l->l_searchlist[i - 1];
    _dl_rtld_map.l_next = (i + 1 < l->l_nsearchlist ?
        l->l_searchlist[i + 1] : NULL);
    assert(_dl_rtld_map.l_prev->l_next == _dl_rtld_map.l_next);
    _dl_rtld_map.l_prev->l_next = &_dl_rtld_map;
    if (_dl_rtld_map.l_next)
    {
        assert(_dl_rtld_map.l_next->l_prev == _dl_rtld_map.l_prev);
        _dl_rtld_map.l_next->l_prev = &_dl_rtld_map;
    }
}
//我们当前处于 normal 模式,因此可以忽略此处
if (mode != normal)
{
    ...
    _exit(0);
}
{
    //需要注意的是,_dl_loaded 从一开始就是 l,在_dl_new_object 中
    //因为_dl_new_object 调用之前,loaded 一定是空的
    //所以第一次调用的时候进行初始化,而第一次调用就是 l 的创建
    l = _dl_loaded;
```

```
    //得到最后一个共享库 map 对象
    while (l->l_next)
      l = l->l_next;
    do
    {
      //跳过动态连接器自身的 map 对象
      if (l != &_dl_rtld_map)
      {
        //开始重定向过程，详细内容见本小节第五段代码片段
        _dl_relocate_object(l, _dl_object_relocation_scope(l), lazy);
        _dl_global_scope_end = NULL;
      }
      //从后向前遍历链表，因为链表的创建顺序是逐步深入的
      //越是深入的地方需要搜索的地方越少
      //例如，动态连接器的 map 已经被链接完成，只需被链接一次
      l = l->l_prev;
    } while (l);
    //至此，链接过程结束
    ...
}
```

以上是第二段代码片段。

```
//共享对象结构
struct link_map
{
    ElfW(Addr) l_addr;                          //共享对象的加载基地址
    char *l_name;                               //绝对地址作为名称
    ElfW(Dyn) *l_ld;                            //动态链接节的结构地址
    struct link_map *l_next, *l_prev;           //多个共享对象是一个链表
    const char *l_libname;                      //对象名
    //记录动态链接节类型信息
    ElfW(Dyn) *l_info[DT_NUM + DT_PROCNUM + DT_VERSIONTAGNUM + DT_EXTRANUM];
    const ElfW(Phdr) *l_phdr;                   //程序头地址
    ElfW(Addr) l_entry;                         //入口地址
    ElfW(Half) l_phnum;                         //程序头数量
    struct link_map **l_searchlist;             //搜索依赖数组
    unsigned int l_nsearchlist;                 //数组个数
    struct link_map **l_dupsearchlist;          //若上述依赖查询不到则查询此处
    unsigned int l_ndupsearchlist;
    struct link_map *l_loader;                  //指向加载此对象的加载器的指针
    ElfW(Symndx) l_nbuckets;                    //快速查询符号表使用的 hash 结构
                                                //由前面的_dl_setup_hash 函数初始化设置
    const ElfW(Symndx) *l_buckets, *l_chain;
    unsigned int l_opencount;                   //引用打开依赖的数量
    enum
    {
        lt_executable,                          /* 可执行程序 */
```

```c
        lt_library,                         /* 链接库 */
        lt_loaded,                          /* 运行时加载对象.dlopen打开的 */
    } l_type:2;                             //当前对象的类型
    unsigned int l_relocated:1;             /* 重定向完成后为1 */
    unsigned int l_init_called:1;           /* 初始化函数调用后为1 */
    unsigned int l_init_running:1;          /* 初始化函数运行时为1 */
    unsigned int l_global:1;                /* 如果对象是全局的，由dl_open设置 */
    unsigned int l_reserved:2;              /* 保留 */
};
//创建一个新的link_map对象
struct link_map* _dl_new_object(char* realname, const char* libname, int type)
{
    //为link_map对象分配内存
    struct link_map* new = malloc(sizeof * new);
    if (!new)
        return NULL;
    //初始化link_map对象的字段
    memset(new, 0, sizeof * new);
    new->l_name = realname;
    new->l_libname = libname;
    new->l_type = type;
    //如果全局变量_dl_loaded为NULL，表示当前是第一次构建link_map对象
    //则将新创建的link_map对象赋值给_dl_loaded，并将其next指针指向_dl_rtld_map
    //而_dl_rtld_map的next指针则指向其他共享库
    if (_dl_loaded == NULL)
    {
      new->l_prev = new->l_next = NULL;
      _dl_loaded = new;
    }
    else
    {
        //如果_dl_loaded已存在，则遍历链表，找到最后一个link_map对象
        //将新创建的link_map对象添加到链表的末尾
        struct link_map* l = _dl_loaded;
        while (l->l_next)
            l = l->l_next;
        new->l_prev = l;
        new->l_next = NULL;
        l->l_next = new;
    }
    return new;
}
/**
 * 该函数用于遍历LD_PRELOAD环境变量和ld.so.preload文件，并创建共享对象
 * 该函数通过传入的共享库路径读取信息，并创建link_map对象
 * loader 参数默认为NULL，表示没有特定的加载器
 * name 参数是共享库（SO）文件的路径
```

```
 * type 参数表示加载类型，通常为 LT_LIBRARY
 * trace_mode 参数默认为 0，用于启用或禁用跟踪模式
 */
struct link_map* _dl_map_object(struct link_map* loader,
                                const char* name, int type,
                                int trace_mode)
{
    int fd; //当前共享库的文件描述符
    char* realname;                              //共享库的绝对路径
    char* name_copy;                             //name 参数的副本
    struct link_map* l;
    //遍历已加载的共享库，以防止多次加载同一库
    for (l = _dl_loaded; l; l = l->l_next)
        if (!strcmp (name, l->l_libname) ||   //如果库名与 l_libname 相同
            !strcmp (name, l->l_name) ||
            //DT_SONAME 记录了 SO 库的名称，此处逐个匹配以查找是否已加载相同的共享库
            (l->l_info[DT_SONAME] &&  //或者 info 中的 SONAME 记录与 name 相同
             !strcmp(name, (const char*)(l->l_addr +
                 l->l_info[DT_STRTAB]->d_un.d_ptr +
                 l->l_info[DT_SONAME]->d_un.d_val))))
        {
            //如果已加载，则增加引用计数并返回该共享库的 link_map 结构

            ++l->l_opencount;
            //如果已加载，则返回该共享库的 link_map 结构，并将打开（引用）计数加一
            return l;
        }
    //否则，查找。如果当前 name 是一个相对路径且不是以/开头
    if (strchr(name, '/') == NULL)
    {
        size_t namelen = strlen(name) + 1;
        //内联函数，方便后续多次调用 dirpath 来搜索目录路径
        inline void trypath(const char* dirpath, const char* trusted[])
        {
            //在内部，通过遍历 dirpath 路径，逐个与 name 组合查找文件，直到查询到结果
            fd = open_path(name, namelen, dirpath, &realname, trusted);
        }
        fd = -1;
        //首先通过 _dl_loaded 链表中的 l 进行查找，如果找不到
        for (l = loader; fd == -1 && l; l = l->l_loader)
            if (l && l->l_info[DT_RPATH])    //先搜索当前 loader 所指向的 path
                                             //但此处 loader 为空，因此忽略
                Trypath((const char*)(l->l_addr +
                    l->l_info[DT_STRTAB]->d_un.d_ptr +
                    l->l_info[DT_RPATH]->d_un.d_val), NULL);
        //然后从头开始查找 如果未查找到，fd 将为-1
        //注意 trypath 是一个内联函数 后面会将其展开
        l = _dl_loaded;
```

```c
        if (fd == -1 && l && l->l_type != lt_loaded && l->l_info[DT_RPATH])
            trypath((const char*)(l->l_addr +
                l->l_info[DT_STRTAB]->d_un.d_ptr +
                l->l_info[DT_RPATH]->d_un.d_val), NULL);
        //若还未查询到结果,则从 LD_LIBRARY_PATH 中获取
        if (fd == -1 && !__libc_enable_secure)
        {
            static const char* trusted_dirs[] =
            {
              #include "trusted-dirs.h"
              NULL
            };
            //如前文 7.1.8 节的"3.共享对象依赖"中所述,尝试从这些目录中查找
            trypath(getenv("LD_LIBRARY_PATH"), trusted_dirs);
        }
        //如果仍然不存在,则尝试从缓存中读取;如果最终仍然不存在,则抛出异常
        if (fd == -1)
        {
            //在内部读取文件/etc/ld.so.cache
            extern const char* _dl_load_cache_lookup(const char* name);
            const char* cached = _dl_load_cache_lookup(name);
            if (cached)
            {
                fd = __open(cached, O_RDONLY);
                if (fd != -1)
                {
                    realname = local_strdup(cached);
                    if (realname == NULL)
                    {
                        __close(fd);
                        fd = -1;
                    }
                }
            }
        }
        //如果还未找到,则尝试通过编译时由 CFLAGS 提供的默认路径
        //例如-dl-support.c = -D'DEFAULT_RPATH="$(default-rpath)"
        if (fd == -1)
        {
            extern const char* _dl_rpath;
            trypath(_dl_rpath, NULL);
        }
    }
    else
    {
        //若当前 name 不是相对路径而是绝对路径,则直接打开
        fd = __open(name, O_RDONLY);
        if (fd != -1)
```

```c
        {
            //打开成功将 name 赋值一份给 realname
            realname = local_strdup(name);
            if (realname == NULL)
            {
                __close(fd);
                fd = -1;
            }
        }
    }
    //再复制一份
    if (fd != -1)
    {
        name_copy = local_strdup(name);
        if (name_copy == NULL)
        {
            __close(fd);
            fd = -1;
        }
    }
    if (fd == -1)
    {
        if (trace_mode)//忽略
        {
            ....
        }
        else
            //最终未找到
            _dl_signal_error(errno, name, "cannot open shared object file");
    }
    //找到文件并获取文件描述符（fd）和文件名（name）等信息后，尝试将文件映射到内存
    return _dl_map_object_from_fd(name_copy, fd, realname, loader, type);
}
//映射 fd，此时确保已经找到了共享库
struct link_map* _dl_map_object_from_fd(char* name, int fd, char* realname,
    struct link_map* loader, int l_type)
{
    struct link_map* l = NULL;
    void* file_mapping = NULL;
    size_t mapping_size = 0;
    #define LOSE(s) lose (0, (s))
    //处理失败情况，结束连接
    void lose(int code, const char* msg)
    {
        (void)__close(fd);
        if (file_mapping)
            __munmap(file_mapping, mapping_size);
        if (l)
```

```c
        {
            if (l->l_prev)
                l->l_prev->l_next = l->l_next;
            if (l->l_next)
                l->l_next->l_prev = l->l_prev;
            free(l);
        }
        free(name);
        free(realname);
        _dl_signal_error(code, name, msg);
}
//映射某个内存段,指定期望的首地址(mapstart)、长度(len)
//操作权限(prot)、固定标识符(fixed)和偏移(offset)
inline caddr_t map_segment(ElfW(Addr) mapstart, size_t len,
    int prot, int fixed, off_t offset)
{
    //其中核心内容是 MAP_COPY 标志,它用于构建一份 COW 内存
    //在读取时,所有进程都可以访问同一物理地址空间;一旦有进程发生写操作
    //该进程将获得内存的私有副本
    //#define MAP_COPY    MAP_PRIVATE
    //MAP_PRIVATE 是 Linux 提供的 COW 机制
    caddr_t mapat = __mmap((caddr_t)mapstart, len, prot,
        fixed | MAP_COPY | MAP_FILE,
        fd, offset);
    if (mapat == (caddr_t)-1)
        lose(errno, "failed to map segment from shared object");
    return mapat;
}
//此处映射灵活性较低,首先内存标识不支持扩展
//其次,映射地址是连续的,即依赖于上一次映射的地址
//此外,由于扩展的性质,每次映射的返回地址可能不一致,即地址是可变的
//尽管如此,这两种映射方式都属于文件映射
void* map(off_t location, size_t size)
{
    if ((off_t)mapping_size <= location + (off_t)size)
    {
        void* result;
        if (file_mapping)
            __munmap(file_mapping, mapping_size);
        mapping_size = (location + size + 1 + _dl_pagesize - 1);
        mapping_size &= ~(_dl_pagesize - 1);
        result = __mmap(file_mapping, mapping_size, PROT_READ,
            MAP_COPY | MAP_FILE, fd, 0);
        if (result == (void*)-1)
            lose(errno, "cannot map file data");
        file_mapping = result;
    }
    return file_mapping + location;
```

```c
    }
    const ElfW(Ehdr)* header;
    const ElfW(Phdr)* phdr;
    const ElfW(Phdr)* ph;
    int type;
    //再次验证共享库是否已被加载
    //由于该方法可能被多次调用，因此需要在此处重新校验
    for (l = _dl_loaded; l; l = l->l_next)
        if (!strcmp(realname, l->l_name)) {
            __close(fd);
            free(name);
            free(realname);
            ++l->l_opencount;
            return l;
        }
    if (_dl_pagesize == 0)
        _dl_pagesize = __getpagesize();
    //首先映射 ELF 文件头 Elf32_Ehdr，0 表示地址由系统决定
    header = map(0, sizeof * header);
    //执行基本的共享库校验
    if (*(Elf32_Word*)&header->e_ident !=
#if BYTE_ORDER == LITTLE_ENDIAN
        ((ELFMAG0 << (EI_MAG0 * 8)) |
         (ELFMAG1 << (EI_MAG1 * 8)) |
         (ELFMAG2 << (EI_MAG2 * 8)) |
         (ELFMAG3 << (EI_MAG3 * 8)))
#else
        ((ELFMAG0 << (EI_MAG3 * 8)) |
         (ELFMAG1 << (EI_MAG2 * 8)) |
         (ELFMAG2 << (EI_MAG1 * 8)) |
         (ELFMAG3 << (EI_MAG0 * 8)))
#endif
        )
        LOSE("invalid ELF header");
#define ELF32_CLASS ELFCLASS32
#define ELF64_CLASS ELFCLASS64
    if (header->e_ident[EI_CLASS] != ELFW(CLASS))
        LOSE("ELF file class not " STRING(__ELF_WORDSIZE) "-bit");
    if (header->e_ident[EI_DATA] != byteorder)
        LOSE("ELF file data encoding not " byteorder_name);
    if (header->e_ident[EI_VERSION] != EV_CURRENT)
        LOSE("ELF file version ident not " STRING(EV_CURRENT));
    if (header->e_version != EV_CURRENT)
        LOSE("ELF file version not " STRING(EV_CURRENT));
    if (!elf_machine_matches_host(header->e_machine))
        LOSE("ELF file machine architecture not " ELF_MACHINE_NAME);
    if (header->e_phentsize != sizeof(ElfW(Phdr)))
        LOSE("ELF file's phentsize not the expected size");
```

```c
...
//为当前动态库创建一个 lin_kmap 对象
l = _dl_new_object(realname, name, l_type);
if (!l)
    lose(ENOMEM, "cannot create shared object descriptor");
//将引用计数初始化为 1
l->l_opencount = 1;
l->l_loader = loader;
//获取动态库的入口地址
l->l_entry = header->e_entry;
type = header->e_type;
//获取程序头的数量
l->l_phnum = header->e_phnum;
//根据程序头的偏移量映射内存
phdr = map(header->e_phoff, l->l_phnum * sizeof(ElfW(Phdr)));
{
    //根据程序头的数量构建加载命令,并遍历动态加载数据
    struct loadcmd
    {
        ElfW(Addr) mapstart, mapend, dataend, allocend;
        off_t mapoff;
        int prot;
    } loadcmds[l->l_phnum], * c;
    size_t nloadcmds = 0;
    l->l_ld = 0;
    l->l_phdr = 0;
    l->l_addr = 0;
    //遍历程序头,读取 ld 的动态链接表的基地址和程序头表地址
    for (ph = phdr; ph < &phdr[l->l_phnum]; ++ph)
        switch (ph->p_type)
        {
        case PT_DYNAMIC:
            //数组元素指定动态链接信息
            l->l_ld = (void*)ph->p_vaddr;
            break;
        case PT_PHDR:
            //数组元素(如果存在)指定程序头表本身在文件和程序内存映像中的位置
            l->l_phdr = (void*)ph->p_vaddr;
            break;
        case PT_LOAD:
            //数组元素指定一个可加载的段,由 p_filesz 和 p_memsz 描述
            if (ph->p_align % _dl_pagesize != 0)
                LOSE("ELF load command alignment not page-aligned");
            if ((ph->p_vaddr - ph->p_offset) % ph->p_align)
                LOSE("ELF load command address/offset not properly aligned");
            {
                //根据段信息构建加载命令
                struct loadcmd* c = &loadcmds[nloadcmds++];
```

```c
                c->mapstart = ph->p_vaddr & ~(ph->p_align - 1);
                c->mapend = ((ph->p_vaddr + ph->p_filesz + _dl_pagesize -1) &
                    ~(_dl_pagesize - 1));
                c->dataend = ph->p_vaddr + ph->p_filesz;
                c->allocend = ph->p_vaddr + ph->p_memsz;
                c->mapoff = ph->p_offset & ~(ph->p_align - 1);
                c->prot = 0;
                if (ph->p_flags & PF_R)
                    c->prot |= PROT_READ;
                if (ph->p_flags & PF_W)
                    c->prot |= PROT_WRITE;
                if (ph->p_flags & PF_X)
                    c->prot |= PROT_EXEC;
                break;
        }
    }
    munmap(file_mapping, mapping_size);
c = loadcmds;
//如果文件类型是重定位文件或者动态链接文件,则执行以下代码
//显然,此处是共享库或者可重定位对象,但我们的情况并非如此
if (type == ET_DYN || type == ET_REL)
{
    /**
     *这是一个与位置无关的共享对象。我们可以让内核将其映射到任何地方
     * 但是我们必须为所有段提供相对于第一个段的指定位置的空间
     * 因此,我们映射第一个段时不使用 MAP_FIXED
     * 但其范围增加到覆盖所有段。然后,我们从多余的部分移除访问权限
     * 那里有足够的空间来重新映射后续部分
     */
    caddr_t mapat;
//此处 fixed 为 0 表示不固定地址。c 是 loadcmd 中的第一个元素,即第一个段
//此段非常重要,因为它涉及后续段的加载偏移
//程序中段和段之间是连续的,因此第一个段标记了后续段的位置
//因此不能固定地址,否则多份共享文件的地址可能会冲突
    mapat = map_segment(c->mapstart,
        loadcmds[nloadcmds - 1].allocend - c->mapstart,
        c->prot, 0, c->mapoff);
//映射完成后,它的地址就是后续所有段的加载偏移地址
    l->l_addr = (ElfW(Addr)) mapat - c->mapstart;
    /* 更改多余部分的保护以禁止所有访问
     * 稍后未重新映射的部分将无法访问,就像未分配一样
     * 然后跳转到正常的段映射循环,以处理超出文件映射末尾的段部分    */
    __mprotect((caddr_t)(l->l_addr + c->mapend),
        loadcmds[nloadcmds - 1].allocend - c->mapend,
        0);
//第一个段已经映射,因此跳过映射直接进行 postmap 处理内存
    goto postmap;
```

```c
            }
            //循环加载封装的段命令,直到处理完最后一个
            while (c < &loadcmds[nloadcmds])
            {
                //如果是其他段,则先进行映射
                if (c->mapend > c->mapstart)
                    /* Map the segment contents from the file.  */
                    //以第一个段的地址作为后续的偏移,并固定地址
                    map_segment(l->l_addr + c->mapstart, c->mapend - c->mapstart,
                                c->pro t, MAP_FIXED, c->mapoff);
            postmap:
                //此 if 语句的重要性不大,仅为了页面对齐而修改数据/代码段的大小
                //并将修改后多余的内存清零
                //超出的部分不应映射到文件中,因此需要重新映射
                //除此外,没有其他作用
                if (c->allocend > c->dataend)
                {
                    ...
                    caddr_t mapat;
                    mapat = __mmap((caddr_t)zeropage, zeroend - zeropage,
                                c->prot, MAP_ANON | MAP_PRIVATE | MAP_FIXED,
                                ANONFD, 0);
                    if (mapat == (caddr_t)-1)
                        lose(errno, "cannot map zero-fill pages");
                    ...
                }
                //每次操作完成后,移动到下一个命令
                ++c;
            }
            if (l->l_phdr == 0)
            {
                ElfW(Addr) bof = l->l_addr + loadcmds[0].mapstart;
                assert(loadcmds[0].mapoff == 0);
                //没有指定 PT_PHDR。我们需要自己在加载镜像中找到 phdr
                //我们假设它实际上位于加载映像的某个位置,并且第一个加载命令从文件的开头开始
                //因此包含 ELF 文件头
                l->l_phdr = (void*)(bof + ((const ElfW(Ehdr)*) bof)->e_phoff);
            }
            else
                //如果存在 phdr,则将其加上加载的基地址得到实际位置
                (ElfW(Addr)) l->l_phdr += l->l_addr;
    }
    __close(fd);
    if (l->l_type == lt_library && type == ET_EXEC)
        l->l_type = lt_executable;
    if (l->l_ld == 0)
    {
        if (type == ET_DYN)
```

```
            LOSE("object file has no dynamic section");
    }
    else
        //通过加上加载的基地址，得到ld的真实地址
        //这一步骤参考了前文关于 load_elf_interp 偏移地址的描述
        (ElfW(Addr)) l->l_ld += l->l_addr;
    //入口地址也需要加上加载的基地址
    l->l_entry += l->l_addr;
    //从ld中将数据读取到info中
    elf_get_dynamic_info(l->l_ld, l->l_info);
    if (l->l_info[DT_HASH]) //如果存在哈希表，则将其设置到动态连接器结构（l）中
        _dl_setup_hash(l);
    //至此，共享库加载完成。当前方法的核心在于__mmap函数，后续在讲述内存分配时将详细介绍
    //至于其他内容，则是在遍历共享库的信息，并记录各种映射地址
    //l_addr 与 l_ld 两个字段尤为重要，它们将在后续的代码中被使用
    return l;
}
```

以上是第三段代码片段。

至此，_dl_map_object 函数的调用链已经讲解完毕，接下来将再次回到 dl_main 函数中的 _dl_map_object_deps 调用链进行讲解。

```
/**
 * 构建指定 map 的依赖库，并将其存储到 search 搜索链表中
 * 如果没有 preloads，则此变量可以为 NULL
 */
void _dl_map_object_deps(struct link_map* map,
    struct link_map** preloads, unsigned int npreloads,
    int trace_mode)
{
    struct list
    {
        struct link_map* map;
        struct list* next;
    };//构建链表结构
    //用于遍历，head 链表中的所有 map 只允许出现一次
    struct list* head, * tailp, * scanp;
    //相较于 head，dup 链表允许元素出现多次
    struct list duphead, * duptailp;
    unsigned int nduplist;
    unsigned int nlist, naux, i;
    //将 map 加入 head 链表中
    inline void preload(struct link_map* map)
    {
        head[nlist].next = &head[nlist + 1];
        head[nlist++].map = map;
        //使用 l_reserved 作为标记位来检测我们已经放入搜索列表中的对象
```

```c
    //并避免在稍后的列表中添加重复元素
    map->l_reserved = 1;
  }
  naux = nlist = 0;

//aux 是辅助信息，暂且忽略，因为它允许为空
#define AUXTAG    (DT_NUM + DT_PROCNUM + DT_VERSIONTAGNUM \
        + DT_EXTRATAGIDX (DT_AUXILIARY))
    /* First determine the number of auxiliary objects we have to load.  */
    //数组元素指定辅助信息的位置和大小
  if (map->l_info[AUXTAG])
  {
    ElfW(Dyn)* d;
    for (d = map->l_ld; d->d_tag != DT_NULL; ++d)
      if (d->d_tag == DT_AUXILIARY)
        ++naux;
  }
  //构建链表数组，如果naux与npreloads都为0，则该数组只有两个链表
  head = (struct list*)alloca(sizeof(struct list)
    * (naux + npreloads + 2));
  ...
  //设置head为当前map，数组的第0个元素为当前map
  preload(map);
  //忽略
  for (i = 0; i < npreloads; ++i)
    preload(preloads[i]);
  //经过前面的preload(map)操作，nlist被设置为1
  //此处-1则为0，因此head指向的是当前map的链表头
  //紧接着将链表的next 初始化为NULL
  head[nlist - 1].next = NULL;
  //duphead在一开始定义在栈中
  duphead.next = NULL;
  //设置tailp为第一个节点
  tailp = &head[nlist - 1];
  //二者都为1
  nduplist = nlist;
  //获取dup的指针
  duptailp = &duphead;
  //从头开始遍历链表中的map，其实就是当前map
  for (scanp = head; scanp; scanp = scanp->next)
  {
    struct link_map* l = scanp->map;
    //遍历所有依赖项并加载
    if (l->l_info[DT_NEEDED])
    {
      const char* strtab
        = ((void*)l->l_addr + l->l_info[DT_STRTAB]->d_un.d_ptr);
```

```c
          const ElfW(Dyn)* d;
          for (d = l->l_ld; d->d_tag != DT_NULL; ++d)
            if (d->d_tag == DT_NEEDED)
            {
              //根据 link_map 中定义的动态链接节的结构体中路径的偏移
              //结合字符串表计算出具体的路径字符串
              //然后将其构建为一个 link_map
              struct link_map* dep
                = _dl_map_object(l, strtab + d->d_un.d_val,
                  l->l_type == lt_executable ? lt_library :
                  l->l_type, trace_mode);
              //若当前结构已经存在于当前的 head 链表中，则跳过
              //并减少 open 计数，因为 _dl_map_object 中有增加操作
              if (dep->l_reserved)
                --dep->l_opencount;
              else
              {
                //若不存在，则记录到 tailp 尾部，并更新 tailp 为当前元素，方便下一个依赖的查找
                tailp->next = alloca(sizeof * tailp);
                tailp = tailp->next;
                tailp->map = dep;
                tailp->next = NULL;
                ++nlist; //依赖数增加
                dep->l_reserved = 1;
              }
              //相较于 head，dup 链表允许出现已被加入 head 的 map
              duptailp->next = alloca(sizeof * duptailp);
              duptailp = duptailp->next;
              duptailp->map = dep;
              duptailp->next = NULL;
              ++nduplist;
            }
        }
}
//优先检索列表，长度与 head 中个数相同
map->l_searchlist = malloc(nlist * sizeof(struct link_map*));
if (map->l_searchlist == NULL)
  _dl_signal_error(ENOMEM, map->l_name,
    "cannot allocate symbol search list");
map->l_nsearchlist = nlist;
//将加载结果配置到 map 中，这样在检索依赖时便可使用
nlist = 0;
for (scanp = head; scanp; scanp = scanp->next)
{
  map->l_searchlist[nlist++] = scanp->map;
  scanp->map->l_reserved = 0;
}
//与 head 相同处理 dup
```

```
  map->l_dupsearchlist = malloc(nduplist * sizeof(struct link_map*));
  if (map->l_dupsearchlist == NULL)
    _dl_signal_error(ENOMEM, map->l_name,
      "cannot allocate symbol search list");
  map->l_ndupsearchlist = nduplist;
  for (nlist = 0; nlist < naux + 1 + npreloads; ++nlist)
    map->l_dupsearchlist[nlist] = head[nlist].map;
  for (scanp = duphead.next; scanp; scanp = scanp->next)
    map->l_dupsearchlist[nlist++] = scanp->map;
}
```

以上是第四段代码片段。

至此，main 函数中的所有准备函数都已经讲解完毕，接下来是重定位操作，继续回到 main 函数中的 _dl_relocate_object 调用处进行讲解。

```
/**
 * 根据需要修改 _dl_global_scope[0] 和 [1]
 * 然后返回一个指向修改后的 _dl_global_scope 的指针
 * 该指针应该传递给 _dl_lookup_symbol 函数，以便在对象 1 的重定位过程中引用符号
 * 此函数的返回值对后续链接过程至关重要
 */
inline struct link_map** _dl_object_relocation_scope(struct link_map* l)
{
  //DT_SYMBOLIC 标志在共享对象库中的存在改变了动态连接器对库中符号的解析算法
  //这与表 7.11 中的描述相呼应
  //动态连接器在搜索符号时，并不是从可执行文件开始，而是首先在共享对象本身中进行查找
  //如果共享对象无法提供所需的符号引用
  //动态连接器就会像往常一样在可执行文件和其他共享对象中进行搜索
  if (l->l_info[DT_SYMBOLIC])
  {
    //该对象的全局引用首先在对象本身中进行解析，然后才在全局的作用域中进行解析
    if (!l->l_searchlist)
      //如果没有设置搜索目录，则首先处理依赖关系
      _dl_map_object_deps(l, NULL, 0, 0);

    _dl_global_scope[0] = l;
    //搜索的次序是加载当前共享对象的父级，然后是父级的父级，以此类推
    //直到找到最顶层的加载器
    while (l->l_loader)
      l = l->l_loader;
    _dl_global_scope[1] = l;
    //返回 _dl_global_scope
    return _dl_global_scope;
  }
  else
  {
    //如果当前对象没有该属性，则获取其顶级加载器，并将其存储在 _dl_global_scope_end 中
```

```c
        //_dl_global_scope_end 指向&_dl_default_scope[3]
        while (l->l_loader)
            l = l->l_loader;
        *_dl_global_scope_end = l;
        //此处返回的是_dl_global_scope[2]，表示不同的搜索范围
        return &_dl_global_scope[2];
    }
}
//定义关系
struct link_map* _dl_default_scope[5];
struct link_map** _dl_global_scope = _dl_default_scope;
struct link_map** _dl_global_scope_end = &_dl_default_scope[3];
//重定位方法，在main中调用
void _dl_relocate_object(struct link_map* l, struct link_map* scope[], int lazy) {
    if (l->l_relocated)
        return;
    //如果缺少该成员，表示任何重定位表项都不应该修改不可写段
    //这是由程序头表中的段权限指定的
    //如果存在该成员，一个或多个重定位表项可能会请求修改不可写段
    //动态连接器应相应地做准备
    if (l->l_info[DT_TEXTREL])
    {
        const ElfW(Phdr)* ph;
        for (ph = l->l_phdr; ph < &l->l_phdr[l->l_phnum]; ++ph)
            if (ph->p_type == PT_LOAD && (ph->p_flags & PF_W) == 0)
            {
                caddr_t mapstart = ((caddr_t)l->l_addr +
                    (ph->p_vaddr & ~(_dl_pagesize - 1)));
                caddr_t mapend = ((caddr_t)l->l_addr +
                    ((ph->p_vaddr + ph->p_memsz + _dl_pagesize - 1) &
                    (~_dl_pagesize - 1)));
                //提前准备指的是将映射的内存段设置为可写
                if (__mprotectmapstart, mapend - mapstart,
                    PROT_READ | PROT_WRITE) < 0)
                    _dl_signal_error(errno, l->l_name,
                        "cannot make segment writable for relocation");
            }
    }
    {
        //首先获取当前共享库的字符串表
        const char* strtab
            = ((void*)l->l_addr + l->l_info[DT_STRTAB]->d_un.d_ptr);

        //在ELF_DYNAMIC_RELOCATE中引用了i386中的elf_machine_rel方法
        //该方法内部使用了RESOLVE宏
        //这里定义该宏以便替换
        //注意，elf_machine_rel方法是内联的，意味着每次调用都会展开
```

```
        //ELF_DYNAMIC_RELOCATE 从_dl_lookup_symbol 继续
#define RESOLVE(ref, flags) \
    (_dl_lookup_symbol( strtab + (*ref)->st_name, ref, scope, \
        l->l_name, flags))
#include "dynamic-link.h"
    //进行重定位，懒加载是通过参数传递进来的
    ELF_DYNAMIC_RELOCATE(l, lazy);
}
//至此，链接已经完成。此处设置运行时环境
//由于存在懒加载，因此需要针对懒加载设置运行时
//sysdeps\i386\dl-machine.h
elf_machine_runtime_setup(l, lazy);
//设置当前共享库已经被重定向
l->l_relocated = 1;
if (l->l_info[DT_TEXTREL])
{
    //移除前文设置内存段的可写标识
    const ElfW(Phdr)* ph;
    for (ph = l->l_phdr; ph < &l->l_phdr[l->l_phnum]; ++ph)
        if (ph->p_type == PT_LOAD && (ph->p_flags & PF_W) == 0)
        {
            caddr_t mapstart = ((caddr_t)l->l_addr +
                (ph->p_vaddr & ~(_dl_pagesize - 1)));
            caddr_t mapend = ((caddr_t)l->l_addr +
                ((ph->p_vaddr + ph->p_memsz + _dl_pagesize - 1) &
                (~_dl_pagesize - 1)));
            int prot = 0;
            if (ph->p_flags & PF_R)
                prot |= PROT_READ;
            if (ph->p_flags & PF_X)
                prot |= PROT_EXEC;
            if (__mprotect(mapstart, mapend - mapstart, prot) < 0)
                _dl_signal_error(errno, l->l_name,
                    "can't restore segment prot after reloc");
        }
}
```

以上是第五段代码片段。

接下来的代码在初始化动态连接器时也会被使用，届时会对比二者调用的差异，因此单独提出一段进行说明。

```
//在_dl_start 函数中调用
#define RESOLVE(sym, flags) bootstrap_map.l_addr
#include "dynamic-link.h"
ELF_DYNAMIC_RELOCATE(&bootstrap_map, 0);
//在_dl_object_relocation_scope 函数中调用，详细内容见本小节第七段代码片段
#define RESOLVE(ref, flags) \
```

```c
        (_dl_lookup_symbol (strtab + (*ref)->st_name, ref, scope, \
            l->l_name, flags))
#include "dynamic-link.h"
ELF_DYNAMIC_RELOCATE(l, lazy);
//这两个调用都引入了dynamic-link.h，因为它内部定义了ELF_DYNAMIC_RELOCATE宏
//文件中主要围绕重定位进行封装
//在_dl_start中，RESOLVE直接返回了l_addr
//而在重定位函数中，它是对地址的检索
//这两个调用都是在ELF_DYNAMIC_RELOCATE内部进行的
//因此，下面将展开讲解该宏，以及内部调用了哪个人
//一个用于不含加数的重定位，另一个用于含加数的重定位（参考表7.11）
#define ELF_DYNAMIC_RELOCATE(map, lazy)
  do { ELF_DYNAMIC_DO_REL ((map), (lazy));
       ELF_DYNAMIC_DO_RELA ((map), (lazy)); } while (0)
//不含加数的重定位
#define ELF_DYNAMIC_DO_REL(map, lazy)
   if ((map)->l_info[DT_REL])
     elf_dynamic_do_rel ((map), DT_REL, DT_RELSZ, 0);
   if ((map)->l_info[DT_PLTREL] &&
       (map)->l_info[DT_PLTREL]->d_un.d_val == DT_REL)
     elf_dynamic_do_rel ((map), DT_JMPREL, DT_PLTRELSZ, (lazy));
//含加数的重定位与不含加数的重定向的区别在于调用的具体方法以及传入的参数类型不同
#define DO_RELA
#define ELF_DYNAMIC_DO_RELA(map, lazy)
   if ((map)->l_info[DT_RELA])
     elf_dynamic_do_rela ((map), DT_RELA, DT_RELASZ, 0);
   if ((map)->l_info[DT_PLTREL] &&
       (map)->l_info[DT_PLTREL]->d_un.d_val == DT_RELA)
     elf_dynamic_do_rela ((map), DT_JMPREL, DT_PLTRELSZ, (lazy));
//有趣的是，这里的函数调用实际上，是在宏定义中进行的
#ifdef DO_RELA
#define elf_dynamic_do_rel   elf_dynamic_do_rela
#endif
//更有趣的是，此处的函数名是elf_dynamic_do_rel
//但上方已经通过宏定义将其定义为elf_dynamic_do_rel
//这可能会让人一开始觉得有问题，实际上，上述宏的定义是在ifdef条件内
//而此处的函数定义是在ELF_DYNAMIC_DO_RELA的定义之前
//因此，该函数被两处引用，第一次以elf_dynamic_do_rel的形式
//第二次以elf_dynamic_do_rela的形式（因为宏定义）
//以传参 (map), DT_RELA, DT_RELASZ, 0 为例
static inline void elf_dynamic_do_rel(struct link_map* map,
  int reltag, int sztag,
  int lazy)
{
   //d_ptr 并非绝对地址，动态连接器根据原始文件值（d_ptr）和内存基址计算实际地址
   /**
   typedef struct {
```

```c
            Elf32_Sword d_tag;     //对应DT_*标签,例如DT_SYMTAB或DT_STRTAB
            union {
              Elf32_Word d_val;
              Elf32_Addr d_ptr;
            } d_un;
        } Elf32_Dyn;
          //此处忽略d_tag,因为在前面初始化时已根据d_tag将信息存储在info数组中
          //所以此处直接根据d_tag从info数组中获取相应的值
    */
    //获取符号表地址
    const ElfW(Sym)* const symtab = (const ElfW(Sym)*) (map->l_addr + map->l_info[DT_SYMTAB]->d_un.d_ptr);
    //计算传入reltag的地址,此处为DT_RELA
    const ElfW(Rel)* r = (const ElfW(Rel)*) (map->l_addr + map->l_info[reltag]->d_un.d_ptr);
    //计算DT_RELA的个数,DT_RELASZ存储着DT_RELA的字节总大小
    //通过将总数除以单个元素的大小来得到个数
    const ElfW(Rel)* end = &r[map->l_info[sztag]->d_un.d_val / sizeof * r];
    //若是懒加载
    /**
        typedef struct {
            Elf32_Addr r_offset;
            Elf32_Word r_info;   //该成员既给出了必须进行重定位的符号表索引
                                 //也给出了要应用的重定位类型
            Elf32_Sword r_addend;
        } Elf32_Rela;
    */
    if (lazy)
      for (; r < end; ++r)
        //则设置懒加载入口
        elf_machine_lazy_rel(map, r);
    else
      //遍历每一个DT_RELA项进行地址重定位
      for (; r < end; ++r)
        //此处根据r_info获取符号表索引 ELFW(R_SYM) (r->r_info)
        //通过宏计算得到#define ELF32_R_SYM(val)((val) >> 8)
        //((val) >> 8)表示r_info的值,这符合ELF文档中的定义
        //#define ELF32_R_SYM(i) ((i)>>8)
        //注意:这里的注释似乎包含了一些非正式的表达,可能需要根据上下文进行调整
        elf_machine_rel(map, r, &symtab[ELFW(R_SYM) (r->r_info)]);
}
//懒加载入库
static inline void elf_machine_lazy_rel(struct link_map* map,
                                        const Elf32_Rel* reloc)
{
    //reloc_addr存储其偏移量,用于指定前面jmp指令中使用的全局偏移表项
    Elf32_Addr* const reloc_addr = (void*)(map->l_addr + reloc->r_offset);
```

```c
    switch (ELF32_R_TYPE(reloc->r_info))
    {
        //程序在堆栈上推送一个重定位偏移量（offset）
        //重定位偏移量是在重定位表中的一个 32 位的非负字节偏移量
        //指定的重定位表项的类型为 R_386_JMP_SLOT
        //其偏移量将指定前面 jmp 指令中使用的全局偏移表项
        //重定位表项还包含一个符号表索引
        //告诉动态连接器正在引用哪个符号，在本例中是 name1
        case R_386_JMP_SLOT:
        //reloc_addr 记录了 PLT 的 jmp 跳转地址，这个地址是相对于 0 的偏移
        //map->l_addr 是该地址的加载地址
        //因此需要加上这个偏移来得到准确的 PLT 跳转地址
        //PLT 地址即 7.1.8 节的 "5.程序链接表（PLT）"中的.PLT1 的地址
        //读者可参考前文内容
        *reloc_addr += map->l_addr;
        break;
        default:
            assert(!"unexpected PLT reloc type");
        break;
    }
}
//ESOLVE 必然定义，源于本段最开头的定义
//RESOLVE 此处为 bootstrap_map.l_addr，这种写法较为复杂
//当不同地方调用传入不同的 RESOLVE 时，如_dl_lookup_symbol
//注释方便阅读
//#ifdef 1 RESOLVE
//以传参 (map), reloc, sym 为例
//map=bootstrap_map, reloc=当前需要重定向的 RELA
//sym=当前 rela 指向的符号表中的符号
static inline void elf_machine_rel(struct link_map* map,
    const Elf32_Rel* reloc, const Elf32_Sym* sym)
{
    //在 i386 下并未使用到 r_addend，所以通过连接器地址+偏移得到存储重定位的地址，
    //reloc->r_offset 是当前重定位项的偏移，而文件中记录的是从 0 开始
    //因为每个程序加载的地址不同，所以需要加上加载的基地址
    //得到的结果便是需要修改的值的地址，而这个值就是所查找函数的地址
    //其实就是 7.1.8 节的 "5.程序链接表（PLT）"中的 name1@GOT 的地址
    Elf32_Addr* const reloc_addr = (void*)(map->l_addr + reloc->r_offset);
    Elf32_Addr loadbase;
    //根据 info 获取具体的类型，因为不同的类型定义的公式不同
    //以 R_386_PC32 为例
    switch (ELF32_R_TYPE(reloc->r_info)) {
        ...
        //根据 ELF 中规范，该类型直接使用 st_value 的值，即 S
        case R_386_JMP_SLOT:
            //loadbase 是查找到的符号的 link_map 基地址
```

```
        loadbase = RESOLVE(&sym, DL_LOOKUP_NOPLT);
        //通过将 loadbase 和 sym->st_value 相加得到最终的结果
        *reloc_addr = sym ? (loadbase + sym->st_value) : 0;
        break;
      ...
    }
  }
```

以上是第六段代码片段。

```
//本段主要讲解 RESOLVE 宏的展开
//该宏的定义在 _dl_relocate_object 函数中
//该函数的 scope 在前文 _dl_object_relocation_scope 处进行处理
//因此后续使用到 scope 时需参考这个函数的定义
//其次, const char* strtab = ((void*)l->l_addr + l->l_info[DT_STRTAB]->d_un.d_ptr);字符串表读取的是需要链接对象的
#define RESOLVE(ref, flags)
    //通过链接对象的字符串表加上符号中字符串的偏移,可以得到需要链接的函数名称
    //然后传入 scope 和当前链接对象的名称
    (_dl_lookup_symbol (strtab + (*ref)->st_name, ref, scope,
            l->l_name, flags))
//有了上述的环境的介绍,此处展开讲解查找过程
/**
 * 在加载对象的符号表中搜索符号 UNDEF_NAME 的定义。FLAGS 是一组标志
 * 如果设置了 DL_LOOKUP_NOEXEC,则不在可执行文件中搜索定义;这用于复制重定位
 * 如果设置了 DL_LOOKUP_NOPLT,则 PLT 表项不能满足引用;必须找到一些不同的绑定
 * 根据定义名称获取方法定义的地址
 * undef_name: 定义的名称,由 strtab + (*ref)->st_name 计算得出
 * 即字符表索引+偏移得到字符串首地址
 * ref: 当前要处理的动态链接库中的链接地址, &symtab[ELFW(R_SYM) (r->r_info)]
 * symbol_scope: _dl_object_relocation_scope 组装的内容
 * reference_name: 动态库的名字
 * flags: DL_LOOKUP_NOEXEC 等定义信息
 */
ElfW(Addr) _dl_lookup_symbol(const char* undef_name, const ElfW(Sym)** ref,
                    struct link_map* symbol_scope[],
                    const char* reference_name,
                    int flags)
{
  //首先根据函数名计算哈希值
  const unsigned long int hash = _dl_elf_hash(undef_name);
  struct sym_val current_value = { 0, NULL };
  struct link_map** scope;
  //遍历 symbol_scope 中的 search,将找到的函数名存储到 current_value 中
  for (scope = symbol_scope; *scope; ++scope)
    if (do_lookup(undef_name, hash, ref, &current_value,
        (*scope)->l_searchlist, 0, (*scope)->l_nsearchlist,
        reference_name, NULL, flags))
```

```c
      break;
    //若至此未找到结果,则抛出异常表示链接失败
    //否则设置 ref 的符号为查找结果并返回地址
    if (current_value.s == NULL &&
        (*ref == NULL || ELFW(ST_BIND) ((*ref)->st_info) != STB_WEAK))
    {
      //未检索到想要的信息,则抛出异常
      _dl_signal_error(0, reference_name, buf);
    }
    //使用案例: funcname = RESOLVE(&sym, DL_LOOKUP_NOEXEC);
    //current_value.s 存储符号信息,current_value.a 存储共享库的地址
    *ref = current_value.s;
    return current_value.a;
}
/**
 * 查找函数的部分,此函数是 glibc 的核心内容,用于检索共享库中的符号并获取函数位置信息
 * 根据 undef_name 获取函数信息
 */
static inline ElfW(Addr) do_lookup(const char* undef_name, unsigned long int hash,
    const ElfW(Sym)** ref, struct sym_val* result,
    struct link_map* list[], size_t i, size_t n,
    const char* reference_name, struct link_map* skip, int flags)
{
    struct link_map* map;
    //i 固定为 0,n 是 list 的长度
    for (; i < n; ++i)
    {
      const ElfW(Sym)* symtab;
      const char* strtab;
      ElfW(Symndx) symidx;
      //遍历获取对应的共享库
      map = list[i];
      //如果需要跳过特定的共享库,此处为 NULL,所以忽略
      if (skip != NULL && map == skip)
        continue;
      //如果当前需要链接的共享库是不可执行的,而此处遍历的共享库是可执行的,则跳过
      //共享库不会链接可执行库
      if (flags & DL_LOOKUP_NOEXEC && map->l_type == lt_executable)
        continue;
      //获取当前被遍历库的符号表和字符串表
      symtab = ((void*)map->l_addr + map->l_info[DT_SYMTAB]->d_un.d_ptr);
      strtab = ((void*)map->l_addr + map->l_info[DT_STRTAB]->d_un.d_ptr);
      //根据函数名计算出的哈希值在遍历的共享库中找到对应的符号表索引,即 symbol_index
//bucket 数组包含 nbucket 个条目,chain 数组包含 nchain 个条目;索引从 0 开始
//bucket 和 chain 数组均用于存储符号表索引
//chain[y] 指向具有相同哈希值的下一个符号表项
//这是为了解决哈希冲突而引入的链表结构
```

```c
//当哈希值发生冲突时,通过chain数组链接具有相同哈希值的符号表项
//这是处理哈希冲突的典型方法,采用数组加链表的形式
   for (symidx = map->l_buckets[hash % map->l_nbuckets];
        symidx != STN_UNDEF;
        symidx = map->l_chain[symidx])
{
  //获取指定索引的符号
  const ElfW(Sym)* sym = &symtab[symidx];
  //如果符号没有值
  //或者符号是PLT条目但被DL_LOOKUP_NOPLT标志拒绝,则继续遍历
  if (sym->st_value == 0 || /* No value. */
    ((flags & DL_LOOKUP_NOPLT) != 0 && /* Reject PLT entry. */
      sym->st_shndx == SHN_UNDEF))
    continue;
  //判断当前st_info类型是否符合匹配要求
  //由于查询的是函数,因此需要STT_FUNC类型
  switch (ELFW(ST_TYPE) (sym->st_info))
  {
    case STT_NOTYPE:
    case STT_FUNC:
    case STT_OBJECT:
      break;
    default:
      /* Not a code/data definition. */
      continue;
  }
  //经过筛选,最终检查符号名称是否与查询名称一致,不一致则继续遍历下一个符号
  if (sym != *ref && strcmp(strtab + sym->st_name, undef_name))
    continue;
  //如果符号是全局的,则直接赋值地址
  //如果是弱引用,则判断是否已经得到地址
  //未得到则设置,已得到则跳过
  //其他作用域则跳过
  switch (ELFW(ST_BIND) sym->st_info))
  {
  case STB_GLOBAL://如果符号是全局的,则设置符号和库的基地址
    result->s = sym;
    result->a = map->l_addr;
    return 1;
  case STB_WEAK:
    //如果符号是弱引用,判断是否已经设置符号
    //如果没有设置符号,则赋值;否则,继续遍历
    //系统库提供的函数可以被替换,如果研发人员的实现更优
    //此处使用break,表示即使找到信息,也继续检索,以便找到全局符号
    if (!result->s)
    {
      result->s = sym;
```

```c
        result->a = map->l_addr;
      }
      break;
    default:
      //忽略本地函数
      break;
    }
  }
}
return 0;
}
```

以上是第七段代码片段。

至此,动态连接器 LD_BIND_NOW 立即链接的流程全部完成。第八段代码片段将讲述懒加载的调用方式。

```c
//在即时链接完成后,调用该方法以初始化懒加载
static inline void elf_machine_runtime_setup (struct link_map *l, int lazy)
{
  Elf32_Addr *got;
  extern void _dl_runtime_resolve (Elf32_Word);
  //如果启用了懒加载
  if (l->l_info[DT_JMPREL] && lazy)
  {
    //GOT 表的第 0 个元素存储当前 link_map 的 PLT_GOT 表的地址
    got = (Elf32_Addr *) (l->l_addr + l->l_info[DT_PLTGOT]->d_un.d_ptr);
    //第一个元素记录 link_map 的地址
    got[1] = (Elf32_Addr) l;
    //第二个元素记录 _dl_runtime_resolve 的调用地址,该函数在下面的汇编代码中定义
    got[2] = (Elf32_Addr) &_dl_runtime_resolve;
  }
  //此处为懒加载函数的地址
#define ELF_MACHINE_RUNTIME_TRAMPOLINE asm (
  .globl _dl_runtime_resolve            //将当前函数定义为全局作用域
  .type _dl_runtime_resolve, @function  //类型为函数
_dl_runtime_resolve:
  pushl %eax                //存储 eax
  pushl %ecx                //存储 ecx
  pushl %edx                //存储 edx
  movl 16%esp), %edx        //将栈中 16 的数据传递给 edx,12 的数据传递给 eax
  movl 12%esp), %eax
  call fixup                //调用 fixup 函数
  popl %edx                 //恢复 edx, ecx
  popl %ecx      此处 ret 8 是关键,后面会展开说明
  xchgl %eax, %esp          //eax 中存储了查询到的地址,将其与 esp 栈顶元素进行交换
  ret $8                    //此处 ret 8 是关键,后面会展开说明
  .size _dl_runtime_resolve, .-_dl_runtime_resolve
```

```c
);//核心跳转至fixup函数
}
//懒加载重定位
static ElfW(Addr) fixup(
  struct link_map* l, ElfW(Word) reloc_offset)
{
  //获取当前map的符号表
  const ElfW(Sym)* const symtab
    = (const ElfW(Sym)*)(l->l_addr + l->l_info[DT_SYMTAB]->d_un.d_ptr);
  //获取当前map的字符表
  const char* strtab =
    (const char*)(l->l_addr + l->l_info[DT_STRTAB]->d_un.d_ptr);
  //获取需要动态重定位的信息
  const PLTREL* const reloc
    = (const void*)(l->l_addr + l->l_info[DT_JMPREL]->d_un.d_ptr +
      reloc_offset);
  struct link_map** scope = _dl_object_relocation_scope(l);
  {
    //与立即动态链接相同
#define RESOLVE(ref, flags) \
    (_dl_lookup_symbol (strtab + (*ref)->st_name, ref, scope, \
        l->l_name, flags))
#include "dynamic-link.h"
    //#define elf_machine_relplt elf_machine_rel 因此也是调用elf_machine_rel
    /* Perform the specified relocation.  */
    elf_machine_relplt(l, reloc, &symtab[ELFW(R_SYM) (reloc->r_info)]);
  }
  *_dl_global_scope_end = NULL;
  //在elf_machine_relplt中,查找到的地址被存储到reloc中的r_offset位置
  //此处通过解引用操作得到存储的结果
  //也就是说,在该方法内已经完成了重定位的赋值
  //但是,除了赋值,还需要立即调用这个地址
  //因为只有调用该方法时,才会触发懒加载调用
  return *(ElfW(Addr)*) (l->l_addr + reloc->r_offset);
}
//至此,懒加载的全部流程已经完成
//接下来,让我们回顾一下在7.1.7节中提到的链接跳转流程
//并在此处粘贴相关片段进行分析
0000000000001020 <.plt>:
    1020:    ff 35 92 2f 00 00         push   0x2f92(%rip)
        //3fb8 <_GLOBAL_OFFSET_TABLE_+0x8>
    1026:    f2 ff 25 93 2f 00 00      bnd jmp *0x2f93(%rip)
        //3fc0 <_GLOBAL_OFFSET_TABLE_+0x10>
//需要注意的是_GLOBAL_OFFSET_TABLE_的偏移量分别是0x8和0x10
//由于本文的动态连接器是32位的
//因此需要将偏移量除以2,即视为0x4和0x8
//在此基础上,首先将_GLOBAL_OFFSET_TABLE_+0x4所指向的内存数据压入栈中
```

# 第 7 章　ELF 与链接器

```
//因为_GLOBAL_OFFSET_TABLE_是 GOT（全局偏移表）
//所以在 elf_machine_runtime_setup 中
//got[1]被设置为链接对象的 link_map，因此此处压入栈的是该 link_map 的地址
//当然，在到达<.plt>段之前，已经有一个 0 被压入栈中
  1034:    68 00 00 00 00            push   $0x0
    //9. 由于 printf 在 DT_JMPREL 表中是第一个元素，其索引为 0
  1039:    f2 e9 e1 ff ff ff         bnd jmp 1020 <_init+0x20>
//此处压入了一个 0，代表 got.plt 表中的第 0 个元素
//现在栈中包含了两个数据：0 和 link_map 的地址
//跳转，跳转到<_GLOBAL_OFFSET_TABLE_+0x10>处
//按照+0x4 的偏移量计算，此处应为 0x8（即 0x10/2）
//对应的是 got[2]，该元素存储着_dl_runtime_resolve 的地址
//跳转到该函数后，它又压入了三个元素：0、map、eax、ecx、edx
//指令 movl 16(%esp)跳过 16 个字节，即获取到 0
//movl 12(%esp)跳过 12 个字节，即获取 map 地址
//这种获取方式正好对应 fixup 函数的参数传递，表明 fixup 函数的参数是通过寄存器传递的
//函数调用逻辑现在已经清晰，那么链接的目标函数何时被调用呢
//前文提到，eax 寄存器存储着函数的返回值，因此 fixup 函数的返回内容存储在 eax 中
//随后，栈中弹出了两个元素，剩下 0、map 和 eax
//紧接着，eax 的值与栈顶元素进行了交换，栈变为：0、map、函数地址
//精妙之处在于 ret 8 指令。根据 Intel 的描述
//ret 指令会返回到调用点并从堆栈中弹出 n 个字节
//其中 n 是 ret 指令的操作数。这种跳转是近距离（near）跳转，因此不需要在栈中包含 CS 段
//即返回发生在当前代码段（CS 寄存器当前指向的代码段）内，有时称为段内返回（near）
//最终的效果是跳转到栈顶存储的地址，并弹出 8 个字节
//由于跳转本身也有弹出字节的操作，因此总共弹出 12 个字节
//栈中所有与连接器相关的数据都已清除，只剩下调用函数的栈数据。至此，调用完成
//以下为 Intel 对 Near ret 指令的实现原理
IF instruction = near return //若指令为近返回（near return），则执行以下操作
   IF OperandSize = 32      //若操作数大小为 32 位，则弹出栈顶值作为返回地址
       EIP := Pop();
IF instruction has immediate operand //判断当前指令是否存在操作数
   ESP := ESP + SRC; //立即操作数指示需要弹出的字节数，直接加到 ESP 上即可
```

以上是第八段代码片段。

至此，动态连接器的源码已经全部讲述完毕。建议读者结合图 7.6 和第八段代码片段的最后部分内容一起理解。需要注意的是，在研发中常用的函数 dlopen 和 dlsym 的原理，实际上可以根据本节内容推测出来。dlopen 用于创建一个 link_map 结构，而 dlsym 用于根据函数名搜索函数地址，即前文中所提到的_dl_lookup_symbol 的调用。由于这些原理相对简单，此处不再详细展开。

本小节从 shell 的角度出发，讲述了程序的整个加载过程。不知道读者是否有所感悟，这个调用过程与现在的 B/S 架构（以及 R3 到 R0 的转换）有相似之处，即从用户空间逐步进入内核空间，然后返回。虽然从程序到内核再到 CPU 的内容繁多，但其基本思

想始终如一。

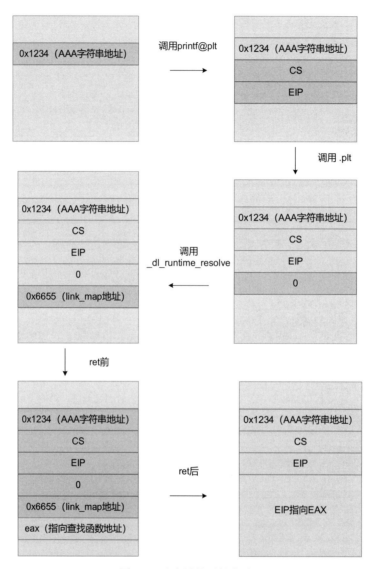

图 7.6　动态链接时栈变化

# 7.3　库打桩

我认为库打桩这个术语并不是很贴切，因为"打桩"（指将桩打入地面以加固建筑物基础）在此处的实际作用是替换或修改，而非加固。英文术语 library interpositioning 更准确地描述了这个过程，意指库的插入或干预。这个术语虽然不太好理解，但更接近其真实含义。因此，这里不对其下定义，而是直接讲解其原理，由读者自行解读。

库打桩功能主要分为三个阶段进行操作。首先是编译期，以 malloc 函数为例，该函数由 glibc 提供。在动态链接时，会获取函数地址进行替换。但是，如果当前程序已经定义了相同的函数名，编译器会在编译时立即定位到该函数的位置，从而跳过动态链接过程。这实际上是通过定义函数来实现替换（因为在静态链接时，代码的位置已经确定，所以不会再进行动态链接操作）。

其次是静态链接阶段，使用 ld --wrap xxxx 命令，其中--wrap 参数告诉连接器，其后面的参数是一个符号。这样，连接器在链接该函数时，会优先查找名为 __wrap_xxxx 的函数。如果找到匹配的函数，就会将所有依赖 xxxx 的地方修改为调用 __wrap_xxxx。

```
//尽管没有详细讲解静态连接器，但根据动态连接器的代码，该用的逻辑应该也很熟悉
struct bfd_link_hash_entry * bfd_wrapped_link_hash_lookup (abfd, info,
    string, create, copy, follow){
    ...
    #define WRAP "__wrap_"
    ...
    l = string;              //将传入的字符串赋值给 l
    ...
    strcat (n, WRAP);        //将_wrap 前缀添加到 n 中
    strcat (n, l);           //然后将原始字符串追加到 n 中
                             //若 string 为 malloc，最终结果为 __wrap_malloc
    //与动态链接类似，通过哈希表与字符串查找对应的符号信息并返回
    h = bfd_link_hash_lookup (info->hash, n, create, true, follow);
    free (n);
    return h;
    ...
}
```

最后，我们来看动态连接器。前文已经提及了 LD_PRELOAD 这个关键环境变量。在动态连接器处理依赖项时，该环境变量是首先被处理的。这意味着，该变量中指定的共享库会在_dl_rtld_map 结构的 next 字段中出现，从而在后续的符号检索过程中优先被考虑，实现符号的替换。此外，动态连接器还支持使用 STB_WEAK 关键字。如果将函数标记为 weak，那么在动态链接时，这些函数也可以被替换。

## 7.4 内存分配

内存管理是由操作系统负责的，但连接器与之有何关联呢？7.1 节遗漏了一部分内容，

即连接器需要提供的共享函数库列表，其中包括了内存分配函数 malloc 和 free 的封装。前文提到过，fork 和 execve 这两个函数在 glibc 中的定义（它们也包含在共享函数列表中）。这两个函数的定义非常简单，直接调用了 syscall 进行系统调用，并没有包含 glibc 的其他内容。这与内存分配不同，因为 fork 和 execve 的操作没有太多优化空间。

前文提到，shell 的调用方式与 B/S 架构相似，那么系统调用是否也可以采用这种设计呢？既然如此，对于 B/S 架构，常见的优化手段就是添加缓存。试想一下，如果每次分配 3 字节或 40 字节都要进行系统调用，涉及上下文切换，性能会受到显著影响。为了解决这个问题，glibc 提供了一个方案，即添加缓存。它会提前从系统中分配一块内存，供程序用于分配小空间，从而避免了频繁进入内核，提升了性能。

## 7.4.1　glibc

既然已经知道连接器这样设计的目的，那么需要从功能的角度来考虑如何进行设计。首先，我们需要考虑到如果直接从系统中获取一大块内存，然后每次根据分配需求移动指针，那么对于内存的回收将是一场噩梦，会导致出现大量的内存碎片。例如，如果我们已经分配了 1~6 号内存，再次分配 7~9 号内存时，移动的指针在 9 号内存处。如果 1~6 号内存被释放，那么这个范围的内存就会变成无法再次分配的内存碎片。其次，我们需要考虑这块内存需要多大。如果太小，起不到优化的效果；如果太大而没有被充分利用，那么又会造成内存碎片（相对于整体来说，因为对其他人不可用）。这种碎片称为外碎片，而相对来说，前面的碎片则是内碎片（内外碎片都是相对而言的，glibc 从系统中分配了一片内存并没有使用完，对于系统来说，这是内碎片。对于某个进程来说，它如果需要分配的内存大于 glibc 所持有的内存，那么又是外碎片。同样的一块内存，由于针对的目标不同，称呼也会不同。读者在优化自己的程序时，应当分清目标）。

有了这些问题，我们再来看看 glibc 的 malloc 实现原理。

```
//每一块内存都有一个管理结构，称为 malloc_chunk
struct malloc_chunk
{
  //记录前一个 chunk 的大小
  size_t prev_size;
  //当前 chunk 的大小
  size_t size;
  //当前空闲链表中前一个 chunk 的地址
  struct malloc_chunk* fd;
  //空闲链表中后一个 chunk 的地址
  struct malloc_chunk* bk;
};
typedef struct malloc_chunk* mchunkptr;
#define NAV          128
```

```c
typedef struct _arena {
    //内存管理结构中根据内存大小分为了 128*2+2 个 chunk 链，称为 mbinptr
    //根据大小每一个 mbinptr 都是一个链表，使用 fd/bk 进行前后查找
    mbinptr av[2*NAV + 2];
    //包含多个管理结构
    struct _arena *next;
    //当前管理结构中剩余内存数量
    size_t size;
    //操作时用的锁
    mutex_t mutex;
} arena;
```

根据上述结构，我们得到了图 7.7。当然，这些关系通过结构图很难直接理解，因此我们在此处提前介绍设计原理，以减少读者在阅读源码时可能产生的疑问。在该图中，av[2].node 代表的是 av[2]中的任意元素，它也可能为空。链表结构允许其中只有一个元素，甚至没有元素。

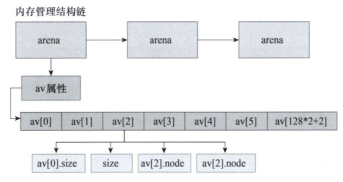

此处以位置2号为例：一块内存根据分配的不同大小，可能存放在不同的 av 位置。要找到完整的内存块，可以通过prevsize字段进行追踪。此外，fd/bk字段用于将相同大小的内存块链接起来，但这些块之间并不直接关联

图 7.7　内存分配数据结构

```c
//从第三个元素开始，初始化其 fd/bk 都指向自己
//因为下方的初始化也是从第三个元素开始的，使用 IAV 进行的初始化
#define bin_at(a, i) ((mbinptr)(char*)&(((a)->av)[2*(i) + 2]) - 2*SIZE_SZ))
//该宏展开时会分配两个相同的 chunk 元素
#define IAV(i) bin_at(&main_arena, i), bin_at(&main_arena, i)
static arena main_arena = {
    {
        0, 0,                   //余出的两个元素（+2）
//0～127 个 chunk 结构，因为 IAV 中定义了两元素，所以此处是 2*128 个大小
        IAV(0),   IAV(1),...,IAV(127)
    },
    &main_arena,                //主管理结构的 next 就是自己
    0,                          //默认主管理结构中内存大小为 0
```

```
      MUTEX_INITIALIZER    //初始化锁
};
```

上方初始化比较重要,余出的两个元素在0、1号位初始为0。从2号,即第三个元素开始,由于IAV展开涉及两个元素,因此2、3号元素内容相同,展开为(mbinptr)((char*)(((&a)->av)[2*(i) + 2]) - 2*SIZE_SZ))。将SIZE_SZ作为32位展开,i传入2,结果为((mbinptr)((char*)(((&a)->av)[2*0] + 2]) - 2*4)),计算得出av坐标为2。在地址上减去8,即两个指针的大小,因此该地址指向av[0]的位置。重点在于整体看,av[0]是av[2]的prev_size,av[1]是av[2]的size,av[2]存储着av[0]的地址。因为IAV展开是两个元素,所以av[3]也存储av[0],整体来看,它们两个的位置正好是av[2]的fd/bk。也就是说,前四个元素构成了av[2]的完整结构(若读者对此不清楚,建议多读几次或启动系统打印地址,这对于后续理解很重要)。因此,av[4]的prev_size和size对应av[2]和av[3],以此类推。从av[4]开始,与其size相关的值都是前一个元素的地址,即错误的size(后续构建时处理为正确的size)。

```
//函数名通过宏定义进行替换
#define mALLOc malloc
//基础数据类型定义为无符号整型,通常为4字节
#define size_t unsigned int
//再次进行宏定义,以确保代码在多系统与多CPU平台上的兼容性,因此较为烦琐
#define INTERNAL_SIZE_T size_t
Void_t* mALLOc(size_t bytes)
{
    //需要分配内存的管理结构
  arena *ar_ptr;
  INTERNAL_SIZE_T nb;   //填充后的chunk大小
  mchunkptr victim;     //分配的chunk结构
    //如果定义了_LIBC或MALLOC_HOOKS,则检查钩子函数
    //如果钩子函数存在,则直接调用钩子函数来替换glibc原本的malloc实现
    //这是前文提到的打桩支持之一
#if defined(_LIBC) || defined(MALLOC_HOOKS)
  if (__malloc_hook != NULL) {
    Void_t* result;
    result = (*__malloc_hook)(bytes);
    return result;
  } 定义钩子函数,
#endif
    //根据当前需要分配的大小计算填充后的大小
    //内存分配涉及归还,因此需要额外信息来描述这块内存
    //填充操作将包括这些描述空间
  nb = request2size(bytes);
    //top_pad 默认为0
    //通过ptr = &main_arena获取全局的main_arena地址
  arena_get(ar_ptr, nb + top_pad);
```

```c
    //如果获取失败,则返回
    if(!ar_ptr)
      return 0;
    //从 main_arena 中分配内存
    victim = chunk_alloc(ar_ptr, nb);
    (void)mutex_unlock(&ar_ptr->mutex);
    return victim ? chunk2mem(victim) : 0;
}
//(((long)((req) + (4 + 7)) < (long)(16 + 7)) ? 16 : (((req) + (4 + 7)) & ~(7)))
#define request2size(req) \
    (((long)((req) + (SIZE_SZ + MALLOC_ALIGN_MASK)) < \
    (long)(MINSIZE + MALLOC_ALIGN_MASK)) ? MINSIZE : \
    (((req) + (SIZE_SZ + MALLOC_ALIGN_MASK)) & ~(MALLOC_ALIGN_MASK)))
//获取全局的 arena
#define arena_get(ptr, sz) (ptr = &main_arena)
//将 chunk 转换为内存指针,即将内存地址+8,保留 size 和 prev_size 两个属性
#define chunk2mem(p)  ((Void_t*)((char*)((p) + 2*SIZE_SZ)))
```

以上是第一段代码片段。

```c
//将两个 chunk 打包为一个 bin,这样可以快速迭代
//因为如果 av[2]的大小不满足需求,那么 av[3]也不会满足
typedef struct malloc_chunk* mbinptr;
//分配 chunk
static mchunkptr chunk_alloc(arena *ar_ptr, INTERNAL_SIZE_T nb)
{
  //选中的内存块
  mchunkptr victim;
  //块的大小
  INTERNAL_SIZE_T victim_size;
  //当前 bin 的索引
  Int idx;
  //用于查找的 bin 指针
  mbinptr bin;
  //如果分配的 chunk 超出了所需大小,则考虑分割内存
  mchunkptr remainder;
  //分割后的剩余大小
  Long remainder_size;
  //分割后的 chunk 对应的 bin 索引
  int     remainder_index;
  //为了提高匹配效率,使用 bin 代表两个 chunk
  //而 block 则代表四个 chunk
  unsigned long block;
  //第一个 block 对应的 bin 索引
  int     startidx;
  //临时使用变量
  mchunkptr fwd;
  mchunkptr bck;
```

```c
mbinptr q;
//分配小内存
//#define is_small_request(nb) ((nb) < MAX_SMALLBIN_SIZE - SMALLBIN_WIDTH)
//512 - 8 代表小的内存分配
if (is_small_request(nb))
{
  //#define smallbin_index(sz)   (((unsigned long)(sz)) >> 3)
  //字节数右移 3 位作为索引位
  //小内存的最大尺寸是 512-8=504 字节
  //而 504 字节右移 3 位得到 63，表示 small 中的表最大支持 63 个项
  //即索引范围 2-63 对应小于 512 字节的分配
  //因此，此处通过右移 3 位得到与请求大小匹配的 bin 索引
  idx = smallbin_index(nb);
  //通过该宏获取到上述表中的 iav 值
  //假设 main_area 地址是 aa0f5020，那么 av[2] 是 aa0f5020
  //av[3] 是 aa0f5020，av[4] 是 aa0f5030，av[4].fd 和 bk 都是 aa0f5030
  //av[4].prev_size 和 size 都是 aa0f5020（64 位机）
  //其他表中的元素也一样，其元素地址与内部 fd 和 bk 都是一个值
  //#define bin_at(a, i)    ((mbinptr)((char*)&(((a)->av)[2*(i) + 2]) - 2*4))
  q = bin_at(ar_ptr, idx);
  //bk/fd 字段在未分配的 chunk 中用于链接，
  //一旦 chunk 被分配，这些字段就作为内存空间使用
  //#define last(b)   ((b)->bk) 用于获取当前块的最后一个 chunk
  //因为未使用的内存块通过 bk 链接
  victim = last(q);
  //如果 victim（最后一个 chunk 的地址）与 q（当前 bin 的头部地址）相等
  //则可能表示当前 bin 中没有其他可用的
  if (victim == q)
  {
    //由于 bin 由两个结构组成，匹配到第一个 chunk 意味着下一个 chunk 也是可用的
    //#define next_bin(b)     ((mbinptr)((char*)(b) + 2 * sizeof(mbinptr)))
    q = next_bin(q);
    //继续查找下一个空闲的 bin
    victim = last(q);
  }
  //如果 victim 不等于 q，则表示已经找到了一个非空的 bin
  if (victim != q)
  {
    victim_size = chunksize(victim);
    unlink(victim, bck, fwd);
    set_inuse_bit_at_offset(victim, victim_size);
    check_malloced_chunk(ar_ptr, victim, nb);
    //直接返回即可
    return victim;
  }
  //由于此处已经扫描了两个 bin 表项，因此索引增加 2
  //如果 small bin 无法满足分配需求，继续尝试其他分配策略
```

```
        idx += 2;
    }
    else
    {
        //与 small 相同，只是 small 是固定右移三位，而此函数根据 nb 的大小不同获取索引不同
        //针对内存的大小
        /*   #define bin_index(sz)
((((unsigned long)(sz)) >> 9) ==    0) ?        (((unsigned long)(sz)) >> 3):
((((unsigned long)(sz)) >> 9) <=    4) ? 56 + (((unsigned long)(sz)) >> 6):
((((unsigned long)(sz)) >> 9) <=   20) ? 91 + (((unsigned long)(sz)) >> 9):
((((unsigned long)(sz)) >> 9) <=   84) ? 110 + (((unsigned long)(sz)) >> 12):
((((unsigned long)(sz)) >> 9) <=  340) ? 119 + (((unsigned long)(sz)) >> 15):
((((unsigned long)(sz)) >> 9) <= 1364) ? 124 + (((unsigned long)(sz)) >> 18):
                                  126)*/
        idx = bin_index(nb);
        bin = bin_at(ar_ptr, idx);
        //从该链表中遍历内容，根据初始化得知一开始所有的表项都处于初始状态
        //因此，bin 的最后一个元素一定等于其自身
        for (victim = last(bin); victim != bin; victim = victim->bk)
        {
            victim_size = chunksize(victim);
            //若当前块空间大于需要的空间
            remainder_size = victim_size - nb;
            //检查分配后剩余的空间是否大于或等于最小的 chunk 大小。如果是，则退出循环
            //代表 malloc 运行时的最大内存浪费为 16 字节
            if (remainder_size >= (long)MINSIZE)
            {
                --idx;
                break;
            }
            //否则，只能浪费这部分空间
            else if (remainder_size >= 0)
            {
                unlink(victim, bck, fwd);
                set_inuse_bit_at_offset(victim, victim_size);
                check_malloced_chunk(ar_ptr, victim, nb);
                return victim;
            }
        }
        //如果未找到合适的块或者块太大，则增加索引
        ++idx;
    }
    //如果是第一次调用，那么此处显然也是相等的，代表为空，假设此处不为空
    if ( (victim = last_remainder(ar_ptr)->fd) != last_remainder(ar_ptr))
    {
        //获取 chunk 大小
        victim_size = chunksize(victim);
        remainder_size = victim_size - nb;
```

```c
          //如果剩余空间超过了 MINSIZE,则开始分割并返回已分配内容
          if (remainder_size >= (long)MINSIZE)
          {
            //根据分配大小获取需要分割的首地址,第四段代码片段讲述
            remainder = chunk_at_offset(victim, nb);
            //设置当前 chunk 大小并且标志前一个 chunk 已被使用,第四段代码片段讲述
            set_head(victim, nb | PREV_INUSE);
            //将分割出的空间挂载到分割队列中,即 (bin_at(a,1))->bk
            link_last_remainder(ar_ptr, remainder);
            //设置分割内存的大小
            set_head(remainder, remainder_size | PREV_INUSE);
            //将当前分割内存的下一个 chunk 的 prev_size 设置为当前分割的大小
            //本小节第四段代码片段将讲述此操作
            //即 (remainder+remainder_size)->prev_size = remainder_size
            set_foot(remainder, remainder_size);
            check_malloced_chunk(ar_ptr, victim, nb);
            return victim;
          }
          //清空分割链表,fd=bk=(bin_at(a,1))
          clear_last_remainder(ar_ptr);
          //如果剩余空间满足分配要求,则直接返回
          if (remainder_size >= 0)
          {
            set_inuse_bit_at_offset(victim, victim_size);
            check_malloced_chunk(ar_ptr, victim, nb);
            return victim;
          }
          //到此处表示 victim_size 小于 nb,说明当前 chunk 不应该属于当前 av 索引
          //因为该索引是根据 size 计算的
          //如果发现不满足,则需要重新匹配 av 索引,第四段代码片段讲述
          frontlink(ar_ptr, victim, victim_size, remainder_index, bck, fwd);
        }
  //当 chunk 的粒度过小,为了批量检索,使用了 block 的概念
  //每四个 chunk 组成一个 block
  //#define idx2binblock(ix)((unsigned)1 << ((ix) / 4))
  //(bin_at(a,0)->size) 记录了 block 的位图
  //size 字段为 4 字节,共 32 位,每一位代表两个 bin(即 4 个 chunk)
  if (( block = idx2binblock(idx)) <= binblocks(ar_ptr))
  {
    //如果当前 block 为 0,则从第一个 block 开始遍历
    if (( block & binblocks(ar_ptr)) == 0)
    {
      //#define BINBLOCKWIDTH 4
      //从第一个 block 开始,即索引 4
      idx = (idx & ~(BINBLOCKWIDTH - 1)) + BINBLOCKWIDTH;
      //将位图左移一位
      block <<= 1;
```

```c
    //继续遍历,直到找到一个存在内存的 block,或者 block 数量超过已有的 block
    while ((block & binblocks(ar_ptr)) == 0)
    {
      idx += BINBLOCKWIDTH;
      block <<= 1;
    }
  }
//最终遍历来查找所需的内存空间
for (;;)
{
    //通过上述快速遍历(步长从 1 增加到 4,因此速度很快)
    startidx = idx;
    q = bin = bin_at(ar_ptr, idx);
    do
    {
      //当找到开始索引后,与前方处理相同,开始查找匹配的 chunk
      //咖啡于此处为物脂化所想,因此,不付出 器机收
      for (victim = last(bin); victim != bin; victim = victim->bk)
      {
          //与前文分配相同的逻辑,此处省略详细代码
          ....
      }
      //如果未分配,则切到下一个 bin
      bin = next_bin(bin);
      //当超过 3 个 bin,即 idx 增加到 4 的倍数时结束
    } while ((++idx & (BINBLOCKWIDTH - 1)) != 0);
    do
    {
      //如果前文找到的 index 为 0,经过遍历依然没有找到
      //此处表示此 block 对应位置为空,则清空位图标记
      if ((startidx & (BINBLOCKWIDTH - 1)) == 0)
      {
        binblocks(ar_ptr) &= ~block;
        break;
      }
      //如果不是,则减少 startidx
      --startidx;
      q = prev_bin(q);
    } while (first(q) == q);
    //再次检查下一个 block,因为外层的 for 循环尚未结束
    if (( block <<= 1) <= binblocks(ar_ptr) && (block != 0) )
    {
      while ((block & binblocks(ar_ptr)) == 0)
      {
        idx += BINBLOCKWIDTH;
        block <<= 1;
      }
    }
```

```
      else
        break;
    }
}
//最后判断 top 块是否满足大小,如果不满足,则执行以下代码
//#define top(a)    (bin_at(a,0)->fd)
if (( remainder_size = chunksize(top(ar_ptr)) - nb) < (long)MINSIZE)
{
    //检查请求的大小是否超过了 mmap 的大小限制(128 * 1024)
    //如果超过,则直接使用 mmap 分配内存
    //mmap_chunk 的核心操作是 p = (mchunkptr)MMAP(size, PROT_READ|PROT_WRITE)
    //此处不再展开,具体细节见本小节的第五段代码片段
    if ((unsigned long)nb >= (unsigned long)mmap_threshold &&
        (victim = mmap_chunk(nb)) != 0)
        return victim;
    //否则拓展 top 指针,此处将 top 定义为 0,表示 main_arena 中已没有空间可用
    malloc_extend_top(ar_ptr, nb); //本小节的第五段代码片段将讲述此操作
    if ((remainder_size = chunksize(top(ar_ptr)) - nb) < (long)MINSIZE)
        return 0; //分配失败
}
//如果扩展了 top,则直接从 top 分配内存
victim = top(ar_ptr);
set_head(victim, nb | PREV_INUSE);
top(ar_ptr) = chunk_at_offset(victim, nb);
set_head(top(ar_ptr), remainder_size | PREV_INUSE);
check_malloced_chunk(ar_ptr, victim, nb);
return victim;
}
```

以上是第二段代码片段。

至此,malloc 的内存分配机制已经全部介绍完毕。通过上述代码分析,我们可以看到在(127*2+2)个 av(即 available chunk)中,malloc 根据 chunk 的大小将其划分为不同的区域。例如,2~63 号 av 存储着 small 块(即大小在 512 字节以下的 chunk)。其他区间的分配则参考 bin_index 的值。为了快速查找和确定四个 av 是否为空,malloc 使用了 block 作为位图来表示。这是 malloc 分配机制的核心设计。至于 top chunk 的扩展和 mmap 机制,将在介绍 free 函数时详细说明,因为这两个操作涉及与操作系统内核的交互。

```
#define fREe           free
//释放内存
void fREe(Void_t* mem)
{
  //内存管理结构
  arena *ar_ptr;
  //释放的 chunk
  mchunkptr p;
  //与 malloc 对应,用户如果实现了 malloc 钩子,也需要实现 free 的钩子
```

```c
#if defined(_LIBC) || defined(MALLOC_HOOKS)
  if (__free_hook != NULL) {
    (*__free_hook)(mem);
    return;
  }
#endif
  //释放内存为 0 时跳过释放
  //可能会认为 0 也是地址，为何不允许释放。因为 0 一定不是 malloc 分配出去的
  if (mem == 0)
    return;
//#define mem2chunk(mem)  ((mchunkptr)((char*)(mem) - 2*SIZE_SZ))
  //在 malloc 时通过+2 跳过 prev_size 与 size，而此处则是逆向操作
  //通过释放内存计算出 chunk 结构
  p = mem2chunk(mem);
#if HAVE_MMAP
  //如果是 mmap 分配的内存，则直接释放
  if (chunk_is_mmapped(p))
  {
    munmap_chunk(p);
    return;
  }
#endif
  //根据 chunk 获取对应的 arena
  //#define arena_for_ptr(ptr) (&main_arena)
  ar_ptr = arena_for_ptr(p);
  //执行 chunk 释放
  chunk_free(ar_ptr, p);
}
static void chunk_free(ar_ptr, p) arena *ar_ptr; mchunkptr p;
#endif
{
  INTERNAL_SIZE_T hd = p->size;   //当前 chunk 的信息，因为 size 中包含了一些标志位
  INTERNAL_SIZE_T sz;             //移除标志位后的 size 大小
  int             idx;            //bin 的索引
  mchunkptr next;                 //下一个 chunk
  INTERNAL_SIZE_T nextsz;         //下一个 chunk 的大小
  INTERNAL_SIZE_T prevsz;         //前一个 chunk 的大小
  mchunkptr bck;                  //临时链表使用
  mchunkptr fwd;                  //临时链表使用
  int       islr;                 //是否重新入链
  check_inuse_chunk(ar_ptr, p);
  //移除 inuse 标志位
  sz = hd & ~PREV_INUSE;
  //chunk 描述的是一个连续的空间，所以起始地址加上长度就是下一个 chunk 的地址
  next = chunk_at_offset(p, sz);
  //获取下一个 chunk 的大小
  nextsz = chunksize(next);
```

```c
//如果下一个 chunk 是当前的 top 地址，表示当前 chunk 是最后一个分配的 chunk
if (next == top(ar_ptr))
{
  //将两个 chunk 的长度相加，合并为一个 chunk
  sz += nextsz;
  //如果前一个 chunk 也未使用，则将其也合并
  if (!(hd & PREV_INUSE))                    /* consolidate backward */
  {
    prevsz = p->prev_size;
    //根据当前 p 首地址减去前一个 chunk 的长度，得到前一个 chunk 的首地址
    p = chunk_at_offset(p, -prevsz);
    //将前一个 chunk 的长度加入当前 chunk 的 size
    sz += prevsz;
    //并且将前一个 chunk 从双向链表中移除
    unlink(p, bck, fwd);
  }
  //设置当前 p 地址为新的 top 地址，供 malloc 分配使用
  set_head(p, sz | PREV_INUSE);
  top(ar_ptr) = p;
  ...
  //合并完成后结束释放操作
  return;
}
//如果当前内存不是最后一个 chunk，则需要进一步处理
//清除 inuse 标识符，next 的 size 记录了当前 chunk 的使用状态
//此处是 free 释放操作，所以移除使用状态
set_head(next, nextsz);
islr = 0;
//如果当前内存的前一个 chunk 未使用
if (!(hd & PREV_INUSE))
{
  //则进行组合
  //获取前一个内存的长度
  prevsz = p->prev_size;
  //根据当前 p 减去长度获取前一个 chunk 的地址
  p = chunk_at_offset(p, -prevsz);
  //大小加上前一个内存的大小得出合并后的大小
  sz += prevsz;
  //如果当前 chunk 的前一个 chunk 是最后一次分割的块
  //则将当前 chunk 放置此处即可，不需要移动，因此设置 islr 为 1
  if (p->fd == last_remainder(ar_ptr))
    islr = 1;
  else
    //否则将当前 chunk 从链中移除
    unlink(p, bck, fwd);
}
//上面的 if 语句是向前查找，而此处是向后查找
```

```c
//如果后一个chunk也是未使用的，则继续合并
if (!(inuse_bit_at_offset(next, nextsz)))   /* consolidate forward */
{
    sz += nextsz;
    if (!islr && next->fd == last_remainder(ar_ptr))
    {
        islr = 1;
        link_last_remainder(ar_ptr, p);
    }
    else
        unlink(next, bck, fwd);
}
//至此，sz即为p这个chunk的大小，并标记前一个chunk已被使用
set_head(p, sz | PREV_INUSE);
//设置下一个chunk的prev_size
set_foot(p, sz);
if (!islr) //如果前方未设置islr，代表已经从链表中移除，需要重新入队
           //入队时会根据大小计算所属的av
    frontlink(ar_ptr, p, sz, idx, bck, fwd);
}
```

以上是第三段代码片段。

```c
//设置指定内存块的头信息，包括size字段和各种标志位
#define set_head(p, s)        ((p)->size = (s))
//设置指定内存块的脚部信息，包括prev_size字段
#define set_foot(p, s)    (((mchunkptr)((char*)(p) + (s)))->prev_size = (s))
//获取指定内存块偏移地址处的内存块指针
#define chunk_at_offset(p, s)   ((mchunkptr)(((char*)(p)) + (s)))
//从双向链表中移除指定的内存块
#define unlink(P, BK, FD)
{
    //获取内存块的bk指针
    BK = P->bk;
    //获取内存块的fd指针
    FD = P->fd;
    //更新链表，将前一个内存块的bk设置为当前内存块的bk
    FD->bk = BK;
    //更新链表，将后一个内存块的fd设置为当前内存块的fd
    //由此将当前内存块从链中移除
    BK->fd = FD;
}
//(ar_ptr, victim, victim_size, remainder_index, bck, fwd);
//根据内存块大小进入符合的av链中
#define frontlink(A, P, S, IDX, BK, FD)
{
    //若当前内存块大小小于smallbin的要求
    if (S < MAX_SMALLBIN_SIZE)
    {
```

```c
    //则从smallbin中获取对应的bin索引
    IDX = smallbin_index(S);
    //#define mark_binblock(a, ii)    (binblocks(a) |= idx2binblock(ii))
    //将当前管理块的位图中IDX对应的位图设置为1
    mark_binblock(A, IDX);
    //根据索引获取bin中的第一个内存块
    //当前内存块是要入队的,此处使用头插法,所以已存在的内存块就是BK
    BK = bin_at(A, IDX);
    //获取当前内存块的fd
    FD = BK->fd;
    //将当前内存块的bk设置为获取到的内存块
    //将fd设置为它的fd
    P->bk = BK;
    P->fd = FD;
    //更新链表,使得原有节点的前节点的bk和后节点的fd指向当前内存块P
    //从而完成入队操作
    FD->bk = BK->fd = P;
}
else
{
    //与smallbin相同的操作
    IDX = bin_index(S);
    BK = bin_at(A, IDX);
    FD = BK->fd;
    if (FD == BK) mark_binblock(A, IDX);
    else
    {
        while (FD != BK && S < chunksize(FD)) FD = FD->fd;
        BK = FD->bk;
    }
    P->bk = BK;
    P->fd = FD;
    FD->bk = BK->fd = P;
}
}
```

以上是第四段代码片段。

```c
//扩展顶部内存
static void malloc_extend_top(arena *ar_ptr, INTERNAL_SIZE_T nb)
{
    //获取系统页面大小,通常为4096字节
    unsigned long pagesz = malloc_getpagesize;
    //获取当前顶部指针,即内存的最高地址
    mchunkptr old_top = top(ar_ptr);
    //获取顶部内存块的大小
    INTERNAL_SIZE_T old_top_size = chunksize(old_top);
    //新的顶部内存块的大小
```

```
    INTERNAL_SIZE_T top_size;
//在多线程环境中，malloc会为每个线程分配一个独立的arena以减少竞争
//此处仍然以主线程的arena为例进行说明
if(ar_ptr == &main_arena) {
  //对于通过brk系统调用分配的内存，称为brk
  //它是break的缩写，用于小块内存的管理
    char* brk;
  //计算对齐后的内存分配大小
    INTERNAL_SIZE_T front_misalign;
  //对齐后需要额外分配的内存大小
    INTERNAL_SIZE_T correction;
  //brk表示当前已分配内存的大小，此处扩容后的新的大小称为new_brk
    char* new_brk;      brk
  //获取当前top的末尾地址
    char*    old_end = (char*)(chunk_at_offsetold_top, (old_top_size));
  //nb是请求的内存大小加上chunk的结构大小，得到此次需要分配的大小，top_pad为0
    INTERNAL_SIZE_T sbrk_size = nb + top_pad + MINSIZE;
  //页面对齐，sbrk_base记录了分配内存的首地址
  //所有内存的分配都从该分配内存中进行分割，即top的首地址
  //初始时top等于base，但是随着分配top会递增，而base不会变化
  //如果sbrk_base不为-1，表示不是初始分配，需要进行页面对齐
    if (sbrk_base != (char*)(-1))
      sbrk_size = (sbrk_size + (pagesz - 1)) & ~(pagesz - 1);
  //根据内存大小分配内存
  //#define MORECORE sbrk
  //weak_alias (__sbrk, sbrk)
  //void *__sbrk (ptrdiff_t increment) 下方展开
    brk = (char*)(MORECORE (sbrk_size));
  //如果分配失败或者分配的地址小于oldend，代表内存出错，直接返回
    if (brk == (char*)(MORECORE_FAILURE) ||
       brk < old_end && old_top != initial_top(&main_arena)))
      return;
  //调用钩子函数
    if (__after_morecore_hook)
      (*__after_morecore_hook) ();
  //增加main_arena.size的分配大小
  //#define sbrked_mem (main_arena.size)
    sbrked_mem += sbrk_size;
  //如果当前分配的brk等于之前的end，表示是在其基础上扩展的，因此直接修改大小即可
    if (brk == old_end) {
      top_size = sbrk_size + old_top_size;
      set_head(old_top, top_size | PREV_INUSE);
      old_top = 0;    /* 不再释放下面的内存 */
    } else {
      //否则，检查是否为未初始化，若是，则将brk赋给base
      if (sbrk_base == (char*)(-1))  /*首次执行，记录基地址*/
        sbrk_base = brk;
```

```c
    else
    
      //否则，表示 brk 的分配并不是通过当前方法分配的
      //而是由其他函数直接分配，因此分配地址与 end 不同
      //因此，此处还要加上 brk 到 end 的值，才是 main_arena 的总大小
      sbrked_mem += brk - (char*)old_end;
    //检查分配的首地址是否为对齐 4 字节对齐（32 位）
    front_misalign = (unsigned long)chunk2mem(brk) & MALLOC_ALIGN_MASK;
    if (front_misalign > 0) {
      //如果不是，则需要进行对齐
      correction = (MALLOC_ALIGNMENT) - front_misalign;
      brk += correction;
    } else
    //否则，不需要对齐
     correction = 0;   在进行 4 字节对齐的同时，还需要确保页对齐（4096 字节）
    //在进行 4 字节对齐的同时，还需要页对齐
    //计算需要填充的字节数：4096 - （分配地址末尾&4095）
    correction += pagesz - ((unsigned long)(brk + sbrk_size) & (pagesz - 1));
    //因此，继续分配，此时 new_brk 已经是 4K 对齐的
    new_brk = (char*)(MORECORE (correction));
    if (new_brk == (char*)(MORECORE_FAILURE)) return;
    if (__after_morecore_hook)
  (*__after_morecore_hook) ();
      //将多分配的大小加入 sbrked_mem 中
      sbrked_mem += correction;
      //设置 main_arena 的 top 为 brk
      top(&main_arena) = (mchunkptr)brk;
      //计算 top 的大小
      top_size = new_brk - brk + correction;
      //设置 top 的大小和 PREV_INUSE 标志
      set_head(top(&main_arena), top_size | PREV_INUSE);
      if (old_top == initial_top(&main_arena))
        old_top = 0; //设置标志位，表示下方不进行释放操作
    }
    //记录最大的 brk 值
    if ((unsigned long)sbrked_mem > (unsigned long)max_sbrked_mem)
      //static unsigned long max_sbrked_mem = 0;
      max_sbrked_mem = sbrked_mem;
#ifdef NO_THREADS
    if ((unsigned long)(mmapped_mem + sbrked_mem) >
        (unsigned long)max_total_mem)
      //static unsigned long max_total_mem = 0;
      max_total_mem = mmapped_mem + sbrked_mem;
#endif
  //到此处表示当前是多线程环境，而 ar_ptr 是由当前线程自己所持有的
  //因此不等于 main_arena
  //多线程环境下，main_arena 仍然可用，通常留给主线程使用
```

```c
#ifndef NO_THREADS
  } else { /* ar_ptr != &main_arena */
    //对于单线程的内存管理,还有一个 heap_info 结构
    //该结构记录了每次分配的大小,并将每次分配连接起来
    //main_arena 之所以不使用 heap_info 是因为它直接使用了系统的 brk
    //typedef struct _heap_info {
    //    arena *ar_ptr;                //当前线程所使用的 arena
    //    struct _heap_info *prev;      //前一个分配的 heap_info
    //    size_t size;                  //此次分配的内存大小
    //    size_t pad;                   //填充大小
    // } heap_info;
    heap_info *old_heap, *heap;
    size_t old_heap_size;
    if(old_top_size < MINSIZE)
      return;
    if(MINSIZE + nb <= old_top_size)
      return;
    old_heap = heap_for_ptr(old_top);
    old_heap_size = old_heap->size;
    //首先尝试在原有的 brk 上进行扩展内存,内部使用 mprotect
    //但遗憾的是在当前 Linux 1.0 中并未实现该函数
    //若扩展成功,则设置对应的大小即可
    if(grow_heap(old_heap, MINSIZE + nb - old_top_size) == 0) {
      ar_ptr->size += old_heap->size - old_heap_size;
      top_size = ((char *)old_heap + old_heap->size) - (char *)old_top;
      set_head(old_top, top_size | PREV_INUSE);
      return;
    }
    //单线程直接使用 mmap
    heap = new_heap(nb + top_pad + (MINSIZE + sizeof(*heap)));
    if(!heap)
      return;
    heap->ar_ptr = ar_ptr;
    //将原先的 heap 设置为 prev
    heap->prev = old_heap;
    ar_ptr->size += heap->size;
    //减去 heap 对应的大小以得到新的 top
    top(ar_ptr) = chunk_at_offset(heap, sizeof(*heap));
    //top 的大小也需要减去 heap 的大小
    top_size = heap->size - sizeof(*heap);
    set_head(top(ar_ptr), top_size | PREV_INUSE);
  }
#endif
  //至此,top 已经修改,但原先的 top 剩余的内存不能浪费,因此在此处进行补偿处理
  //如果前文将 old_top 设置为 0,则不会执行以下代码
  //这是因为当原有 top 地址不变时,我们将其设置为了 0
  if(old_top) {
```

```c
    //将原先 top 剩余的内存作为一个 chunk 加入 av 中
    //它需要一个描述它的 chunk, 即 next_chunk
    //此处是为其预留空间
    old_top_size -= MINSIZE;
    //利用上一行预留的内存, 2*size 刚好跳过 size 和 prev_size
    //也就是说, 设置 fd 的位置, 并将 fd 的 size 设置为 0
    set_head(chunk_at_offset(old_top, old_top_size + 2*SIZE_SZ),
             0|PREV_INUSE);
    //如果剩余的内存足够分配一个 chunk, 则进入 if 语句进行初始化
    if(old_top_size >= MINSIZE) {
      //设置 size 为 8
      set_head(chunk_at_offset(old_top, old_top_size), (2*SIZE_SZ)|PREV_INUSE);
      //设置下一个 chunk 的 prev_size 为 8
      set_foot(chunk_at_offset(old_top, old_top_size), (2*SIZE_SZ));
      //设置当前 chunk 的大小
      set_head_size(old_top, old_top_size);
      //释放内存, 前面的步骤都是为了这一步做准备
      chunk_free(ar_ptr, old_top);
    } else {
      //如果不足一个 chunk 的大小, 则设置它的 chunk 大小
      set_head(old_top, (old_top_size + 2*SIZE_SZ)|PREV_INUSE);
      //设置下一个 chunk 以描述当前 chunk 的大小
      //#define set_foot(p, s) (((mchunkptr)(((char*)(p) + (s)))->prev_size = (s))
      set_foot(old_top, old_top_size + 2*SIZE_SZ));
    }
  }
}
//brk 最终调用此处
void * __sbrk (ptrdiff_t increment)
{
  void *oldbrk;
  //如果当前 brk 为空, 则直接调用 brk
  //最终调用 __brk, 由 int __brk (void *addr)在 brk.c 中提供
  if (__curbrk == NULL || __libc_multiple_libcs)
    //检验是否支持 brk
    if (__brk (0) < 0)
      return (void *) -1;
  if (increment == 0)
    return __curbrk;
  oldbrk = __curbrk;
  //否则, 在原有基础上加上增量后调用
  if (__brk (oldbrk + increment) < 0)
    return (void *) -1;
  return oldbrk;
}
//最终调用此汇编函数
int __brk (void *addr)
```

```c
{
  void *newbrk, *scratch;
  asm ("movl %%ebx, %1\n"      //将 ebx 存储到 scratch 中
       "movl %3, %%ebx\n"      //将 addr 地址传递给 ebx
       "int $0x80 # %2\n"      //执行系统调用 Sys_brk
       "movl %1, %%ebx\n"      //还原 ebx,
       //将 eax 返回值设置给 newbrk
       : "=a" (newbrk), "=r" (scratch)
       : "0" (SYS_ify (brk)), "g" (addr));
  //将新地址设置到 __curbrk，然后返回 addr 中，此时 __curbrk 即为 __curbrk
  __curbrk = newbrk;
  if (newbrk < addr)
    {
      __set_errno (ENOMEM);
      return -1;
    }
  return 0;
}
weak_alias (__brk, brk)

//MMAP 内存分配
#define MMAP(size, prot) (mmap(0, (size), (prot), \
                         MAP_PRIVATE|MAP_ANONYMOUS, -1, 0))
ENTRY (__mmap)
    //保存 ebx
    movl %ebx, %edx
    movl $SYS_ify(mmap), %eax    //设置系统调用号
    /*当前栈顶记录了第一个参数的地址，此处获取该参数的地址用于偏移
    需要注意的是此处使用 ebx 作为记录*/
    lea 4(%esp), %ebx
    //调用中断
    int $0x80
    //还原 ebx
    movl %edx, %ebx
    //校验系统调用是否成功
    cmpl $-4096, %eax
    ja syscall_error
    //成功返回
    ret
PSEUDO_END (__mmap)
weak_alias (__mmap, mmap)
```

以上是第五段代码片段。

至此，glibc 层面的内容已经全部介绍完毕。需要注意的是，mmap 和 brk 的内存分配方式是完全不同的。brk 是通过传入一个偏移后的新地址来告知内核需要分配到这个位置，但它并不指定具体的长度（当前内核也可能返回的不是期望的地址）。虽然 mmap 也有地址

参数，但这个地址是期望的地址，内核不一定会在该地址上分配内存，不过它分配的内存长度一定是传入的 size 大小。

## 7.4.2 内核

在前文的基础上，我们将深入内核，分析其内存分配逻辑，以及文件映射和 Linux 内存管理的设计。

```c
//当调用 brk 系统调用时，会执行此函数
//brk 系统调用的实现机制与动态链接中的 fork 系统调用相似
asmlinkage int sys_brk(unsigned long brk)
{
    int freepages;
    unsigned long rlim;
    unsigned long newbrk, oldbrk;
    //如果当前 brk 地址小于 end_code，则可以继续使用 brk
    if (brk < current->end_code)
        return current->brk;
    newbrk = PAGE_ALIGN(brk);
    //current 描述了当前线程的信息，task_struct 中的 brk 记录在内
    //在 elf 加载期间进行初始化
    oldbrk = PAGE_ALIGN(current->brk);
    //对齐后，如果新 brk 地址与旧 brk 地址相同，则无须更改，直接返回当前 brk 值
    if (oldbrk == newbrk)
        return current->brk = brk;
    //如果请求的 brk 地址小于或等于当前进程已分配的内存末尾，则进行内存收缩
    if (brk <= current->brk) {
        current->brk = brk;
        //释放超出请求地址的内存部分
        do_munmap(newbrk, oldbrk-newbrk);
        return brk;
    }
    //RLIMIT_DATA 定义了最大数据段内容的大小
    //RLIM_INFINITY 表示没有限制，其值为 0x7FFFFFFF
    rlim = current->rlim[RLIMIT_DATA].rlim_cur;
    if (rlim >= RLIM_INFINITY)
        rlim = ~0;
    //如果请求的地址超过了 RLIMIT_DATA 限制或进入了栈空间，则不进行分配，返回当前 brk
    //这意味着在 Linux 1.0 中，malloc 有分配失败的风险
    if (brk - current->end_code > rlim || brk >= current->start_stack - 16384)
        return current->brk;
    //计算当前可用的空闲内存页
    freepages = buffermem >> 12;
    //在内核启动时由 mem_init 进行初始化
    freepages += nr_free_pages;
```

```
      freepages += nr_swap_pages;
      freepages -= (high_memory - 0x100000) >> 16;
      freepages -= (newbrk-oldbrk) >> 12;
      //如果发现空闲内存页不足,则不进行分配
      if (freepages < 0)
          return current->brk;
      //否则,通过 mmap 进行内存分配
      current->brk = brk;
      //使用固定地址 oldbrk(MAP_FIXED)进行映射,长度通过新旧 brk 地址差计算
      //mmap/do_mmap 的使用将在下文详细说明
      do_mmap(NULL, oldbrk, newbrk-oldbrk,
          PROT_READ|PROT_WRITE|PROT_EXEC,
          MAP_FIXED|MAP_PRIVATE, 0);
      return brk;
}
//此处从栈中获取参数,栈的数据结构为 pt_regs,其中第一个元素是 ebx 寄存器
//在 glibc 中,ebx 寄存器保存了传参时的栈地址
//因此,此处获取的 buffer 就是 ebx 的值。通过栈地址加偏移量可以获取传参信息
//参考传参格式:mmap(0, (size), (prot), MAP_PRIVATE|MAP_ANONYMOUS, -1, 0)
asmlinkage int sys_mmap(unsigned long *buffer)
{
      int error;
      unsigned long flags;
      struct file * file = NULL;

      error = verify_area(VERIFY_READ, buffer, 6*4);
      if (error)
          return error;
      //从 buffer+3 获取 flags,其中包含了 MAP_PRIVATE 和 MAP_ANONYMOUS 标志
      flags = get_fs_long(buffer+3);
      if (!(flags & MAP_ANONYMOUS)) {
          unsigned long fd = get_fs_long(buffer+4);
          if (fd >= NR_OPEN || !(file = current->filp[fd]))
              return -EBADF;
      }
      //调用 do_mmap 函数,参数分别为 file, size, prot, flags,
      //offset, dev (此处为 0,因为 MAP_ANONYMOUS 不需要设备文件)
      //注意:+1 得到 size, +2 得到 prot, +5 得到 offset
      //忽略第四个参数,因为它是文件描述符,仅在 MAP_ANONYMOUS 未设置时使用
      return do_mmap(file, get_fs_long(buffer), get_fs_long(buffer+1),
          get_fs_long(buffer+2), flags, get_fs_long(buffer+5));
}
```

以上是第六段代码片段。

```
//file:指向文件结构的指针,用于文件映射
//addr:期望的内存地址。之所以称为期望
//是因为只有当 flags 包含 MAP_FIXED 标志时,地址才是确定的
```

```c
//否则可能是任意随机地址
//len: 分配的内存长度
//prot: 保护标志，指示内存区域的访问权限（读、写、执行）
//flags: 标志位，如 MAP_FIXED（固定地址映射）或 MAP_PRIVATE（COW）
//off: 文件中的偏移量
int do_mmap(struct file * file,
        unsigned long addr, unsigned long len,
        unsigned long prot, unsigned long flags,
        unsigned long off)
{
    int mask, error;
    //首先确保长度与页面大小对齐，即 4096 字节
    If((len = PAGE_ALIGN(len)) == 0)
        return addr;
    //校验分配的地址是否合法，若地址超出 TASK_SIZE 或长度超出 TASK_SIZE
    //或者地址加上长度超出 TASK_SIZE，则禁止分配
    if (addr > TASK_SIZE || len > TASK_SIZE || addr > TASK_SIZE-len)
        return -EINVAL;
    //如果 file 不为 NULL，则表示是文件映射，需要校验文件的一些权限
    if (file != NULL)
        switch (flags & MAP_TYPE) {
        case MAP_SHARED:
            if ((prot & PROT_WRITE) && !(file->f_mode & 2))
                return -EACCES;
        case MAP_PRIVATE:
            if (!(file->f_mode & 1))
                return -EACCES;
            break;
        default:
            return -EINVAL;
        }
    //若是固定地址（解释器的映射/brk 分配），则地址应该是页对齐的，并且不能超过内核空间
    if (flags & MAP_FIXED) {
        if (addr & ~PAGE_MASK)              //地址必须是 4K 对齐的
            return -EINVAL;
        if (len > TASK_SIZE || addr > TASK_SIZE - len)
            return -EINVAL;
    } else {
        //struct vm_area_struct {
        //    struct task_struct * vm_task;        //指向当前所属进程的指针
        //    unsigned long vm_start;              //虚拟内存区域的开始地址
        //    unsigned long vm_end;                //虚拟内存区域的结束地址
        //    unsigned short vm_page_prot;         //内存页的读写执行属性
        //    struct vm_area_struct * vm_next;     //用于链表操作的指针
        //    struct vm_area_struct * vm_share;    //指向共享内存区域的链表
        //    struct inode * vm_inode;             //若与文件映射，则指向文件信息的指针
        //    unsigned long vm_offset;             //文件的偏移量
```

```
//      struct vm_operations_struct * vm_ops;  //指向内存操作结构的指针
//                                              //通常由文件系统实现
//};

//struct vm_operations_struct {
//      void (*open)(struct vm_area_struct * area);//打开内存区域时的操作
//      void (*close)(struct vm_area_struct * area);//关闭内存区域时的操作
//      void (*nopage)(int error_code,
//          struct vm_area_struct * area,
//          unsigned long address);         //缺页处理操作，后续详细说明
//      void (*wppage)(struct vm_area_struct * area,
//          unsigned long address);         //读写异常处理操作
//      int (*share)(struct vm_area_struct * from,
//              struct vm_area_struct * to,
//              unsigned long address);     //共享内存区域时的操作
//      int (*unmap)(struct vm_area_struct *area,
//          unsigned long, size_t);         //格映内存映射时的操作
//};
struct vm_area_struct * vmm;
//常规分配时,会有一个基础地址来覆盖传入的addr
//#define SHM_RANGE_START  0x40000000
//#define SHM_RANGE_END    0x60000000
//由于从统一的基地址开始分配,传入的addr成为期望值
addr = SHM_RANGE_START;
//匹配最终的映射地址,虽然允许用户传入指定的地址
//但是并未使用,即只有MAP_FIXED时才会使用该地址
//从SHM_RANGE_START开始查找
//直到找到一个可以分配指定大小的空间地址,或者直到超过SHM_RANGE_END
//至此,后续的addr也会因为此处改变而改变
//在高版本内核中,用户传入的addr可能会被使用
//但在此处,addr将根据找到的可用空间进行调整
//所以,对于非MAP_FIXED的调用
//addr的初始值通常不会影响最终映射的地址,因为系统会寻找合适的地址
while (addr+len < SHM_RANGE_END) {
    //遍历当前进程的内存管理结构,这是一个链表
    for (vmm = current->mmap ; vmm ; vmm = vmm->vm_next) {
        //如果当前地址大于或等于当前内存区域的vm_end,则跳过
        if (addr >= vmm->vm_end)
            continue;
        //如果addr的结束地址小于或等于当前内存区域的vm_start
        //则该区域也不符合要求
        if (addr + len <= vmm->vm_start)
            continue;
        //如果地址在这个范围内,则将addr设置为当前内存区域的vm_end
        //并进行页面对齐
        addr = PAGE_ALIGN(vmm->vm_end);
        break;
```

```c
            }
            //即使找到了合适的地址，也要继续遍历
            //因为如果下一个内存区域的 vm_start
            //与当前区域的 vm_end 之间的距离小于所需的大小，则当前地址可能也不适用
            //继续遍历直到到达链表末尾或 addr+len 大于或等于 SHM_RANGE_END
            if (!vmm)
                break;
        }
        //如果 addr+len 大于或等于 SHM_RANGE_END，则表示未查询到可用内存，直接返回错误
        if (addr+len >= SHM_RANGE_END)
            return -ENOMEM;
    }
    //如果是文件映射，但该文件不支持 mmap，则返回错误
    if (file && (!file->f_op || !file->f_op->mmap))
        return -ENODEV;
    mask = 0;
    //根据 prot 构建 mask，用于后续的 mmap 操作
    if (prot & (PROT_READ | PROT_EXEC))
        mask |= PAGE_READONLY;
    if (prot & PROT_WRITE)
        if ((flags & MAP_TYPE) == MAP_PRIVATE)
            mask |= PAGE_COPY;
        else
            mask |= PAGE_SHARED;
    if (!mask)
        return -EINVAL;
    //移除当前内存地址的管理结构，参考本小节第八段代码片段
    //正常分配情况下，不会出现需要 munmap 的情况
    //因为前文已经确保 addr=end，避免了内存交叉
    //因此，此函数仅使用 MAP_FIXED 标志，表示当前 addr 已被某个内存结构中使用
    //需要先移除再进行映射
    do_munmap(addr, len);
    if (file)
        //对于文件映射，使用文件操作符中的 mmap 函数
        error = file->f_op->mmap(file->f_inode, file, addr, len, mask, off);
    else        //本小节第九段代码片段
        error = anon_map(NULL, NULL, addr, len, mask, off);
    //如果 error 返回 0，则表示映射成功，返回地址，
    //至此，mmap 分配完成
    if (!error)
        return addr;
    if (!current->errno)
        current->errno = -error;
    return -1;
}
```

以上是第七段代码片段。

```c
//遵循调用顺序,首先执行取消映射操作
int do_munmap(unsigned long addr, size_t len)
{
    //初始化用于遍历的虚拟内存区域的指针
    struct vm_area_struct *mpnt, **npp, *free;
    //执行常规参数校验,确保地址和长度合法
    if ((addr & ~PAGE_MASK) || addr > TASK_SIZE || len > TASK_SIZE-addr)
        return -EINVAL;

    if ((len = PAGE_ALIGN(len)) == 0)
        return 0;
    //获取当前进程虚拟内存区域链表的头指针
    npp = &current->mmap;
    free = NULL;
    //遍历当前进程的虚拟内存区域链表,寻找包含当前分配内存的管理结构
    for (mpnt = *npp; mpnt != NULL; mpnt = *npp) {
        unsigned long end = addr+len;
        //如果当前内存区域的开始地址小于管理结构的开始地址
        //并且结束地址小于或等于管理结构的开始地址,则跳过此管理结构
        //这表示当前内存区域不在该管理模块中
        if ((addr < mpnt->vm_start && end <= mpnt->vm_start) ||
        //如果当前内存区域的开始和结束地址都大于管理结构的结束地址,则也跳过此管理结构
            addr >= mpnt->vm_end && end > mpnt->vm_end))
        {
            npp = &mpnt->vm_next;
            continue;
        }
        //当找到开始地址大于管理结构的开始地址且结束地址小于管理结构的结束地址的节点时
        //设置 free 为当前节点 mpnt
        //注意:此处操作会改变原有的链表结构
        //将包含分配地址的管理结构从链表中移除,并将其加入 free 链表中
        *npp = mpnt->vm_next;
        mpnt->vm_next = free;
        free = mpnt;
    }
    //如果不存在相应的管理结构,则无须进行任何操作
    //否则,表示已经存在管理结构,需要对其进行重新设置
    if (free == NULL)
        return 0;
    //遍历所有管理结构,并对每个结构调用重新设置功能
    while (free) {
        unsigned long st, end;
        //开始遍历链表
        mpnt = free;
        free = free->vm_next;
        //如果当前传入的开始地址小于管理结构的开始地址,则使用管理结构的开始地址
        //否则,使用传入的开始地址,因为这里会遍历每个管理结构,并对每个结构调用 unmap
```

```c
        st = addr < mpnt->vm_start ? mpnt->vm_start : addr;
        //计算结束地址，与 st 的处理类似
        end = addr+len;
        end = end > mpnt->vm_end ? mpnt->vm_end : end;
        if (mpnt->vm_ops && mpnt->vm_ops->unmap)
            mpnt->vm_ops->unmap(mpnt, st, end-st);
        else
            //mpnt 代表当前 addr 区间内的一段内存的管理结构
            //重映射的范围取决于该内存区间的大小
            unmap_fixup(mpnt, st, end-st);
        kfree(mpnt);
    }
    //在上面的 while 循环中
    //已经将 addr 到 addr+len 区间内的所有内存管理节点从进程的内存管理链表中移除
    //如果这些内存区域绑定了物理内存，那么在此函数中会遍历并移除绑定，同时释放物理空间
    //这里仅遍历页表，具体的实现细节不在此处展开
    unmap_page_range(addr, len);
    return 0;
}
/**
 * area 指向地址管理结构的指针
 * addr 在该结构内需要处理的起始地址
 * len 在该结构内需要处理的内存区域的大小
 */
void unmap_fixup(struct vm_area_struct *area,
        unsigned long addr, size_t len)
{
    struct vm_area_struct *mpnt;
    //计算操作结束的地址
    unsigned long end = addr + len;
    //执行简单的校验，以防止内存操作错误
    if (addr < area->vm_start || addr >= area->vm_end ||
        end <= area->vm_start || end > area->vm_end ||
        end < addr)
    {
        printk("unmap_fixup: area=%lx-%lx, unmap %lx-%lx!!\n",
            area->vm_start, area->vm_end, addr, end);
        return;
    }
    //如果当前管理结构完全覆盖了要释放的内存区域，则可以直接释放
    //这里的前提是管理结构提供了释放函数，例如本节第七段代码片前提到的文件映射结构
    if (addr == area->vm_start && end == area->vm_end) {
        if (area->vm_ops && area->vm_ops->close)
            area->vm_ops->close(area);
        return;
    }
    //如果当前结束地址等于管理结构的结束地址，则需要从起始地址分割
```

```
        //因此,此处将管理结构的结束地址更新为当前起始地址
        //|  原本内存  |将该结构分为了
        //|------------------|---------------------------------------------|
        //更新后: | area->vm_start - addr | 当前分配内存范围还未管理 |
        if (addr >= area->vm_start && end == area->vm_end)
            area->vm_end = addr;
        //相反地,如果开始地址相等而结束地址小于原结构的结束地址,则从结束地址开始分割
        //分割的原理是通过修改管理结构的开始位置和结束位置来实现
        //|  原本内存  |将该结构分为了
        //|                                                                |
        //更新后: | 当前分配内存范围还未管理 | end - area->vm_end |
        if (addr == area->vm_start && end <= area->vm_end) {
            area->vm_offset += (end - area->vm_start);
            area->vm_start = end;
        }
        /* Unmapping a hole */
        //如果开始地址大于管理结构的起始地址且结束地址小于管理结构的结束地址
        //则需要构建一个新的管理结构来处理中间的空洞
        if (addr > area->vm_start && end < area->vm_end)
        {
            /* Add end mapping -- leave beginning for below */
            mpnt = (struct vm_area_struct *)kmalloc(sizeof(*mpnt), GFP_KERNEL);
            //将当前管理结构复制到新分配的结构中
            *mpnt = *area;
            //新结构以结束地址为起始,计算新结构的偏移量
            //将原偏移量加上从当前管理结构的起始地址到结束地址的偏移量
            mpnt->vm_offset += (end - area->vm_start);
            //将新管理结构的起始地址设置为end
            //表示这个管理结构覆盖从 end 到 area.vm_end 的范围
            mpnt->vm_start = end;
            if (mpnt->vm_inode)
                mpnt->vm_inode->i_count++;
            //将新管理结构插入当前进程的虚拟内存区域链表中
            insert_vm_struct(current, mpnt);
            //同时,更新原管理结构的结束位置为新的分配内存的起始地址
            //|原本内存|  将该结构分为了
            //|------------------|---------------------|
            //| area.vm_start-addr| 当前分配内存范围还未管理 | end-area.vm_end |
            area->vm_end = addr;       /*截断原管理块以反映新的内存管理范围*/
        }
        //此时,当前需要分配的内存地址都已经从管理空间中移除
        mpnt = (struct vm_area_struct *)kmalloc(sizeof(*mpnt), GFP_KERNEL);
        *mpnt = *area;
        //将原有的管理空间重新插入当前进程的链表中
        insert_vm_struct(current, mpnt);
    }
    //移除物理页的映射
```

```c
int unmap_page_range(unsigned long from, unsigned long size)
{
    ...
    //获取当前地址对应的页目录项地址
    dir = PAGE_DIR_OFFSET(current->tss.cr3,from);
    //获取当前释放页地址的页表项地址中的中间十位，不熟悉的读者可以参考 5.4 节
    poff = (from >> PAGE_SHIFT) & (PTRS_PER_PAGE-1);
    ...
    //遍历当前 size 对应的页数
    for ( ; size > 0; ++dir, size -= pcnt,
        pcnt = (size > PTRS_PER_PAGE ? PTRS_PER_PAGE : size)) {
        //获取当前页目录项指向的页表地址
        if (!(page_dir = *dir))    {
            poff = 0;
            continue;
        }
        //获取页表地址
        page_table = (unsigned long *)(PAGE_MASK & page_dir);
        //如果存在偏移，则根据偏移量调整页表指针到具体的页表项
        if (poff) {
            page_table += poff;
            poff = 0;
        }
        //遍历页表项
        for (pc = pcnt; pc--; page_table++) {
            //获取当前页表项对应的物理页
            if ((page = *page_table) != 0) {
                //将页表项设置为 0
                *page_table = 0;
                ...
                //将物理页添加到空闲队列中
                //并递增空闲页计数 nr_free_pages，与内存分配操作 brk 相对应
                free_page(PAGE_MASK & page);
                ...
            if (pcnt == PTRS_PER_PAGE) {
                *dir = 0;
                //如果当前页表的所有项都已释放
                //则解除页目录与页表的映射，并释放页表占用的内存
                free_page(PAGE_MASK & page_dir);
            }
        }
    }
    //由于此处修改了虚拟内存与物理内存的映射，需要刷新 CR3 以更新页表缓存
    //#define  invalidate()   __asm__  __volatile__("movl  %%cr3,%%eax\n\tmovl %%eax,%%cr3": : :"ax")
    invalidate();
    return 0;
}
```

```c
//前文提到，Linux 1.0 版本尚未实现 mprotect 功能
asmlinkage int sys_mprotect(unsigned long addr,
              size_t len, unsigned long prot)
{
    return -EINVAL; /* Not implemented yet */
}
//在 glibc 中调用取消映射操作时，则直接跳转到此处
asmlinkage int sys_munmap(unsigned long addr, size_t len)
{
    return do_munmap(addr, len);
}
```

以上是第八段代码片段。

```c
//常规内存分配
static int anon_map(struct inode *ino, struct file * file,
                    unsigned long addr, size_t len, int mask,
                    unsigned long off)
{
    struct vm_area_struct * mpnt;
    //清空该内存区域的所有物理映射，此函数与 unmap_page_range 功能类似
    //此处不再详细说明
    //根据第 5 章中关于页表的定义，获取当前虚拟地址对应的页表项，并将其设置为 0
    if (zeromap_page_range(addr, len, mask))
        return -ENOMEM;
    //为当前内存区域分配一个管理结构块
    mpnt = (struct vm_area_struct * ) kmalloc(sizeof(struct vm_area_struct),
                                              GFP_KERNEL);
    if (!mpnt)
        return -ENOMEM;
    mpnt->vm_task = current;
    mpnt->vm_start = addr;
    mpnt->vm_end = addr + len;
    mpnt->vm_page_prot = mask;
    mpnt->vm_share = NULL;
    mpnt->vm_inode = NULL;
    mpnt->vm_offset = 0;
    mpnt->vm_ops = NULL;
    //将新分配的管理结构块插入进程的虚拟内存区域链表中
    insert_vm_struct(current, mpnt);
    //尝试合并连续的内存管理块以减少管理块的数量
    //合并操作是通过将当前块的 end 地址更新为链表中下一个块的 end 地址，并移除下一个块
    merge_segments(current->mmap, ignoff_mergep, NULL);
    //分配完成，简单来说就是将一个新的管理结构添加到进程的 mmap 链表中
    return 0;
}
//文件映射（mmap）操作相对简单
int generic_mmap(struct inode * inode, struct file * file,
    unsigned long addr, size_t len, int prot, unsigned long off)
```

```c
{
    struct vm_area_struct * mpnt;
    extern struct vm_operations_struct file_mmap;
    struct buffer_head * bh;
    //由于是文件映射，需要验证文件的读写权限等信息
    if (prot & PAGE_RW)
        return -EINVAL;
    if (off & (inode->i_sb->s_blocksize - 1))
        return -EINVAL;
    if (!inode->i_sb || !S_ISREG(inode->i_mode))
        return -EACCES;
    if (!inode->i_op || !inode->i_op->bmap)
        return -ENOEXEC;
    //读取文件数据只是为了检查文件是否可访问，读取的数据后续不会使用
    if (!(bh = bread(inode->i_dev,bmap(inode,0),inode->i_sb->s_blocksize)))
        return -EACCES;
    if (!IS_RDONLY(inode)) {
        inode->i_atime = CURRENT_TIME;
        inode->i_dirt = 1;
    }
    //读取完成后立即释放缓冲区
    brelse(bh);
    /为当前内存页分配一个新的管理结构
    mpnt = (struct vm_area_struct *) kmalloc(sizeof(struct vm_area_struct),
                                    GFP_KERNEL);
    if (!mpnt)
        return -ENOMEM;
    //首先移除该虚拟内存区域的物理映射
    unmap_page_range(addr, len);
    mpnt->vm_task = current;
    //设置虚拟内存区域的起始地址
    mpnt->vm_start = addr;
    //设置虚拟内存区域的结束地址
    mpnt->vm_end = addr + len;
    mpnt->vm_page_prot = prot;
    mpnt->vm_share = NULL;
    mpnt->vm_inode = inode;
    inode->i_count++;
    //设置虚拟内存区域对应的文件偏移量
    mpnt->vm_offset = off;
    //此处设置文件偏移量，但并不直接读取文件，而是记录映射信息。
    //当访问该虚拟内存区域时，会触发页错误，进而调用处理函数。
    //在处理函数中，将使用此处设置的偏移量和操作集
    mpnt->vm_ops = &file_mmap;
    //将新分配的管理结构插入进程的虚拟内存区域链表中
    insert_vm_struct(current, mpnt);
    merge_segments(current->mmap, NULL, NULL);
```

```c
    return 0;
}
struct vm_operations_struct file_mmap = {
    NULL,                   /* open */
    file_mmap_free,         /* close */      //内存释放操作
                            //即前文中的 area->vm_ops->close(area);
    file_mmap_nopage,       /* nopage */     //处理文件的缺页异常
    NULL,                   /* wppage */
    file_mmap_share,        /* share */      //处理共享内存的使用
    NULL,                   /* unmap */      //文件不提供取消映射操作
                            //如果需要取消映射，则调用 unmap_fixup 函数
};
```

以上是第九段代码片段。

至此，内存的分配与释放过程已基本完成。此处仅展示了物理页的释放过程，而在分配时仅完成了虚拟内存的分配。那么，物理内存的分配将在何时进行？带着这个问题，查看下一代码段。

```
//前文已讲述了系统调用的整体流程。从这里开始，将讨论系统中断的流程
//当操作系统启动时，会调用以下函数来初始化中断表
void trap_init(void)
{
    int i;
    //初始化除法异常处理函数。如果发生除法错误，将触发 divide_error 函数
    set_trap_gate(0,&divide_error);
    ...//省略的代码
    //中断表的顺序与表 5.3 一致，尤其是第 0 项对应除法错误
    //当出现分页故障时，将触发 page_fault。此函数与 divide_error 函数相同
    //定义在 syscall.S 文件中
    set_trap_gate(14,&page_fault);
    ...
}当访问的内存没有对应的物理页，或者页的读写权限不匹配时，会触发页故障
//由于这是汇编定义的函数，因此需要以_开头，遵循编码规范
//否则 C 语言连接器无法找到此函数
//当访问的内存没有对应的物理页，或者页的读写权限不匹配时，会触发页故障
//此处最终会调用 do_page_fault 函数来处理
_page_fault:
    pushl $_do_page_fault
    jmp error_code
error_code:
    //系统调用类似，先将所有寄存器压入栈中，以便在返回时恢复执行状态
    push %fs
    push %es
    push %ds
    pushl %eax
    pushl %ebp
    pushl %edi
```

```
            pushl %esi
            pushl %edx
            pushl %ecx
            pushl %ebx
            //禁用硬件调试功能
            movl $0,%eax
            movl %eax,%db7
            //禁止中断
            cld
            //将-1与中断时提供的异常码进行交换
            movl $-1, %eax
            //ORIG_EAX = 0x2C == 44 ，前面push了10个寄存器，即40个字节
            //另外4个字节是jmp error_code前push的函数地址
            //通过此偏移量获取传入的error code
            xchgl %eax, ORIG_EAX(%esp)
            xorl %ebx,%ebx
            mov %gs,%bx
            //GS = 0x28 == 40 ，与ORIG_EAX相同，因为少偏移4个字节
            //所以此处是获取传入的函数地址，并将其存储到ebx寄存器中
            xchgl %ebx, GS(%esp)
            //先保存error code
            pushl %eax
            //获取当前栈的地址并将其加载到edx寄存器中
            lea 4(%esp),%edx
            //将该地址入栈
            pushl %edx
            //设置ds es为内核段
            movl $(KERNEL_DS),%edx
            mov %dx,%ds
            mov %dx,%es
            //设置fs为用户段
            movl $(USER_DS),%edx
            mov %dx,%fs
            ...
            //ebx寄存器存储了调用地址，因此此处直接调用即可
            call *%ebx
            addl $8,%esp
            //与系统调用相同，执行一些返回操作
            jmp ret_from_sys_call

//此处处理缺页异常
//上方push的顺序中，最后一次是error_code，倒数第二次是上方栈的地址
//该地址通过偏移量获取的元素顺序对应pt_regs结构，因此完成了传参
asmlinkage void do_page_fault(struct pt_regs *regs, unsigned long error_code)
{
    unsigned long address;
    unsigned long user_esp = 0;
```

```c
        unsigned int bit;
        //从 cr2 寄存器中读取缺页异常的地址
        __asm__("movl %%cr2,%0":"=r"(address));
        //当前内存地址应当小于内核地址
        if (address < TASK_SIZE) {
            //若是用户态调用该函数，则设置相应的信息（如 esp），防止安全问题
            if (error_code & 4) {
                if (regs->eflags & VM_MASK) {
                    bit = (address - 0xA0000) >> PAGE_SHIFT;
                    if (bit < 32)
                        current->screen_bitmap |= 1 << bit;
                } else
                    user_esp = regs->esp;
            }
            if (error_code & 1)   //若异常码存在 1 状态，代表当前内存不可读写
                                  //可能是 COW（写入时复制），因此执行 COW 进行处理
                do_wp_page(error_code, address, current, user_esp);
                                  //本节第十一段代码片段
            else                  //否则，其他情况当作缺页处理
                do_no_page(error_code, address, current, user_esp);
                                  //本节第十二段代码片段
            return;
        }
        //若地址超过 TASK_SIZE，可能是内核触发的异常，判断状态
        //否则，直接退出该进程，因为发生了错误
        address -= TASK_SIZE;
        if (wp_works_ok < 0 && address == 0 && (error_code & PAGE_PRESENT)) {
            wp_works_ok = 1;
            pg0[0] = PAGE_SHARED;
            printk("This processor honours the WP bit even when in supervisor mode. Good.\n");
            return;
        }
        if (address < PAGE_SIZE) {
            printk("Unable to handle kernel NULL pointer dereference");
            pg0[0] = PAGE_SHARED;
        } else
            printk("Unable to handle kernel paging request");
        printk(" at address %08lx\n",address);
        die_if_kernel("Oops", regs, error_code);
        do_exit(SIGKILL);
}
```

以上是第十段代码片段。

```
//当遇到不可读写的内存时，进入此函数
//在调用处已经说明，这通常是由于 COW 机制引起的
//另一种利用方法是 JVM 中的线程安全点的 polling page
```

```c
void do_wp_page(unsigned long error_code, unsigned long address,
    struct task_struct * tsk, unsigned long user_esp)
{
    unsigned long page;
    unsigned long * pg_table;
    //首先获取页表目录
    pg_table = PAGE_DIR_OFFSET(tsk->tss.cr3,address);
    //若页目录项对应的页表（页目录中存储页表的地址）为空，则直接返回，不做处理
    page = *pg_table;
    if (!page)
        return;
    if ((page & PAGE_PRESENT) && page < high_memory) {
        //通过地址与页表地址得到页表项地址
        pg_table = (unsigned long *) ((page & PAGE_MASK) + PAGE_PTRaddress));
        //根据页表项获取存储的物理页地址
        page = *pg_table;
        //若该地址不存在，则直接返回
        if (!(page & PAGE_PRESENT))
            return;
        //若支持读写，则直接返回
        if (page & PAGE_RW)
            return;
        //若不是 COW，则向用户发送信号告知处理。这也是 JVM 中处理安全点的核心功能
        if (!(page & PAGE_COW)) {
            if (user_esp && tsk == current) {
                current->tss.cr2 = address;
                current->tss.error_code = error_code;
                current->tss.trap_no = 14;
                //通过信号告知用户进程该地址被访问异常
                send_sig(SIGSEGV, tsk, 1);
                return;
            }
        }
        if (mem_map[MAP_NR(page)] == 1) {
            *pg_table |= PAGE_RW | PAGE_DIRTY;
            invalidate();
            return;
        }
        //否则执行 COW
        __do_wp_page(error_code, address, tsk, user_esp);
        return;
    }
    printk("bad page directory entry %08lx\n",page);
    *pg_table = 0;
}
//当为 COW 时触发此处
static void __do_wp_page(unsigned long error_code, unsigned long address,
    struct task_struct * tsk, unsigned long user_esp)
```

# 第 7 章 ELF 与链接器

```c
{
    unsigned long *pde, pte, old_page, prot;
    unsigned long new_page;
    //获取一个物理页
    new_page = __get_free_page(GFP_KERNEL);
    //获取当前错误页存储的 pte
    pde = PAGE_DIR_OFFSET(tsk->tss.cr3,address);
    //也即页表
    pte = *pde;
    //若未被分配，则跳过
    if (!(pte & PAGE_PRESENT))
        goto end_wp_page;
    if ((pte & PAGE_TABLE) != PAGE_TABLE || pte >= high_memory)
        goto bad_wp_pagetable;
    pte &= PAGE_MASK;
    pte += PAGE_PTR(address);
    //与 do_wp_page 检测相同，两次检测是为了防止进程竞争导致的问题
    old_page = *(unsigned long *) pte;
    if (!(old_page & PAGE_PRESENT))
        goto end_wp_page;
    if (old_page >= high_memory)
        goto bad_wp_page;
    if (old_page & PAGE_RW)
        goto end_wp_page;
    tsk->min_flt++;
    prot = (old_page & ~PAGE_MASK) | PAGE_RW;
    old_page &= PAGE_MASK;
    if (mem_map[MAP_NR(old_page)] != 1) {
        if (new_page) {
            if (mem_map[MAP_NR(old_page)] & MAP_PAGE_RESERVED)
                ++tsk->rss;
            //否则在此处复制一份内存
            //通过 rep 指令复制内存中的数据
            //#define copy_page(from,to) __asm__("cld ; rep ; movsl": :
            //                          "S" (from),"D"(to),"c" (1024):
            //                          "cx","di","si")
            copy_page(old_page,new_page);
            //然后将新页映射给 pte
            *(unsigned long *) pte = new_page | prot;
            //释放旧的 page，此处的释放只是减少 page 的引用数
            //当该数减为 0 时，彻底释放内存
            free_page(old_page);
            invalidate();
            return;
        }
        //若新页为 0，代表分配失败 则触发 oom 异常
        free_page(old_page);
        oom(tsk);
```

```
            *(unsigned long *) pte = BAD_PAGE | prot;
            invalidate();
            return;
        }
        *(unsigned long *) pte |= PAGE_RW;
        invalidate();
        if (new_page)
            free_page(new_page);
        return;
bad_wp_page:
        printk("do_wp_page: bogus page at address %08lx (%08lx)\n",
            address,old_page);
        *(unsigned long *) pte = BAD_PAGE | PAGE_SHARED;
        send_sig(SIGKILL, tsk, 1);
        goto end_wp_page;
bad_wp_pagetable:
        printk("do_wp_page: bogus page-table at address %08lx (%08lx)\n",address,pte);
        *pde = BAD_PAGETABLE | PAGE_TABLE;
        send_sig(SIGKILL, tsk, 1);
end_wp_page:
        if (new_page)
            free_page(new_page);
        return;
}
```

以上是第十一段代码片段。

```
//至此处理缺页异常
void do_no_page(unsigned long error_code, unsigned long address,
    struct task_struct *tsk, unsigned long user_esp)
{
    unsigned long tmp;
    unsigned long page;
    struct vm_area_struct * mpnt;
    //先获取一个空页。页表目录也需要分配
    //所以如果该地址对应的页表目录内存不存在，则需要分配
    //在该方法内部，已经完成分配并将新页表挂载到相应的页目录上
    page = get_empty_pgtable(tsk,address);
    if (!page)
        return;
    page &= PAGE_MASK;
    //获取页表项
    page += PAGE_PTR(address);
    tmp = *(unsigned long *) page;
    if (tmp & PAGE_PRESENT)
        return;
    ++tsk->rss;
    if (tmp) {
        ++tsk->maj_flt;
```

```c
        swap_in((unsigned long *) page);
        return;
    }
    address &= 0xfffff000;
    tmp = 0;
    //遍历该地址所对应的管理结构
    for (mpnt = tsk->mmap; mpnt != NULL; mpnt = mpnt->vm_next) {
        if (address < mpnt->vm_start)
            break;
        if (address >= mpnt->vm_end) {
            tmp = mpnt->vm_end;
            continue;
        }
        //如果找到了管理块,检查是否设置了其操作函数 ops
        //如果没有设置,则直接为该地址获取一个空闲页
        if (!mpnt->vm_ops || !mpnt->vm_ops->nopage) {
            ++tsk->min_flt;
            get_empty_page(tsk,address);
            return;
        }
        //否则,调用缺页对应的函数 file_mmap_nopage,参考本小节第十三段代码片段
        mpnt->vm_ops->nopage(error_code, mpnt, address);
        return;
    }
    //以下情况最终都会为地址获取一个空页
    if (tsk != current)
        goto ok_no_page;
    if (address >= tsk->end_data && address < tsk->brk)
        goto ok_no_page;
    if (mpnt && mpnt == tsk->stk_vma &&
        address - tmp > mpnt->vm_start - address &&
        tsk->rlim[RLIMIT_STACK].rlim_cur > mpnt->vm_end - address) {
        mpnt->vm_start = address;
        goto ok_no_page;
    }
    //如果程序执行至此,则向程序发送信号
    tsk->tss.cr2 = address;
    current->tss.error_code = error_code;
    current->tss.trap_no = 14;
    send_sig(SIGSEGV,tsk,1);
    if (error_code & 4)    /* user level access? */
        return;
ok_no_page:
    ++tsk->min_flt;
    //分配物理内存页。需要注意的是,此函数并没有像 COW 那样分配物理页
    //而是通过 get_empty_page 完成
    get_empty_page(tsk,address);
}
```

```c
//若当前页表为空,则先分配页表
static inline unsigned long get_empty_pgtable(struct task_struct * tsk,
                                              unsigned long address)
{
    unsigned long page;
    unsigned long *p;
    //首先获取页目录
    p = PAGE_DIR_OFFSET(tsk->tss.cr3,address);
    //如果存在页表,则直接返回
    if (PAGE_PRESENT & *p)
        return *p;
    if (*p) {
        printk("get_empty_pgtable: bad page-directory entry \n");
        *p = 0;
    }
    //否则,分配一个页
    page = get_free_page(GFP_KERNEL);
    //可能存在竞争,所以再次获取
    p = PAGE_DIR_OFFSET(tsk->tss.cr3,address);
    //如果已经存在,则释放已分配的内存
    if (PAGE_PRESENT & *p) {
        free_page(page);
        return *p;
    }
    if (*p) {
        printk("get_empty_pgtable: bad page-directory entry \n");
        *p = 0;
    }
    //否则,将页表地址设置到页目录项中并返回
    if (page) {
        *p = page | PAGE_TABLE;
        return *p;
    }
    oom(current);
    *p = BAD_PAGETABLE | PAGE_TABLE;
    return 0;
}
static inline void get_empty_page(struct task_struct * tsk,
                                  unsigned long address)
{
    unsigned long tmp;
    //获取一个物理页
    if (!(tmp = get_free_page(GFP_KERNEL))) {
        //获取失败,则直接触发 oom
        oom(tsk);
        tmp = BAD_PAGE;
    }
    //否则,将获取的页与地址绑定。此处地址一定是 4K 对齐的
```

```c
        if (!put_page(tsk,tmp,address,PAGE_PRIVATE))
            free_page(tmp);
}
unsigned long put_page(struct task_struct * tsk,unsigned long page,
    unsigned long address,int prot)
{
    unsigned long *page_table;
    //此处省略重复校验
    page_table = PAGE_DIR_OFFSET(tsk->tss.cr3,address);
    ...
    page_table += (address >> PAGE_SHIFT) & (PTRS_PER_PAGE-1);
    ...//将地址设置给页表项即可
    *page_table = page | prot;
    return page;
}
```

以上是第十二段代码片段。

```c
//若文件映射区域发生缺页，则调用此函数
void file_mmap_nopage(int error_code, struct vm_area_struct * area,
                     unsigned long address)
{
    struct inode * inode = area->vm_inode;
    unsigned int block;
    unsigned long page;
    int nr[8];
    int i, j;
    int prot = area->vm_page_prot;
    address &= PAGE_MASK;
    //根据文件偏移计算出对应的块信息（后续书籍将详细讲述文件结构）
    block = address - area->vm_start + area->vm_offset;
    block >>= inode->i_sb->s_blocksize_bits;
    //首先获取一个空白页
    page = get_free_page(GFP_KERNEL);
    //如果该文件在其他进程的内存映射中已存在，尝试共享一个页
    if (share_page(area, area->vm_task, inode, address, error_code, page)) {
        ++area->vm_task->min_flt;
        return;
    }
    ++area->vm_task->maj_flt;
    if (!page) {
        oom(current);
        put_page(area->vm_task, BAD_PAGE, address, PAGE_PRIVATE);
        return;
    }
    for (i=0, j=0; i< PAGE_SIZE ; j++, block++,
            i += inode->i_sb->s_blocksize) {
        nr[j] = bmap(inode,block);
    if (error_code & PAGE_RW)
```

```c
            prot |= PAGE_RW | PAGE_DIRTY;
        //将文件内容读取到已分配的内存页中
        page = bread_page(page, inode->i_dev, nr, inode->i_sb->s_blocksize, prot);
        if (!(prot & PAGE_RW)) {
            if (share_page(area, area->vm_task, inode, address, error_code, page))
                return;
        }
        //将内存页设置到页表中
        if (put_page(area->vm_task,page,address,prot))
            return;
        free_page(page);
        oom(current);
}
int share_page(struct vm_area_struct * area, struct task_struct * tsk,
               struct inode * inode, unsigned long address,
               unsigned long error_code, unsigned long newpage)
{
    struct task_struct ** p;
    if (!inode || inode->i_count < 2 || !area->vm_ops)
        return 0;
    //遍历所有的进程
    for (p = &LAST_TASK ; p > &FIRST_TASK ; --p) {
        if (!*p)
            continue;
        if (tsk == *p)
            continue;
        if (inode != (*p)->executable) {
            if(!area) continue;
            if(area){
              struct vm_area_struct * mpnt;
              //遍历每个进程的内存管理结构，匹配文件信息
              //若匹配，则尝试共享内存页
              //并在该文件内再次匹配释放允许共享的资源
              for (mpnt = (*p)->mmap; mpnt; mpnt = mpnt->vm_next) {
                if (mpnt->vm_ops == area->vm_ops &&
                    mpnt->vm_inode->i_ino == area->vm_inode->i_ino &&
                    mpnt->vm_inode->i_dev == area->vm_inode->i_dev){
                  if (mpnt->vm_ops->share(mpnt, area, address))
                    break;
                };
              };
              if (!mpnt) continue;
            };
        }
        //如果最终找到了匹配的进程信息，则在此处尝试进行内存页共享
        if (try_to_share(address,tsk,*p,error_code,newpage))
            return 1;
    }
```

```c
    return 0;
}
//mpnt->vm_ops->share 指向此函数，用于判断是否允许共享内存
int file_mmap_share(struct vm_area_struct * area1,
        struct vm_area_struct * area2,
        unsigned long address)
{
    //两个文件必须相等，否则返回 0，不允许共享
    if (area1->vm_inode != area2->vm_inode)
        return 0;
    //管理地址的开始和结束也必须相同
    if (area1->vm_start != area2->vm_start)
        return 0;
    if (area1->vm_end != area2->vm_end)
        return 0;
    //文件偏移需要一样
    if (area1->vm_offset != area2->vm_offset)
        return 0;
    //页属性也需要一样。经过上述条件，将会非常苛刻
    if (area1->vm_page_prot != area2->vm_page_prot)
        return 0;
    return 1;
}
//尝试共享内存
static int try_to_share(unsigned long address, struct task_struct * tsk,
    struct task_struct * p, unsigned long error_code, unsigned long newpage)
{
    unsigned long from;
    unsigned long to;
    unsigned long from_page;
    unsigned long to_page;
    //共享过程非常简单，只是使用原有进程的页表项
    from_page = (unsigned long)PAGE_DIR_OFFSET(p->tss.cr3,address);
    to_page = (unsigned long)PAGE_DIR_OFFSET(tsk->tss.cr3,address);

    from = *(unsigned long *) from_page;
    ...//忽略校验
    from &= PAGE_MASK;
    from_page = from + PAGE_PTR(address);
    //根据页表信息获取页的地址
    from = *(unsigned long *) from_page;
    ...
    to = *(unsigned long *) to_page;
    ...
    to &= PAGE_MASK;
    to_page = to + PAGE_PTR(address);
    ...
    if (error_code & PAGE_RW) {//如果是读写异常而非缺页异常
```

```
        if(!newpage)
            return 0;
        copy_page((from & PAGE_MASK),newpage);
                    //那么将内存内容复制到新分配的页上,并完成文件的COW操作
        to = newpage | PAGE_PRIVATE;
    } else {
        mem_map[MAP_NR(from)]++;        //共享成功,引用数加1
        from &= ~PAGE_RW;               //移除读写标志,进入COW模式
        to = from;   //to和form相同,因为form现在就是该地址的物理页信息
        if(newpage) /* only if it existed. SRB. */ //若已经分配了newpage,则释放
            free_page(newpage);
    }
    //将物理页信息写入新的页中
    *(unsigned long *) from_page = from;
    *(unsigned long *) to_page = to;
    invalidate();
    return 1;
}
```

以上是第十三段代码片段。

至此,内存分配从 glibc 到操作系统的完整流程已经结束。然而,本着闭环原则,接下来我们将展开讲述信号处理的流程及其根本原理。

### 7.4.3 内核信号机制

```
//在前文多处发送信号时使用了此函数
send_sig(SIGSEGV,tsk,1);
int send_sig(unsigned long sig,struct task_struct * p,int priv)
{
    ...//若干校验
    //最终执行发送信号的函数
    generate(sig,p);
    return 0;
}
static int generate(unsigned long sig, struct task_struct * p)
{
    unsigned long mask = 1 << (sig-1);
    struct sigaction * sa = sig + p->sigaction - 1;
    if (p->flags & PF_PTRACED) {
        p->signal |= mask;
        return 1;
    }
    //如果当前信号被进程定义为忽略
    if (sa->sa_handler == SIG_IGN && sig != SIGCHLD)
        return 0;
```

```c
    //如果信号的处理信息未定义，则跳过
    if (sa->sa_handler == SIG_DFL) &&
       (sig == SIGCONT || sig == SIGCHLD || sig == SIGWINCH))
        return 0;
    //否则设置进程对应的信号位为触发状态
    //信号是有限的，因此使用位图来标记是否存在信号
    p->signal |= mask;
    return 1;
}
```

```
//至此，信号发送完成。信号的发送实际上就是设置标志位
//前文的 syscall 和 error_code 中并没有提到它们最后会有一个指令
//jmp ret_from_sys_call
//信号的处理就在此处进行
ret_from_sys_call:
    ...
    jne signal_return
signal_return:
    movl %esp,%ecx
    //ecx 记录了寄存器信息，即 pt_regs
    pushl %ecx
    ...
    //ebx 记录了信号掩码
    pushl %ebx
    //调用信号处理函数
    call _do_signal
    popl %ebx
    popl %ebx
    //与 saveall 相对应
    RESTORE_ALL
    //定义如下
#define RESTORE_ALL
    cmpw $(KERNEL_CS),CS(%esp);
    je 1f;
    movl _current,%eax;
    movl dbgreg7(%eax),%ebx;
    movl %ebx,%db7;
1:  popl %ebx;
    popl %ecx;
    popl %edx;
    popl %esi;
    popl %edi;
    popl %ebp;
    popl %eax;
    pop %ds;
    pop %es;
    pop %fs;
    pop %gs;
    addl $4,%esp;
```

```c
        //此处为中断返回,告知CPU对于栈的处理会多一个error_code
        iret
//最终信号执行跳转至此处
asmlinkage int do_signal(unsigned long oldmask, struct pt_regs * regs)
{
    unsigned long mask = ~current->blocked;
    unsigned long handler_signal = 0;
    unsigned long *frame = NULL;
    unsigned long eip = 0;
    unsigned long signr;
    struct sigaction * sa;
    //查找并处理当前进程的一个待处理信号
    while ((signr = current->signal & mask)) {
        //在while循环中,signr用于获取当前存在信号的位图索引
        //bsf指令在位图中查找最低位的1
        //并将其索引(位图号)存储在signr中(索引范围是0~31)
        //btrl指令用于清除位图中对应索引的位,即移除该信号
        //btrl指令用于将位图中对应索引的位置的1移除
        //下面的汇编代码用于从位图中获取一个需要处理的信号
        //并移除该信号的位图标记
        __asm__("bsf %2,%1\n\t"
            "btrl %1,%0"  bsf指令
            :"=m" (current->signal),"=r" (signr)
            :"1" (signr));
        //根据信号从处理数组中获取对应的信号处理程序
        sa = current->sigaction + signr;
        signr++;
        //如果当前进程被跟踪,并且信号不是SIGKILL,则执行以下代码
        if ((current->flags & PF_PTRACED) && signr != SIGKILL) {
            current->exit_code = signr;
            current->state = TASK_STOPPED;
            //所谓的跟踪是指构建一个子进程进行通信,此处修改一些状态并通知父进程
            notify_parent(current);
            //释放CPU并调度其他进程执行(包括父进程)
            schedule();
            //父进程可能会修改信号处理
            if (!(signr = current->exit_code))
                continue;
            current->exit_code = 0;
            if (signr == SIGSTOP)
                continue;
            //#define _S(nr) (1<<((nr)-1))
            if (_S(signr) & current->blocked) {
                current->signal |= _S(signr);
                continue;
            }
            //重新获取信号处理结构
```

```c
        sa = current->sigaction + signr - 1;
    }
    //如果信号处理函数是忽略,则跳过
    if (sa->sa_handler == SIG_IGN) {
        if (signr != SIGCHLD)
            continue;
        /* check for SIGCHLD: it's special */
        while (sys_waitpid(-1,NULL,WNOHANG) > 0)
            /* nothing */;
        continue;
    }
    //如果信号处理函数是默认,则根据不同信号进行处理
    if (sa->sa_handler == SIG_DFL) {
        if (current->pid == 1)
            continue;
        switch (signr) {
        case SIGCONT: case SIGCHLD: case SIGWINCH:
            continue;

        //这些信号可能会通知父进程,并释放 CPU
        case SIGSTOP: case SIGTSTP: case SIGTTIN: case SIGTTOU:
            if (current->flags & PF_PTRACED)
                continue;
            current->state = TASK_STOPPED;
            current->exit_code = signr;
            if (!(current->p_pptr->sigaction[SIGCHLD-1].sa_flags &
                 SA_NOCLDSTOP))
                notify_parent(current);
            schedule();
            continue;

        case SIGQUIT: case SIGILL: case SIGTRAP:
        //这些信号将导致当前进程转储
        //转储只存储了 brk/stack 等信息
        //dump.u_dsize = ((unsigned long) (current->brk+
        //             (PAGE_SIZE-1))) >> 12;
        //dump_start = dump.u_tsize << 12;
        //dump_size = dump.u_dsize << 12;
        //DUMP_WRITE(dump_start,dump_size);
        case SIGIOT: case SIGFPE: case SIGSEGV:
            if (core_dump(signr,regs))
                signr |= 0x80;
            /* fall through */
        default:
            current->signal |= _S(signr & 0x7f);
            do_exit(signr);
        }
    }
    if (regs->orig_eax >= 0) {
```

```c
                if (regs->eax == -ERESTARTNOHAND ||
                    (regs->eax == -ERESTARTSYS && !(sa->sa_flags & SA_RESTART)))
                    regs->eax = -EINTR;
            }
            handler_signal |= 1 << (signr-1);
            mask &= ~sa->sa_mask;
        }
    //如果满足这些条件,需要返回程序的前两个指令,因此减去2
    if (regs->orig_eax >= 0 &&
        (regs->eax == -ERESTARTNOHAND ||
         regs->eax == -ERESTARTSYS ||
         regs->eax == -ERESTARTNOINTR)) {
            regs->eax = regs->orig_eax;
            regs->eip -= 2;
    }
    if (!handler_signal)        /* no handler will be called - return 0 */
        return 0;
    //获取当前帧,即进入中断时的push信息
    eip = regs->eip;
    frame = (unsigned long *) regs->esp;
    signr = 1;
    sa = current->sigaction;
    for (mask = 1 ; mask ; sa++,signr++,mask += mask) {
        if (mask > handler_signal)
            break;
        if (!(mask & handler_signal))
            continue;
        //构建返回帧,使用前面获取的帧信息
        setup_frame(sa,&frame,eip,regs,signr,oldmask);
        //将用户定义的信号处理函数地址赋给eip,当还原寄存器时,eip将指向此地址
        //执行完信号处理函数后,如何返回用户程序? setup_frame时已经构建了返回路径
        eip = (unsigned long) sa->sa_handler;
        ...
    }
    //至此,所有信号处理完成
    regs->esp = (unsigned long) frame;
    regs->eip = eip;            /* "return" to the first handler */
    current->tss.trap_no = current->tss.error_code = 0;
    return 1;
}
//信号函数的处理依赖于用户进程的信号配置,如下所示
asmlinkage int sys_signal(int signum, unsigned long handler)
{
    struct sigaction tmp;
    //需要设置的信号必须是1~32的值,并且不能是SIGKILL或SIGSTOP
    //即在这个版本中不允许处理这两个信号
    if (signum<1 || signum>32 || signum==SIGKILL || signum==SIGSTOP)
        return -EINVAL;
```

```
        //函数的地址必须小于内核地址空间的上限，以确保安全
        if (handler >= TASK_SIZE)
            return -EFAULT;
        //将处理函数配置给信号
        tmp.sa_handler = (void (*)(int)) handler;
        tmp.sa_mask = 0;
        tmp.sa_flags = SA_ONESHOT | SA_NOMASK;
        tmp.sa_restorer = NULL;
        handler = (long) current->sigaction[signum-1].sa_handler;
        //将新的信号处理配置信息设置到当前进程的信号配置中
        current->sigaction[signum-1] = tmp;
        //至此，信号处理设置完成，形成闭环
        return handler;
}
```

以上是第十四段代码片段。

本节内容基于较低版本的内核，但其阐述的思想在高版本中仍然适用。高版本为了增强系统安全和扩展性，新增了许多函数调用，但其核心流程与上述描述相同。接下来，以信号处理为例，我们将探讨最新的 Linux 6.6.5 内核源码。

```
//该版本将汇编代码封装为宏定义，此处不再展开，但其原理与前文相同
SYM_FUNC_START(entry_INT80_32)
    ...
    call    do_int80_syscall_32
__visible noinstr void do_int80_syscall_32(struct pt_regs *regs)
{
        //从 regs 结构体中获取原始中断号（存储在 eax 寄存器中），即系统调用号
        int nr = syscall_32_enter(regs);
        ...
        //处理中断函数，此处不再展开
        nr = syscall_enter_from_user_mode(regs, nr);
        ...
        //退出中断，信号处理便在此处
        syscall_exit_to_user_mode(regs);
}
__visible noinstr void syscall_exit_to_user_mode(struct pt_regs *regs)
{
        ...
        __syscall_exit_to_user_mode_work(regs);
        ...
}
static void exit_to_user_mode_prepare(struct pt_regs *regs)
{
        unsigned long ti_work;
        ...
        //读取当前线程的标识符 ti->flags
        ti_work = read_thread_flags();
```

```c
        ti_work = exit_to_user_mode_loop(regs, ti_work);
        ...
    }
    static unsigned long exit_to_user_mode_loop(struct pt_regs *regs,
                        unsigned long ti_work)
    {
        while (ti_work & EXIT_TO_USER_MODE_WORK) {
            local_irq_enable_exit_to_user(ti_work);
            //如果当前线程需要重新调度,则调用 schedule 函数
            if (ti_work & _TIF_NEED_RESCHED)
                schedule();
            ...
            //如果当前有信号需要处理,则执行信号处理函数
            if (ti_work & (_TIF_SIGPENDING | _TIF_NOTIFY_SIGNAL))
                arch_do_signal_or_restart(regs);
            ...
            //再次读取线程标识符
            ti_work = read_thread_flags();
        }
        return ti_work;
    }
    void arch_do_signal_or_restart(struct pt_regs *regs)
    {
        struct ksignal ksig;
        //读取信号
        if (get_signal(&ksig)) {
            //处理信号
            handle_signal(&ksig, regs);
            return;
        }
        ...
    }
    bool get_signal(struct ksignal *ksig)
    {
        //类似于 Linux 1.0 版本的 sigaction
        struct sighand_struct *sighand = current->sighand;
        ...
        //由函数名可知,新版本不再使用 flag 作为信号标志位,而是通过队列记录多个信号
        /*此函数内使用进程的 pending 队列获取信号由此推断该版本将信号分为了两个队列
         *且 pending 队列的优先级更高
         */
            struct task_struct *tsk = current;
            struct sigpending *pending = &tsk->pending;
        signr = dequeue_synchronous_signal(&ksig->info);
        if (!signr)
            //如果上述未获取到信号,则再次尝试获取,此次使用 blocked 队列
            signr = dequeue_signal(current, &current->blocked,
                        &ksig->info, &type);
```

```c
    ...
    ka = &sighand->action[signr-1];
    ...
    ksig->ka = *ka;
    ...
}
static void handle_signal(struct ksignal *ksig, struct pt_regs *regs)
{
    ...
    failed = (setup_rt_frame(sig, regs) < 0);
    ...
}
static int setup_rt_frame(struct ksignal *ksig, struct pt_regs *regs)
{
    rseq_signal_deliver(ksig, regs);
    //根据不同的CPU架构提供不同的处理方式
    if (is_ia32_frame(ksig)) {
        if (ksig->ka.sa.sa_flags & SA_SIGINFO)
            return ia32_setup_rt_frame(ksig, regs);
        else
            return ia32_setup_frame(ksig, regs);
    } else if (is_x32_frame(ksig)) {
        //此处以x32为例进行讲解
        return x32_setup_rt_frame(ksig, regs);
    } else {
        return x64_setup_rt_frame(ksig, regs);
    }
}
int x32_setup_rt_frame(struct ksignal *ksig, struct pt_regs *regs)
{
    ...
    //根据当前的regs构建信号处理完后的返回帧,与Linux 1.0版本相同
    frame = get_sigframe(ksig, regs, sizeof(*frame), &fp);
    ...
    //与Linux 1.0版本相同,将构建的帧设置给sp栈寄存器
    regs->sp = (unsigned long) frame;
    //将信号的函数地址设置给当前的ip寄存器
    regs->ip = (unsigned long) ksig->ka.sa.sa_handler;
    ...
    return 0;
}
//信号设置函数
SYSCALL_DEFINE2(signal, int, sig, __sighandler_t, handler)
{
    //构建一个新的信号结构
    struct k_sigaction new_sa, old_sa;
    int ret;
```

```c
        new_sa.sa.sa_handler = handler;
        new_sa.sa.sa_flags = SA_ONESHOT | SA_NOMASK;
        //清空信号掩码
        sigemptyset(&new_sa.sa.sa_mask);
        //配置信号
        ret = do_sigaction(sig, &new_sa, &old_sa);
        return ret ? ret : (unsigned long)old_sa.sa.sa_handler;
}
int do_sigaction(int sig, struct k_sigaction *act,
                 struct k_sigaction *oact)
{
        struct task_struct *p = current, *t;
        struct k_sigaction *k;
        sigset_t mask;
        //根据信号编号获取信号描述结构
        k = &p->sighand->action[sig-1];
        //将原先的信号处理结构返回给调用方
        if (oact)
            *oact = *k;
        ...
        if (act) {
            //在外部清空的信息在此处重新设置
            sigdelsetmask(&act->sa.sa_mask,
                    sigmask(SIGKILL) | sigmask(SIGSTOP));
            //将新的信号处理结构配置给当前进程的对应信号
            *k = *act;
            ...
        }
        ...
        return 0;
}
```

以上是第十五段代码片段。

必须承认,高版本的代码复杂度显著增加,这是可以理解的。在 Linux 1.0 版本中,汇编代码已经相当冗长。到了 Linux 6.0 版本,为了兼容多个平台和引入各种新特性,代码的可读性可能会受到影响。因此,将这些代码简化并统一封装到 C 函数中是合理的做法。尽管大部分代码涉及新特性和平台支持,但总体来看,其核心思想与 Linux 1.0 版本保持一致。尽管为了支持更多功能而更改了数据结构,但基本思路并未改变。

## 7.5 小　　结

至此,本章以 ELF 格式为起点,讲述了执行程序是如何被描述以及在系统中构建为一个进程的。基于这些基础知识,我们学习了动态连接器是如何根据 ELF 格式实现进程与共享库的构建过程。在此过程中,我们详细阐述了程序从加载到运行的全过程,并以内存分配为例,描述了系统调用与内存管理的相关内容。最后,通过比较高版本与低版本的代码,我们发现它们的核心思想并未发生改变。

这也是本书想要向读者传达的"道"的思想。本书秉承着一开始所说的"物有本末,事有终始,知其先后,则近道矣"的原则,其中"始"指的是 Linux 1.0,"终"则指的是 Linux 6.x。初学者一开始可能会接触到最新的版本,如果直接阅读源码,难度确实很大。但我们如果改变思路,从低版本开始,了解其实现思路,由浅渐过渡到高版本,可能会更容易理解。当然,如果将 Linux 源码简单地视为"道",这是片面的。作者只是借助它来描述一些规律。因此,它不足以被称为"道"或"小道"。正如古人所说,"吾不知其名,字之曰道"。在后续的书籍(《计算之道 卷 II:Linux 内核源码与 Redis 源码》《计算之道 卷 III:C++语言与 JVM 源码》)中,我们将通过不同的方向(如 Network、Redis、JVM、Linux)继续探讨这些规律。希望读者能够"路漫漫其修远兮,吾将上下而求索"。

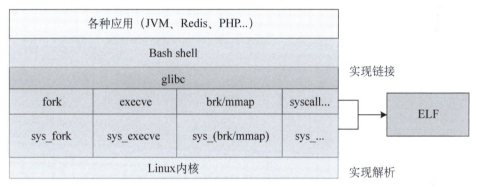

图 7.8　第 7 章总结图